イスラエル諜報機関暗殺作戦全史

Rise and Kill First
The Secret History of Israel's Targeted Assassinations

下

Ronen Bergman
ロネン・バーグマン
小谷 賢＝監訳　山田美明・長尾莉紗・飯塚久道＝訳

早川書房

1982年8月30日、護衛に守られたヤーセル・アラファート。（オデド・シャミール提供）

アシュケロンの300系統バスジャック事件後に撮影された写真。この写真によりシン・ベトの違法な処刑が暴かれた。（アレックス・レヴァック撮影）

アミン・アル＝ハッジ、別名「ルンメニゲ」。中東全域に人脈を持つ商人。レバノンのシーア派の名家の出身で、同地におけるモサドの最重要エージェントになった。
（エラド・ゲルシュゴルン撮影）

海軍の特殊部隊シャイェテット13の8カ月に及ぶ訓練プログラムは、国防軍のなかで最も過酷だと言われている。1970年代の終わりごろから、この部隊は数多くの暗殺作戦に参加している。（ジヴ・コレン撮影）

アブー・ジハード暗殺作戦司令室。エフード・バラク（左に座っている）、イフタク・レイヘル（受話器を握って座っている）。

ジェラルド・ブル博士（左）とケベック州元首相ジャン・ルサージ。ブルが開発した巨大大砲を視察している。

サッダーム・フセイン暗殺計画の指揮官アミラム・レヴィン（左）と特殊部隊サエレト・マトカルの指揮官ドロン・アヴィタル。サッダーム・フセイン暗殺の予行演習中に撮影。

アリー・アクバル・モフタシャミプール。ヒズボラを創設した人物。左手には指が２本しか。これはモサドによる暗殺未遂の結果である。

アマン長官ウリ・サグイ（左）とイツハク・シャミール首相。
（ナティ・ヘルニキ撮影、政府報道室）

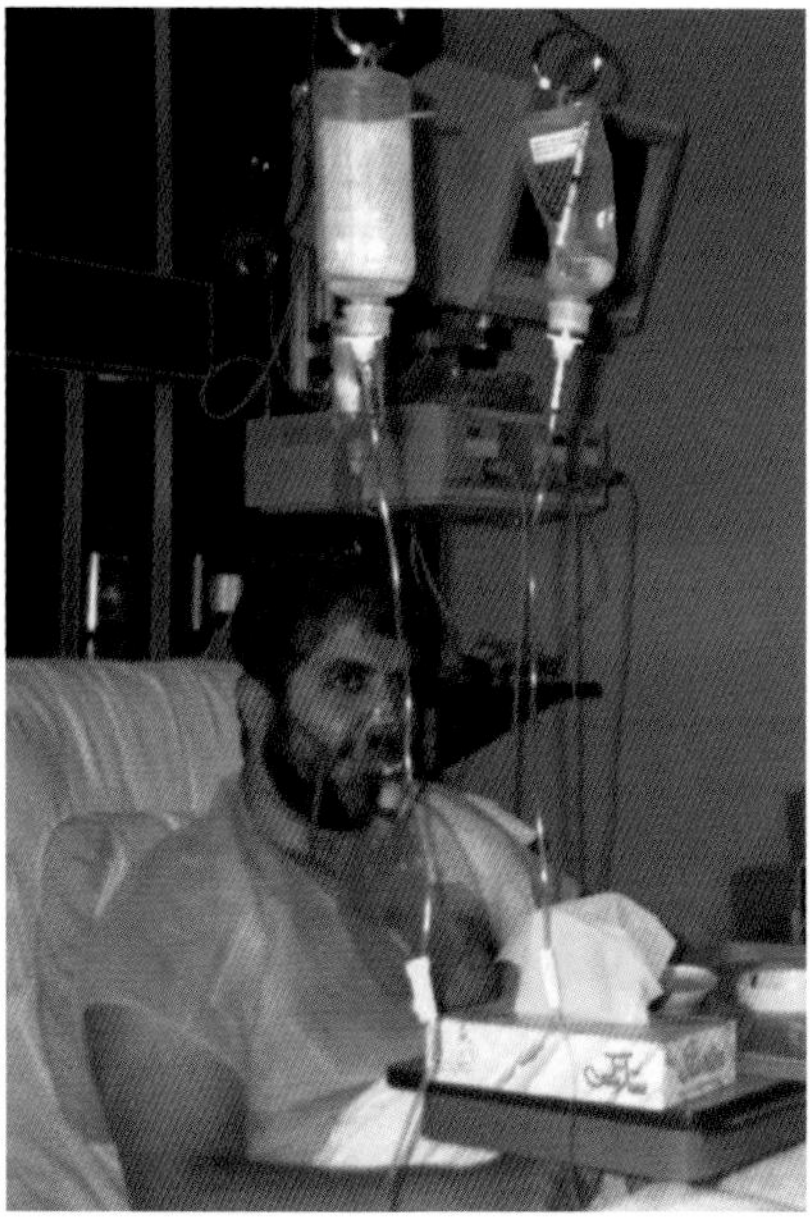

中毒状態から回復しつつあるハーリド・マシャアル。アンマンのクイーンアリア軍病院の王室病棟にて。

手配中の犯人を逮捕または殺害するための「ドゥヴデヴァン」の訓練。（ウリ・バル＝レヴ提供）

テルアビブのレストランでの自爆テロ後、治療を受けるために運び出される女性。シャロンは、国家の安全保障の手段として暗殺を利用する是非について外国の外交官と議論する際に、こうした写真を相手に見せていたという。（ジヴ・コレン撮影）

イスラエルのドローン「ヘロン TP」は、36 時間上空に留まり、最高時速約 370 キロメートルで飛行し、カメラや爆弾など合計 1 トン以上の装備を搭載することができる。
（イスラエル・エアロスペース・インダストリーズ）

武装したパレスチナ人を無防備になる場所におびき出して隠れた場所から狙撃する、「離婚した女」と呼ばれる作戦手順が開発された。（ロネン・バーグマン撮影）

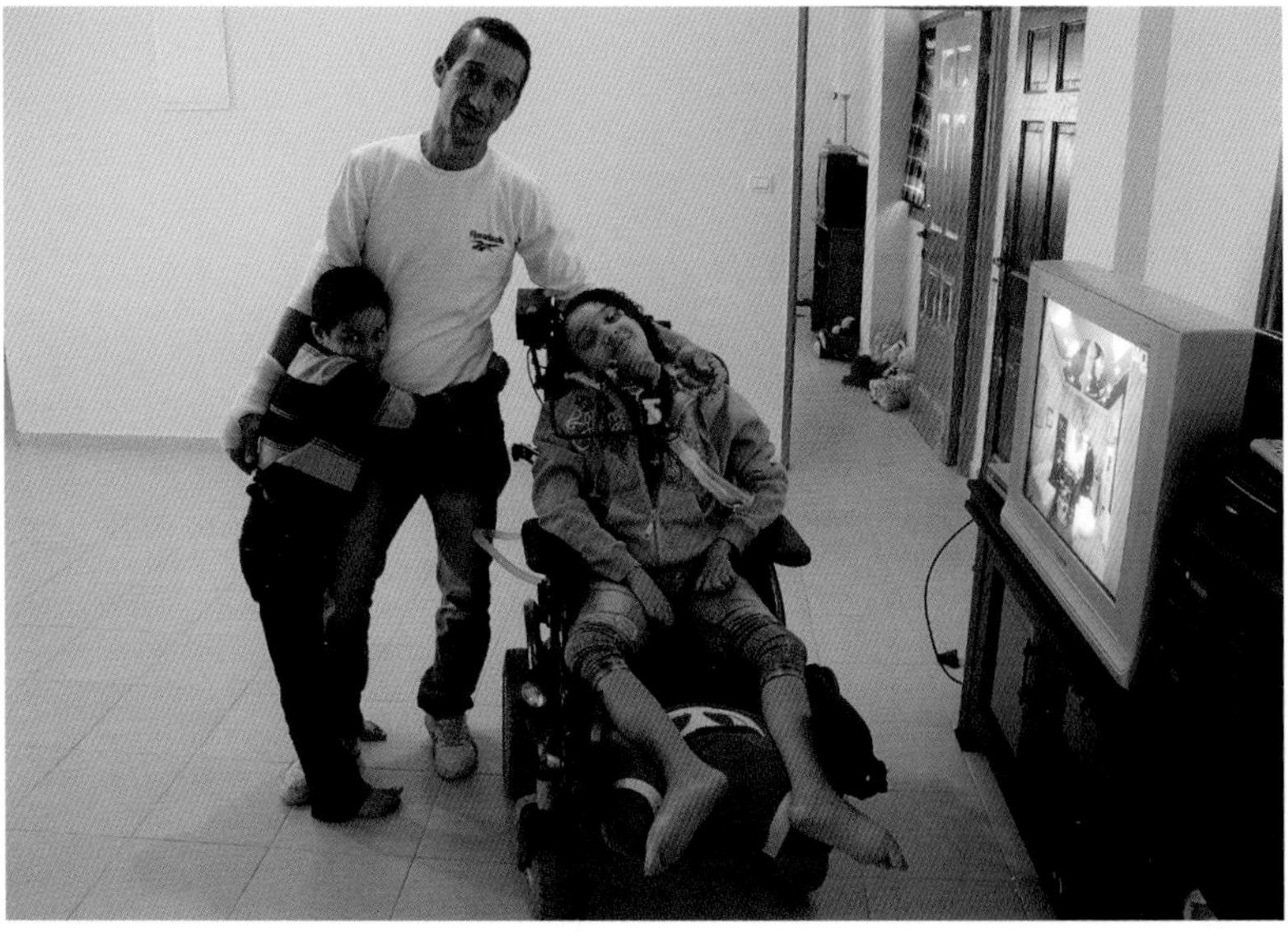

2006年5月、ガザ地区でパレスチナ・イスラミック・ジハードの工作員が乗る車をミサイル攻撃した際に、マリア・アマンとその家族が乗っていた車も爆撃の巻き添えを食らい、母、6歳の弟、祖母が亡くなった。マリアは瀕死の重傷を負い、首から下が麻痺する後遺症が残った。父のハムディ（この写真に写っている人物）は、それ以来、娘の治療に一生を捧げている。
（ロネン・バーグマン撮影）

ハマス指導者アフマド・ヤーシーン師は記者会見で、リーム・リヤシを自爆テロに送り出したことを認めた。

シャロン（右）はメイル・ダガンをモサド長官に任命した。（サアル・ヤアコヴ撮影、政府報道室）

2008年にモサドがイマード・ムグニエの捜索・殺害のために使用した写真の1枚。

ムグニエの副官で義理の弟でもあるムスタファ・バドレディンをモサドが監視中に撮影した写真。ムグニエは、ベイルート不在中の実務をムスタファに一任していた。

ムグニエの葬儀会場のスクリーンに映し出されたヒズボラ議長ハサン・ナスルッラーフ。（ウルリケ・プッツ撮影）

ジャバーリヤーにあるマフムード・アル＝マブフーフを追悼するポスター。隣には妹が立っている。

エレベーターを出るアル＝マブフーフ。２人の「テニス選手」があとを追った。

モスタファ・アフマディ＝ローシャン。ナタンズのウラン濃縮施設に勤務していた化学技師。

2012年1月12日、車を運転するアフマディ＝ローシャンをモサドが殺害した。

テヘランの街中に貼り出されたプロパガンダ声明文。「イスラエルを地図から抹消しなければならない」と記されている。アマンのアモス・ヤドリン長官、モサドのダガン長官、バラク国防大臣の額に照準が当てられている。

モサド長官ヨシ・コーヘン（2016年から現在）（左）とタミル・パルドー（2011年から2016年)。国家安全保障の主要手段の１つとして、２人とも暗殺を利用し続けている。
（政府報道室）

イスラエル諜報機関　暗殺作戦全史

〔下〕

RISE AND KILL FIRST

The Secret History of Israel's Targeted Assassinations

by

Ronen Bergman

Japanese edition supervised by

Ken Kotani

Translated by

Yoshiaki Yamada, Risa Nagao and Hisamichi Iizuka

First published 2020 in Japan by

Hayakawa Publishing, Inc.

This book is published in Japan by

arrangement with

ICM Partners

acting in association with Curtis Brown Limited

through The English Agency (Japan) Ltd.

目次

◉上巻目次

第二〇章　ネブカドネザル

一九七九年四月六日の夜、波止場のある船荷倉庫に一台の車が近づいてきた。真っ暗な車道に黄色がかった白い光を投げかけていた二つのヘッドライトが近づくにつれ、その円錐形の光の輪が広がっていく。車はフィアット127のセダンだった。エンジンをガタプス言わせながら走っていたが、倉庫の外にあるゲートから二〇〇メートルほどのところで動かなくなった。

そこは、フランスの地中海沿岸の都市トゥーロンのすぐ西にあるラ・セーヌ＝シュル＝メールの波止場だった。倉庫の外を見張っていた二人のフランス人警備員は、警戒しながら車を見つめた。倉庫はＣＮＩＭグループが所有していた。船舶や原子炉の複雑な大型部品を専門に製造している企業である。警備員は八時間ごとの三交代制で、常時二人ついていたが、みな退屈していた。

警備員がゲートのフェンスのほうへ歩いていくと、車のドアが開き、女性が二人出てきた。二人ともきれいだったと警備員は言う。女性たちは、いらいらしているような様子でゲートのほうへやって来た。

「ちょっと見てもらえません？」女性の一人がフェンスの向こう側から尋ねた。話によれば、二人はイギリス人旅行者で、夜に地中海沿岸をドライブしていたのだが、車がおんぼろでエンコしてばかりいるという。女性はほほえみ、相手にこびてみせた。よかったらあとで一緒にバーに行きませんかとも言った。

警備員は道具を持ってくるとゲートを開け、車のほうへやって来た。その顔には笑顔が浮かんでいる。

その背後では、キドンの工作員五人が音もなく、素早くフェンスを越えていた。イスラエル南部の海岸沿いにある軍事基地で繰り返し練習した工程である。そして倉庫内にそっと忍び込み、巨大なシリンダー二本に強力な爆発物を五つ取りつけ、起爆装置にタイマーをセットすると、外へ出てフェンスを越え、夜の闇に消えた。

工作員が倉庫に入ってから出ていくまでに、五分もかからなかった。

倉庫の前の道路では、警備員が車のエンジンをかけることに成功していた。あっけないほど簡単だった。女性二人（こちらもイスラエルの工作員だった）は、あとで会う約束をして去っていった。

そのころ、少し離れたところで、男女のカップルが手をつないでゆっくり散歩していた。二人はすっかりデートに夢中なようだ。男のほうは髪をオールバックにしており、映画俳優のハンフリー・ボガートに少し似ている。先ほどの車がエンジンをかけて走り去っていくのを男が女の肩越しに確認すると、カップルは向きを変え、数本先の道路に止めてあった車に乗ってその場を離れた。男はカエサレア隊長のマイク・ハラリ、女はモサド工作員のタマラだった。

三〇分後、倉庫が爆発した。夜空に炎が舞い上がり、波止場をオレンジと赤に染めた。倉庫が完全に焼失する前に消防士が火を消し止めたが、倉庫内の荷物はすべて破壊されていた。そのなかには、製造に二年以上かかる精巧な機械もあった。七〇メガワットもの出力を誇る大型のオシリス原子炉の部品である。

オシリスとは、古代エジプトの来世・冥界・死者の国の神である。フランスは、イラクの独裁者サッダーム・フセインにそれを売ろうとしていた。フセインは自分を、イスラエル王国を破壊したバビロニアの王ネブカドネザルの生まれ変わりだと考えていた。

爆発の数時間後、フランス・エコロジスト・グループのスポークスマンを名乗る人物が新聞社に電話で犯行声明を発表した。だがフランスの情報機関をはじめ、それを信じる者は一人もいなかった。誰もがイスラエルの仕業だと思っていた。イスラエルには、切迫した動機があったからだ。


イスラエルの軍事機関や情報機関の多くがレバノンでの泥沼的闘争に身動きがとれなくなっていたころ、イスラエルには存亡の危機が次から次へと押し寄せ、モサドを悩ませていた。そのなかでも最大の脅威となったのが、イラクだった。第二のサラディン（一二～一三世紀に中東を支配したアイユーブ朝の始祖）になろうともくろむ錯乱した暴君が支配する国である。イラク軍がヨルダン軍と手を組み、東部に大規模な統一戦線を築くことを、イスラエル国防軍は何よりも怖れていた。

イラクで抑圧されていたマイノリティのクルド人がイラク政府に反旗を翻した一九六〇年代以来、イスラエル軍はイラクで秘密裏に活動していた。クルド人に武器を提供したり、クルド人兵士に奇襲の訓練を施したりといった活動である。当時のモサド長官メイル・アミットによれば、そのころのモサドは「同時に複数の戦線で敵に対応できるよう中東をつくり変える」ことを目指していた。つまり、イスラエルはイラクを敵視しており、イラク政府はクルド人を敵視しているため、敵の敵は味方というわけだ。モサドはまた、イスラエルの敵国に隣接するイランの国王やエチオピアのハイレ・セラシエ皇帝とも同盟を結び、そこに情報収集拠点や情報網を構築していた。

クルド人を支援していたイスラエルの顧問たち（そのなかには、爆発物の専門家ナタン・ロトベルグもいた）は一九六九年ごろから、クルド人が「バグダッドの虐殺者」と呼ぶサッダーム・フセイン・アル＝ティクリティの噂を聞くようになった。フセインは、前年にバース党が政権を掌握したクーデターに参加し、イラク革命指導評議会の副議長に任命されていた。軍や情報機関を統括する、新政権で第二の地位にあたるこの役職に就任するとフセインは、一般市民に爆弾を投下し、反体制グループへの食料供給を阻止し、各地に拷問室を設けてしばしば自ら拷問を執り行なった。

やがてクルド人からイスラエルに、フセイン暗殺に手を貸してほしいとの要請があった。ロトベルグはそれを受け、コーランに見せかけた偽装爆弾を開発した。一九五六年にエジプト軍情報部指揮官を暗殺したときと同じ戦術である。だがゴルダ・メイア首相は、サッダーム・フセインのレッドページ承認を拒否した。そもそも、クルド人がイスラエルの関与を隠しとおせるかどうかが不安だった。それに、イスラエル政府がソ連やアメリカと対立するおそれもある。当時はソ連もアメリカもフセインと手を組みたがっていた。メイア首相は以前にも、エジプトのナセル大統領の暗殺を認めなかったことがあった。そんな暗殺をすれば、自分やほかの閣僚の暗殺を正当化する口実を相手に与えることになるからだ。

こうして、冷酷さも野心も兼ね備えたフセインは生き残り、やがてはバース党を、最終的にはイラクを支配した。一九七一年、当時三四歳だったフセインは、政権内の有力なライバルを一掃し、アフメド・ハサン・アル＝バクル大統領を傀儡に立て、事実上全権を掌握した（一九七九年にはアル＝バクルも追放された）。そして自らをアラブ世界の盟主と見なし、イラクをイランに匹敵する地域大国にしてアラブ世界を牽引すると宣言した。

フセインは、ユダヤ人は「さまざまな国のごみや食べ残しの寄せ集め」だと述べ、イスラエルを完全に抹消して中東全体を再編したいという考えを隠そうともしなかった。一九七四年三月にバース党の機関紙《アル＝ジュムフリヤ》に掲載された記事にはこうある。「シオニストが人為的に国をつくったために、アラブ人の歴史的な生存権が侵害され、その尊厳が軽んじられている。敵意に満ちたこの国は、国境を越えて危険なほどに増殖する恐るべきがんにほかならない。われわれはあらゆる方法で（中略）シオニズムと戦わなければならない。アラブのエルサレムは、アラブ・サラー・アル＝デイン（サラディン）の再来を待っている。その人物が、シオニズムが聖なる地にもたらした汚濁からエルサレムを救ってくれるだろう」

これは明らかに、サッダーム・フセインが現代のサラディンとなり、パレスチナから異教徒を追い払うことを意味している。

だがフセインは、イラクに驚異的な兵器がなければ、それに成功する見込みがないことを理解していた。中東を支配したければ、中東を破壊できる力を持つしかない。つまり核兵器である。

一九七三年、フセインはイラクで進められていた核開発プログラムを直接の管理下に置いた（表向きは平和利用の民間事業とされていた）。そして、フセインの伝記作家として有名なアマツィア・バラムの記述によれば、核兵器の製造につながる原子炉の開発に「事実上無制限に近い、数十億もの予算」を投じたという。自国民に爆弾を投下することもいとわない独裁者が、核の力を手に入れようと躍起になれば、文明国から敬遠され、国際的に孤立するはずである。だが政治には込み入った事情がつきものだ。アメリカなど西欧の大国数カ国、なかでも特にフランスが、中東での影響力拡大を狙っていた。一方、込み入った事情のないイラクは、いくらでも金を払う用意ができていた。

フランスとイスラエルの間には長く複雑な歴史があり、一九七〇年代には最悪の状態にあった。一九六〇年代にド・ゴールがイスラエルを激しく非難するようになって以来、両国関係は敵意と不信に満ちていた。そのためフランスは、イラクがイスラエルにとって重大な脅威になることに関心がなく、脅威になったとしてもいくらでも対処は可能だという程度にしか考えていなかった。

一九七〇年代前半、フランスのヴァレリー・ジスカール・デスタン大統領とジャック・シラク首相は、イラクを相手にいくつもの取引をまとめた。そのなかでも重要とされたのが、原子炉二基の販売契約だった。一つは、一〇〇キロワット出力の非常に小型のイシス原子炉、もう一つは、四〇メガワット出力だが七〇メガワットまで拡張可能な大型のオシリス原子炉である。イラク側では、その「オシリス」と自国の名称「イラク」をつなぎ合わせ、この大型原子炉を「オシラク」と呼んだ。

イラクはこの原子炉を研究目的に利用すると述べていたが、フランス側は、この規模の原子炉がほぼ確実に核兵器用燃料の精製・加工に利用されることに気づいていた。その原子炉の炉心には、九三パーセント濃縮されたウランが一二キログラムも含まれている。原子爆弾を製造するには十分な量だ。フランスが約束どおり使用ずみ燃料棒を交換すれば、イラクはその一部を使って核兵器用の原料を簡単に手に入れられる。

イラクも、実はそれを認めていた。一九七五年九月八日、フセインはさらなる契約のためパリを訪れる直前に行なわれたインタビューのなかで、はっきりこう述べている。「戦力にかかわるテクノロジーの研究は、イスラエルの核武装に対処するためのものだ。原子爆弾の製造を目的に原子炉を建設するわけではないが、フランスとイラクとのこの契約は、アラブ世界が核兵器を手に入れる最初のステップになる」。だが原子爆弾を製造するには、かなりの時間と高度な専門知識が必要になる。フランス側は、イラクがいずれ真の脅威になるとしても、そのときになったら対処すればいいとたかをくくっていたようだ。

イラクはこの契約にきわめて気前のいい額で応じ、およそ七〇億フラン（当時の価値でおよそ二〇億ドル）を直接フランスに送金した。フランスはそのほか、イラク産原油の値引きなど、有利な条件を手に入れた。

この巨大プロジェクトにはフランスの多くの企業が参加しており、パリとバグダッドに事業を運営する合同管理組織が設立された。建設地の近くには、フランスの技師や技術者二〇〇〇人を収容できる高級住宅地が建設された。

しかし、それをイスラエルが黙って見ているはずがなかった。「新たな時代」と呼ばれるモサド・

アマン・外務省合同チームが組織された。当時モサド副長官で、このチームを率いることになったナフム・アドモニによれば、その目的は「核兵器を手に入れようとするイラクのもくろみに照準を合わせた集中的な特別対策」だったという。

ツォメットの工作担当官が、ヨーロッパのビジネスマンやNATO軍将校に扮して、フランスで働いているイラク人に近づき、情報提供者になってくれそうな人物を探した。たとえば、あるイラク人科学者の息子ががんを患い、イラクではまともな治療を受けられないでいた。その科学者が、息子に優れた治療を提供することを条件に、秘密情報を教えてくれた。ただしこの人物は、イスラエルの勧誘員だったイェフダ・ギルのことを、原子力施設の保安にかかわるヨーロッパの会社の副CEOだと思い込んでいた。

だが、成功はそれだけだった。フセインはプロジェクト関係者全員に、イラクの閣僚が政府職員を処刑しているビデオを見せ、機密情報を漏らさないよう脅しをかけていた。イラクの核開発プログラムの責任者の一人、ヒディル・ハムザは言う。「見るも怖ろしいビデオだった。どんな理由であれ、不興を買えば殺されるというメッセージだった」

それでもイスラエルには、ほかの情報源があった。フランスの科学者、技術者、顧問、中間管理者たちである。なかには、かなりの報酬と引き換えに協力した者もいれば、イデオロギー的な理由から無償で協力したユダヤ人もいた。こうした情報源を通じて、モサドは「プロジェクトブック」なるものを入手した。フランスの科学者たちが、イラクと交わされたあらゆる契約の詳細を英語で記した数百ページにわたる資料である。ベン＝グリオン大学の核物理学者で、アマンの仕事もしていたラファエル・オフェク中佐は言う。「その資料を通じて、プロジェクトの現場の配置など、多くのことがわかった。原子炉やそれに付随する研究所は、トゥワイサ核研究センターに建設されていた」

また、アマンの8200部隊が、「黙示録」と呼ばれる極秘任務部隊を組織し、電話回線やテレックス回線に忍び込んだ。さらにケシェトのエージェントが、パリにあるイラク人のオフィスに盗聴器を仕込んだ。

イスラエルは当初、イラクの核開発を証明する膨大な情報をもとに、このプログラムを阻止するよう国際社会に訴えた。だが、イスラエルとの関係が悪化している諸外国の指導者や、イスラエルに批判的な人々、国内にいる反ベギン派は、必要以上に騒ぎすぎだとイスラエルを非難し、このプロジェクトがイスラエルに害を及ぼす可能性はないと言うだけだった。フランスも、このプロジェクトはまったく合法的な研究プログラムであり、イラクが核爆弾を開発できないよう十分な安全対策を講じているとの主張を繰り返した。

フランスの無関心な態度に愕然としたモシェ・ダヤン外務大臣は、パリから戻ると大西洋を渡り、アメリカにフランスを説得するよう要請したが、やはり失敗に終わった。

イスラエルは、外交では問題は解決しないと判断した。一九七八年一一月、保安関連閣議が招集され、イラクの核開発プロジェクト阻止に「必要な措置」を講ずる権限を首相に与えると、首相はモサドの活動を承認した。「オシリスは抹殺しなければならない」。それが閣議決定だった。

その後間もなく、フランスの地中海沿岸で船荷倉庫の爆破事件が起きた。工作員があの夜に爆破した部品は、かなりの損傷を受けた。イスラエルはこれで、イラクの核開発の野望を少なくとも二年は遅らせられると思った。フランスで新たな部品をまた製造するとなると、それぐらいの時間がかかるからだ。

だがフセインは遅れを認めず、予定どおりにプロジェクトを進めるよう命じた。イラクの国防大臣はフランスに、部品のパーツを修理して予定の期日に納品するよう要請したが、フランスはそれに反対した。応急修理されたケーシングでは強度が足りず危険なうえ、わずか数年で交換しなければならなくなる。だが、サッダーム・フセインに逆らえる者など誰もいなかった。

イラクはいまだ、数年以内に核兵器を手に入れる野望を捨てていない。いら立ったモサドは、もっと攻撃的な戦術を利用する以外に手はないと考えた。

その後モサドは、科学者の暗殺に向かうことになる。

暗殺のいちばんの標的となったのはやはり、核開発プログラムの責任者であるヒディル・ハムザとジャファル・ディア・ジャファルだった。アマン職員の物理学者オフェクによれば、ジャファルは「このプロジェクトの頭脳にして、最も重要な科学者」だったという。バーミンガム大学を卒業後、マンチェスター大学で物理学の博士号を取得し、インペリアル・カレッジ・ロンドンの核工学センターの研究員として働いていたこともある人物だ。

しかし、二人ともイラクを離れることはほとんどなく、イラクで暗殺を成功させるのは、不可能とは言わないまでも多大な困難を伴う。だが、エジプトがミサイル開発のためドイツ人を雇っていたように、イラクも核開発プログラムの推進のためエジプト人を雇っていた。そのなかに、イェヒア・アル＝マシャドという重要人物がいた。イラクのトゥワイサ核研究センターの上級研究員を務めていた、アレクサンドリア大学の天才核物理学者である。マシャドは、エジプトとイラクとフランスを頻繁に行き来していた。一九八〇年二月、モサドはこの人物の追跡を始め、パリや、その近くのフォントネ＝オ＝ローズにある放射線防護・原子力安全研究所に滞在しているときには、絶えず尾行をつけた。

六月初旬、フランスが小型のイシス原子炉に使うウランの輸送の準備を始めると、その品質の確認のため、マシャドが二人の助手を連れてフランスにやって来た。しかし助手が片時もそばを離れないため、なかなか近づけない。当時モサドは、害のない一般的な日用品を使ってマシャドを毒殺する計画を立てていた。一九七八年に歯磨き粉を使ってワディ・ハダドを暗殺したのと同じ手である。

ところが、突然マシャドがフランス滞在を早々に切り上げることにした。エジプトにいる家族に会いに行くためだ。モサドの工作員にしてみれば、当初の計画を遂行する時間がなくなってしまった。だがマシャドは、パリでの最後の夜を一人で過ごすことにしていた。ハムザは言う。「二人のイラク人助手と別れたのは、彼が泊まっていたホテルがとても高かったからなんだ。気がきく男だったから、助手にこう言ってやったらしい。『きみたちは、もっと便利な繁華街にある手ごろな値段のホテルに泊まりたいんだろう?　好きにするといい』」

付き添いの助手がいなくなり、マシャドは突如として扱いやすいターゲットとなった。

六月一三日、マシャドは午後六時ごろホテルに帰ってきた。シャワーを浴びて着替え、ロビーでサンドイッチとドリンクの夕食をすませると、九階の自室に戻った。キドンの指揮官のカルロスともう一人の工作員が、廊下のくぼみに身を潜め、その部屋のドアを見張る。予定が急に変わってしまったので、もはや何の計画もない。カルロスはピストルを携帯していたが、いかなる状況であれホテルでは銃を使用しないという服務規程がある。弾丸が壁を貫通して、関係のない人間に害を及ぼすおそれがあるからだ。カルロスは、状況に応じて即断即決するしかなかった。

午後九時三〇分ごろ、エレベーターの扉が開き、若い女性が出てきた。売春婦だ。女性はキドンの工作員二人のそばを素通りすると、九〇四一号室のドアをノックした。マシャドが姿を現し、女性をなかへ招き入れた。

カルロスとその部下は四時間待った。売春婦は午前一時三〇分に部屋を出た。そのときまでにカルロスは、エレベーターのそばに置いてあったスタンド灰皿に目をつけていた。一メートル弱の高さで、重そうな土台から細い棒が伸びており、その上に灰皿がある。ボタンを押すと、灰皿にたまった吸い殻が下の容器に落ちる仕掛けになっている。カルロスはその灰皿を子細に検分し、手に持って重さを確かめた。かなり丈夫で、十分に使えそうだった。

「ナイフを出しておけ」。もう一人の工作員が、レザーマンの大きめのポケットナイフを手に持つ。

二人はマシャドの部屋に近づき、部下の男がドアをノックした。

「どなた?」マシャドののんびりした眠たげな声が聞こえる。

「警備の者です。先ほどのお客様のことでお話が」とカルロスが言う。

マシャドがスリッパを引きずりながらやって来て、ドアを開けた。その瞬間、カルロスが手に持っていたスタンド灰皿をマシャドの脳天めがけて振り下ろした。マシャドは後ろによろめいて倒れると、床にうずくまった。カルロスは追いかけるように突進してもう一度殴り、さらにもう一度殴った。カーペットに血が飛び散る。ナイフを使う必要はなかった。

二人の工作員は、腕とスタンド灰皿についた血を洗い流した。カルロスは血まみれになったシャツを脱ぐと、くしゃくしゃに丸めてポケットに押し込んだ。部屋から出るときには、「起こさないでください」というプレートをドアノブに掛けておくことも忘れなかった。二人はスタンド灰皿を元の場所に戻すと、エレベーターでロビーへ降り、悠々とホテルを出た。

ホテルの警備員がマシャドの死体を見つけたのは、それから一五時間後のことだった。当初警察は、売春婦との間にもめごとが起きて殴り殺されたのかと推測したが、当の売春婦に話を聞くと、彼女の容疑はすぐに晴れた。マシャドは何も奪われておらず、ほかに訪問客はいない。だが売春婦の証言で、廊下に男が二人いたことがわかった。

フランス当局はすぐさまモサドの仕業だと確信した。イラクもそう考えた。ハムザは言う。「われわれ全員がターゲットなのだと思ったよ。それからは、イラクの情報機関の職員と一緒でなければ外国へ行かなくなった」

サッダーム・フセインは、こうした暗殺事件により、核開発プロジェクトに参加している科学者の士気に悪影響が出ることを憂慮し、上級研究員全員に高級車と報奨金を提供した。マシャドの妻には三〇万ドルもの賠償金を支払い(当時のエジプトではかなりの額である)、妻と子どもたちに終生年金を支給することを約束した。

だが暗殺は止まらなかった。マシャド暗殺から三週間後、イギリスで教育を受けたイラク人技師サルマン・ラシードが、電磁同位体分離法によるウラン濃縮の研修のため、二カ月間ジュネーブに派遣された。

ラシードには、片時もそばを離れない護衛がついていた。だがイラクに戻る一週間前になって、急に体調が悪化した。ジュネーブの医師はウイルス感染を疑った。それから六日後の九月一四日、ラシードは苦しみもだえながら死んだ。検死の結果、ウイルス感染はなかった。ラシードはモサドに毒殺されたのだ。ただし、その方法や毒の種類について確かなことはわかっていない。

その二週間後、核開発プロジェクト用のさまざまな建物の建設を担当していたイラク人上級土木技師アブド・アル＝ラフマン・ラスールが、フランス原子力エネルギー委員会が主宰する会議に出席した。この会議の冒頭を飾るカクテルパーティーと公式レセプションの直後、ラスールは食中毒らしき症状を見せて倒れた。そして五日後、パリの病院で息絶えた。

八月初旬には、イラクのプロジェクトに参加している多くのフランス人に、すぐに手を引かなければ命の保障はないとあからさまに警告する手紙が届いた。堪忍袋の緒が切れたフセインはその数日後、イスラエルに対する怒りをあらわにした演説を行なった。科学者に対する攻撃を非難するのではなく、「爆弾でテルアビブを瓦礫の山に変える」と逆に脅迫し返したのだ。

フセインに雇われていた科学者はパニックに陥った。ハムザは言う。「誰も外国へ行きたがらなくなった。そのため、外国へ行く者には報奨金が出た」。また科学者たちは、身の安全を守る訓練を受けた。「ムハバラート（イラクの情報機関）の職員から、食事の際に注意すること、暗くなってからの誘いは受けないこと、常に誰かと一緒に行動することを教わった。歯磨き粉や歯ブラシ、ひげそりなどは、小さなかばんかポケットに入れて持ち歩くようにとも言われた」

一部のフランスの企業が恐怖のあまり手を引いたため、イラクの核開発プロジェクトは多少減速した。だがフセインは、独裁国家の資金を湯水のように爆弾製造に注ぎ込んでいたため、わずかばかりの技術者がいなくなってもさほど問題にはならなかった。殺されたりおびえて逃げたりした場合には、すぐに代わりの科学者がその穴を埋めた。フランスは濃縮ウラン一二キログラムをイラクに送り、その後すぐに二回目の注文にも応じた。

イスラエルはフセインが原子炉を完成させ、稼働を始めるまでわずかな時間を稼いだにすぎなかった。その時間はせいぜい一年半か二年ほどでしかない。イラクはいまだ、一九八〇年代が終わるまでには、実戦で利用できる核兵器とそれを運搬するミサイルを開発するつもりでいた。

モサド長官イツハク・ホフィは、情報活動や暗殺・破壊工作ではその程度の効果しかないことを知り、一九八〇年一〇月にベギンにこう提案した。「もうお手上げだ。われわれにはあのプロジェクトを止められない。あとは空爆しかない」

つまり、あからさまな戦闘行為しかないということだ。

空爆に対しては、イスラエル上層部で意見が対立した。情報機関の一部の主要幹部はこう主張した。イラクの原子炉を破壊すれば、国際関係に深刻な影響を招く。それに、原子炉で核兵器用の燃料を生成するには何年もかかる。原子炉を破壊すれば、フセインは極秘で新たな核開発プロジェクトを進めるようになり、情報収集がいっそう困難になる、と。意見の対立が激しくなると、ある時点からベギンは、原子力エネルギー委員会の委員長ウジ・エイラムを閣議に招くのをやめた。エイラムが空爆に反対していたからだ。すると、エイラムの部下のウジ・エヴェン教授が、政府が空爆を計画していることを野党党首シモン・ペレスにリークし、原子炉を破壊してもイラクの核開発プロジェクトが極秘施設に移されるだけであり、ますますイスラエルから監視できなくなるとの懸念を伝えた。それを聞いたペレスは、手書きのメモでベギンにこう警告した。イスラエルが攻撃すれば、「荒野のイバラのように」国際的に孤立することになる、と。神に見捨てられたイスラエルがいかに孤独かを表現した預言者エレミアの言葉である。

だが首相のベギンも、国防大臣に就任したばかりのアリエル・シャロンも、国防軍の参謀総長ラファエル・エイタンも、空爆作戦に対するいかなる反論も受け入れようとしなかった。原子炉が稼働を始めた後に攻撃し、放射能が漏れたりすれば、人道的に見て恐るべき災害になりかねない。それを避けるためにも、なるべく早く攻撃を行なうべきだ。そう主張するアドモニら情報機関幹部の意見が勝利を収めた。「新たな時代」チームの会合で、オフェクは繰り返しこう主張した。原子炉を完全に破壊するためには、「十分な量の爆弾を使い、燃料棒を浸す内部プールまで確実に破壊しなければならない」

六月七日の午後四時、オシラク原子炉破壊のため、当時イスラエルが占領していたシナイ半島のエツィオン基地からF‐16八機が飛びたった。護衛するF‐15六機のほか、この作戦のため六〇機に及ぶ航空機が展開された（空中を旋回して任務を行なうものもあれば、地上に待機しているものもあった）。空中給油や機上指揮・管制を遂行するボーイング、情報を提供するホークアイ、戦闘機が撃墜されて救出作戦が必要になった場合に出動するヘリコプターなどだ。F‐15は、イラクがミグ戦闘機で反撃してきた際に対応するほか、搭載する先進システムにより地対空ミサイルのレーダーを妨害する役目も担っていた。

飛行ルートは、サウジアラビア北部やヨルダン南部を越え、およそ一〇〇〇キロメートルに及ぶ。ヨルダンやサウジアラビアやイラクのレーダーを避けるため、高度三〇〇フィート以下という超低空を飛行していく。

戦闘機は、日が没する午後五時三〇分ごろに現場に到着した。F‐16八機は、そこで一気に一〇〇〇フィートまで高度を上げ、回転動作をしながら、三五度の角度で爆弾を投下した。一機ごとに、原子炉のコンクリート製ドームに一トン爆弾を二発ずつ、順々に投下していく。爆弾は、構造物に接触した時点で半分が爆発し、構造物のなか深くにまで入り込んだ後に残りの半分が爆発する仕掛けになっている。八機のうち七機が目標物に命中させ、一六発の爆弾のうち一二発がドームを突き抜けて内部を破壊した。この空爆により、イラク人兵士一〇人とフランス人技術者一人が死亡した。

イラクは完全に不意をつかれた。攻撃してくる戦闘機にミサイルを一発も放つことができず、帰還していく戦闘機めがけて無意味な対空射撃を散発的に行なっただけだった。戦闘機はすべて、基地に無事帰還した。現在でもこれらの戦闘機の機首には、撃墜した戦闘機の数を示す丸印とともに、原子炉を示すマークが描かれている。

その日の深夜までに、航空カメラが捉えたビデオが分析され、原子炉に多大な損害を与えたことが確認された。午前三時、８２００部隊の「黙示録」チームが、暗闇のなかで爆撃現場を調査していた技師がかけた電話を傍受した。その技師の話によると、構造物の中心にある最も重要なプールを探したが、懐中電灯の明かりを頼りに見つけられたのは、「破壊され水浸しになったコンクリートの瓦礫」だけだったという。ドームのその部分はどうやら内側に崩れていたらしい。アマンは、政府上層部や情報機関幹部に配信した「即時情報調査」報告書のなかで、プールが修復不可能な損害を受け、「原子炉が完全に破壊された」と述べた。

攻撃前に情報機関は、イスラエルが犯行声明を出さないよう提言していた。フセインも公に恥をかかされることさえなければ、イスラエルに反撃しなければならないというプレッシャーにさらされることもなく、すぐには攻撃してこないだろうと考えたのだ。

だが結局ベギンは、別の形で勝利宣言をした。爆撃は完璧に遂行され、イラクの原子炉は煙くすぶる瓦礫と化し、フセインの核開発の野望は永遠についえたかに見えた。ベギンはその事実を何らかの形で訴え、自慢したかった。これを機に、イスラエルの国民のムードを高めたかった。そこでベギンは、クネセト（国会）での演説で、フセインをヒトラーにたとえ、イラクの核開発の脅威をナチスのホロコーストになぞらえて、こう尋ねた。「そんな脅威が現実になったら、われわれに何ができる？」

そして自らそれに答えて言った。「この国も国民も壊滅していたに違いない。またしてもホロコーストがユダヤ民族の歴史に刻まれていたことだろう」

一方サッダーム・フセインも、バース党の幹部に向けて非公式に演説を行なった。ため息をつきながら、爆撃についてこう述べている。「実に残念だ。あれは、われわれが一生懸命育ててきた大切な果実であり、政治的・科学的・経済的に多大な努力と時間を傾注してきた革命の果実だった」

だが、すぐにいつもの攻撃的な口調に戻り、「シオニストの国」とメナヘム・ベギンをののしると、こう続けた。

「やつらは先制攻撃とやらで、アラブ民族が科学やテクノロジーを利用して発展・興隆するのを妨害しようとしている。だがベギンらに、そんな攻撃では目標に突き進むアラブ民族を食い止められないことを教えてやらなければならない。先制攻撃で安全が手に入ると思ったら大間違いだ」

その三週間後には、ベギンにとってうれしいことがもう一つあった。総選挙で勝利したのだ。

モサドと国防軍は、この作戦によりイラクの核開発プロジェクトをつぶすことに成功したと思い込み、イラク問題を情報機関における優先順位の最下位に追いやった。

ところが、バグダッドの原子炉爆撃に対するフセインの反応は、イスラエルの情報機関の予想とは正反対だった。

ハムザは言う。「サッダームは追い詰められると（中略）これまで以上に攻撃的になり、むきになる。その結果、プロジェクトの規模は四億ドルから一〇〇億ドルになり、科学者の数は四〇〇人から七〇〇〇人に増えた」

　フセインは、原子爆弾とそれを目標地点まで運搬する手段をできるだけ早く開発するため、それを可能にするいかなる科学的手段にも惜しみなく資金や労力を投じた。多額の金を支払えば、イラクに必要な設備や原料を提供してくれる西欧の企業はすぐに見つかった。表向きは民生用だが、大量破壊用の核・生物・化学兵器への軍事転用が可能な設備や原料である。

　だがイスラエルは、こうした取り組みのごく一部しか明らかにできなかった。イスラエルが突き止めた計画には、たとえば「コンドル」プロジェクトがある。これは、さまざまなタイプのミサイルを開発するイラク・エジプト・アルゼンチン合同の取り組みである。同プロジェクトに関する情報は、それに関与していたドイツの企業やアルゼンチンの学界に潜入していたモサドのエージェントが入手した。アメリカの情報機関内でイスラエルのスパイをしていたジョナサン・ポラードからの情報もあった。そこでモサドは、関与しているヨーロッパの企業のオフィスに放火したり、科学者をまとめて脅迫したりした。一九六〇年代にエジプトに雇われていたドイツ人ロケット科学者の場合と同じように、匿名の電話で「すぐに手を引かなければ、おまえや家族を殺す」と威嚇したのだ。

　モサドは、一部の科学者を抹殺する計画も作成していたが、こうした圧力や放火、不法侵入、あるいはモサドの恐るべき評判さえあれば、暗殺する必要もなかった。科学者は怖れをなしてプロジェクトから手を引き、アルゼンチンやエジプトは財政支援を切り上げた。

　この計画を頓挫させられたフセインは次に、かつてＮＡＳＡやアメリカ軍、イスラエルに雇われていたカナダ人ロケット科学者ジェラルド・ブルに注目し、ミサイルや巨大大砲の開発を依頼した。巨大大砲とは、ジュール・ヴェルヌのＳＦ小説『月世界旅行』〔巨大大砲から発射される砲弾に乗って月へ向かう物語〕にヒントを得た、テヘラン（バグダッドからおよそ七〇〇キロメートル）やテルアビブ

（バグダッドからおよそ九〇〇キロメートル）まで爆発物を飛ばせる大砲である。ブルは、巨大大砲は射程が非常に長いだけでなく、イラクが所有するスカッドミサイルほど弾頭が熱くならないため、病原体や化学物質を確実かつ効果的に送り込めると保証した。

一九八九年、ブルはバグダッドのおよそ二〇〇キロメートル北にあるジャバル・ハムリンに巨大大砲を建設し、試射を三回行なった。

ブルもやはり、匿名の電話や手紙を受け取り、すぐにフセインとの関係を絶たなければ、「おまえやその会社、関係する人間に対して実力行使に出る」との警告を受けた。だがあいにくブルは、こうした脅迫をまったく真に受けなかった。

そこでイスラエルは警告を実行に移した。一九九〇年三月二二日、キドンのチームが、ブリュッセルにあるブルのオフィスから車ですぐのところにある自宅で、ブルを待ち伏せした。二人の工作員が非常用階段の扉の陰に隠れて待っていると、やがてブルがポケットのなかの鍵をまさぐりながらアパートの自分の部屋へ歩いてきた。ブルが二人の前を通り過ぎ、背中を見せたとたん、二人はサイレンサーつきのマカロフを抜きながら扉の陰から跳び出した。そして一人が後方の安全を確保している間に、もう一人がブルの頭に二発、背中に三発発砲した。ブルが息絶えて床に崩れ落ちると、工作員はカメラを取り出し、死体を写真に収めた。一枚は、砕けた頭部のクローズアップ、もう一枚は、血だまりにうつ伏せに倒れているブルの全身写真である。

写真はその日のうちに、ブルの会社であるスペース・リサーチ・コーポレーションのスタッフに送付された。そこには、こんなメモが同封されていた。「明日出社すれば、おまえもこうなる」。翌日オフィスには誰も現れず、会社は間もなく閉鎖された。モサドは、ブルのペーパーカンパニーすべてに同様の手紙を送った。

ブルのプロジェクトは暗礁に乗り上げた。情報機関からジェラルド・ブル暗殺を知らされたフセインは四月二日、全国民に向けて演説し、「イスラエルの半分をなめ尽くす炎を放つ」ことを誓った。

だが実際のところ、ブルを暗殺しても、長射程のミサイルや大砲の開発プロジェクトが若干遅れただけで、核開発プロジェクトには何の影響もなかった。イスラエルや西側の情報機関は、フセインが進めていた大半の軍事研究開発プロジェクトにまったく気づいていなかった。

アマン調査局のシモン・シャピラ准将は言う。「すぐ目と鼻の先で、きわめて高度な巨大ネットワークが稼働していた。これは間違いなく、イスラエルの情報活動の歴史のなかでも最悪と言える失敗だった」

だがシャピラによれば、「それでもイスラエルは運がよかった」という。一九九〇年八月、サッダーム・フセインがクウェートに侵攻するという過ちを犯したからだ。フセインは、イラクが侵攻してもアメリカもほかの国も黙って見ているだけだろうと思っていたが、その思惑はみごとに外れた。大半のアラブ諸国を含め、世界各国が幅広く連携してイラク軍をクウェートから追い出し、結果的にフセインは厳格な国際査察を受け入れざるを得なくなった。

国連の査察チームは、モサドが完全に見逃していた事実を発見した。一九九一年一月、クウェートをイラクから解放する「砂漠の嵐」作戦が始まった時点で、イラクはすでに、核・化学・生物兵器を完全に利用できる能力、およびそれをイスラエルまで飛ばすミサイルや弾頭の製造能力をあと数年で獲得できる段階にまで達していた。

ブッシュ大統領はイラクには侵攻せず、フセインをこのままの地位にとどめておく判断を下した。それでもイスラエル国防軍のバラク参謀総長は、いまだフセインはイスラエルにとって間違いなく危険な存在だと思っていた。フセインはいずれ、大量破壊兵器の開発を再び始める。フセインとはいかなる交渉の余地もない。

一九九二年一月二〇日、バラクは「ターゲット（サッダーム・フセイン）暗殺を計画するチームの設立」を命じた。それから二カ月後の三月一二日、アミラム・レヴィン率いる同チームが、計画状況の進捗を参謀総長に報告した。バラクはチームに「これはかつてないほど重要な暗殺作戦になる」と述べ、同年七月の計画実施に向けて準備を行なうよう指示した。

バラクは、シャミール首相にも、一九九二年にそのあとを継いだラビン首相にもこの作戦を伝え、主権国家の指導者に初めて暗殺という手段を用いるこの計画を承認するよう迫った。

バラクは後年こう述べている。「いまにして思えば、われわれがこの恐るべき男を始末していれば、その後の一〇年間の世界を救えていたかもしれない。歴史が変わっていたはずだ」

どちらの首相も、暗殺計画を進めることを承認した。暗殺方法については、さまざまなアイデアが提示された。イスラエルの航空機か衛星をイラクのどこか、できればバグダッドに墜落させ、フセインが現場を査察に来たときに、仕掛けておいた爆弾を爆発させる。ヨーロッパにペーパーカンパニーを設立して、国民に演説を放送するための最新テレビスタジオをフセインに売りつけ、フセインの顔がスクリーンに映し出されている間にスタジオを爆破する（イスラエルにもその放送を届ける機器をスタジオにとりつけ、イスラエル国民に爆破の瞬間を見せる）。革命の同志の記念碑を、偽装爆弾を仕掛けた代替物にすり換え、記念式典でフセインがその記念碑に頭を下げている間に爆発させる。そのほか、イラクの独裁者を抹殺するさまざまな案が出された。

そして最終的に、きわめて警備が厳しいバグダッドから離れたところ、影武者ではなくフセイン当人であることを誰もが確実に確認できる唯一の場所で暗殺を遂行することに決まった。その場所とは、ティクリートにあるフセインの家族の墓所である。フセインにとってきわめて身近な人物の葬儀があれば、フセインは必ずそこへ来る。ちょうどそのころ、フセインを育てた叔父のハイラッラー・タルファーフが重病を患っていた。

モサドは、ヨルダンで治療を受けているタルファーフの容態をひそかに追跡し、死亡の知らせが届くのを待ったが、タルファーフはなかなか死なない。そこでモサドは計画を変更し、タルファーフの死を待つのではなく、イラク国連大使バルザン・アル＝ティクリティを抹殺することにした。

フセイン暗殺計画の筋書きは以下のようなものだった。サエレト・マトカルの奇襲部隊がヘリコプターでティクリートまで飛び、墓地から少し離れた場所で降りてジープで墓地に向かう。そのジープは、外装はイラク軍が使用しているジープにそっくりだが、ルーフをひっくり返すと誘導ミサイルを発射できる特別な仕掛けが施されており、フセインが葬儀に来たらそのミサイルを発射して殺害する。

関係者の多くは、この作戦が成功すれば、エフード・バラク参謀総長は政界に入り、次期首相の最有力候補になると思っていた。若き少尉のころから卓越した才能を見せてきたこの人物にしてみれば、それも当然だろう。

イスラエルのネゲヴ砂漠内にある巨大なツェエリム訓練キャンプの一画にフセイン家の墓所が再現され、そこでサエレト・マトカルが作戦の練習を重ねた。一九九二年一一月五日には、国防軍の首脳が居並ぶ前で最終予行演習が行なわれた。暗殺実行部隊が持ち場につき、サエレト・マトカル内の情報官や事務官らがフセインやその側近を演じる。

ところが、計画上の不備、および長期にわたる訓練による疲労のため、実行部隊が重大なミスを犯した。生きた人間がフセイン役を演じる空砲演習のはずだったのに、マネキンを使用する実弾演習と勘違いしたのだ。空砲演習でも実弾演習でも「タクシーを呼べ」という同じ暗号が使われていたのも、混乱に拍車をかけた。

サエレト・マトカルの指揮官は、空砲演習のつもりで「タクシーを呼べ」と命じた。ところが、ジープに乗っていた実行部隊の指揮官は、実弾演習が始まったのだと思い込んでいた。その指揮官が「ミサイル一、発射」と命じると、部下の兵士がボタンを押し、ターゲットへ向けてミサイルの誘導を始めた。だが兵士は、すぐに異状に気づいた。数名の目撃証言によれば、その兵士はこう叫んでいたという。「何だこれは？　なんで人形が動いているんだ？」

だが時すでに遅く、ミサイルは側近たちのちょうど真ん中に着弾した。その数秒後には、第二のミサイルがそこから数メートル離れた地点に落ちたが、こちらはほとんど被害がなかった。ターゲット領域にいた男たちは死ぬか負傷するかして、すでに地面に倒れていたからだ。指揮官はとんでもない異常事態に気づいて叫んだ。「撃ち方やめ！　撃つな！　繰り返す。撃つな！」

この事件により五人の兵士が命を失い、ターゲット領域にいた残りの者はみな負傷した。

さらに困ったことに、このときフセイン役を演じていた人物は負傷しただけだった。この事件は深刻な政治問題へと発展し、バラクとほかの将官との間で責任をめぐる醜い言い争いが起きた。

この事件を受け、サッダーム・フセイン暗殺計画には終止符が打たれた。実際のところ、バラクの予想とは裏腹に、あのフセインも「砂漠の嵐」作戦後は核兵器開発プロジェクトを再開していなかった。ただし、それがわかったのは後のことである。

いずれにせよ、そのころになるとイスラエルは新たな敵に直面していた。フセインよりもはるかに危険な敵である。

第二一章　イランからの嵐

一九七八年三月一三日、不安げな表情をした二人の乗客を乗せ、豪勢なビジネスジェット機が秘密裏にテヘランを発った。二人の乗客とは、イラン駐在イスラエル大使ウリ・ルブラニと、モサドのイラン支局長ルーヴェン・メルハヴである。二人は、モハンマド・レザー・キュロス・パフラヴィー（パーレビ）国王陛下に会いに行くところだった。この人物は、イランの沿岸から一五キロメートルほど沖合のペルシャ湾上に浮かぶ、キーシュ島の別荘にいた。

国王は、イランで絶大な権力を握る誇大妄想狂の専制君主だった。イランを早く「フランス以上に発展した」国に変えたいと願うあまり、強力な軍隊の設立、最新インフラの整備、近代的な経済の構築に莫大な石油収入を注ぎ込み、臣下や臣民にも西洋化を強制した。テヘランのグランド・バザールの商人からイスラム教の聖職者に至るまで、臣民の多くはそのような改革に抵抗を感じ、不快に思っていた。だが国王は、そんな反対に動揺するどころか、軍隊や秘密機関サヴァクを使って反対派を力ずくで抑圧した。

国王はまた、アメリカとの密接な政治的・軍事的・文化的結びつきに基づいた外交政策を展開し、イスラエルの情報機関とも親密な同盟関係を構築していた。そのおかげでイランは、現金や石油と引き換えに、イスラエルから軍事用の武器や装備品を大量に入手できた。そのため国王は、イスラエルの組織がイランの地でアラブ諸国に対する数多くの重要作戦を展開するのを容認していた。

だが、ルブラニとメルハヴが不安を抱いていたのも無理はない。アメリカやイスラエルとイランとの結びつきは相変わらず強かったとはいえ、イランに対する国王の支配力は弱まりつつあった。国王に対するデモが日ごとに激しさを増し、商人、共産主義者、右派、イスラム原理主義者など、あらゆるグループによる抗議活動が活発化していた。アメリカ政府はこれまで国王の人権侵害に見て見ぬふりをしてきたが、リベラル派のジミー・カーターが大統領に就任すると、次第にデモ参加者に対する武力行使に不快感を示すようになった。そのため国王も、軍事力でデモを抑圧するわけにはいかなくなった。

しかし、そのような状況でありながらイランの王家や政府首脳は、ぜいたくなライフスタイルを変えようとはしなかった。ルブラニとメルハヴは、キーシュ島に着くとすぐにそれをまのあたりにした。この島は国王のお気に入りの場所で、一年のかなりの期間ここを本部にしていた。メルハヴはこう証言する。「そこは幹部の行楽地だった。驚くべき腐敗の証拠があちこちにあった。快楽主義的な雰囲気や浪費ぶりに衝撃を受けたよ」

イスラエル人二人がキーシュ島にやって来て国王や側近に面会したのは、反政府活動の高まりを受け、この政権にどれほどの力があるかを評価するためだった。イスラエルが懸念していたのは、きわめて有力な反政府勢力となっていたシーア派過激主義グループがレバノンの仲間と手を組み、ヤーセル・アラファートが提供したキャンプで訓練を始めていたからでもある。メルハヴは言う。「イスラエルに敵対していた主たるテロ組織、つまりレバノンのPLOと、シーア派過激主義グループとが結びつけば、イスラエルにとって重大な脅威となるのではないかという不安があった」

この反政府グループの頂点に立つ人物が、ルーホッラー・ホメイニだった。預言者ムハンマドの子孫を称する「サイイド」（「主人」を意味する）の家系に生まれ、シーア派の最高法学者にあたる

「大アーヤトッラー」の称号を得ていた人物である。故郷のホメインで暮らしていた若いころは、信仰の複雑な問題に精通した説教師として有名な存在だったが、当時はまだカリスマ的な演説の才能を発揮してはいなかった。ところが一九六二年、六〇歳になったときに劇的な転機が訪れた。隠遁期間の後、神の使いである大天使ガブリエルの訪問を受け、アラーから偉大な運命を授けられていると告げられたと確信して寝室から姿を現したのだ。

この使命をまっとうするため、ホメイニは生まれ変わった。これまでのわかりにくい説教スタイルをやめ、シンプルな説教を始めた。二〇〇〇語以上の単語を使わないようにし、神秘的な呪文のように聞こえるまで特定の言いまわしを何度も繰り返した。たとえば、「イスラムこそが解決策である」という決まり文句がそうだ。そして、世界は善と悪が衝突する場だと訴え、悪は根絶・破壊しなければならず、善は裁判官となり死刑執行人となって、その義務を果たさなければならないと述べた。彼を支持する貧困層は、その言葉に魅了された。

やがてホメイニは、自分が思い描いた指導者の役割に合致するようイスラム教シーア派の教義を改変した。これまでのイスラム帝国は、常に世俗の権威と宗教の権威を分離してきた。ホメイニはその分離を取り払い、もはや国王が宗教界の聖人から助言を受けるのではなく、聖人自らが政府を司るべきだと宣言した。エジプトやシリアの大統領、サウジアラビアやイランの国王など、明らかに宗教的でないイスラム世界の君主や首長は、みな正統性がなく、その役職に値しない。「イスラムこそが解決策である」という言葉が示すとおりである。

ホメイニが主張する殉教の考え方もまた、権力掌握の地盤を固めることを目的としていた。ホメイニは支持者にこう説いた。政府にできる最高の制裁は、市民の処刑である。だが、その死を信者が望む殉教と考えれば、この制裁は意味をなさなくなり、政府は無力になる。「われわれを殺せ。われわれもおまえたちを殺す！」後には、近親者や隣人を亡くした家族に、イランの聖戦での殉教を記念して喜びにあふれた祝賀会を催すよう指導してもいる。

ホメイニはさらに、シーア派神学のきわめて重要な伝統的習慣さえ破壊し、自分を「イマーム」と呼ぶことを信者に認め、それを奨励さえした。シーア派の伝統では、イマームはユダヤ・キリスト教のメシアとほぼ同じ意味を持ち、終末の日に先立って降臨すると言われている。

一九六三年、ホメイニは新たな教義を構築して間もなく、イランの聖都コムで国王に対する公然たる抵抗運動を始めた。これに対して国王は、アーヤトッラーの称号を持つ人物を殺害するリスクを怖れ、国外に追放した。ホメイニはトルコやイラクで亡命生活を続けた後、フランスに渡った。

そしてその地で説教活動を続け、さらに支持者を増やしていった。その結果一九七〇年代になると、ホメイニは国外にいながら、イランの反政府勢力を率いる最重要人物となった。ルブラニとメルハヴがキーシュ島を訪れたころにはすでに、ホメイニの説教を録音したカセットテープが推計六〇万本もイラン国内にあふれていた。モスクでも市場でも、農村でもテヘランを囲む丘陵でも、数百万もの市民が、いかめしい顔をした狂信的な聖職者の扇動的な説教に耳を傾けていた。カセットテープは瞬く間に官庁にさえ広まった。

そこにはこんな言葉が収められていた。「ユダヤのスパイ、アメリカのヘビとも言うべきあの軽蔑すべき国王の頭を、石で叩きつぶさなければならない」「国王は、自分が市民に自由を与えていると言う。だが、ふくれあがったひきがえるめ、よく聞くがいい！　自由を与えているというおまえは何者だ？　自由を与えるのはアラーだ。自由を与えるのは法だ。自由を与えるのはイスラムだ。おまえはどういうつもりで、われわれに自由を与えていると言うのか？　誰がおまえに何かを与える力を与えた？　何様のつもりだ？」

ホメイニのカセットの配布には、もちろん国王の秘密機関サヴァクも監視の目を光らせていた。しかし、サヴァク幹部がそのカセットの配布センターを襲撃する許可を国王に求めても、その要求が承認されることはなかった。その理由は、人権侵害を非難するカーター大統領からの圧力があったからでもあるが、がん治療を受けていた国王が衰弱し、意識が混乱していたからでもあった。ルブラニやメルハヴも、国王の病気については何も知らなかった。ひた隠しにされていたのである。

謁見《えっけん》を認められたのはルブラニだけだった。国王からは温かく迎え入れられたが、間もなく会話が何の脈絡もないことに気づき、重苦しい気持ちを抱えたまま、金箔で装飾された壮麗な部屋をあとにすると、メルハヴにこう語った。「国王は現実とかけ離れた自分だけの妄想の世界を生きている。周囲にいる太鼓持ちたちは、イラン情勢について本当のことを伝えようとしない」。イランの情報機関の幹部と面会したメルハヴも、同様の見解を抱いた。

この訪問を終えた直後、二人はイスラエルの安全保障機関に警告を発した。国王の支配体制は瓦解しつつある。世俗的な反政府勢力と宗教的な反政府勢力が珍しく手を結んで抵抗運動を展開しているのに、政府は目に余る腐敗にうつつを抜かし、外部の世界にまるで関心がない。パフラヴィー王朝の終焉《しゅうえん》が迫っている、と。

だが、この警告に耳を貸す者はいなかった。イスラエルの外務省もモサドも、あるいはＣＩＡも、メルハヴやルブラニが間違っているのだと思い込んでいた。国王の支配は盤石であり、イランはイスラエルやアメリカの同盟国であり続けるとたかをくくっていた。

その判断は重大な過ちとなった。ホメイニはパリの本部から、数千人規模の抗議行動を指揮した。その規模はたちまち数万人、数十万人に増え、イラン全土に拡大した。

一月一六日、病気で衰弱していた国王は、アメリカの支援がなければ荷物をまとめて出ていくよりほかないと判断し、イランの土のかたまりをいくつか箱に詰めると、妻やわずかばかりの側近とともにエジプトへ亡命した。

翌日、国王から国の支配を一任されたシャープール・バフティヤール首相が、モサドのイラン支局長に新たに就任したエリエゼル・ツァフリルに会い、率直にこんな要求を切り出した。ホメイニを、現在暮らしているパリ郊外で暗殺してもらえないか？　この要請を受け、モサド長官イツハク・ホフィは、テルアビブのキングサウル通りにある本部に上級スタッフを緊急招集した。

イスラエルにとって、この要請を受ける利点は明らかだった。何よりもまず、サヴァクに絶大な恩を売ることができる。それに、暗殺に成功すれば歴史の流れを変え、イスラエルやユダヤ人をはっきり敵視しているホメイニの権力掌握を阻止することもできる。会議に参加したモサドの面々は、さまざまな点を議論した。この暗殺計画は作戦上、実現可能なのか？　ホメイニは本当にそれほど重大な脅威なのか？　もしそうだとしても、シーア派の最高指導者を暗殺するリスク、それをフランスの領土内で行なうリスクを背負う覚悟がイスラエルにあるのか？

カエサレア隊長マイク・ハラリの代理人は、作戦面で難しい問題はないが、このような工作の場合、失敗する可能性も当然あると述べた。限られた時間内で作戦を遂行しなければならないとなれば、なおさらだ。

一方、イランに駐在していたある局長はこう主張した。「ホメイニをイランに帰国させればいい。どうせ長くはもたない。ホメイニにも街路で抗議活動を行なう暴徒にも、軍やサヴァクが対処してくれる。ホメイニはイランの過去であり、イランの未来ではない」

ホフィ長官は、「原則的な理由から要請を拒否したい」意向を明らかにした。「政治指導者に対して暗殺という手段をとるのに反対」だったからだ。

イラン担当上級調査アナリストのヨシ・アルペルの意見はこうだった。「ホメイニの立場や、その立場を当人が認識している可能性について十分な情報がないため、リスクを冒してでも行なうべきかどうか正確に評価できない」。ホフィは結局、アルペルのこの見解を受け入れ、ツァフリルにはバフティヤールの要請を断るよう伝えることにした。

このエピソードは、暗殺を安全保障の一手段として積極的に利用してきたイスラエルも、政治指導者の暗殺にはためらいがあったことを如実に物語っている。たとえその人物が、公的な要職についていなかったとしてもである。

後になってアルペルは、「あの会議から数カ月後にはもう、あの男（ホメイニ）がどれほどの人物かわかった」と述べ、こう続けた。あの日の判断を「ひどく後悔」している。モサドがホメイニを抹殺していれば、歴史はもっとよい方向へ進んでいたかもしれない、と。


二月一日、ホメイニがテヘランのメヘラーバード国際空港に降り立つと、イランではかつてなかったほど輝かしい歓喜の声に迎えられた。この男は、テープに録音された声の力だけで君主制を崩壊させ、イスラム共和国の夢を実現した。広大な土地に豊富な天然資源を有し、世界第六位の軍事力、アジア最大の兵器保有量を誇るイランを、ほとんど実力行使に頼ることなく支配した。

ホメイニは最高指導者としての最初の演説で以下のように語った。「一四〇〇年にわたりイスラムは息絶えていたか死に瀕していた。われわれはそれを、若者の血をもって復活させた。（中略）いずれエルサレムも解放し、そこで祈りを捧げることになろう」。国王が亡命する前に任命したシャープール・バフティヤール首相の政権については、短く鋭い一言で片づけた。「その権力を徹底的に破壊する」

そして、アメリカを「大きなサタン」、イスラエルを「小さなサタン」と呼んだ。だが、当のアメリカやイスラエルは、この革命を一時的な現象と見なしていた。一九五三年にも、左派の反乱軍により国王が追放されたことがあったが、国王がアメリカやイギリスの情報機関の手を借りて政権の座に復帰していたからだ。だがホメイニの台頭は、長年の扇動の結果であり、多くの大衆からの絶大な支持を受けていた。世故にたけた老練な軍幹部もホメイニ側につき、反革命のあらゆる試みを見つけてはつぶした。

一一月、ホメイニを支持する学生の暴徒がテヘランのアメリカ大使館を占拠し、外交官や職員を人質にとると同時に、アメリカの情報資料を大量に押収する事件が発生した。この事件とその人質救出作戦（「鷲の爪」作戦）のみじめな失敗により、アメリカは面目を失い、それがカーター大統領の再選を阻む一因となった。当時、CIAの戦略調査室の高官だったロバート・ゲイツ（後のCIA長官および国防長官）は言う。「われわれは新たな脅威を前に何もできなかった」

もはやアメリカ政府にとってもイスラエル政府にとっても、中東最大の友好同盟国だったイランが、不倶戴天の敵に変わってしまったのは疑いようがなかった。

間もなく、ホメイニの野望が、イランでイスラム共和国を建国するだけにとどまらないことが明らかになった。この男は、一国だけでなく中東全域にイスラム革命を広げようとしていた。

その野望は、まずレバノンから始まった。

イスラム革命を広げる使命を受け、レバノンに派遣されたのは、シーア派の聖職者にして、ホメイニの亡命生活を支えた最側近の一人、アリー・アクバル・モフタシャミプールだった。イラクにおけるシーア派の聖都ナジャフで学業に励んでいたときに、その街で亡命生活を送っていたホメイニと会い、それ以来イラクやフランスでの亡命生活をともにしてきた人物である。一九七三年、モフタシャミプールは中東におけるイスラム解放運動組織との関係を構築するため、ほかの忠臣数名とともに中東に派遣され、みごとPLOとの同盟締結に成功した。以後PLOは、17部隊の訓練基地にホメイニの部下を受け入れることになる。

この訓練基地でPLOはイランの若者に、破壊工作や情報活動の方法やテロ戦術を教えた。アラフアートは、ホメイニの部下の訓練を引き受ければ、それだけパレスチナ人への支持を広げ、自分の国際的な力も高まると思っていた。一方、ホメイニやモフタシャミプールはこれを、イランで成し遂げつつあったイスラム革命をレバノンにまで広げる集中的な長期戦略の一環と考えていた。レバノンは小国ながら中東の中心にあり、扇動しやすい貧しいシーア派教徒を大勢抱えている。それを利用し、イスラエルと国境を接しているこの国に「われわれがエルサレムに向かうための戦略的前進基地」を確保しようというのだ。一九七九年になるころにはすでに、数百人のシーア派教徒がゲリラ兵としての訓練を受けていた。

やがてホメイニがイランに帰国して権力を掌握すると、モフタシャミプールが中心となってイスラム革命防衛隊が創設された。国内のホメイニの支配体制を維持する部隊である。

イラン革命までは、イスラム国家という理想は現実からかけ離れた抽象的な願望でしかなかった。ところがいまでは、イランの急進的なイスラム大学やレバノンの訓練キャンプで教育や訓練を受けた男たちが、国土を支配していた。

国王失脚からおよそ三年が過ぎ、テヘランに革命が定着すると、ホメイニはモフタシャミプールをシリア駐在イラン大使に任命した。このポストには二つの役割があった。表向きはほかの大使同様、イラン外務省の使者でしかない。だがその裏では、革命防衛隊の幹部として、ホメイニから直接指令を受け、毎月数百万ドルもの予算と大勢の人員を意のままに操れる立場にあった。この二つの役割のうち、後者の極秘の役割のほうがはるかに重要だったことは言うまでもない。

当時、レバノンのかなりの部分がシリア軍に支配されていた。イランの革命軍がその地で効果的な活動を行なおうとすれば、シリアのハーフィズ・アル＝アサド大統領との取引が欠かせない。つまりモフタシャミプールの仕事とは、外交手腕を駆使してシリアと軍事同盟を結ぶことにあった。

イスラエルは共通の敵だとはいえ、アサドは当初、モフタシャミプールの提案に警戒感を抱いた。

イランの大使は革命への情熱に満ちあふれている。そんなイランが引き起こすイスラム急進主義的な怒りがやがて制御不能になり、自分の政権に牙をむいてくるかもしれない。世俗的なアラブ人だったアサドは、それを怖れていた。目先の利益以上に悪い影響があるのではないかと考えたのだ。

だが、一九八二年六月にイスラエルがレバノンに侵攻すると、アサドは考えを改めた。

このレバノン侵攻は、イスラエルだけでなくシリアにも手痛い教訓となった。イスラエル軍に直面したシリア軍は、壊滅的な打撃を受けた。最悪の被害を受けたのが、シリア空軍である。シリア空軍は、アサドがかつて指揮を担って以来、手塩にかけて育ててきたアサドの誇りでもあった。その空軍の戦闘機が、四六時間の戦闘の間に八二機も撃墜されてしまったのだ。イスラエル側は一機を失っただけだった。

アサドはイスラエルによるレバノン侵攻を受け、シリアには従来の戦闘でイスラエルに対抗できる見込みはなく、間接的に損害を与えるほかないとの結論に至った。イスラエルは撤退する際に、イスラエル北部地域を攻撃から守るためレバノン国内に軍を残していったが、それこそまさにシリアの思うつぼだった。シリアはこのレバノン占領軍に対し、ゲリラ戦を展開した。

当時レバノンのイスラエル軍を指揮していたメイル・ダガンは言う。「残念なことに、アサド・シニア（現在の大統領バッシャール・アル＝アサドの父ハーフィズを指す）はずる賢い男だった。一銭も出さずに、イスラエル人から血を搾り取る組織をつくりあげた」

その組織とは、イランの支援を受け、モフタシャミプールが中心となって設立した、シーア派民兵から成る革命防衛隊である。一九八二年七月、シリアはイランと軍事同盟を結び、モフタシャミプール指揮下の革命防衛隊がレバノンで活動するのを認めた。革命防衛隊は、学校やモスクといった社会施設や宗教施設を建設するなど、シーア派市民に民生支援を行なった。また、貧しい人々や助けを必要としている人々（ドラッグやアルコールの中毒者など）に、比較的レベルの高い医療を提供するなど、福祉支援も行なった。つまりイランは、イスラム教スンニ派とキリスト教徒が多数を占めるレバノンで疎外されていたシーア派市民に、政府がこれまで提供してこなかったあらゆる支援を提供した。だがその一方で、革命防衛隊はゲリラ軍の訓練や武装を行ない、ＰＬＯが抜けた穴を埋めていった。この組織はそれから二〇年もしないうちに、中東で支配的な影響力を持つ政治・軍事組織となる。当初からその歴史的重要性を認識していたモフタシャミプールは、この新たな組織に壮大な名前をつけた。

ヒズボラ（「神の党」）である。

レバノンの小村デイルカヌーンアルナフルに暮らす貧しいシーア派の一家に、アフマド・ジャアファル・カシルという一六歳の少年がいた。両親の話によれば、「きびきびしていて察しがよく、そんな性格のおかげで積極的で独立心の強い子に育った」らしい。四歳のときにはすでに、父親よりも先に畑へと走っていき、父親が農作業を始めるころにはもう野菜を収穫して家に帰ってきたという。やがて、地元のモスクへ行って祈りを唱えたりコーランを読んだりするようになると、そこが第二のわが家となった。

カシルもまた、ヒズボラの熱意のとりこになったシーア派教徒の一人だった。一九八二年秋、イスラム聖戦機構と呼ばれるヒズボラの極秘軍事組織に参加すると、イスラエル軍に対する軍事作戦を秘密裏に実行した。また、目端がきく特長を生かし、ベイルートから「敵軍と戦うために必要とあらばどこへでも」武器を運んだ。

一一月一一日の午前七時前、カシルは南部の街スールで爆弾を積んだ白いプジョーを運転し、イスラエル国防軍が地域本部として利用している七階建てビルに向かった。そしてビルに近づくと、一気にアクセルを踏み込み、ビルの基部めがけて突っ込んだ。

カシルは自爆したのだ。

この爆発によりビルは破壊され、イスラエルの国防軍兵士、国境警備隊員、シン・ベト工作員計七六人と、レバノン人の職員、軍にさまざまな許可を申請しに来た民間人、および捕虜二七人が死亡した。イラン国外では初めてのイスラム急進主義者による自爆テロだった。これほどの人数のイスラエル人が殺害された事件は、あとにも先にも例がない。

ヒズボラはその後数年にわたり、この事件への関与や関係者の身元について口を閉ざしていた。出身の村にカシルを追悼する記念碑が建てられ、ホメイニが家族に宛てた感謝状が公開され、カシルが死んだ日が「殉教者の日」に指定されたのは、後の話である。

こうした秘密主義は、イスラエルの国防当局には都合がよかった。イスラエル側はすぐさま、自爆攻撃を防げなかった不手際を糊塗《こと》しようとした。カシルの自爆テロのような攻撃の情報を収集し、それを未然に防ぐのは、北部方面戦線で活動するシン・ベトの役目だった。当時その指揮官を務めていたヨシ・ギノサールは、国防軍の高官や部下数名と共謀し、真実から遠ざける方向へこの事件の調査を誘導した。その結果この爆発は、シーア派の新たな軍事組織による向こう見ずな作戦どころか、「キッチンのガスボンベの技術的故障」に起因するものと結論づけられてしまった。

ギノサールの措置は、確かにきわめて利己的だったかもしれない。だが、シン・ベトに限らず、どのイスラエルの情報機関も当時は、レバノンの瓦礫のなかから新たな武装勢力が現れてきたことにまるで気づいていなかった。それ以前からヒズボラは、軍の車両に対する砲撃や地雷敷設などのテロ攻撃を行なっていたが、アマンやシン・ベトはそれを「イスラエル軍への単なる戦術的妨害行為」としか考えていなかった。

当時のアマン高官で、後にラビン国防大臣の軍事顧問を務めたイェクティエル（クティ）・モルは言う。「すべてを把握するまでに時間がかかった。変化の過程をすっかり見逃していた。われわれはシーア派と手を組む代わりに、キリスト教徒とのつながりを維持した。その結果、レバノン市民の過半数を敵にまわした」。それどころか、当時は誰も、レバノンのシーア派とイランとの関係を認識していなかった。ホメイニの革命軍がアサドと手を組んだことにより、これまでの力関係が崩れつつあった。５０４部隊のダヴィッド・バルカイは言う。「ダマスカスのモフタシャミプールのオフィスを起点に重要な活動が行なわれていたことに気づかなかった」

同様にイスラエルの情報機関は、このシーア派組織を中心に、イマード・ムグニエなどのベテランゲリラ兵や新兵から成る影の軍隊が形成されていることも知らなかった。一九六二年に敬虔なシーア派教徒の家庭に生まれたムグニエは、ベイルート南部の貧困層がひしめき合うように暮らす地区で育った。イスラエルのスパイで、自身シーア派教徒でもあるアミン・アル＝ハッジ（ルンメニゲ）は、こう証言する。「ムグニエの父親は、ベイルートの菓子工場で働いていた。子どものころはムグニエとも遊んだよ。始末に負えない子どもだった。しばらくして、学校を中退して17部隊の訓練キャンプに入ったという噂を聞いた。それ以来会っていない」

一九七八年半ば、ムグニエは17部隊のメンバーになった。17部隊とは、ヤーセル・アラファートの身辺を警護するファタハのエリート部隊である。アリー・サラメは、一九七九年にモサドに殺害されるまで、ムグニエを大変かわいがっていたという。それまで南ベイルートの不良グループのしがない一員だったこの男は、それ以上の人物になろうと意欲に満ちあふれていた。サラメやその後継者からは、知的で有能、カリスマ的で遠慮のない男と評された。彼らはパレスチナのスンニ派であり、ムグニエはレバノンのシーア派だったが、両者の利害は一致していた。当時のホメイニの支持者（貧困層、国外追放されたイラン人、レバノンのシーア派）はみな、自分たちを厚遇・支援してくれるＰＬＯに感謝していた。

ムグニエは17部隊の一員として活躍する一方で、ベイルートの街路を歩きまわってイスラム法に沿ったつつましいふるまいを市民に強要する徒党のボスとしても有名になった。当時のベイルートは、中東におけるリベラルな生活様式の拠点と言われるほど、ヨーロッパ式の生活習慣が蔓延していたからだ。そのころになるとイスラエルの情報機関も、ベイルートで売春婦や麻薬の売人の膝を撃ち抜く「抑制のきかない過激なサイコパス」がいるという報告を受け取るようになった。

それから三年後、ＰＬＯがベイルートから撤退すると、ムグニエやその兄弟（フアドやジハード）はレバノンに残る決意を固め、今後の台頭が見込まれるヒズボラに加入した。ムグニエは瞬く間にその重要工作員の一人となり、シャイフ・モハンマド・フセイン・ファドラッラーの護衛隊の隊長を半年間任されるほどになった。ファドラッラーとは、レバノンにおけるシーア派の最高権威で、「ヒズボラの精神的羅針盤」と言われた人物である。ムグニエはまた、ダマスカスのモフタシャミプールのオフィスで開かれる会議に、ファドラッラーの代理として出席し、イランの高官やシリアの情報機関の職員とともに、レバノンでの戦略を練った。当時のレバノンは、南部はイスラエル、そのほかの地域の一部は多国籍軍の占領下にあった。多国籍軍はアメリカ、フランス、イタリアの兵士で構成され、国土を荒廃させる激しい内戦を終わらせるためレバノンに派遣されていた。

シリアもイランも、こうした占領軍をレバノンから追放したいと思っていたが、直接交戦しても勝てる見込みはない。そのためダマスカスでの会議では、破壊工作やテロ活動などの隠密作戦で対抗することに話が決まった。

ムグニエはその作戦を実行に移す仕事を任された。そこで、モフタシャミプールと協力してイスラム聖戦機構という組織をつくり、カシルを勧誘し、スールのイスラエル軍司令部を爆破したのである。それは、活動の開始を告げる衝撃的なテロ攻撃となった。ファドラッラーは一九八三年二月、宗教的随想集に掲載された記事のなかで、未来についてこう述べている。「われわれには思いがけない未来が用意されている。ジハードはつらく厳しい。それは努力、忍耐、犠牲、進んで自らを犠牲にしようとする精神を通じて、内から湧き出てくる」

この「自らを犠牲に」という言葉には、ホメイニが若者に勧めていた殉教と同じ響きがある。ホメイニを信奉する若者（なかには子どももいた）は洗脳され、侵攻するイラク軍が敷設した、間違いなく死の危険がある地雷原を突き進んでいった。だがファドラッラーはそこからさらに踏み込み、ジハードのため「自らの意志で」死ぬことさえ承認した。ヒズボラがレバノンで始めた自爆テロ作戦がまさにそうだ。その方法はやがて洗練され、芸術の域にまで達した。

一九八三年四月一八日、ムグニエの部下の一人がバンに乗って、ベイルートのアメリカ大使館の正面玄関に突っ込み、そこに積まれていた一トンもの爆発物とともに爆発炎上した。これにより建物の正面部分は全壊し、ＣＩＡのレバノン支局のメンバーほぼ全員を含む六三人が死亡した。そのなかには、ＣＩＡにおける中東のベテラン専門家だったロバート・エイムズもいた。

一〇月二三日には、またしても自爆テロ犯がトラックに大量の爆発物を載せ、ベイルートの多国籍軍の二つの施設に突っ込んだ。アメリカ海兵隊の兵舎では二四一人、フランスの空挺部隊基地では五八人の平和維持軍兵士が死亡した。ムグニエは、近隣の高層ビルの屋上に座り、望遠鏡で経過を観察していたという。このときには、燃え上がる海兵隊の施設から一・五キロメートルも離れているシン・ベトのベイルート本部にまで、コンクリートの破片や死体の一部が飛んできた。

一九八三年一一月四日には、スールの陸軍基地を警備していたイスラエルの国境警備隊員ナカド・サルブフが、猛スピードで接近してくる不審なピックアップトラックに気づいた。サルブフが発砲し、一三〇発の弾丸を浴びせても、トラックは止まらない。自爆テロ犯はそのまま基地に突っ込み、そこに積んであった五〇〇キログラム爆弾を爆発させた。基地内にあったシン・ベトのオフィスが入っていた建物は瓦礫と化し、周囲の建物やテントも被害を受けた。これにより六〇人が死亡し、二九人が負傷した。

イスラエルは、ちょうど一年前にスールで起きた初めての自爆テロについては、技術的故障ですませることもできたかもしれない。だが、スールで二度目の自爆テロが起きたころには、もはやそんなごまかしは通用しなかった。こうしてモフタシャミプールは、ムグニエが計画・指揮したこれらの自爆テロにより、望みの成果を手に入れた。間もなく多国籍軍は解散し、イスラエル軍もレバノンのほとんどの地域からの段階的撤退を決めた。イスラエル軍はもはや、レバノンの南国境線沿いに帯状に設定された「警戒区域」に集中的に展開されるだけとなった。

このスールでの二度目の攻撃により、イスラエルの情報機関はようやく、重大な脅威となる新たなタイプの敵が現れつつあることに気づいた。やがてモサド、シン・ベト、国防軍各局の幹部の間で、またしても暗殺という選択肢が話題にのぼるようになった。ターゲットはもちろん、この新たな敵である。

イマード・ムグニエが最重要ターゲットになることは間違いなかった。だが、ムグニエについてはほとんど情報がなかった。色あせた写真が一枚あるだけで、どこにいるかもわからない。その一方でモサドは、イランとヒズボラとの密談が、ベイルートではなく、ダマスカスのイラン大使館内にあるモフタシャミプールのオフィスで行なわれていることを突き止めた。

一九八三年末、モサド長官ナフム・アドモニは、イツハク・シャミール首相にレッドページへの署名を求めた。付属資料には、ベイルートのアメリカ大使館やアメリカ海兵隊兵舎への攻撃など、繰り返される自爆テロの内容がつづられている。

レッドページ上には、アリー・アクバル・モフタシャミプールの名前があった。公式にはシリア駐在イラン大使を務める人物である。気楽に承認できる内容ではないため、首相はためらい、議論が続いた。原則的にイスラエルは、ユダヤ民族にいかに敵対していようと、主権国家の官吏の暗殺は控えていた。だが、ヒズボラの活動を抑えるためには、何らかの措置が必要だ。重要な人物に死んでもらわなくてはならない。
シャミールはレッドページに署名した。

まず問題になるのが、モフタシャミプールに近づく方法だった。この人物はたいていテヘランかダマスカスにいるが、両方とも標的国の首都である。標的国では、カエサレアも特別な事態でなければ暗殺を実行してはならないことになっている。そもそも両首都は、疑い深い警官や秘密機関のメンバーがうようよしており、とりわけ困難な場所と考えられていた。それに、モフタシャミプールにはいつも武装した護衛や運転手がつき添っている。そのため、ターゲットがよく行く場所やターゲット自身に近づかなければならない工作案（射殺、爆弾の設置、毒殺）はすべて除外された。工作員が捕まるおそれがあるからだ。

こうして一つの選択肢が残った。偽装爆弾を仕掛けた小包の郵送である。だが、このアイデアが提案されると、即座に反対の声があがった。イスラエルの情報機関には、小包や郵便物を利用した経験がすでに何度もあった。そのうちの二回は、確かに成功した。一九五六年に、ガザでエジプト軍情報部の指揮官を、ヨルダンのアンマンでエジプト大使館付武官をこうした小包で殺害している。だが、エジプトのドイツ人科学者、ダマスカスのナチ戦犯、世界中のPLOのメンバーに送付したそのほかの郵便物はすべて、事前に発見されるか、別の人間が開封するか、当人が開封したとしても、けがをするだけで死には至らなかった。

カエサレアのあるベテラン隊員は言う。「あのときは、ばかばかしいし、子どもじみていると言った。ターゲットを完全に抹殺できる保証のない方法を選ぶのか、とね」。だが、反対意見は封殺された。工作員を危険な目にあわせずにすむ方法は、爆発物の郵送以外になかった。

一九八四年二月一四日、ダマスカスのイラン大使館に大きな小包が届いた。送り主を見ると、イラン人が所有するロンドンの有名出版社の社名が記されている。大使館の受付係は、そこにはっきり「親展」と書いてあるのを見て、二階のモフタシャミプールのオフィスにそれを届けた。大使の秘書が包みを解くと、段ボール箱のなかから、イランやイラクのシーア派の聖地について英語で記された豪華本が現れた。秘書は装丁を少しながめた後、大使の部屋にその本を持っていった。

それを受け取ったモフタシャミプールが何げなく本を開くと、大爆発が起きた。この爆発によりモフタシャミプールは、片方の耳と手、もう一方の手のほとんどの指を吹き飛ばされた。爆弾の金属片により片目もつぶれた。後にイランのテレビでこう語っている。「こう本を開いていたら（と言いながら顔の近くでそろえた両手を広げる）、頭が吹き飛んでいたかもしれない。だが実際には、テーブルに本を置いて、こう開いた（と言いながら架空の本から顔や体を離す）。爆発で壁に穴が開き、私の片手がその壁のなかに埋まっていたよ。本をこう開いていたら（と言いながら顔に近づける）、この顔も首から引き裂かれていただろうね。爆発で飛んできた破片のせいで、体のところどころに傷痕がある」

またしても郵便爆弾は失敗に終わった。この計画に反対したカエサレアのベテラン隊員は言う。「『否定的処置』の目的は、対象を殺害することにある。死にかけたぐらいでは意味がない。生きていたのなら失敗したということだ」。イスラエルは犯行声明を出さなかったが、イランは間違いなくモサドの仕業だと確信していた。

モフタシャミプールは、この事件により命を失うどころか、聖戦により重傷を負った戦士として、革命のシンボルに祭り上げられた。ホメイニはこの友人に以下のような手紙を送っている。「世界帝国主義の悲しむべき犠牲となったきみが気の毒でならない。一刻も早く健康を回復し、世界中の哀れな人々のためにイスラム革命の先頭に立って不屈の闘争を続けてくれることを願っている」

モフタシャミプールに障害を負わせたところで、ヒズボラの作戦には何の変化もなかった。実際のところで、殺害に成功していたとしてもさほど効果はなかっただろう。もうそんなことをしても手遅れだったのだ。モフタシャミプールが一〇年前に組織化を始めた、貧しいシーア派教徒たちによる寄せ集めの軍隊は、そのころになると巨大組織に成長していた。ヒズボラはもはや、少人数のゲリラ部隊ではなく、政治・社会運動と化していた。この男がレバノンで始めた一大事業は、すっかりレバノンのシーア派の間に定着し、数千人もの若者やほとんどの重要な聖職者の支持を獲得していた。

イスラエルはいまや、イランの代理組織であり、合法的な社会大衆運動でもある強力な敵と対峙していた。

ヒズボラの聖職者たちは、その大半がレバノン南部のシーア派の村に居住し、狂信的な宗教的情熱と新種のレバノン愛国主義をうまく結びつけた活動を展開した。新たなレバノン愛国主義とは、シーア派の統一とシオニスト占領軍への憎しみを中心とするものだった。

ヒズボラ草創期に現れたこれら地元の宗教指導者のなかでも最重要視されていたのが、レバノン南部の町ジブチットのイマーム、シャイフ・ラゲブ・ハルブである。力強い眼光を放つ聡明なこの聖職者は、ホメイニが一時期亡命生活を送っていたイラクの聖都ナジャフで教育を受けて帰国すると、レバノン南部でヒズボラのプロパガンダや説教を始めた。

ハルブは聖職者であって戦闘員ではないが、この人物の話はメイル・ダガンの耳にも届いた。当時ダガンはこう思ったという。「ハルブは南部の重要な宗教指導者になりつつあり、イスラエルやその国民への攻撃を絶えず呼びかけている」

そのためダガンは、ハルブ暗殺の許可を要請した。ハルブ自身はイスラエルへのテロ攻撃に参加してはいないが、絶えずそれを扇動していたからだ。当時、ヒズボラとの泥沼の戦闘にはまり込み、閉塞感にとらわれていたイスラエル政府は、どんな活動のアイデアも喜んで受け入れた。そこでダガンは、以前設立した架空のゲリラ組織「外国勢力からのレバノン解放戦線」の過去の作戦で使用したレバノン人エージェント二人を派遣した。イラン大使館でのモフタシャミプール暗殺未遂事件から二日後の二月一六日金曜日の夜、二人はある道路の曲がり角で待ち伏せをした。ジブチットの自宅に向かうハルブの車がその曲がり角で減速したとたん、二人は車に無数の銃弾を浴びせ、この若き指導者の命を奪った。

ハルブはすぐさま殉教者に祭り上げられた。コムのイスラム大学では追悼式が催され、イランの高位聖職者の一人、大アーヤトッラーのホセイン・アリー・モンタゼリがレバノンのシーア派の仲間に、ハルブの偉業を称える弔辞を送った。死後一〇〇日目にはハルブの記念切手が発行され、その肖像写真が、年々増えつつある殉教者の肖像写真のいちばん上に掲げられた。イスラエルとのいかなる交渉も拒否するよう訴えたハルブの言葉「交渉手段は武器しかない。握手は承認を意味するだけだ」は、それ以来ヒズボラの主要スローガンとなった。

そのころダガンは、やはりレバノン南部のシーア派の重要人物で、ハルブとも親交があったモハメド・サアドの暗殺作戦も進めていた。サアドは、イスラエルに対するゲリラ活動に頻繁に参加していたほか、自身が管理していたマラカ村のフサイニヤ（モスクとは別の祈禱の場）に、大量の武器や爆発物をため込んでいた。一九八五年三月四日、ダガン配下のエージェントがサアドの武器庫を爆破すると、この爆発によりサアドとその部下一人、ほか一三人が死亡した。

モフタシャミプールの暗殺未遂事件やハルブやサアドの暗殺作戦を見ると、イスラエルの工作部隊がヒズボラを相手にいかに苦労していたかがわかる。モサドは暗殺をなるべく「青と白」（イスラエル国旗の色）、つまりイスラエル人工作員に実行させるようにしていたが、ハルブやサアドの暗殺の際には地元のエージェントを使った。モフタシャミプールの暗殺の際も、確実性に乏しく一般市民に害を及ぼしかねない郵便爆弾という手段に頼らざるを得なかった。しかも、彼ら三人はヒズボラの主要指揮官というわけではない。ターゲットとして最優先されるべきイマード・ムグニエについては、ほとんど情報が得られなかった。

サアドの暗殺から四日後には、「精神的羅針盤」と呼ばれたシャイフ・ファドラッラー暗殺作戦が決行されたが、これも成功には至らなかった。一九八五年三月八日、ベイルートにあるファドラッラーの自宅近くで自動車爆弾が爆発した。

だがファドラッラーは無傷だった。八〇人が死亡し、二〇〇人が負傷したが、その大半は、ファドラッラーが説教するモスクを訪れていた礼拝者たちだった。あとはファドラッラーの護衛が数名死んだだけだ（そのなかにはイマード・ムグニエの弟ジハードもいた）。

それでもイスラエルは相も変わらず、レバノン問題を暗殺で解決しようとした。一九八六年にはイスラエルの情報機関が、パレスチナ解放人民戦線総司令部派の指揮官アフメド・ジブリルがヒズボラを支援している事実を突き止めた。以前からジブリルを抹殺したがっていたイスラエル政府は、この情報にもとづいてジブリル暗殺を承認した。作戦のための情報収集にはかなりの時間がかかったが、やがてジブリルが総司令部派の本部を頻繁に訪れていることが明らかになった。その本部は、ベイルートのすぐ南、地中海沿岸の街ナアメにある入り組んだ洞窟のなかにあった。一九八八年一二月八日夜、イスラエル国防軍は、ジブリル暗殺と本部破壊を目的とする大規模な陸上作戦を実施した。

だがこの「青と茶」作戦は、恥ずかしくなるほどの大失敗に終わった。そもそもターゲットエリアに関する情報が驚くほど不完全だった。兵士たちは予期しない自然の障害物に行く手を阻まれているうちに、その存在さえ知らなかった監視所の衛兵に見つけられ、奇襲の機会を失った。

そうこうしているうちに、暗殺部隊の指揮官の一人だった中佐が殺害された。兵士四人が道に迷い、後に空軍が手の込んだ作戦を展開して救出するはめになった。また、爆発物を背負った犬を洞窟のなかに入り込ませ、遠隔操作で爆発させる計画だったが、その犬が銃撃に怖れをなして逃走し、後にヒズボラに捕まったため、イスラエル国防軍が極秘に組織していたオケッツ軍用犬部隊の存在が相手にばれてしまった。だが最大の失敗は、その晩アフメド・ジブリルが現場にいなかったことだった。

一九八〇年代後半になるころには、ヒズボラのほうがはるかに優れた情報収集能力を備えていた。ゲリラ戦には情報が欠かせないからだ。イスラエルが十分に情報を収集できなかった一因は、虐げられ抑圧されていたレバノンのシーア派をヒズボラが組織化し、そこに大義や理念を吹き込んでいた点にある。ヒズボラは、イスラエルから攻撃を受けるたびに、誰がよくて誰が悪いのかを強調し、支持者を増やしていった。その結果、イスラエルがシーア派内にエージェントを確保するのがきわめて難しくなった。金のためにイスラエル側の仕事をしようとするシーア派教徒は、日ごとに少なくなっていった。誰もヒズボラを裏切ろうとは思わなくなったのだ。

イマード・ムグニエは、優れた情報収集能力を駆使して効果的な破壊工作を続けた。イランの革命防衛隊や情報省の支援を受け、ヒズボラの戦術は洗練の一途をたどり、自爆攻撃、道路への爆弾設置、待ち伏せなどにより、小回りがきかないイスラエル国防軍に大損害を与えた。シーア派民兵組織に関する情報がほとんどない状況では、イスラエル軍兵士から流れる血は増すばかりだった。一九八四年から一九九一年までの間にイスラエル国防軍や南レバノン軍（イスラエルが設立したレバノン人民兵組織）に対して行なわれた攻撃は三四二五回に及んだ。その大半はヒズボラにより実行され、イスラエル軍兵士九八人、イスラエルに味方するレバノン人一三四人が死亡し、イスラエル人四四七人、レバノン人三四一人が負傷した。行方不明になっていたイスラエル軍兵士二人も、後に殺害された状態で発見された。

一九九一年、こうした劣勢に業を煮やしたイスラエルの情報機関は、「突破口」となるものを探し求めていた。ヒズボラを根底から揺るがし、イスラエルの優勢を取り戻す象徴的な攻撃である。

第二二章　ドローンの時代

午前一〇時、ジブチット村のイマームたちが、フサイニヤに集合するよう呼びかけを始めた。フサイニヤとはシーア派の集会場のことだ。預言者ムハンマドのいとこでシーア派の創設者とされるアリーの息子、イマーム・フサインにちなんで名づけられた。シーア派は、アリーこそがムハンマドの真の後継者だったにもかかわらず、その地位をスンニ派に強引に奪われたのだと信じており、それ以来、スンニ派から抑圧や差別を受け続けてきた。フサイニヤは、スンニ派を怖れ、ひそかに宗教儀式を行なう場だった。

だがその日のジブチットでは、もうひそかに儀式を行なう必要はなかった。シーア派の聖職者が支配する世界初の国となったイランの支援を受け、急進的なシーア派組織ヒズボラが、政治的にも軍事的にもレバノンを支配しつつあった。そのため、目抜き通りの堂々たるモスクに隣接するジブチットのフサイニヤも、いまでは改装・拡張され、白い大理石を並べた壁がきらきらと輝いていた。

この七年間、毎年二月一六日になると、モスクの尖塔《せんとう》にとりつけられたスピーカーから集会の呼びかけがあった。その日は、レバノン南部で活動していたヒズボラ初期の精神的指導者シャイフ・ラゲブ・ハルブの命日にあたる。一九八四年、イスラエルはハルブを暗殺することで、図らずもこの人物を殉教者に仕立てあげてしまった。ヒズボラの指導者や指揮官は、毎年この日になるとジブチットに巡礼し、そこで政治集会を開いていた。

一〇時三〇分になるころには、目抜き通りが大勢の男女で埋め尽くされた。誰もが仕事を途中で切りあげ、家や店舗やオフィスに施錠してフサイニヤに向かった。二台のSUV車が彼らを先導してゆっくりと進む。一台はグレー、一台は黒。ヒズボラの護衛隊らしい。

その街路のおよそ三〇〇〇メートル上空では、機首にカメラをつけた静音設計の小型飛行機が、長い行列を撮影していた。操縦士はおらず、イスラエルの北部国境に置かれたトレーラーのなかからオペレーターがその飛行機を操縦している。カメラで撮影された高画質映像は、テルアビブにある国防省の外に広がるバラ園を見わたせる、アマンの作戦司令室のスクリーンにリアルタイムで送られる。それは、一九九二年当時では驚異的な情報技術だった。誰も危険にさらすことなくターゲットを監視できるドローンである。

ドローンのカメラ映像は、ずっと長い行列を映し出している。やがてその最後尾に、四台の車がはっきりと見えた。レンジローバー二台とベンツのセダン二台である。テルアビブでアマンの職員が見守るなか、四台の車は群衆から静かに離れると、フサイニヤを通り過ぎ、その裏にある駐車場に止まった。

映像を見ていたアナリストの一人が「やつをとらえた！」と叫んだ。アマンの工作員たちは、三〇〇キロメートル以上離れたところからターゲットをはっきりととらえていた。後に行なわれた内部調査の報告書にはこうある。「突然、狩りの雰囲気がただよってきた」

イスラエルが完全に不意打ちを食らう形で始まった第四次中東戦争以来、イスラエル空軍の指揮官ベンヤミン（ベニー）・ペレド少将は、この失敗を片時も忘れたことはなかった。空軍は当時、国防予算の半分以上を受け取っていたにもかかわらず、一九七三年に始まったこの戦争では、当初のエジプトやシリアの攻撃により壊滅的な打撃を受けた。その理由は主に、重要な情報が届くのが遅すぎた点にあるとペレドは思っていた。エジプト軍が進軍していることに自分が気づいていたら、エジプト軍の準備態勢をリアルタイムで確認できていたら、空軍はもっとましな対応ができたに違いない。

この攻撃を受けた後、ペレドは極秘通信網と即時情報収集システムの構築を決意した。「グリーンズ」（空軍は、オリーブ色の軍服を着ている陸軍をやや軽蔑的にこう呼んでいた。ちなみに空軍は「ブルーズ」である）とは別の空軍専用の組織である。空軍であれば、その目的のために飛行機を利用するのが当然かと思われたが、第四次中東戦争による被害のせいで、そう簡単にはいかなかった。なにせ空軍は、この戦争で戦闘機の四分の一以上を失ったほか、損傷を受けてすぐには利用できないものも多かった。そのうえ、それまで無敵を誇っていた空軍兵の多くが銃撃にあい、殺害されたり捕虜にとられたりしていた。

だが、ペレドは思った。それなら、パイロットや数百万ドルもする弾薬の装備がいらない飛行機を使えばいいのではないか？　カメラや通信設備だけを装備した安価な小型飛行機を遠隔操作すればいい。

ペレドは、兵器局長を務めていた一〇年前から、空想的なアイデアだと言われながらも、空軍へのドローン導入を提案していた。アラブ側が入手したソ連製の地対空防空ミサイルに懸念を抱き、「相手のレーダーに戦闘機として認識されるような、きわめて安価に製造できるおとりを空中にばらまこう」と考えたのだ。アメリカが開発し、イスラエルが改良を加えたこの無人飛行機は、ロケットで打ち上げるタイプのものだった。地上に戻す際にはパラシュートを開き、機体に長い棒を固定したヘリコプターで回収する。やがてこのドローンにカメラが装備された。

だが第四次中東戦争の結果を見ると、これではまるで不十分だった。発射や回収に手間もコストもかかるうえ、きわめて危険だ。写真の処理にも時間がかかる。カメラで撮影した写真を現像し、情報分析官に送り届けるまでに、何時間もかかってしまう。

そこで新型のドローンが開発された。単独での離着陸や、車内の指揮所からの操縦が可能で、リアルタイムで映像を送信できるカメラを備えた小型無人飛行機である。こうして一九八二年になるころには、カナリア（テルアビブ中心部の地下深くにある空軍の司令部）にいる空軍幹部にリアルタイムの情報を提供するうえで、ドローンは欠かせない存在となった。レバノンのシリア軍対空ミサイル基地を攻撃する際にも、重要な役割を果たしたという。

シリアのミサイル基地攻撃に利用されたドローンは、イスラエル・エアロスペース・インダストリーズが製造した「スカウト」（イスラエルではザハヴァンと呼ばれる）の最初のモデルだった。イスラエル空軍はさらなるドローン開発でアメリカの協力を得ようと、小型無人航空機の利点をアメリカにアピールした。アメリカのキャスパー・ワインバーガー国防長官が中東を訪問し、ベイルートに次いでテルアビブを訪れた際には、国防長官のベイルート到着や市内の移動の様子をドローンで撮影し、その映像を本人に見せもした。すると、ワインバーガーはこの映像をさほど高く評価しなかったものの、随行団の面々がそのテクノロジーに強い関心を寄せた。

その結果、ペンタゴンがイスラエル・エアロスペース・インダストリーズに改良型スカウト一七五機を発注するという大口取引が成立した。このドローンはアメリカではパイオニアと呼ばれ、二〇〇七年までアメリカの海軍・海兵隊・陸軍で活用された。

ドローンの改良は年々進み、次第に搭載できる燃料が増え、カメラの性能も向上した。一九九〇年にはレーザーが装備され、静止したターゲットをビームで戦闘機に指示することも可能になった。

ドローンの改良は、イスラエル国防軍のより大規模なテクノロジー推進戦略の一環でもあった。一九八〇年代後半、国防軍は精密兵器の獲得・開発に多大な資金を投じていた。正確かつ効果的にターゲットを攻撃し、巻き添え被害をもたらす可能性が少ない「スマート爆弾」などである。一九九一年、常々「規模の小さなスマート軍隊」をつくりたいと語っていたテクノロジーマニアのエフード・バラクが参謀総長に就任すると、その戦略はさらに加速した。事実上このバラクが、その後の数十年間のイスラエル軍の方向性を決めたと言っても過言ではない。空軍のアパッチ攻撃ヘリコプターにレーザー誘導ヘルファイアミサイルを装備させたのもバラクである。

そのころ、空軍初のドローン部隊「200飛行中隊」の指揮官アリエ・ウェイスブロットと空軍作戦部幹部が、会議のなかで革命的なアイデアにたどり着いた。これまでに開発・改良されたテクノロジーを結びつけ、五つのステップから成る、きわめて致死率の高い新たな暗殺プロセスを考案したのだ。

そのプロセスは、以下のような構成になっている。第一段階で、人間であれ車両であれ、移動するターゲットをドローンが追跡する。第二段階で、ドローンがそのターゲットの映像を直接作戦司令部に送り、攻撃命令直前まで指揮官にリアルタイム情報を提供する。第三段階で、ドローンがレーザーでターゲットを指示し、アパッチ攻撃ヘリコプターがレーザー検知器でそのレーザーを拾う。これは、情報収集工程から作戦行動工程へと移行する「バトンタッチ」と呼ばれる段階である。第四段階で、アパッチ自身のレーザーでターゲットをマークし、ヘルファイアミサイルの照準を固定する。そして第五段階で、アパッチのパイロットがミサイルを発射し、ターゲットを破壊する。

情報収集と作戦行動のシステムを統合・同期させたのは、きわめて画期的だった。ドローンはそれまでにも、情報収集において重要な役割を果たしていた。そんなサポートの役割を担っていたドローンが、直接攻撃の手段へと進化したのだ。

一九九一年後半から200飛行中隊は、113飛行中隊（通称「カリバチ」飛行中隊）に所属するアパッチのパイロットと合同訓練を始めた。だが当時は空軍のなかでも（具体的な空戦術の訓練を受け、以前からその演習を繰り返していたパイロットの間では特に）、ドローンに懐疑的な意見が多かった。空飛ぶロボットを戦闘に利用するというアイデアは、どこか荒唐無稽だった。

一九九一年一二月には、イスラエルの公道を走る車をターゲットに、無数の「空砲演習」が実施された。三、四機のドローンを離陸させ、適当な車を選んでカメラでその車を追跡し、映像を指揮所に送る。それからその車にレーザーを照射し、そのまま数キロメートル先で二機のアパッチと合流する。そこで「バトンタッチ」を試み、アパッチのセンサーでドローンのレーザーを拾い、ターゲットを追尾する。アパッチの照準がターゲットに固定されたことを確認した時点で、演習は終了となる。

だが、自国の公道上の車へのミサイル発射のシミュレーションに成功したとしても、敵地にいる本物のターゲットの殺害に成功するかどうかはわからない。


一九八六年一〇月、イスラエル空軍がレバノン南部に爆撃を行なった際、F-4ファントムが放った爆弾が投下直後に爆発し、その一方の翼が大破した。搭乗していた空軍兵二人はすぐにその戦闘機から脱出し、敵地内に落下した。パイロットのほうはコブラ・ヘリコプターに救出されたが、機体からぶら下がっているところをヒズボラの民兵に射殺された。一方、ナビゲーターのロン・アラッドは発見できなかった。

イスラエル人は、捕らわれ人を救済するというユダヤ教の教えを重視し、行方不明兵や戦争捕虜を帰国させることに著しく固執する。敵地に空軍兵一人を残したまま放っておくことはできない。

間もなく、アラッドを捜索するイスラエル史上最大規模の救出作戦が展開された。「体温（ホム・ハグフ）」作戦（アラッド捜索作戦のコードネーム）に参加したあるモサド職員は言う。「たった一人のために、近代史上最大の捜索作戦を決行した。あらゆる石をひっくり返し、あらゆる情報提供者に協力を求め、どんな賄賂も払い、どんな断片的な情報も精査した」

しかし何の成果もなかった。アラッドは民兵組織の間をたらい回しにされていた。アラッドが消息を絶ってから三年後の一九八九年、イスラエルはアラッドの居場所を聞き出すため、ヒズボラの下級幹部二人を拉致した。二人のうちの一人は、暗殺されたハルブのあとを継ぎ、レバノン南部のヒズボラの宗教的指導者となっていたアブダル＝カリム・オベイドである。しかし二人をいくら尋問しても、何の情報も出てこない。ヒズボラに捕虜交換交渉を申し出ても、相手は一向に関心を示さなかった。

アラッドの捜索が難航した理由の一端は、ミスや見落とし、あるいは単なる不運にあったかもしれない。だがいちばんの理由は、ヒズボラやそれを支援するイランの情報機関にイスラエルが潜入できない点にあった。

当時ヒズボラは、軍事指導者イマード・ムグニエの指揮のもと、ますます高度なゲリラ活動を展開するようになっており、イスラエル国防軍の被害は増え、その士気は下がる一方だった。こうした状況に業を煮やしたアマン幹部は一九九一年夏、イスラエルの優勢を回復する計画を策定した。ヒズボラ議長フセイン・アッバース・アル＝ムサウィか、副議長二人のいずれかを拉致し、ロン・アラッドを返すまで人質にとる作戦である。その計画に関与したある将校の話によれば、この作戦には、「形勢を逆転し、この状況を本当に支配しているのはどちらなのかを明らかにする」という象徴的な意味もあったという。

ムサウィは、一九七〇年代にイランが組織化を始めたシーア派貧困層の出身だった。当初はPLOの17部隊のキャンプでゲリラ戦の訓練を受けたが、やがて宗教に目覚め、レバノンでシーア派神学を勉強した後、イラクのナジャフへ向かい、ホメイニの教えに従って弟子が運営しているイスラム大学で研鑽を積んだ。そして間もなく、その鋭敏な知性、優れた記憶力、ホメイニへの狂信的なまでの忠誠心により、イラクやレバノンでは誰もが知る宗教的権威となり、ヒズボラ設立の中心人物の一人となった。イスラエルが集めた情報によれば、イマード・ムグニエがアメリカやイスラエルに対して自爆テロ活動を展開するのを認める決定にも関与していたという。ムサウィは、ゲリラ戦によりイスラエル軍をレバノンから排除することを、ヒズボラの目標の一つと考え、演説でも繰り返しこう述べていた。「未来は（イスラエル占領軍に対する）抵抗運動のためにある。傲慢（なイスラエル）が打ち負かされるのも時間の問題だ」。一九九一年五月にはヒズボラの議長に就任しており、当時はレバノンで最高の軍事的・政治的地位にあった。

ベイルートでの拉致作戦が不可能ではないにせよきわめて困難なのは、当初からわかっていた。そのためイスラエルは、イスラエル国境に近く、比較的拉致しやすいレバノン南部に目をつけ、ムサウィがそこを訪問する機会を探った。

やがて、アマン調査局テロ対策部門の作戦指揮官モシェ・ザルカ中佐が、ジブチット村に焦点を絞ってはどうかと提案した。七年前の一九八四年二月一六日、ラゲブ・ハルブがイスラエルのエージェントに殺害された場所だ。ここならレバノン南部に位置しており、ヒズボラの本部があるベイルートよりもはるかに行動しやすい。

一九九一年二月一二日、アマンは待ち望んでいた情報を受け取った。これまでの慣例に従い、ヒズボラはハルブの命日に大規模な政治集会を開く。そこに、議長のムサウィやイラン革命防衛隊レバノン支部の指揮官など、ヒズボラの幹部が出席するという。

当初のプランは、集会の監視と、翌年に実施する拉致作戦の情報収集だけだった。そうしなければならなかったのは、当時イスラエルが獲得していたヒズボラに関する情報があまりに少なすぎたからだ。実際ある企画会議では、シーア派の追悼式の基本的な事柄（未亡人のところにいつ挨拶に来るのか、いつフサイニヤに集合するのかなど）についてさえ、知っている者は出席者のなかに一人もおらず、ヒズボラについて博士論文を執筆していたある中佐を呼び出さなければならないほどだった。特殊作戦司令部長のダニ・アルディティ准将は断固こう主張した。そんなわずかな情報では、とても拉致作戦の即時実行は推奨できない。だが、翌年に実施するというのなら、その準備には全面的に協力する、と。

だが、意欲に燃えていたアマン長官ウリ・サグイ少将は、二月一三日に開かれたアマン幹部会議でこう主張した。「特殊作戦司令部は実行に消極的だ。だから私も、情報活動に専念するという提案を受け入れるが、作戦的思考を忘れないようにしよう。つまり、〝作戦行動の可能性〟を念頭に置いて、情報活動を実行してもらいたい。ヘリの攻撃態勢も整えておけ」

このときに重大な齟齬《そご》が生まれた。指揮系統でサグイに次ぐ二番目の位置にいる主席情報官のドロン・タミル准将はこの言葉を、文字どおり「作戦行動の可能性」を常に考慮しながら情報活動のみを実施するという意味にとらえ、こう述べた。「ヘリコプターは離陸してターゲットを捕捉する練習を行なうが、どのような状況であれ発砲はしない。単なる空砲演習だ」。作戦のリスクや影響を評価する担当者も同じように考えていたため、あえて評価を行なおうとはしなかった。

ところが、サグイやその側近やバラク参謀総長は、まったく違うことを考えていた。彼らにとって「作戦行動の可能性」とは、レーザー誘導ヘルファイアミサイルを装備したヘリコプターでムサウィを殺害する選択肢を排除しないという意味だった。

そんな選択肢は当初のプランにはなかったが、チャンスがあるとわかると、誘惑に抗しきれなくなったのだ。ドローンやヘルファイアを使った最新の暗殺手段を利用し、執拗な敵を抹殺したいという誘惑である。それはまさにバラクが望んでいた、致死率の高い、規模の小さなスマート軍隊による作戦だった。そのころのバラクには、五〇歳の誕生日にメディアからその業績を称えられ、調子に乗っていた面もあったかもしれない。

こうして誰も気づかないところで、並行する二つのプランが生まれた。

二月一四日金曜日、アマンのテロ対策部門は「夜の時間」作戦の概要を発表した。そこには明確に、後に行なわれる拉致作戦のための情報収集だけを目的とする、とある。さらにこうも記されている。「ムサウィの車の一団は通常三～五台から成る。そのうちの二、三台が車列の前と後ろの護衛につく。ムサウィが乗る車はベンツの280か500。車列内の位置は決まっていない。先頭の護衛車のすぐ後ろの車にいる場合もあれば、その後ろの二台目や三台目の車にいる場合もある。ほかの車はレンジローバー」

一方、空軍の情報部では同日、それとはまったく異なる指令が出された。「情報部およびアマンの部隊は、作戦遂行地区において情報収集活動を実行する。この作戦はその後、収集した情報に従い、攻撃段階へ移行する」

危険な食い違いが生じていた。一部の部隊が、もともと計画にはなかった攻撃の準備をしているのだ。しかしこの作戦は公式には空砲演習とされていたため、国防大臣や参謀総長が出席する毎週の「攻撃作戦」会議の議題に上ることもなかった。国防大臣のモシェ・アレンスは、「夜の時間」作戦の存在さえまったく知らなかった。

その金曜日の夜、相矛盾する二つの指令が出されたわずか数時間後、イスラム聖戦機構のゲリラ部隊がイスラエル軍の駐留キャンプに忍び込んだ。そして、まだ入隊したばかりの訓練中の新兵が眠っているテントに押し入ると、そのうちの三人を、ナイフや斧やピッチフォーク〔干し草用の熊手〕で殺害した。イスラエル唯一のテレビチャンネルのメインキャスターであるハイム・ヤヴィンは、土曜日の夜にそのニュースを伝えた際に、この事件を「ピッチフォークの夜」と呼んだ。

国民のムードはさらに落ち込んだ。

作戦当日の日曜日、午前七時にアマンの作戦司令室が開放されると、特殊作戦司令部長のアルディティのほか、８２００部隊、アマンのテロ対策部門、ドローン部隊、空軍の情報部など、情報収集部門の代表者らが集まった。実際にドローンを操作するオペレーターは、レバノン国境付近に置かれたトレーラーのなかに陣取っている。

以前ムサウィが集会に出席するという情報を提供した５０４部隊のエージェントから、ターゲットがベイルートを出発したとの報告があった。間もなく作戦司令室に入ってきたほかの情報によれば、「〝ＶＩＰ〟が今朝、車列を成してベイルートを出発し、南部に到着した」という。ムサウィがジブチットに入ったという確証はないが、その可能性は高い。

午前一〇時ごろ、ジブチット村のスピーカーから、追悼集会のため村のフサイニヤに集合するよう市民に呼びかける声が流れ始めた。一〇時三〇分、会場に向かう長蛇の列をとらえたドローンの中継映像が、作戦司令室のスクリーンに映し出された。フサイニヤに隣接するモスクやそこに立つ高い尖塔が、スクリーン上にはっきり見える。行列が、ヒズボラの護衛隊が乗っているらしい車に先導され、ゆっくり動いている。ドローンで行列を詳しく調べていくと、最後尾に二台のレンジローバーと二台のベンツが見えた。「やつをとらえた！」とザルカが叫ぶ。

正午ごろ、バラク参謀総長が怒りをあらわにした不機嫌な顔でオフィスに戻ってきた。今朝がたエルサレムに呼び出され、それまで「ピッチフォークの夜」について保安関連閣僚に報告を行なっていたのだ。

「三人のテロリストがわれわれの顔に泥を塗りやがった」と怒りをぶちまけたバラクに、「夜の時間」作戦の最新情報が手渡される。バラクは急いでアマンの作戦司令室に向かい、ドローンの映像を一心に見つめた。

こんな機会はそれまでなかった。本部にいる指揮官が敵対するテロ組織の指導者をリアルタイムで目にするのは、これが初めてだった。この映像に従って行動を起こすことも可能だ。

サグイもその隣に立つバラクも、緊張を隠せない厳しい表情をしていた。その様子を見れば、情報収集のみという「夜の時間」作戦本来の目的が完全に脇へ追いやられているのは明らかだった。この二人は獲物を仕留めたがっていると、作戦司令室にいるほかの誰もが思っていた。二人は、ムサウィがジブチットにいるという確証を待ち望んでいた。国防大臣の承認を得るには、それがどうしても必要になる。

バラクは側近に、国防大臣の軍事顧問に最新の状況を伝えるよう命じた。「作戦遂行の許可を求めるかもしれないから、モシェ・アレンスにそう言っておけ、とな」。「夜の時間」作戦について国防大臣に伝えるのは、これが初めてだった。

サグイはザルカを脇へ連れ出して尋ねた。「きみはどう思う？　攻撃すべきか？　あいつを抹殺する絶好のチャンスだが」

ザルカは答えた。「攻撃すべきです。ただし、ヒズボラとの戦いがさらに激化することを覚悟しなければなりません」

フサイニヤでの追悼式は一時過ぎに終わった。大勢の群衆がフサイニヤからあふれ出てきて、すぐ近くにあるハルブの墓地へ向かった。一時一〇分、アマン調査局長クティ・モルは、局の立場を明らかにしておこうと上級スタッフの緊急会議を招集した。

会議は全会一致でムサウィ殺害に反対した。行動を起こすにしても、その前にこの件について包括的な議論を行なう必要があるとの意見だった。ムサウィは宗教指導者であると同時に、軍事部門を持つ政治組織の代表者でもある点を考慮しなければならない。イスラエルはこれまで、こうした人物への攻撃を控えていた。それにヒズボラはワンマン組織ではなく、ムサウィは指導部のなかでもさほど抜きん出た存在ではない。ムサウィを消しても、もっと過激な人間に置き換わるだけかもしれない。

この会議の間に、一枚のメモが届いた。モルはそれに目を通すと、会議の出席者にその内容を伝えた。「アッバース・ムサウィが今日、ジブチットの集会で演説したとラジオ・レバノンが伝えたそうだ」。室内にざわめきが起きた。ムサウィがジブチットにいるという確証が得られたいま、ムサウィがあの車の一団のなかにいる可能性はきわめて高い。だが、まだ疑問の余地はあるとモルは強調した。ムサウィはどの車に乗っているのか？　レバノンやイランの政府高官が同乗してはいないか？

誰も口にしなかったが、ムサウィの妻や子どもが同行している可能性もあった。

モルの部下の一人が、シン・ベトのＶＩＰ護衛局に電話を入れて尋ねた。「きみたちが首相を護衛することになったとしよう。車が四台ある場合、どこに首相を乗せる？」シン・ベトはしばらく話し合ってから答えを返してきた。いちばん可能性があるのは、三台目だという。

だが、これは単なる推測にすぎない。ムサウィが実際に三台目の車に乗っていたとしても、その車に誰が同乗しているかはわからない。モルは、それらの情報がないままターゲットのミサイル攻撃は推奨できないと考え、「攻撃は不可能」と述べて会議を終了した。

ところがその直後、サグイがその部屋に入ってきた。サグイとの関係はすでにほかの案件をめぐって悪化していたため、モルは遠慮なくはっきりと言った。「情報が不完全だ。わからない点があまりに多すぎる。会議では、大多数が作戦遂行の余地なしとの意見だった。攻撃は推奨できない」

サグイは笑みを見せて「そうか」と言うと、すぐにその場を離れ、バラク参謀総長と国防省へ向かい、アレンスに直談判した。

サグイは、ムサウィがあの車の一団のなかにいるのは間違いないと主張した。もちろん、一緒にレバノンの閣僚が乗っている可能性もある。イスラエルがレバノンの閣僚を殺害すれば、かなりの悪影響があるだろう。「だが、状況分析を見ても直感的に見ても、その可能性がきわめて高いというわけではない」。むしろリスクはきわめて少ない。そうサグイは説得した。

アレンスは迷った。自分もムサウィを手強い敵だと思っている。その男を抹殺できるチャンスがここにある。だがそれを許可すべきかどうかを、十分に考える時間もないまま、即座に判断しなければならない。ムサウィはいつ村を離れてもおかしくないし、日没までにもうあまり時間がないからだ。とはいえ、何らかのミスや不確かな情報があれば、あるいは何らかの外部情報や意外なシナリオを見逃していれば、大惨事になりかねない。アレンスはバラクを見た。

バラクが口を開いた。「テロ組織の指導者、敵の象徴を仕留められるんだ。こんなチャンスはめったにない。いずれ同じようなチャンスが巡ってくるかもしれないが、政治的な理由で実行できないという場合もある。この二度とない機会を逃す手はない」

アレンスはしばらく考えてから言った。「殺す必要のなかった人物を殺せば、大変なことになる」

だがサグイは食い下がった。「大臣。指揮官としては、いまこそ行動を起こすべきときだと思うがね」

人の心を動かす才能に長けていたバラクは、航空技師の経歴を持つアレンスに、作戦司令室で実際にドローンの映像を見てほしいと主張した。アレンスはそれを受け入れ、しばらくしたら行くと答えると、その間に、イツハク・シャミール首相に電話するよう軍事顧問のイェレミ・オルメルト准将に命じた。だが、電話をした午後二時三五分には、シャミールは自宅で妻が用意した昼食をすませ、昼寝をしていた。それがシャミールの日課だった。

首相の承認がなければアレンスも判断を下せない。だが時間は刻々と過ぎていく。

それから四五分が過ぎた。午後三時二〇分、ハルブの未亡人の自宅から、かなりの人数の人々が出てきた。顔は確認できない。彼らは四台の車に乗り込み、少しだけ移動すると、ジブチットに暮らすヒズボラのあるメンバーの家の前で止まった。これは、事前情報と一致する。この日曜日にその家で、ヒズボラの幹部会議が開催されることになっていたのだ。しかし、レバノンの閣僚がそのような会議に出席するとは思えず、会議が終わるまで車のなかで待っているとも思えない。そう考えると、レバノンの閣僚はまずその場にいない。これにより、ヒズボラ以外の重要人物が同行している可能性はきわめて低くなり、ムサウィがその場にいる可能性はますます高まった。

サグイは、絶対的な確証はないにせよ攻撃すべきだと主張した。モルはあいまいな態度をとった。

「情報は不完全だが、あらゆる状況から見てムサウィはあそこにいる。攻撃するかしないかはもう指揮官の判断次第だ」

それらの意見を受け、バラクは決意した。空軍にヘリコプターを送り込むよう命令すると同時に、状況が変わったとアレンスを説得した。アレンスは間もなく攻撃を承認した。

三時三〇分過ぎ、バラクは首相のオフィスに電話を入れた。それまで、首相とは誰も話していない。シャミールは昼寝の最中で、連絡を取ろうとする試みはすべて失敗している。妻も昼寝をしており、自宅に電話しても誰も受話器を取ろうとしない。

首相がオフィスに戻ってくるのを誰もが待っていた。いつもの日課では、午後四時ごろにならなければ首相は戻ってこない。だが、遅くなればなるほど夜が近づき、作戦が不可能になってしまう。三時五〇分、車の一団が村を出発する準備を始めた。「移動開始」。ドローンのオペレーターの声がスピーカーから聞こえる。

作戦司令室の緊張が高まった。目の前で展開される事態を歴史的チャンスと考えたバラクは、無線連絡員をどかしてその椅子に腰を据えると、ドローンの指揮所との無線通信を自ら引き継いだ。そしてカメラを向ける方向を指示しながら、車がジブチットからベイルートに向かう際にとる可能性のあるルートを分析した。また、この作戦司令室の地下深くで空軍の指揮をとるカナリアとの回線も開きっぱなしにしておいた。「離陸、全機離陸」というカナリアからアパッチへの指令が聞こえる。

三時五五分ごろ、シャミールがようやくオフィスに戻り、事前に何も知らされていなかったこの暗殺作戦について一分にも満たない概要報告を受けた。それでもシャミールは、一切ためらうことなく作戦を承認し、「やつを始末させろ」と答えたという。アレンスの軍事顧問がそれをバラクに伝えると、バラクは空軍の指揮官に告げた。「あとはきみたちの腕次第だ」

三時五七分、ヒズボラの幹部を乗せた車の一団が移動を始めた。ドローンに監視されながら、車はゆっくりと北へ向かった。やがてザフラニ川にかかる橋を越えると、車はスピードを上げた。先頭を一台のレンジローバーが走り、それから一〇〇メートルほどの間隔をおいて二台のベンツが続き、もう一台のレンジローバーが最後尾についている。

四時五分、オペレーターから報告があった。「あと二〇秒で道路は西へ曲がります」。アパッチのパイロットに正確な場所を知らせるためだ。

やがて先頭の攻撃ヘリコプターのパイロットから連絡が入る。「現場に接近中。(レーザー)照準器起動せよ」

「照準器起動」。ドローンのオペレーターが応答する。

「識別不能」とパイロットの声がするが、しばらくして「照準位置確認」との報告があった。ドローンからターゲットに照射されているレーザーを確認できたということだ。

「ターゲット特定」。カナリアの当直指揮官が確認する声が聞こえる。四時九分、指揮官はアパッチのパイロットに命令した。「ラシャイ、ラシャイ。繰り返す、ラシャイ」。これはヘブライ語で「承認」を意味する。アメリカの軍事用語で言う「攻撃許可」と同じ意味である。

アパッチがヘルファイアミサイルを一発発射した。

ミサイルは車列の三台目の車に命中した。ベンツは火の玉に包まれた。だがそのとき、前方から対向車線をターゲットの方向へ向かってくる一般車があるかどうかを誰も確認していなかった。ミサイルが命中したとき、たまたまそばを通り過ぎようとしていた一般車が巻き添えを食らい、炎に飲み込まれた。

次いで、車列の二台目の車に向けて二発目のミサイルが発射された。これもターゲットに命中した。一台のレンジローバーが路肩に止まった。そのドアが開き、乗っていた人たちが走って逃げていく。ドローンのオペレーターの一人は言う。「われわれはドローンをそこにとどめ、あらゆる動きを監視し、その映像を空軍の航空管制部隊に送っていた」

もう一台のレンジローバーは、二台のベンツから死傷者を回収すると、ナバティエの方向へ向かった。「追え」。車を追跡するドローンのオペレーターへカナリアから指令が飛ぶ。四時三二分、ドローンがレーザーでターゲットを指定すると、アパッチの第二編隊がターゲットを破壊した。アパッチはさらに、煙が立ち上る車の周辺を機銃掃射した。

作戦司令室に静寂が訪れた。バラクは部屋の出口へ向かいながら、そこにいた同僚たちの肩を叩き、英語でその労をねぎらった。「よくやった《ウエルダン》」

だが、ムサウィは死んだのだろうか？　アマンの幹部はそれぞれのオフィスに戻り、殺害の最終確認を待った。午後六時ごろ、その知らせが届いた。ムサウィは実際に三台目の車に乗っていた。妻も息子も一緒だったという。

作戦の冒頭でアマンの作戦司令室に情報を伝えてきた５０４部隊のエージェントは後に、ムサウィの車には、妻のシハムも、六歳になる息子のフセインも同乗していることをきちんと伝えたと主張した。作戦に参加したほかのメンバーは知らなかったと述べているが、メイル・ダガンはエージェントの言葉を信じているという。「ムサウィの妻が同乗していたことをアマンは知らなかったと主張しているが、それは嘘だ。知っていたに違いない。本当に知らなかったというのなら、アマンはばか者どもの集まりだ。ムサウィの妻には、ジブチットに一親等血縁者がいた。この機会に会いに行かないことなど考えられない」

攻撃から二時間後、バラクはヒズボラの今後の反撃や報復に備え、自分のオフィスで会議を開き、警戒態勢の強化やこの事件の広報手順について協議した。その後間もなく、イスラエルTVのニュース番組の冒頭でこの攻撃がとりあげられ、「大胆な作戦」と報じられた。ニュース番組には、アレンス国防大臣も出演してこう語った。「これはあらゆるテロ組織への警告だ。われわれに対して誰が戦線を開こうと、われわれはその戦線を閉じていく」

また別の戦線が開かれれば、それも閉じなければならない。

第二三章　ムグニエの復讐

燃え尽きたベンツから回収されたアッバース・ムサウィの遺体は、黒焦げだった。その状態から、ヒズボラの通例に従ってふたの開いた棺で葬儀を行なうことはできなかったが、遺体はきれいに洗われ、死に装束に包まれ、壮麗な棺に安置された。細かい彫刻が施された棺は、青灰色に塗られ、銀メッキされた金属で装飾されていた。

イスラム教の慣例では死後二四時間以内に埋葬することになっていたが、ヒズボラ幹部はそれに従わなかった。その理由は第一に、安全上の問題があったからだ。議長の車を空爆された衝撃は大きく、この葬儀も殺戮の場と化すのではないかとイマード・ムグニエは不安を抱いていた。第二に、イラン高官が出席できるよう葬儀を遅らせる必要があった。ヒズボラはイランがつくった組織だった。その指導部の日々の活動はイスラム革命防衛隊の影響下にあり、テヘランのアーヤトッラー政権の宗教的権威に従っていた。イランもヒズボラを、中東における最大の仲間と見なしていた。

「サイイド・アッバースの殉教は、抵抗運動の転換点になる」。一九八九年六月に死んだホメイニのあとを継ぎ、イスラム革命の最高指導者となった大アーヤトッラー、サイイド・アリー・ハーメネイーはそう言うと、レバノンに代表団を派遣した。ヒズボラの動揺を抑えて安定を図るため、困難な時期に支援を誇示するため、そして新たな議長を速やかに選出するためである。

イスラエルでは攻撃前に、ムサウィの死後ヒズボラがどうなるのかを真剣に議論したことがなかった。ヒズボラの幹部の間に大きな考え方の違いはないと思い込み、ムサウィのあとを誰が継ぐのか、その交代がイスラエルにとっていいことなのか悪いことなのかを考えようとする者は一人もいなかった。当時アマンで働いていた将校によれば、「われわれから見れば、誰もかれもが同じ黒一色だった」という。ムサウィ暗殺後、アマンが考えていたのはせいぜい、有名で人気もある副議長スビ・アル＝トゥファイリが後継者に選ばれるだろうということぐらいだった。

だがそれは大きな間違いだった。

ムサウィの埋葬が終わると、イラン代表団はすぐさまシューラ（ヒズボラの一二人の最高宗教指導者から成る会議）を招集した。そしてその場で、イラン大統領ハーシェミー・ラフサンジャーニーのメッセージを伝え、後継者を提案した。その直後シューラは、三二歳の敬虔な聖職者サイイド・ハサン・ナスルッラーフを後継者に任命したと公表した。

イスラエル側には、ムサウィを殺害すればヒズボラは穏健化するという期待もあったかもしれないが、ナスルッラーフの議長就任により、そのような期待はもろくも崩れ去った。ムサウィに比べ、ナスルッラーフははるかに過激で急進的だった。同じ黒のなかにも濃淡がある。ナスルッラーフはまさに漆黒といってよかった。

ナスルッラーフは一九六〇年、ベイルート北東部にあるシーア派居住区ブルジュハムードで、九人きょうだいの長男として生まれた。それほど宗教に熱心な家庭ではなかったが、近所の同年輩の子どもが街路や浜辺で遊んでいた幼いころから宗教に関心を示し、いつもモスクにこもって勉強をしていたという。

一九七五年、レバノン内戦が勃発すると、家族はレバノン南部のスールに引っ越した。ナスルッラーフはその街のモスクで、ホメイニとつながりのあるシーア派聖職者数名の目にとまり、イラクのナジャフで宗教の高等教育を受ける機会に恵まれた。そしてその地でアッバース・ムサウィと出会い、その一番弟子となった。だが一九七八年、サッダーム・フセインがレバノンのシーア派留学生を国外追放にしたため、ムサウィとともにレバノンに帰国すると、ムサウィが設立した教育センターの主任教師となり、多くの崇拝者を獲得した。そして一九八二年にヒズボラが設立されると、弟子を大勢引き連れてその一員となり、それからの数年間を、ゲリラ部隊の指揮とイランでのさらなる宗教研究に費やした。

当時ナスルッラーフは、テレビのインタビューでこう語っている。「イスラエルはがん性腫瘍であり、汚染細菌であり、アラブ・イスラム世界の真ん中に居座る帝国主義の前進基地だ。そこは戦争社会であり、男も女も戦士となる好戦的な社会だ。この国に市民社会などない」。つまり、年齢や性別を問わず、あらゆるイスラエル人がジハードのターゲットになりうるということだ。

この間に、ナスルッラーフとムサウィの考え方の相違が徐々に大きくなっていった。ムサウィは、レバノンにおいて最大の政治的・軍事的影響力を持つシリアとの協力を積極的に推進した。シリアはヒズボラによるイスラエル攻撃を歓迎し、イランがシリアを経由してヒズボラの民兵に大量の武器を送るのを認めてもいたからだ。一方ナスルッラーフは、アラウィー派のアサド家が支配するシリアとのいかなる協力にも反対した。アラウィー派をイスラム教の異端宗派と見なしていたからだ。

イスラエルに対する態度についても、二人の意見は食い違った。ムサウィはイスラエルを副次的な問題と見なし、それよりもレバノン政府の掌握に力を注ぐべきだと考えていた。一方ナスルッラーフは、イスラエルに対するゲリラ戦を最優先すべきだと主張した。

しかしナスルッラーフはこのイデオロギー闘争に負けた。ムサウィが議長に就任すると、ナスルッラーフはヒズボラの特使という名目でイランに追放された。そして、シリアとの連携に反対しないこと、イスラエルとの闘争についてムサウィの考え方を受け入れることを条件に、レバノンへの帰国を認められた。

だが一九九二年二月、こうした事態が一変した。

皮肉にも、ムサウィ存命中のヒズボラやそれを支援するイランは、イスラエルへの攻撃よりも、レバノンにおける社会的・政治的立場の強化を重視していた。確かに一九八〇年代には、ナスルッラーフ率いるヒズボラ内の過激派を中心に、イスラエルへゲリラ攻撃を仕掛けることもあった。だがヒズボラは、それを最優先課題にしていたわけでもなければ、それに全力を傾けていたわけでもなかった。だがムサウィが暗殺されると、優先事項が変わった。イラン革命防衛隊はナスルッラーフのアプローチを採用し、南の敵への対処を最優先すべきだと考えるようになった。レバノンにイスラム革命をもたらすには、まずイスラエル占領軍を排除しなければならない。

ナスルッラーフはこの新たな政策の推進を、「抑制のきかない過激なサイコパス」と言われたヒズボラの軍事指導者イマード・ムグニエに託した。一三年前にベイルートの売春婦や麻薬の売人の膝を撃ち抜いていた過激思想の持ち主であり、イスラム聖戦機構を組織し、アメリカやフランス、イスラエルの兵士や外交官がいる兵舎やアパートに自爆テロを仕掛けていたゲリラ活動家である。イスラエルは一九八〇年代前半、この人物について画質の荒い写真しか入手できず、殺害はおろか、居場所を突き止めることさえできなかった。メイル・ダガンは言う。「ナスルッラーフのテレビを利用する才能には一目置いてはいるが、ヒズボラの軍事力を構築したのは、ナスルッラーフではなくムグニエだ。ムグニエやその配下の工作員グループがいたからこそ、ヒズボラはイスラエルにとって戦略的な脅威となった」

ムグニエは以前から頭痛の種だった。イスラエルは一九八五年、北部国境を防御するため、レバノンの南部国境沿いに帯状の「警戒区域」を設け、国防軍にその区域を管理させることにした。その目的は、イスラエルの一般市民が居住する地域から敵勢力をできるかぎり遠ざけ、敵勢力との衝突をレバノン領内に限定することにある。さらにイスラエルは、自国の兵士の危険を最小限に抑えるため、南レバノン軍という代理民兵組織を設立した。パレスチナ人やヒズボラを敵視していたレバノン南部のキリスト教徒やシーア派教徒から成る組織である。この南レバノン軍を利用することにより、イスラエルにとってヒズボラはもはや、非対称戦争〔両交戦者間の軍事力や戦略・戦術が大幅に異なる戦争〕を仕掛けるゲリラ軍どころか、国境をときどき脅かすだけの存在にすぎなくなっていた。確かに兵士数名が死亡することもあったが（たいていは南レバノン軍の兵士だった）、イスラエルにしてみれば、ヒズボラの軍勢と全面的に衝突するよりは現状維持のほうがよかった。

ところが、ナスルッラーフによりムグニエが解き放たれると、すぐさまムサウィ暗殺に対する報復攻撃の火ぶたが切られた。元指導者の葬儀が終わるやいなや、ガリラヤ地方西部へロケット弾による集中攻撃が始まった。五日間にわたる砲撃により、イスラエル北部の町や村は破壊されて機能を停止し、住民の大半が防空施設に避難した。ヒズボラがこれまでにイスラエルの町や村に対して使用した火力の総量をはるかに上まわるほどの攻撃だった。

結局、この攻撃で死んだのは、共同農場の村ゴルノトハガリルに暮らす六歳の少女アヴィア・アリザダ一人だけだった。それでも、この攻撃の意味するところは明らかだった。今後またヒズボラを攻撃すれば、イスラエル軍だけでなくイスラエル北部の一般市民もその報復を受けることになる、ということだ。

イスラエルはこの攻撃を受け、シーア派の村を砲撃するとともに、レバノン南部の防備を強化した。イスラエルはこれで、今回の一連の戦闘も終息するものと思った。ヒズボラも、暗殺に対する報復として力を誇示できたことに一時的にせよ満足し、矛を収めるに違いない、と。

だがムグニエは、数日間の集中砲火以上に壮大な計画を考案していた。外交官や公務員として外国で働く無数のイスラエル人、およびイスラエルが保護しようとしている世界中のユダヤ人コミュニティを攻撃の標的にする計画である。ムグニエは、これまでのルールを書き換え、戦場を世界規模にまで広げた。ヒズボラの重要な人物や資産を攻撃すれば、イスラエルやレバノンの領内に限らず報復を行なう。つまり、世界中のイスラエル人やユダヤ人がその標的になる。

最初に狙われたのはトルコだった。一九九二年三月三日、イスタンブールのユダヤ礼拝堂の近くで爆破装置が爆発したが、奇跡的に死者は一人も出なかった。だがその四日後、ヒズボラ・トルコと呼ばれるグループのメンバーが車の下に仕掛けた大型爆弾により、イスラエル大使館の警備責任者エフード・サダンが死亡した。次いでアルゼンチンが狙われた。三月一七日、ブエノスアイレスのイスラエル大使館の外で自動車爆弾が爆発し、二九人が死亡（イスラエル人四人、アルゼンチン在住のユダヤ人五人、近くの学校に通う子ども二〇人）、二四二人が負傷した。ベイルートのある通信社に寄せられた犯行声明によれば、イスラム聖戦機構という組織が、ムサウィとともに車内で焼死した息子フセインに捧げた行為だったという。その文面にはこうある。「これは、いつまでも罪を犯し続ける仇敵イスラエルに対する継続的な闘争の一環であり、この闘争はイスラエルが消えてなくなるまで終わらない」

イスラエルは当初、ムグニエがこうも素早くトルコやアルゼンチンでのテロ攻撃を成功させたことに衝撃を受けた。ムグニエがこうした作戦を何年も前から企て、機会があれば実行しようと計画していたことに気づいたのは、後になってからだ。モサドやCIAのテロ対策センターが綿密な調査を行なった結果、ブエノスアイレスのテロを実行したチームは、ヒズボラの「特殊調査機関910部隊」がヨーロッパやアメリカなど世界中に展開している四五の潜伏組織の一つだったことが判明した。910部隊は、ヒズボラの秘密エリート部隊のコードネームで、優秀かつ屈強な戦闘員二〇〇人から四〇〇人で構成され、その大半はイランで、イスラム革命防衛隊アル＝クッズ部隊による訓練を受けていた。

テロ対策センターのスタンリー・ベドリントンによれば、「潜伏組織の目的は、イスラエルがレバノンのヒズボラを攻撃した場合に中東以外の場所で即座に反撃を行なうことにある」という。たとえば、ブエノスアイレスの爆弾犯は、パラグアイのシウダーデルエステという街で養成された組織の一員だった。ブラジルやアルゼンチンとの国境に近く、有名なイグアスの滝にも近いこの街には、レバノンからのシーア派移民が大勢暮らしていた。こうした組織は、ムサウィ暗殺のかなり前から、必要なときに使えるようにと、ターゲットになりそうなイスラエル人の情報を収集していた。ムサウィが暗殺されると、ムグニエはレバノンのチームをシウダーデルエステに派遣し、地元の組織から情報、車両、爆発物、自爆テロ犯の提供を受けたというわけだ。

だがイスラエルは、攻撃を受けるとただちに、報復しないことを決定した。モサドの工作員のなかには、南アメリカでの反撃を主張する者もいた。モサドの一チームはシウダーデルエステを訪れ、こう報告している。「地獄のような街だ。つまり、ここには明白な危険がある。次の攻撃も進行中だ」

だがモサド幹部は、反撃に関心を示さなかった。その理由は主に、反撃を行なうとなると、モサドの組織の大々的な改編が必要になるからだ。イスラエルがヒズボラを世界的な脅威と見なすようになれば、この案件はモサドの管轄となる。すると、これまでエージェントの配備が手薄だった南アメリカにもエージェントを広く配備するなど、大規模な組織改編がどうしても必要になる。そのためモサド幹部は、ブエノスアイレスのテロを、ヒズボラがたまたま実行した一度かぎりの独立した事件と見なそうとした。つまりヒズボラを、国防軍やシン・ベトが対処すべきレバノン南部の局地的な現象と見なし続けたのだ。それにもかかわらず、ムグニエの意図をはっきりと認識していたイスラエルは、それから数年にわたりヒズボラ幹部の暗殺を控えることになる。

ムグニエは、ブエノスアイレスのテロにより目的を達成できたと考え、しばらくは中東以外の地域での攻撃計画を中止した。だが、世界各地の潜伏組織の活用を控える一方で、レバノンの警戒区域での挑発行動は続けた。一年どころか一月ごとにヒズボラの戦闘能力は向上し、大胆不敵な活動は増えるばかりだった。イランからの大々的な支援を受け、採用される電子システムも次第に高性能化した。道端に設置される爆破装置も、イスラエルの遠隔起爆装置に反応しないように改良された。こうしてヒズボラは、イスラエル軍の無線通信を傍受したり、南レバノン軍にスパイを潜入させたり、敵部隊に自爆犯を送り込んだり、レバノン南部の敵拠点を占拠しようと電撃戦を展開したりする活動を続けた。

ナスルッラーフは、イスラエル国民の感情が犠牲者の数に影響されやすいことに気づいていた。それを利用しようとヒズボラは、作戦の映像を撮影し、それをヒズボラ系のテレビ局アル゠マナルで放送した。こうした映像はイスラエルでも注目を集め、イスラエルのテレビチャンネルでよく再放映された。その結果、この映像は意図したとおりの戦略的効果をもたらした。ヒズボラの作戦が成功する映像を数多く見せられたイスラエル国民はやがて、レバノンにイスラエル軍を駐留させておくことに疑問を感じるようになったのだ。それでもイスラエルは、ヒズボラの拠点やその活動が盛んな街に爆撃を行ない、民兵や一般市民の殺戮を続けるばかりだった。

ムグニエはある時点で、イスラエルが越えてはならない一線を越えたと感じたらしい。どの行為がムグニエの逆鱗に触れたのかはわからないが、ブエノスアイレスの爆破事件から二年後、ムグニエは中東以外でのテロ活動を再開した。一九九四年三月一一日、数トンもの爆発物を積んだトラックが、バンコク郊外からイスラエル大使館に向かった。この自爆テロが成功していたら、数百人規模の死傷者が出ていたことだろう。だが幸い、自爆テロ犯はやがて殉教をためらい、大使館の手前の道路の真ん中でトラックを止めると引き返していったという。

今回はイスラエルも反撃を決意した。問題はどんな形で報復するかだ。首相のオフィスで開かれた会議の席でアマンの代表者は、ヒズボラを叩くだけでは不十分であり、その背後にいるイランをターゲットにすべきだと力説した。やがて暗殺にふさわしい候補として、イスラム革命防衛隊アル＝クッズ部隊の指揮官アリー・レザー・アスガリの名前が挙がった。この提案を実行するとなると、作戦の管轄がモサドに移ることになる。

だがラビン首相は、イランを巻き込むことに消極的だった。そもそもイスラエルの情報機関には、アスガリがどこにいるかも、暗殺できるほど接近するにはどうすればいいかもわからなかった。

そこでラビンは、別のターゲットの襲撃を承認した。その年の春、504部隊の二人のエージェントから、レバノンとシリアの国境に近いアインダルダラ付近にヒズボラのキャンプがあり、そこで士官の訓練が行なわれているという情報が入った。ドローン「スカウト」の空撮写真でも、8200部隊が傍受している無線通信でも、その情報が間違いないことが確認できた。そこで数週間にわたり入念に計画を詰め、六月二日、イスラエル空軍のヘリコプター「ディフェンダー」でそのキャンプを攻撃した。士官候補生たちは、ヘリコプターによる機銃掃射から身を守ろうと四方八方に逃げ惑ったすえ、五〇人が死亡し、五〇人が負傷した。そのなかには、ヒズボラの高官の息子もいれば、イランの革命防衛隊から派遣されていたイラン政府幹部の親族二人もいた。あるイスラエルの高官は言う。

「イギリスのイートン校を爆撃しているようなものだった」

ヒズボラのラジオ局は、この急襲を「野蛮」と表現し、「あらゆるレベルでの総合的反撃」を約束した。その四六日後、ムグニエは再びブエノスアイレスを標的に選んだ。一九九四年七月一八日、アルゼンチン・イスラエル相互協会本部ビルの前で、爆発物を積んだバンが爆発した。これにより七階建てのビルが倒壊し、八五人が死亡し、数百人が負傷した。瓦礫のなかからすべての遺体を回収するまでに数週間を要したという。

この二回目の爆破事件を受け、イスラエルの情報機関はようやく、ヒズボラが世界的な脅威となっている現実を受け入れた。二年前には局地的な事件として片づけていた行為を、シーア派コミュニティの支援やイラン大使館の保護を受ける世界的ネットワークの仕業だと認めたのである。

イスラエルは、ヒズボラのこれほど卓越した作戦遂行能力が、何よりもイマード・ムグニエの才能から生まれていることを理解していた。あるアマンの工作員は言う。「その能力は、これまでのパレスチナ人組織が持っていた能力を超えている」

そこでイスラエルは、ムグニエ暗殺という形での報復を計画した。この作戦は二段階から成る。第一に、モサドがムグニエのもう一人の弟フアドを殺害する。そして第二に、フアドの葬儀に来るムグニエを待ち伏せして殺害する。あるいは、葬儀を起点にムグニエの監視を始め、後の暗殺に備える。フアドを殺害するのは、ほかにムグニエの居場所を特定する方法が見つからなかったからだ。ムグニエの情報については、イスラエルはいまだ画質の粗い写真一枚しか持っていなかった。

だがカエサレアだけでは、ベイルートで作戦の第一段階を成功させることはできない。地元のエージェントの助けが必要だ。そこで、アフマド・アル＝ハラクという若いパレスチナ人に白羽の矢が立った。一九八二年のレバノン戦争でイスラエルの捕虜となり、モサドのツォメットに勧誘された人物である。やや暴力的で、明確な信念などなく、金銭以外に関心のないこの男は、密輸品の売買やみかじめ料の取り立てを生業にしていた。こうした職業なら、モサドが関心を寄せるベイルートの怪しい地区にも潜入しやすいため、当時はすでに、ベイルートにおけるツォメットの主要エージェントの一人になっていた。ハラクは、キプロスでたびたび会っていた工作担当官からの指令に従い、適当な口実を見つけ、偶然を装ってフアド・ムグニエが経営する工具店を訪問した。工具店は、シーア派が多く住むアルサフィル地区にある。それからの数カ月間で、ハラクはフアドと顔なじみになった。

一九九四年一二月二一日午後五時数分前、ハラクとその妻ハナンが、フアドの店のすぐ外に車を止めた。ハラクが店内に入ってフアドがそこにいることを確認し、取り立てを請け負っているつけについて少し話をしてから店を出ると、妻もすぐに車を降り、二人でその場を去った。そして店から一〇〇メートルほど離れたところでハラクが振り返り、店とその外に止めた車を確認した後、ポケットに手を突っ込んだ。すると、車のトランクに積み込まれていた五〇キログラムの爆薬が爆発した。店は破壊され、ファドと通行人三人が死亡し、一五人が重傷を負った。

この爆破事件のあとにヒズボラが公表した声明文にはこうある。「ベイルートのアルサフィル地区の商店街で、一般市民に対するこの罪を犯した人間の身元については言うまでもない。本日、シオニストの国とその破壊的機関が、たび重なる攻撃に加えまたしても、買い物をしている数多くの市民に対して恥ずべき犯罪を行なった」

葬儀は翌日執り行なわれた。モサドは、葬列のルート沿いの各ポイントや墓地に四人の見張りを配置した。だがムグニエは、イスラエルの策略を見破っていた。モサドの待ち伏せを怖れ、葬儀に出席しなかったのだ。

一方、ヒズボラはただちにハラクを追跡した。だがハラクは逃亡に成功し、浜辺にたどり着くと、そこで待っていた潜水艦に救出された（ただし、飛行機で国外に脱出する予定だったハナンは、空港へ行く途中で捕まり、容赦ない尋問を受け、一五年間の重労働の刑に処せられた）。モサドはその後、ハラクに新たな身分証明書を与え、東南アジアのある国に逃がしたが、ハラクはどうしてもその国になじめなかった。「ここの人間が理解できない。背が低いおかしなやつばかりだ」。定期的に接触していたツォメットの工作員に会うと、ハラクはそんな不満を述べた。六カ月後、モサドがイスラエルのガリラヤ地方にあるアラブ人の町への移住を提案したが、ハラクはそれを拒否してレバノンに帰国した。すると一九九六年三月、ヒズボラの二重スパイがハラクをランチに誘い出すことに成功した。ハラクはその場で薬を飲まされ、トラックでベイルートに連れていかれると、ムグニエらの拷問を受けた。その後、レバノン当局に引き渡されて起訴され、死刑の宣告を受けた後、銃殺隊により処刑された。

アッバース・ムサウィを性急に暗殺してから三年以上の月日が流れていた。その後の血なまぐさい報復合戦により数十人もの命が奪われたにもかかわらず、ヒズボラの力は強まるばかりだった。新たに指導者となったナスルッラーフは、ムサウィよりはるかに手強く攻撃的な存在だった。

ウリ・サグイ少将は言う。「ヒズボラの反撃を正確に予測することも、イマード・ムグニエの力を正確に評価することもできなかった」。アレンス国防大臣も「意思決定プロセスがあまりに性急すぎた」ことを認めている。

当時参謀総長だったエフード・バラクは、事実を認めながらも、それが過ちだったとは思っていない。「要は、行動の時点で事態がどう見えていたかだ。当時のわれわれには、ムサウィは脅威であり、当然攻撃すべき相手だと思えた。それが当時の正しい考え方だった。あの時点で、ナスルッラーフが後継者になるとは予測できなかった。当時はさほど重視されておらず、影響力もなく、これほどの力を持つ指導者になるとは思えなかったからだ。ムグニエがナンバーツーにのし上がり、作戦であれほどの才能を発揮するようになることも、当時はわからなかった」

一九九五年になってもムグニエは生きており、いまやイスラエルの唯一無二の敵となっていた。

第二四章 「スイッチを入れたり切ったりするだけ」

一九九三年四月一六日、二台のバスが、ヨルダン渓谷の入植地メホラ近くにある沿道の売店に停車していた。そのうちの一台はイスラエル兵で満席だった。しばらくして、一台の車が道路から外れて、二台のバスに近づいてきた。

その瞬間、車が爆発した。

幸い犠牲者の数は、テロリストが想定していたよりも少なかった。軽食堂で働いていた近くの村のパレスチナ人が一人亡くなり、他に八人が軽傷を負った。シン・ベトの捜査官が爆発した車のなかを調べると、爆発物として使用された料理用ガスボンベと一緒に、黒焦げになった運転手の遺体があった。自爆テロ犯だ。

それまでにも自爆テロは頻繁に起きていたが、すべてイスラエル国外でのことであり、国内では一度もなかった。だがこのメホラでの攻撃を機に、イスラエルでの自爆テロが始まった。一年もしないうちに、テロリストたちがイスラエルの至るところで自爆テロを行なうようになった。一一カ月間で、自爆テロにより一〇〇人以上のイスラエル人が亡くなり、一〇〇〇人以上が負傷した。

シン・ベトの幹部たちは、どこでどのような判断ミスをしたせいでこれほど怖ろしい状況に至ったのかを突き止めようとこれまでのテロ攻撃を調べ直し、ようやく三人の男にたどり着いた。だが、そのうちの二人、アフマド・ヤーシーンとサラーハ・シェハデはイスラエルの刑務所にいた。また、三人目のヤヒヤ・アヤシュはポーランドにいると思われていた。

この三人がいかにして連絡を取り合っているのか、どうやって爆破装置を用意し、あれほど大勢の自爆テロ犯を集め、送り出しているのか、シン・ベトの幹部たちにはまったくわからなかった。

ヤーシーンは、パレスチナ人が暮らすアルジュラ村で生まれたが、第一次中東戦争で難民となり、エジプトが支配するガザ地区に家族とともに移住した。そしてパレスチナ人の多くの若者と同様にムスリム同胞団に加入し、そこで一人の難民と出会った。二歳年上のカリスマ的指導者、ハリール・アル＝ワズィール（別名アブー・ジハード）である。当時、ムスリム同胞団はエジプト政府と敵対していた。そのためアル＝ワズィールは、そこに所属していると今後の活動の障害になるかもしれないと考え、間もなくムスリム同胞団を脱退した。一方、寡黙で内向的だったヤーシーンは、そこで人生の真の使命を見つけ、イスラム主義運動において驚異的な才能を発揮していくことになる。

一九六七年の第三次中東戦争で、アラブ側は大敗を喫した。それでもアル・ワズィールはイスラエルは武力でしか滅ぼせないと信じ、イスラエルに対して大規模なゲリラ戦を始めた。ところがヤーシーンは、この敗北からまったく別の結論にたどり着いた。アラブ側が敗北したのは、道徳的に破綻していたからであり、世俗的で退廃的なアラブ諸国の政治体制がアラーの教えに大きく背いていたからだ。イスラムに身を捧げれば、救いへの道は開かれる。ヤーシーンはそう考え、「アル＝イスラム・フア・アル＝ハル（イスラムこそが解決策である）」と繰り返し語りかけた。ホメイニ師が信奉者を鼓舞するために使ったペルシャ語のスローガンを、アラビア語に置き換えたのである。

ヤーシーンは一九六〇年代末から一九七〇年代初頭にかけて、イスラム的価値観に基づく運動を組織しようと、モスクやイスラム教の教育施設、社会福祉支援団体のネットワークを設立した。だが、病弱で華奢なヤーシーンが、少年時代の事故が原因で車椅子に乗り、甲高い声を張り上げながらガザで活動している姿は、神聖な仕事をしている慈愛に満ちた社会改革者にしか見えなかった。そのためシン・ベトは、ヤーシーンがイスラエルを脅やかす存在になるとは思ってもいなかった。

むしろシン・ベトの工作員たちは、この男に好印象を抱いていた。ヤーシーンはPLOと違い、自分の活動を隠そうとはせず、イスラエル当局者が会談を求めれば、いつでも長い時間を割いてそれに応じた。当時ガザに配置されていた、「アリスト」というコードネームのシン・ベト高官は言う。「ヤーシーンはとても話し上手だった。鋭い知性の持ち主で、シオニストの歴史やイスラエルの政治に精通していて、とても好感が持てる人物だったよ。私たちがよく尋問していたPLOのテロリストとはまったく違っていた」

アラファートが占領地区の支持を集め、世界中からも認知されている状況では、ヤーシーンを好きにさせておくのがいちばんいいように思えた。一九八〇年代後半にアマン長官を務めたアムノン・リプキン＝シャハクによれば、「ある意味、シン・ベトがイスラム過激派を育てたようなものだ」という。

一九九〇年代にシン・ベト長官を務めたアミ・アヤロンもこう述べている。「シン・ベトは結局、このイスラム過激派分子を支援してしまった。PLOのパレスチナ民族運動に対抗する勢力を作り出すために、イスラムをあと押ししたんだ。当時は、イスラムに民族主義的な要素はないと思っていた」。幼稚園、診療所、青少年センター、モスクでの社会活動により徐々に人気を得ていたヤーシーンが、ファタハから支持者を奪い、アラファートの影響力を弱めてくれることをシン・ベトは期待していたのである。

その当時、ガザのムスリム同胞団は政治的野心がない社会運動と認識されていた。実際、一九六〇年代から一九七〇年代にかけては、おおむねそうだった。ところが間もなくイランで、ホメイニ師が国王を追放した。信仰に身を捧げた宗教学者が革命を先導し、イスラム革命防衛隊を創設し、機能的な政府を樹立した。こうしてホメイニは、シーア派の人々だけでなく世界中のイスラム教徒に、イスラム教が持つ力を証明してみせた。イスラム教は、モスクでの説教や通りでの慈善活動をするだけの単なる宗教ではない。政治的・軍事的な力を行使する手段、国を統治するイデオロギーにもなりうる。イスラムはあらゆる問題を解決できる、と。

するとと、パレスチナ人が暮らす占領地区の説教師たちの口調が変わり始めた。当時諜報員としてパレスチナ人社会に潜入していたユヴァル・ディスキン（二〇〇五年にはシン・ベトの長官に就任している）は言う。「そのころから、イスラム教の特徴だった弁証論が姿を消した。〝救済〟に向けて心の準備をする長いプロセスをただ受動的に待つのではなく、行動的になり、闘争、つまりジハードを呼びかけるようになった。すると、虐げられても黙っていたおとなしい人々が、きわめて精力的な活動家に変わっていった。これはガザに限った話ではない。中東全域やアフリカでもそうだ。彼らはPLOの連中よりも意識が高く、ひたむきに信念を追っていたから、必要最小限の人にしか情報を伝えないようこれまで以上に徹底していた。われわれもほかの西側諸国も、こんな変化をリアルタイムで目にしたのは初めてだった」

ヤーシーンはこの時代の流れを先取りした人物の一人だった。一九八四年四月、シン・ベトはある偶然から、ヤーシーンが危険な存在であることに気づいた。ある日、ファタハが主導したテロ行為にかかわった容疑で、一人の若いパレスチナ人活動家がガザで拘束された。男は取調室に連れていかれ、シン・ベトの取調官ミハ・クビの取り調べを受けた（アシュケロン事件の二人のテロリストをシン・ベトに殺される直前に取り調べ、後にこの事件について偽証するのを拒否した人物である）。

クビは情報を小出しにする容疑者の話を聞きながら、この男がきわめて重要な秘密を隠していると直感した。そこで、容疑者の耳に何かをささやきかけるように身を乗り出すと、尻の下に敷いていた片方の手を素早く引き抜き、太い腕に力を込めて容疑者の顔を平手打ちした。容疑者が椅子から転げ落ちて壁まで吹っ飛ぶと、クビはアラビア語で怒鳴った。「そんなたわごとが聞きたいんじゃない！　さあ、そろそろもっと大事なことを話せ。さもないとここから生きて出られないぞ」

脅しの効果は覿面《てきめん》だった。その後の尋問によりヤーシーンが、ヨルダンで活動するムスリム同胞団内の過激派グループの指示を受けて活動していることが明らかになった。その過激派グループを指揮しているのは、アブドゥッラー・アッザームというパレスチナ人だという。当時アッザームは、パキスタン北西部の大都市ペシャワールでも活動していた。そこで、サウジアラビアで建築業を営む裕福な一族の一人と出会い、その男に戦闘的なイスラム過激主義のイデオロギーを吹き込んだ。やがてこの裕福なサウジアラビア人は一族の金を使い、この過激派グループなど、イスラム過激派のネットワークを支援するようになった（こうしたイスラム過激派のなかには、アフガニスタンを支配するソ連と戦わせるためにＣＩＡが現地で訓練した者たちもいた）。そのサウジアラビア人がウサマ・ビン・ラディンである。

ヤーシーンは、ヨルダンやサウジアラビアの資産家からこの過激派グループに提供された資金を受け取り、その資金を使って武装集団を組織し、イスラエルに対するジハードを起こす準備をしていた。イスラエル当局は、パレスチナ人容疑者を尋問して手に入れたこれらの情報を受けてヤーシーンを逮捕するとともに、近しい関係にある仲間を一斉に検挙した。そのなかでも最重要人物とされていたのが、サラーハ・シェハデである。鋭敏な知性と教養の持ち主で、ソーシャルワーカーとして働いていたシェハデは、ヤーシーンの影響で敬虔なイスラム教徒になり、最終的には組織の極秘任務を任されるほどの最側近になっていた。

シン・ベトはヤーシーンらにまんまとだまされていたことに腹を立て、過酷な尋問を行なった。最初に口を割ったのはシェハデだった。シン・ベトはシェハデに対して、手ひどく殴打したり、睡眠や食事を与えなかったりしただけではない。閉所恐怖症だという弱みにつけ込み、シェハデに目隠しをし、両手足を拘束して地下室に閉じ込め、ネズミの鳴き声やゴキブリがはいまわる音をテープで流した。シェハデは出してくれと懇願した。ようやく地下室から出されると、そこにクビが待ちかまえていた。

情報を提供すれば食事を与えようとクビが言うと、飢えて衰弱していたシェハデは、自分が最初に口を割ったことを口外しないという条件で情報提供に同意した。

次に口を割ったのはヤーシーン自身だった。ただし拷問が行なわれたわけではない。シン・ベトの取調官アリストが巧みに尋問したのだ。アリストはそのときの様子を次のように語っている。

数週間ヤーシーンの家を監視しているうちにわかったことがあった。ヤーシーンを崇拝するある上品な既婚女性が、ときどきその家に来ていた。崇拝のあまり、その不自由な生活に安らぎを与えたいと思ったのか、ヤーシーンに身を捧げていたんだ。そこで私は、尋問中に身を乗り出して、相手の耳元にこうささやいてやった。「おまえのことは何もかも知っている。おまえが側近たちと何を話していたのかも、いつ誰がおまえの家に来ていたのかも、おまえがいつ勃起し、いつ勃起していないのかもな」

あの女性のことは口にしなかったが、ヤーシーンはこちらの意図をくみ取ると、すぐに自分が置かれている状況を考え直した。選択肢がないことがわかったんだな。一部始終を正直に話さなければ、あの女性の話を広められて、きわめて厄介な状況になる、とね。

人前で恥をかく恐怖心を利用すれば、尋問を有利に導くことができた。このとき検挙したなかに、もう一人重要人物がいた。この男は服を脱がされ、何時間も裸で立ったまま尋問されているうちに、自分のペニスが異常に小さいことを指摘された。するとその事実を広められることを怖れ、やはり自白を始めた。

このときの尋問で、ヤーシーンがかなり前から過激なジハードの準備をしていたことが明らかになった。一九八一年からすでに、イスラエル国防軍の基地に部下を潜入させて武器や弾薬を盗み出していたらしく、大量の武器をため込んでおり、全部で四四丁の銃器が発見された。ヤーシーンの組織が初めて保有した武器である。

また、ヤーシーンが秘密裏に、サラーハ・シェハデを指揮官とする小規模な部隊を組織していたこともわかった。この部隊は、二つの部門に分かれていた。一つは、自分たちの方針に従わないパレスチナ人に対する活動を行なう部門、もう一つは、イスラエルに対するジハードを遂行する部門である。ヤーシーンらは、傘下の福祉団体のスポーツ・文化委員会が行なう訓練プログラムを観察して、この二つの部門にふさわしい要員を選んだ。この訓練プログラムを見れば、肉体的に優れた人間、組織能力がある人間、信念をもって活動に取り組める人間を判別できたのである。

クビは、検挙したパレスチナ人全員を尋問した後に報告書をまとめ、シェハデの部隊についてこう記した。「かなり頭がよく、平均よりやや高い教育を受け、狂信的なほど信心深く、縄張り内だけを動きまわっており、（情報収集のための）潜入はほぼ不可能である」。この報告書はシン・ベト上層部の会議で取り上げられた。アリストは言う。「ところがアヴルム（当時のシン・ベト長官アヴラハム・シャローム）は、この報告書から危険性など一切読み取れず、議論する必要などまったくないと言い放った。ヤーシーンやその一味を「ツィレイゲリム」（イディッシュ語のスラングで「負け犬」もしくは「不具者」の意）と呼んでいたよ。アヴルムには、自分より上の政治家たちを喜ばせることのほうが重要だったんだろう。シャミール首相率いるリクード政権はPLOが大嫌いだから、アラファートに甚大なダメージを与える緻密な作戦を秘密裏に進めていると、愛想笑いを浮かべながら報告したかったんだ。だが歴史的観点から見れば、アヴルムのほうが正しいのかもしれない。実際、PLOは緻密な作戦を進めていた。シン・ベトもアヴルム自身も完全に見逃していたほど緻密に計画された作戦をね」

ヤーシーンは、一連の武器窃盗にかかわったとして懲役一三年を宣告された。しかし翌年、アフメド・ジブリル率いるPFLPとイスラエルとの間で成立した捕虜交換で釈放されるとすぐに、中断していた組織の基盤の強化に取り組んだ。ヤーシーンは驚異的な記憶力の持ち主で、さまざまな工作員、作戦、郵便受けのために考案した一五〇〇ものコードネームを暗記していた。また、どのメンバーの経歴も暗唱できたうえ、新しい技術や最新の中東情勢にもとても詳しかった。

その後の数年間でヤーシーンは、自爆テロを擁護・推進する教義を生み出しては広めていった。信奉者たちに自殺と戦場での自己犠牲との違いを説き、自殺は絶対に禁じられているが、戦場での自己犠牲は宗教的な要請であり、それにより殉教者もその家族も天国に行けると訴えた。また、「シャイフ」〔「指導者」や「賢人」などを指す〕の称号を持つ者から祝福を受けている場合には、自ら命を絶とうとしている人も、もはや個人的な動機による自殺者ではなく、アラーのためにジハードに身を投じたシャヒード（殉教者）と見なされると主張した。

そのころシン・ベトは、困難な過渡期にあった。アシュケロン事件やそれを発端とする一連のスキャンダルに対処するため、シン・ベト指導部は即座に若返りを図ったが、新指導部が経験を積むには時間がかかった。一部の工作担当官や捜査官によれば、この時期にイスラム過激派の脅威を上司に警告していたのだが、とてもそれどころではなかったという。一九八七年末に第一次インティファーダが起こったときには、ヤーシーンはすでにガザ地区およびヨルダン川西岸地区の精神的・政治的指導者として、数百のメンバーと数万の支持者を抱える運動の先頭に立っていた。その年の一二月、ヤーシーンはジハードが始まったと宣言すると、自分の組織を「イスラム抵抗運動」と命名し、そのアラビア語の頭文字をとって「ハマス」と呼んだ。「ハマス」はアラビア語で「熱狂」という意味も持つ。

それから数カ月の間に、この組織に関する断片的な情報がシン・ベトに届き始めた。シン・ベトは一八〇人を一斉に検挙し、徹底的な尋問を行なったが、彼らはみなよく訓練されており、最も重要な情報を一切漏らさなかった。この一斉検挙で拘束されたなかでも最も地位の高いサラーハ・シェハデが秘密の軍事組織を設立し、それを現在も指揮しているという情報である。当初、機知に富むシェハデとヤーシーンは、皮肉交じりにこの軍事組織を「101部隊」と称した。アリエル・シャロンが率いた伝説的な特殊部隊にちなんだ名前である。後にこの軍事組織は、一九三〇年代にイギリス人やユダヤ人の要人に攻撃を行なったパレスチナ人指導者にちなみ、イッズ・アッディーン・アル＝カッサム旅団と名前を変えた。

シェハデは、暗号化したメッセージをひそかに送り、刑務所からカッサム旅団の指揮を続けていた。一九八九年、シェハデとヤーシーンはカッサム旅団の二人の隊員、マフムード・アル＝マブフーフとムハンマド・ナスルに、イスラエル兵二人の拉致・殺害を命じた。カッサム旅団の二人は、イスラエル兵がよくヒッチハイクをする交差点にイスラエルのナンバープレートをつけた車を止め、そのなかで待ち伏せした。イスラエルではヒッチハイクは一般的で、短期休暇で帰省する兵士や帰省先から基地に戻る兵士がよく利用しており、運転手も喜んでそれに応じる。

アル＝マブフーフは二〇年後、殺害した二人のイスラエル兵の一人イラン・サアドンを捕らえたときの様子をアルジャジーラTVネットワークにこう語っている。

おれたちは、ラビみたいにキッパーをかぶって敬虔なユダヤ人に変装した。車を止めていた交差点に別の車が入ってきて、乗客を降ろしていった。車には前もって箱をいくつか積んでおいた

（ヒッチハイカーが一人しか乗れないようにするため）。おれは運転席にいた。箱はその後ろの席に置いて、左側のドアは開かないようにしておいた。間もなくあの男（サアドン）が来たので、向こう側に回ってくれと言った。

男は言うとおりにして、右側の後部座席に座った。おれとアブー・サービブ（共犯者のナスルのこと）はあらかじめ決行の合図を決めていた。おれの座席から道路の前後が見わたせたから、タイミングを見計らっておれが手で合図することにしたんだ。交差点から三キロメートルぐらい走ったところで、おれが合図を送ると、アブー・サービブがベレッタで発砲した。男（サアドン）の呼吸が乱れているのが聞こえたよ。（中略）顔に三発、胸に一発受けて、苦しそうにあえいで死んだ。それで終わり。それからこの男を後部座席に寝かせて、事前に決めておいた場所に運んだ。

アル＝マブフーフはさらに続けて、自分の手でサアドンを始末したかったが、その幸運に恵まれたのは残念ながら相棒のほうだったと述べた。アル＝マブフーフとナスルは、二人の兵士の殺害成功を記念して、兵士の死体を踏みつけた写真を撮影している。

アル＝マブフーフとナスルは、シン・ベトに逮捕される前にエジプトに逃げた。アル＝マブフーフはその後、ハマスの海外での作戦を担う重要人物になる。一方、二人の殺人犯を支援したカッサム旅団の隊員たちは逮捕され、模擬処刑や自白剤の注射などの拷問を受けたすえ、全員が自供した。そのなかの一人は、イスラエル国防軍の制服を着せられてガザ地区中を車で連れまわされ、サアドンのライフルや認識票、犯人が使った武器を隠した場所に案内させられた。

ヤーシーンは、この二件の殺人に関与した罪で逮捕され、終身刑を言い渡された。

一九九二年一二月一三日の朝、覆面をした二人の男がヨルダン川西岸地区の町アルビーレにある赤十字の事務所にやって来て、受付係に一通の手紙を手渡した。そして、自分たちが立ち去ってから三〇分がたつまで手紙を開けないよう警告して走り去った。

その手紙にはこう記されていた。「ハマスの五回目の創立記念日にあたる一九九二年一二月一三日の今日、イスラエル占領軍の下士官を一人拉致した。下士官は現在、安全な場所に拘束されている。(中略)占領軍当局に通告する。われわれは占領軍とイスラエル政府に、この将校の釈放と引き換えにアフメド・ヤーシーン師を釈放することを要求する」

署名には、「ハマス軍事部門 特殊部隊イッズ・アッディーン・アル＝カッサム旅団」とある。手紙には、国境警備隊先任上級曹長ニシム・トレダーノの身分証明書の写真が同封されていた。

首相兼国防大臣のイツハク・ラビンは誘拐犯の要求には応じないことを決め、代わりに広範囲に及ぶ強制捜査・逮捕作戦を展開した。その間、シン・ベトは時間稼ぎをしようと、幹部のバラク・ベン＝ズールを刑務所にいるヤーシーンに会いに行かせた。ベン＝ズールはヤーシーンに、拉致された下士官に危害を加えてはいけないとメディアを通じて部下に指示するよう要請した。

毛布にくるまって車椅子に座っていたヤーシーンは、「心からと言えそうな笑み」を浮かべてベン＝ズールの要請を受け入れた。マスコミのいくつものインタビューに応じ、そのたびにベン＝ズールから求められた声明を繰り返した。

だがシン・ベトはやがて、ヤーシーンがあれほど協力的だった理由に気づいた。ヤーシーンはこうした状況を見越して、事前に部下たちに指示していたのだ。インタビューで自分が何を言っても、それは十中八九自分の意志に反したものだから、それを気にかける必要も、それに従う必要もない、と。

ヤーシーンを刑務所に閉じ込めても、その影響力を弱めることも、その意志をくじくこともできなかった。インタビューが終わってカメラのスイッチが切られた後、ヤーシーンはベン＝ズールに語った。「平和は決して訪れない。あなた方がくれるものはもらっておくが、武装闘争は決してやめない。このシャイフ・ヤーシーンが生きているかぎり、イスラエルとの和平交渉はあり得ないと断言しよう。時間の問題ではない。さらに一〇年、いや一〇〇年かかろうとも、必ず地球上からあなた方を消し去る」

ハマスの隊員たちは事前の命令どおり、トレダーノに危害を加えてはならないというヤーシーンの指示を無視した。その夜、忍者のような黒い服に身を包み、ナイフで武装した四人の誘拐犯が、トレダーノを拘束している洞窟にやって来て言った。「おまえと引き換えにアフマド・ヤーシーン師を釈放しろとイスラエルに要求したが、政府は断わってきたよ。一兵士の命などどうでもいいと思っている証拠だな。残念ながら、おまえを殺さなければならない」

トレダーノは涙を流し、釈放してくれるよう懇願した。

「最後の望みを聞いてやる」と隊員の一人が言った。

「殺されるしかないのなら、せめて制服を着てからにしてくれ」

ハマスの隊員たちはトレダーノの首を絞めたが、まだ生きていることがわかるとナイフで刺し殺した。

トレダーノの殺害を受け、とうとうラビンの堪忍袋の緒が切れた。前の週にも、五人のイスラエル人がテロ攻撃で殺されていた。そのほとんどが、ハマスが計画したものである。ラビン政権はとうとうハマスの危険性を認め、ハマスに決定的な打撃を与えることを決めた。シン・ベトから、刑務所にいるヤーシーンを毒殺する案が出された。これなら比較的簡単に実行できる。しかし、ヤーシーンがイスラエルで拘留中に死んだことが明るみに出れば、まず暴動は避けられないため、この案はただちに却下された。

国防軍参謀総長エフード・バラクは別の案を提示した。ハマスの活動家をレバノンに大量追放するのである。国防軍中央司令部の司令官ダニー・ヤトム少将は言う。「われわれはハマスに対してさまざまな策を講じてきたが、このときはなぜか、レバノンに追放すれば、追放したテロリストや将来テロを行おうとする連中のやる気を大幅にそぐことができると思えたんだ」

これは倫理的、法律的、実際的に問題のある決定だった。そのため国防軍もシン・ベトも、国際社会に気づかれないようなるべく時間をかけることなく秘密裏に実行しようとした。追放作戦は一二月一六日に開始された。最近のテロ行為に直接関与しているかどうかにかかわらず、ハマスとつながりがあると思われる者四〇〇人を逮捕し、目隠しと手錠をしてバスに押し込み、レバノン国境に連れていった。

しかし、いずれにせよこの作戦の情報は漏れていた。イスラエルでは、追放された者の家族や多くのNGO団体が、この作戦を中止させるよう最高裁判所に嘆願したため、追放される者を乗せたバスが何時間も遅れた。検事当局は、この追放が事実上の戦争犯罪にあたると考え、政府の意見を代弁するのを拒否したので、参謀総長のバラク自身が判事たちを説得するため最高裁判所に出向かなければならなかったからだ。

バラクは説得に成功したものの、その間に国際的な非難が高まっていた。追放された者のおよそ四分の一が、シン・ベトが追放する予定だった者ではなく、手違いでバスに乗せられていたことが明らかになったからだ。そうこうしているうちにレバノン側が国境を封鎖した。そのため、追放された者たちを乗せたバスは、イスラエルが支配するレバノン南端の「警戒区域」と、レバノン軍とヒズボラが支配するその北側の地域の間の中間地帯で立ち往生してしまった。

そのため護送にあたった国防軍憲兵は、追放された者たちの目隠しと手錠を外し、一人ひとりに現金五〇ドル、コート一着、毛布二枚を渡すと、バスから無理やり降ろした。そしてバスをUターンさせると、イスラエルに帰ってしまった。追放された者たちは仕方なく、ドルーズ派の町ハスバヤに近いマルジュアルズフールにテント・キャンプを設営した。レバノン政府は当初、追放された者たちを苦しめてイスラエル政府をもっと困らせようと、キャンプに支援を提供しようとする赤十字を妨害さえしていたという。

偶然にもこの追放は、実際にハマスに深刻なダメージを与えた。二人の最高指導者、ヤーシーンとシェハデはすでにイスラエルの刑務所のなかにいたが、残りの指導者たちも、そこから遠く離れたテント・キャンプに追いやられてしまったからだ。テント・キャンプは、風が強く凍えるほど寒い丘の中腹の、電気も通信手段もない湿っぽく不快な場所に設営されていた。

しかし追放から一週間後、状況は劇的に変化した。ヒズボラのワフィク・サファ率いるレバノン人グループがキャンプ地を訪れ、ハサン・ナスルッラーフ議長の代理として挨拶すると、追放された者たちに支援を申し出たのである。

この訪問は、ナスルッラーフ、イスラム革命防衛隊の代表、ムグニエ、サファ（当時ヒズボラの外務大臣のような役割を担っていた）が出席して開いた一連の会議により実現した。ムグニエは、このハマスの追放と苦難を天の恵みと考えていた。ヒズボラは、レバノン国境を越えて影響力を拡大できるこの機会を利用するべきであり、共闘する相手をイラン人やシーア派教徒に限る必要はない。ムグニエはそう主張し、ほかの出席者たちを説得した。

シーア派の過激派は一般的に、スンニ派イスラム教徒であるパレスチナ人とは協力関係になかった。そのため、この申し出にハマスは驚き、最初は躊躇した。ハマスから見ても、この結びつきが不自然に思えたからだ。だが、自分たちが苦境に立たされていることは疑いようもないうえ、ヒズボラとは憎むべき敵が共通している。結局ハマスは、ヒズボラの申し出を受け入れた。すると間もなく、過酷な冬を過ごすのに必要な物資がロバやラバで運ばれてきた。良質な全天候型テント、暖かい衣服、暖房器具、燃料、それに大量の食料や掃除・洗濯用具などである。

次いでレバノンのマスコミがやって来て、追放された者たちの苦難を世界に伝えた。ヒズボラの支配下もしくは影響下にあるメディアもあれば、単におもしろそうなネタを探しに来ただけのメディアもある。続いて軍事・テロ活動の指導員たちもやって来た。それまでハマスは戦闘や諜報に関する訓練をほとんど受けたことがなかったため、この点に関してはハマスにとってもこの追放は天の恵みとなった。

ムグニエの義理の弟ムスタファ・バドレディンが指揮するヒズボラの兵士たちが、イスラム革命防衛隊のアル＝クッズ部隊から派遣されたこの指導員たちと一緒に、テント・キャンプ近くに特設エリアを設置した。キャンプの近くとはいえ、絶えずキャンプに取材に来るマスコミの目が届かない場所である。このエリアのなかで、通信、暗号化、現場での安全確保、軽火器やロケットランチャーの使用法、諜報・防諜活動、市街戦、接近戦などの訓練が行なわれた。

ムグニエが派遣した指導員たちが特に目をかけていたのが、ヨルダン川西岸地区北部出身のヤヒヤ・アヤシュだった。やがて「エンジニア」というコードネームで呼ばれることになる、ビル・ゼイト大学を卒業した二八歳の電気エンジニアである。イランの指導員やヒズボラの専門家たちは、容易に手に入る家庭用品を使った爆発物、釘《くぎ》やネジをまき散らす小型だが致死率の高い爆破装置、あるいは自動車爆弾をつくる方法をアヤシュに教えた。ムグニエ本人もキャンプにやって来て、自爆テロに志願しそうな人間を見つける方法について、アヤシュやその仲間たちにアドバイスした。話の持ちかけ方や、自爆テロを実行させるまでの説得の進め方などである。

追放されたハマスのメンバーが荒涼とした山で訓練を受けていたころ、ヨルダン川西岸地区とガザ地区ではハマスが再建されつつあった。アメリカの市民権を持つムーサ・アブー・マルズークの全面的な指揮のもと、ハマスは以前から、ペルシャ湾岸諸国やヨルダンやアメリカに活動家や資金調達者の広範なネットワークをつくりあげていた。そのためハマスには、サウジアラビアなどのペルシャ湾岸諸国の裕福な王族、欧米諸国にいる裕福なイスラム教徒といった有力な資金源があった。ハマスのメンバーがイスラエルから大量に追放されると、マルズークは側近のムハンマド・サラーハに数十万ドルもの現金を持たせ、イスラエル占領地区に送り込んだ。

イスラエルに対する国際的な圧力は日増しに高まっていた。テント・キャンプに関するマスコミ報道が続くと、国連安全保障理事会から厳しい批判の声があがり、制裁措置も検討され始めた。アメリカで新たに誕生したビル・クリントン政権との対立も激しさを増した。一九九三年二月、ラビン首相は何から何まで大失敗だったことを認め、アメリカのクリストファー国務長官の提案に同意した。その提案とは、アメリカが国連安保理でイスラエルへの制裁措置に対して拒否権を行使する代わりに、イスラエルは追放したハマスのメンバーの帰還をただちに進め、年末までに全員を帰還させるという内容だった。

やがて追放されたハマスのメンバーが、ガザ地区やヨルダン川西岸地区に勝者として帰ってきた。アヤシュは、ヨルダン川西岸地区のイッズ・アッディーン・アル＝カッサム旅団の指揮官に任命されると、その後間もなくの一九九三年四月、メホラで自爆テロを計画・実行した。この自爆テロでは、自爆テロ犯と一般市民一人が死んだだけだった。そこでアヤシュは、次の自爆テロでは決定的な機会を待つことにした。パレスチナ人なら誰もがその自爆テロは正しい行為だったと認めてくれるような機会である。

一九九四年二月二五日、ついにその機会が訪れた。ヘブロン近くの入植地キルヤトアルバに、バールーフ・ゴールドシュテインというブルックリン生まれのユダヤ人医師が住んでいた。メイル・カハネやユダヤ人防衛同盟の極右思想を支持していたこの男がその日、ヘブロンの「アブラハムのモスク」で礼拝しているイスラム教徒に向けて突然発砲した。このモスクは、アブラハムの埋葬地としてユダヤ教徒からもイスラム教徒からも神聖視されているマクペラの洞穴にあった。

ゴールドシュテインは一分半の間、弾倉を四回替えながら発砲を続けた。イスラエル国防軍が支給するガリル・ライフルを使用し、国防軍の制服を着ての犯行だった。だが、あるイスラム教徒が投げつけた消化器に当たって倒れると、礼拝に来ていた人たちに襲われ、間もなく撲殺された。それまでに、礼拝に来ていたイスラム教徒二九人が死亡し、一〇〇人以上が負傷した。

するとイスラム世界のあちこちで、ユダヤ人を非難する声があがった。これは罪のない人々に対する卑劣な犯罪どころではない、イスラム教徒に対する宣戦布告に等しい、と。

これこそアヤシュが待っていた機会だった。アヤシュは、イスラム教で服喪期間と定められている四〇日間が過ぎるのを待って攻撃を開始した。四月六日、ヨルダン川西岸地区のすぐ北にあるアフラというイスラエル人の町で、アヤシュが採用した自爆テロ犯が二台のバスの近くで自爆し、八人の市民の命を奪った。その一週間後には、別の自爆テロ犯がハデラのバスターミナルでイスラエル人を五人殺害した。一〇月一九日には、テルアビブの中心街が狙われた。テルアビブのディゼンゴフ通りを走る五番バスのなかでパレスチナ人が自爆ベルトを爆発させ、二二人がその犠牲になった。自爆テロは次々と実行された。

後にシン・ベト長官を務めるアヴィ・ディヒターは言う。「われわれがよく知っているそれまでのパレスチナ人テロリストは、命に執着があった。あのライラ・カリドも、最後のハイジャック事件のときに手榴弾を二個持っていたが、ピストルを突きつけるイスラエルの警備員の前で自爆する度胸はなかった。だから一九九三年の変化は劇的だった。正直驚いたよ。

その結果、テロリストの力が急激に増した。自爆テロ犯にはスキルなんて必要ない。スイッチを入れたり切ったりするだけでいい。そんなやつらが四〇〇人も順番待ちをしていると考えれば、誰にでもその怖ろしさがわかるはずだ」

ハマスのライバル組織も、アヤシュが自爆テロをいくつも成功させ、パレスチナ住民の支持を受けていることに気づき、その手口を模倣した。一九九四年一一月一一日、パレスチナ・イスラミック・ジハード（ＰＩＪ）のメンバーが、ガザ地区ネツァリムの交差点に設置された国防軍の検問所で自爆し、予備役将校三人を殺害した。一九九五年一月二二日には、テルアビブの四〇キロメートルほど北東にあるベイトリッドのバス停でも、自爆テロがあった。イスラエル国防軍の制服を着用したＰＩＪのテロリストが、バスを待つ兵士たちのなかに割り込んできて、身につけていた一〇キログラムの爆発物の起爆スイッチを押した。猛烈な爆風で何十人もの兵士がなぎ倒された。助けを求めて叫び声を上げる負傷者のもとへほかの兵士たちが駆けつけると、そのなかに紛れ込んでいた二人目の自爆テロ犯が自爆した。数分後には三人目のテロリストが続くはずだったが、怖じ気づいて逃げてしまったという。

この攻撃で二一人の兵士と一人の市民が死亡し、六六人が重軽傷を負った。爆発後間もなく、首相兼国防大臣のラビンが現場に現れた。現場はまだ肉片が散乱し、ところどころ血で染まっている。ラビンが視察をしている間に、怒りに駆られた市民たちのデモが自然発生的に始まった。だが市民たちは、テロに対してではなく、ラビンに対してシュプレヒコールをあげ、「ガザへ行け！」と叫んでいた。その言葉は、ヘブライ語の「地獄に落ちろ！」という罵りの言葉にも聞こえた。

ラビンはテルアビブに戻ると、国防関係の幹部全員を招集して会議を開いた。ラビンの首席補佐官を務めていたエイタン・ハベルによると、ラビンはこのとき「激怒して頭に血が上っていた」という。会議の席でラビンは言った。「この狂気を止めなければならない。レッドページを持ってきてくれ。ここで署名する」

第二五章 「アヤシュの首を持ってこい」

イツハク・ラビンは、二期目の政権がこんなことになろうとは想像すらしていなかった。ラビンは二つの公約に基づいて首相に選出されていた。第一に、妥協なくテロと戦う断固たる軍事指導者として治安を確保する。第二に、外交主導権を確立し、イスラエルを孤立から救い出して経済的繁栄をもたらし、インティファーダに終止符を打つ。

実際のところラビンは、パレスチナ人の土地の占領は終わらせなければならないという結論に達していた。だからこそ、シモン・ペレスらが着手したオスロでの和平交渉に同意した。それでも、パレスチナ側の意図に疑念を抱いていたため、しぶしぶ同意したにすぎない。一九九三年九月一三日にホワイトハウスの芝生の上で行なわれたオスロ合意の調印式の際には、クリントン大統領に促されてアラファートと握手を交わしたが、そのときの表情や身ぶりを見れば、ラビンがこの合意に不満を抱いていたことがよくわかる。

ラビンは性急に包括的な合意を結ぶのではなく、まずはガザとエリコからのみ軍を撤退し、和平交渉を徐々に進めるべきだと考えていた。そうすればイスラエル側は、アラファートが合意を履行していることを絶えず確認しながら、パレスチナ自治政府に占領地を引き渡すことができる。また、パレスチナ難民の帰還する権利、エルサレムの位置づけ〔イスラエルとパレスチナ双方が首都と見なしている〕、ヨルダン川西岸地区とガザ地区のイスラエル人入植地の今後、パレスチナ自治政府の独立など、いまだ議論が絶えない重要事項の解決を先延ばしすることもできる。そしてさらに、これらの問題が表面化したときに、イスラエルでまず間違いなく起きるであろう国内を二分する論争を避けることもできる。

だが結局、合意を思いどおりに進められなかったラビンは、論争に巻き込まれることになった。イスラエル国民の大半は、オスロ合意によりテロ攻撃の可能性は高まったと思い、和平交渉により占領地をパレスチナ自治政府へ引き渡したためにテロが増加したのだと思い込んでいた。あとは、イスラエルの右派勢力がヤーシーンの言葉を文字どおり引用するだけでよかった。妥協などありえない、ユダヤ国家の存在など決して認めないという言葉である。すると間もなく、占領地に入植していたユダヤ人の過激派グループが小規模なデモを始め、それがやがてイスラエル全土に広がる抗議運動に発展した。テロ攻撃が起こるたびに運動の力は増してゆき、ラビン本人の責任を求める声はますます高まった。野党リクードのアリエル・シャロンやベンヤミン・ネタニヤフが、この抗議運動をさらにあおった。

パレスチナ人もまた、いまだ自分たちの土地から追い出されつつある現状にいら立ちを募らせていた。ラビンは新たな入植地の建設こそ制限していたものの、完全に建設を中止することはなく、占領地区にある既存の入植地を一つとして明け渡そうとしなかったからだ。パレスチナ人たちには、こんな状況で自分たちの国家ができるなどとはとうてい思えなかった。その一方でアラファートは、対抗勢力となるイスラム過激派との対立を避けるため、ハマスやイスラム聖戦機構のゲリラ攻撃や自爆テロに対して見て見ぬふりをしていた。

一九九〇年代後半にシン・ベト長官を務めたアミ・アヤロンは言う。「どちらも相手の要求の意味を理解していなかった。だから、両方とも自分たちがだまされていると思うようになったのも無理はない。結局こちらは治安を、向こうは国家を手に入れられなかった」

イスラエル北部の国境紛争を解決しようとする試みも、やはりうまくいかなかった。クリストファー国務長官が、和平協定の締結を目指してイスラエルとシリアの仲介に入った。イスラエル側はゴラン高原から（できればレバノンからも）撤退し、シリア側はイスラエルに対するヒズボラの攻撃をやめさせる内容の協定である。しかし大きな前進は見られなかった。むしろイスラエルに圧力を加えたいシリアがヒズボラをけしかけたため、レバノンに駐留するイスラエル国防軍部隊の死傷者は増えるばかりだった。

レバノンの「警戒区域」の現状にイスラエル軍はうんざりしていた。反撃を禁止されていた国防軍の現場指揮官たちは激怒し、好きに攻撃させてくれと要求した。そのなかでもひときわ目立っていたのが、カリスマ性と自信に満ちあふれ、将来の参謀総長とも目されていたエレズ・ゲルシュタイン准将である。ゲルシュタインは、アメリカの失敗から学べる教訓があるという点では、南レバノンもヴェトナムも同じだと考え、こう述べたという。「出撃してやつら（ヒズボラ）の考えそうなことを予測し、思いもよらない場所から攻撃して指揮官を殺す。そうしたいところなのに要塞のなかに閉じこもって、キンタマを掻いてるだけだ」

南レバノン軍（ＳＬＡ）の部隊も、反撃を禁じられて砲火の餌食になっていると不満を募らせていた。ＳＬＡの副指揮官アクル・アル＝ハシェムは、ヒズボラを攻撃目標にすることを認めてくれと何年もイスラエルに訴えていた。

だが間もなく、この要求が受け入れられるときが来た。一九九五年一月一日、アムノン・リプキン＝シャハクがエフード・バラクから国防軍参謀総長の地位を引き継いだ。それを機に、レバノンにおける方針の変更が決定された。これからはヒズボラを完全に敵として扱い、戦争を遂行することにしたのである。となると、情報を収集する情報官や、破壊工作や暗殺に長けた特殊作戦部隊が必要になる。

リプキン＝シャハクは、特殊戦の第一人者である北部方面司令部の指揮官アミラム・レヴィン少将とともに、すみやかに新たな特殊部隊を組織した。ヒズボラのゲリラ活動に対する軍事作戦を行なう「エゴズ」（ヘブライ語で「木の実」の意）である。最初に指揮官の一人に選ばれたモシェ・タミルは言う。「エゴズ部隊で私が立てた戦術の大部分は、（中略）イギリス軍がヒマラヤやインドシナでの戦闘についてまとめた本から学んだものだった。低いレベルでは特に、ヴェトナムでのアメリカ軍の経験も役に立った」。タミルやゲルシュタインらは、イギリス軍やアメリカ軍、アルジェリアで戦ったフランス軍同様、十分な人員や時間、後方支援さえあれば、ヒズボラを打ち負かせると信じていた。

エゴズは、レバノン内でヒズボラが安全と考えている地域で待ち伏せや奇襲を行ない、不意を突いて多くの民兵を殺害した。こうして死んだ兵士のなかには、ヒズボラ議長の息子ハディ・ナスルッラーフもいた。

「若き日の青春」作戦に参加していたレヴィンがこの作戦にならい、ヒズボラの指揮官たちに的を絞った攻撃を重視したため、北部方面司令部情報局のレバノン支局長になったばかりのロネン・コーヘンもこの新たな方針を採用した。レヴィンとコーヘンは、ヒズボラの上級幹部ではなく、レバノン南部地域の指揮官など、中堅幹部の殺害に重点を置くことにした。ヒズボラは、ベイルートの上級幹部や活動拠点をターゲットにした作戦と、レバノン南部で行なわれているような限定的な戦闘とを区別していると考えられたからだ。前者のような攻撃には過剰に反応し、中東以外の場所でも反撃してくるかもしれない。だが後者のような攻撃であれば、反撃はレバノンやイスラエル北部に限定されるだろう。

それまでイスラエル国外での暗殺は、すべてモサドが実行しており、国防軍はせいぜいそれをサポートするだけだった。だがモサドはヒズボラのことを、国防軍が対処すべき国境問題程度にしか見ていなかった。それに、モサドが優先順位を変更し、ヒズボラを重視するようになったとしても、モサドにはレバノンで積極的に作戦を遂行できるほどの能力はなかった。コーヘンは言う。「つまり、ターゲットに選んだヒズボラ幹部を仕留めたければ、国防軍が自力でやるほかないことはわかりきっていた」

コーヘンは、ムサウィへの攻撃は戦略的に不備はあったものの、優れた戦術モデルになると考えていた。ドローンでターゲットを見つけ、レーザーで攻撃目標をマークし、ミサイルを発射する。安上がりで、効率的な方法だ。

やがて北部方面司令部情報局がある人物をターゲットに選んだ。アブー゠アリー・リダという名前で知られていたヒズボラのナバティエ地区指揮官、リダ・ヤーシーンである。ゾウタルアルシャルキエ村に住むレバノン南部の中級指揮官だったリダは、コーヘンらが求めていた人物像にぴったり合致した。何より、同年輩の指揮官がほかにいないため、情報を入手しやすかった。

二週間の調査で、コーヘンはリダに関する十分な情報を収集し、作戦を計画した。リダには「黄金の蜂の巣」というコードネームが与えられた。リダは週に一度、ベイルートにいる上官に会いに行き、夜遅くに帰宅し、翌朝は八時半に車で事務所に向かう。そこでこのような計画が立てられた。あるエージェントがその時間に見張りに立ち、リダが一人で車に乗り込むのを確認する。それを確かめたらドローンでリダを追跡し、村を出たところで車をレーザーでマークし、アパッチヘリコプターにミサイルで攻撃させる。

だが、北部方面司令部の作戦司令室の指揮でスタートしたこの「黄金の蜂の巣」作戦は、危うく中止になるところだった。一九九五年三月三〇日、見張り役のエージェントがリダの家のそばに行くと、驚いたことに駐車スペースが空になっている。しかし、あまり長くそこにとどまっていれば周囲の疑惑を招きかねないため、エージェントは仕方なくその場を離れた。それでも司令室にいるレヴィンやコーヘンやその部下たちは、上空に待機していたドローンが送ってくる映像により、リダの車が家に戻ってくるのは確認できたが、車から降りて家に入っていった男の顔までは確認できなかった。それから一時間もすると、その男らしき人物が家から出てきて車に乗り、村を出てリタニ川を渡り、ナバティエに向けて南に車を走らせていったが、この人物が誰なのか司令室の誰にもわからない。難しい状況だった。いま車を運転しているのは誰なのか？　リダなのか、それともリダの子どもなのか？ミサイルを発射する命令を出すべきなのか？

レヴィンは賭けに出た。アパッチのパイロットに発射を命じたのである。

およそ三時間後、傍受していたヒズボラの無線ネットワークに、この殺害を伝える通信があふれ返った。車に乗っていたのはリダであり、ほかには誰もいなかったのだ。無線が飛び交うなか、ヒズボラの兵士たちが混乱し、うろたえている様子が聞こえてくる。仲間が一人、音もせず姿も見えない空飛ぶロボットにマークされ、遠方から暗殺されたのだから無理もない。ドローンを使った暗殺は、これでまだ二回目だった。

ナスルッラーフは復讐を誓い、再びロケット弾でイスラエル北部を集中攻撃した。海辺にいた一七歳の少年が警報に気づかず、ミサイルの直撃を受けて死亡した。それでもヒズボラは、やはりレヴィンやコーヘンの予想どおり、この殺害事件を地域的案件と見なし、中東以外の地でリダの復讐をしようとはしなかった。

「黄金の蜂の巣」作戦は、後に続く中堅幹部への攻撃の手本となった。とはいえ、機械を利用した暗殺作戦だけが採用されたわけではない。エゴズなどの部隊が、夜間にターゲットの車や移動ルートに爆弾を仕掛け、現場の見張り役やドローンによる遠隔操作で起爆することもあった。

レヴィンとコーヘンはこうした作戦において、誰がターゲットを決定し、誰が最終的な「ラシャイ

〈攻撃許可〉」の命令を出すのかなど、暗殺の指揮命令系統を都合よくつくり変えていた。これは重大な問題だった。これまでは、「否定的処置」を求めるレッドページはすべて、情報機関の幹部により構成され、モサド長官が委員長を務めるヴァラシュという委員会に報告した後、最高レベルの文民である首相の承認・署名を受ける必要があった。首相が判断を下す前に、ほかの大臣と協議することも多かった。

暗殺が失敗した場合には外交問題に発展するリスクが高かったため、レッドページの承認は長い時間をかけて慎重に検討する必要があった。そのため、承認が下りないことも頻繁にあった。

ところがレヴィンとコーヘンは、巧妙に言葉を変えてこのプロセスを回避していた。レバノンにおける暗殺は、もはや殺害ではなく「迎撃」であると主張したのだ。迎撃となれば、もちろん参謀総長の承認はやはり必要だが、これほどの精査は必要なくなるらしい。

当時は、この暗殺承認の回避方法が問題を引き起こすとは考えられなかった。首相と国防大臣を兼務するラビンは、リプキン＝シャハク参謀総長を信用し、国防大臣のオフィスで毎週開かれる攻撃作戦会議の報告に満足していた。

北部方面司令部の元将校は言う。「こうして慣例ができた。慣例では、暗殺作戦を別の名称で呼ぶ。するとその作戦が、本来の意思決定手続きとは違う別の手続きの作戦に分類されて、低いレベルで承認できるようになる」。つまり、首相の承認がなくても人を殺せる。

この新たな手続きが効果的だったのは間違いない。長年「警戒区域」で不満をため込んできた国防軍は、完璧な暗殺の仕組みをつくりあげると、素早く情報を収集して作戦を実行に移した。その結果、国防軍の暗殺部隊は、二年半の間に二七件の暗殺作戦を実行し、そのうちの二一件を成功させた。ターゲットはほとんどがヒズボラの戦闘員である。

レヴィンとコーヘンが「警戒区域」で暗殺承認手続きを都合よく書き替えていたころ、イスラエルの情報機関は、一九九五年初頭にラビン首相が署名した二つのレッドページを実行に移す方法を模索していた。

ベイトリッドで二人の自爆テロ犯が、バスを待っていた二一人の兵士と一人の民間人を殺害すると、イスラエルの情報機関はその日の夜にはもう、このテロ事件の黒幕、つまり暗殺すべきターゲットを特定していた。パレスチナ・イスラミック・ジハード（ＰＩＪ）の指導者ファトヒ・シャカキである。一九七〇年代、エジプトのザガジグ大学はイスラム過激派の温床となっていた。その医学生を中心とする政治活動に参加していたシャカキが、ガザ地区で短期間小児科医として働いた後に、その活動を発展させるために設立したのがＰＩＪである。この秘密主義的な組織は、規模こそ小さいものの、ある意味ではヤーシーン師の率いるハマスのライバルだった。シャカキは、社会変革よりもジハードを優先しなければならないという信念を持っており、その両方を同じように重視するハマスとは思想的に異なっていたからだ。シャカキを中心に組織されたこの組織の役割は一つしかなかった。イスラエルに対するテロである。

シャカキはイスラエルの刑務所への投獄と出所を三年間にわたって繰り返した後、一九八八年にガザからレバノンに追放された。するとイスラム革命防衛隊が保護し、ダマスカスに活動拠点を作れるよう手配するとともに、資金と武器を与えた。こうしてＰＩＪはイランの支援のもとに活動を始め、一連のテロ攻撃を開始した。そのなかでも最悪のテロが、一九九〇年二月、綿密な計画に基づき、カイロのおよそ五〇キロメートル東でイスラエル人旅行者が乗っていたバスを銃撃した事件である。この事件では、イスラエル人乗客九人とエジプト人二人が殺害され、一九人が負傷した。その後イランは、ハマスが自爆テロを成功させているのを見て、シャカキにも同様の攻撃を許可した。その最たるものが、ベイトリッドの自爆テロだった。

この事件の四日後、シャカキはダマスカスにある自身のオフィスで、《タイム》誌の特派員ララ・マーローのインタビューに応じると、その事件への直接的な関与は認めなかったものの、計画の経緯を詳細に説明した。インタビューの間、始終笑みを浮かべたり含み笑いを漏らしたりするなど、イスラエル人二二人が死んだことを明らかに喜んでいるようだった。

この時点で、ラビンがシャカキのレッドページに署名してからすでに三日がたっていた。この暗殺指令はきわめて異例だった。実際、ラビン首相がレッドページに署名したのはこれが初めてだった。PLOとの和平が成立し、パレスチナ自治政府が樹立されたばかりの当時は、イスラエルでは一般的に、パレスチナ人との戦いは終わったと考えられていた。世界中で展開されていた爆破、テロ、暗殺、拉致の応酬はもはや過去のものだ、と。そのためモサドのなかには、テロ対策局の規模を半分に縮小すべきだとする意見もあった。モサドは自爆テロを、シン・ベトが管轄すべき国内問題と見なしていた。

それに、ファトヒ・シャカキは占領地区に数多くの支持者を持つパレスチナ人指導者だった。シャカキを抹殺すれば、パレスチナ側が反撃に出るおそれもある。それでもラビンが抹殺を決意したのは、パレスチナ人との戦争がまだ終わっていないことを認めざるを得なかったからだろう。

実際、ベイトリッドの事件を受け、ラビンはイスラエルの安全保障に関する考え方を変え、以後テロに対する認識を「虫刺され程度の脅威」から「戦略的脅威」へと改めた。「戦略的脅威」という言葉はそれまで、第四次中東戦争におけるアラブ諸国の奇襲やサッダーム・フセインの核開発計画など、イスラエルの大半の国民や国土を危険にさらし、国家の崩壊につながりかねない敵の本格的な軍事行動にしか使用されていなかった。当時シン・ベトの副長官だったカルミ・ギロンは言う。「テロに対する認識を改めたことには全面的に賛成だった。ラビンが認識を改めたのは、テロが主権国家の政策を変更させたり、その実施を遅らせたりすることに成功していたからだ。イスラエルの街中で起きたテロ攻撃には、それだけの効果があった」

こうしてテロに対する姿勢や認識は改められたが、すぐにシャカキを暗殺できるわけでもなく、監視に数カ月を要した。モサドの工作員たちはシャカキの自宅やオフィスの電話は盗聴できたが、ダマスカスでの殺害は避けたかった。シリアで作戦を実行すれば、工作員の身に危険が及ぶうえに、政治的なリスクもあったからだ。当時のアマン長官ウリ・サグイがラビン首相に忠告していたように、アメリカの仲介で進められているシリアとの和平交渉が台なしになってしまうおそれがある。

しかし、シリア国外でシャカキを殺すのにも問題があった。シャカキは自分が狙われているのを知っていたので、シリアを離れたとしても、ほかのアラブ諸国やイランなど、イスラエルの暗殺者が簡単には侵入できないような場所にしか行かなかったからだ。およそ六カ月が過ぎても、モサドのカエサレアは襲撃可能な時間や場所を特定できないでいた。そんななか、四月九日に発生したテロ事件がさらにモサドを追いつめた。PIJの自爆テロ犯の運転する自動車が、ガザ地区を走っていたイスラエルのバスの近くで爆発し、七人の兵士のほか、アメリカのニュージャージー州ウェストオレンジから来ていた二〇歳の学生アリサ・ミシェル＝フラトーが死亡し、三〇人以上が負傷した。さらにその後すぐ、別の自動車爆弾が爆発し、一二人が負傷した。ラビン首相はモサド長官のシャブタイ・シャヴィトに命じた。「解決策を見つけろ。この男を始末するんだ」

一カ月後、モサドがある作戦案を提示したが、すぐに反対の声があがった。一九七三年の「若き日の青春」作戦や一九八八年のチュニスでのアブー・ジハード暗殺のように、モサドだけでは実行できないため国防軍に協力を求める内容だったからだ。

リプキン＝シャハク参謀総長は、シャヴィトとは対立していたものの、基本的にはシャカキ殺害に賛成だった。しかしそれはモサドだけで実行するべきであって、イスラエル国境から遠く離れた国外の作戦に国防軍の人員を巻き込む必要はないと考えていた。二人はラビン首相の目の前で大声で言い争ったが、最終的にラビンは二人を黙らせ、シャヴィトの作戦案を採用した。

それまでの調査で、シャカキがリビアの指導者ムアンマル・カダフィと定期的に接触していることが判明していた。シャカキは、カダフィからもらったイブラヒム・シャウィシュ名義のリビアのパスポートを使い、頻繁にカダフィのもとを訪れていた。一人で行くこともあれば、ほかの幹部を伴うこともあった。当時、テロに関与していたリビアは国際社会から厳しい制裁を受けていたため、ほとんどの航空会社がリビアに就航していなかった。そのためシャカキは、ベイルートかダマスカスからマルタを経由してチュニスに飛び、そこでBMWやジャガーなどの高級車をレンタルして、トリポリまでおよそ八〇〇キロメートルの道のりを自分で運転していた。

そのため、人里離れた幹線道路沿いに爆弾を仕掛けるのが最善の方法ということになった。六月、海軍特殊部隊シャイェテット13のチームが、チュニジアの海岸に上陸した。そして、四つの木箱の重みで柔らかい砂に足を取られながらも、爆弾を仕掛ける予定の幹線道路へと歩いていった。各木箱には二〇〇キログラムの爆薬が詰められている。爆発物は、屈強な四人の兵士が砂丘を越えてチュニス＝トリポリ幹線道路まで運べるように、強度も柔軟性もあるタングステン製の特殊な台に固定されている。計画は次のような内容だった。幹線道路の交通量が少ない地点の道路脇に穴を掘り、その巨大爆弾を埋める。一方、カエサレアの工作員がシャカキを監視し、シャカキがチュニスでレンタルした車に発信機をとりつける。業界用語で「ピンガー」と呼ばれる、かなり強い信号を出す発信機である。シャカキの車が爆弾のそばを通過すると、この発信機からの信号で起爆装置が作動し、運転手もろとも車を粉微塵《みじん》に爆破する。

カエサレアの計画立案者が最後のブリーフィングでこう説明していた。「この道はほとんど使われていないため、ターゲットがあの世に行くのをほかの人間に目撃される可能性はきわめて低い。事件に気づくまでにかなりの時間がかかり、捜索隊や犯罪捜査官が現場に到着するのも遅くなるはずだ」

一九九五年六月四日、待ちわびていた情報が入ってきた。シャカキが一週間後のマルタ行きの便を予約したという。暗殺作戦が始まった。イスラエル海軍のミサイル艇二隻が、ヨアヴ・ガラント率いるシャイェテット13部隊と必要な装備を乗せ、ハイファを出港した。そして二日半をかけておよそ二〇〇〇キロメートルの航程を進み、チュニジアとリビアの国境が地中海と接するあたりに到着すると、海岸から十分に離れたところに停泊した。作戦全体は、海軍指揮官アミ・アヤロンがイスラエル本国から指揮することになっていた。

ガラントがシャイェテット13を率い、アブー・ジハード暗殺に向かうサエレト・マトカルの部隊をチュニジアの海岸に運んでから、すでに七年が過ぎていた。いまやイスラエル国防軍は、当時よりもはるかに進んだテクノロジーを装備していた。そのためアヤロンは、テルアビブにある地下司令部の巨大スクリーンを通じて、展開中の全部隊の位置をリアルタイムで確認できた。

特別仕様のゴムボートに乗ったシャイェテット13の隊員たちが、リビアの海辺の町サブラタからおよそ一〇キロメートル西の地点に上陸した。

この作戦に参加したシャイェテット13のある隊員は言う。「砂丘を越えて移動するのはかなりきつかった。私たちは互いの間に棒を渡してその端を握りしめ、砂に足を取られないようにした。死ぬほど汗をかいたよ。黄色の、本当にきれいな砂だった。海の近くの砂丘に寝転がって肌でも焼けたら最高だろうなと思ったけど、そんなわけにもいかなかった。もう明るくなり始めていたから、早く爆弾を埋めないといけない。ところが、移動を続けていると突然ヘッドホンから、『ただちに前進やめ！』という先遣隊の指示が聞こえた。なぜだかすぐにわかったよ」

シャカキの動向に関するイスラエルの情報に間違いはなかったが、ちょうどそのころモロッコからエジプトへアフリカ北部を横断するラリーが行なわれていたのだ。シャイェテット13の隊員たちが目的の道路に着くと同時に、ラリーに参加していた車が現れ、そのドライバーたちが近くで休憩をとり始めた。飲み物を片手に、英語、ドイツ語、フランス語で騒々しく談笑し、エンジンに入った砂に悪態をついたりしている。ガラントはアヤロンに指示を仰いだ。ドライバーたちに発見される危険が刻々と高まっていた（ガラントは無線で「ドライバーがこちらに来て小便や大便をするかもしれない。しかもわれわれの真上で」と告げたという）。それに、ドライバーたちがその場所にいつまでとどまるつもりなのかも、あとからさらに多くの車がこの道路にやって来るのかどうかもわからない。こんな状況で爆弾を設置し、その日の夜にシャカキの車のそばで爆発させれば、「罪のない非アラブ人」を傷つけてしまうかもしれない。アヤロンは隊員たちに撤退を命じた。一般市民を殺害する危険性があまりに高すぎる。こうして作戦は中断された。

さらに何もできないまま四カ月が経過した。だが一〇月半ばになってようやくモサドは、国防軍との複雑な共同作戦に頼らず、自力で暗殺を実行できる機会を手に入れた。

ダマスカスにあるシャカキのオフィスの電話が鳴った（この電話はまだモサドに盗聴されていた）。電話の相手はカダフィの側近だった。アラブのゲリラ組織の指導者たちを集めてリビアで開催する会議にシャカキを招待したいという。シャカキは出席するつもりはないと答えた。しかしモサドはその盗聴により、サイード・ムーサ・アル＝ムラー（別名アブー・ムーサ）がその会議に出席することを知った。アラファートに反旗を翻してPLOを脱退して以来、シリアの保護下でダマスカスを拠点に活動しているパレスチナ過激派組織の指導者である。アブー・ムーサはシャカキのライバルでもあった。

カエサレアの情報担当官ミシュカ・ベン＝ダヴィッドは、この一件を議論するために召集されたモサド本部での会議で言った。「アブー・ムーサが行くなら、あいつが行かないわけにはいかないだろうな。連中に準備するように言っておいてくれ」

シャカキが最終的に出席することにしたのかどうかはわからなかった。それでも、シャカキがリビアに向かうとすれば、マルタでの乗り継ぎの待ち合わせ時間の間、あるいはチュニスからリビアへ向かう陸路が狙い目になるとモサドは考えた。

その数カ月前、「ジェリー」が暗殺部隊の指揮官に任命された。モサドの同僚たちからさほど好かれているわけではない無口な男である。以前は海軍の特殊潜水部隊に所属し、ジェラルド・ブルやアタフ・ブセイソの暗殺作戦に参加したこともある。ジェリーはこの新たな仕事をそつなくこなせば、モサドでの地位を高め、いずれはカエサレアの隊長になれるのではないかと考え、「おれはマイク・ハラリの椅子に座りたいんだ」と友人に語っていたという。シャカキの殺害には、国の安全保障ばかりか個人的な野心の実現もかかっていた。

一〇月二二日、ジェリーの部隊はマルタに移動し、空港に待機して到着する乗客を確認した。数便到着したところで、ジェリーは部隊員およびテルアビブのモサド本部に無線連絡を入れた。「隅に座っている男がいる。調べてみる」。緊張が高まった。一分後、ジェリーが再び無線で連絡した。「やつだと思う。かつらをかぶっているが、われわれが探している男である確率が高い」

シャカキは空港を離れることなく、チュニス行きの次の便に乗り込んだ。しかしモサドが得た情報によれば、シャカキはリビアへ行くときはたいてい、行きか帰りにマルタの観光都市スリーマに寄り、ディプロマット・ホテルで一日か二日を過ごす。したがって数日待てば、シャカキを狙える可能性が高くなる。

会議に出席した翌日の一〇月二六日の朝、シャカキはマルタに戻ってきた。キドンの見張りが空港で彼を発見すると、午前一〇時までに二人の工作員がディプロマット・ホテルのロビーに配置された。やがてタクシーで到着したシャカキは、一泊だけの予定でチェックインすると、ベルボーイに荷物を預けることなく自分でバッグを部屋まで運んだ。イスラエル人工作員が一人そのあとをつけ、六一六号室に入るのを確認した。

観光客がたくさん訪れるのどかな国マルタは「基準国」と見なされており、作戦を実行するうえで特に危険はないので、暗殺方法はジェリーに一任された。彼は、ホテルの外の街角に隊員を集め、作戦を手短に伝えた。

午前一一時半、シャカキはホテルを出ると左へ進み、心地よい天気を楽しみながら通りを散歩した。マークス&スペンサー〔イギリスの総合スーパー〕でワイシャツを一枚買い、別の店でさらに三枚買った。ジェリーは通りを挟んだ店の向かい側に立っており、シャカキが店から出てくると、袖に仕込んだ無線機のマイクに「ハニー・バン〔ハチミツのかかった渦巻状のパン〕」とささやいた。行動開始の合図である。

シャカキは、何ら不審に思う様子もなく散歩を続けた。午後一時一五分、ヤマハのバイクがゆっくりと近づいていったが、シャカキはまったく気づかない。バイクはやがてその隣に並んだ。間もなくシャカキが歩道に一人きりになると、バイクの後ろに乗っていた男がサイレンサーつきのピストルを引き抜き、シャカキの側頭部に弾丸を二発撃ち込んだ。シャカキが倒れると、その首の後ろにもう一発撃ち込んだ。ピストルには薬莢受けの小さな袋がとりつけてあり、証拠となるものは犯罪現場にほとんど残らなかった。

バイクはそのまま走り去り、ほかの隊員は二台のレンタカーが拾った。暗殺部隊の全員が近くの海岸に集まると、そこにはごくありふれた旅行者のような姿をした三人の特殊部隊員が、スピードボートを用意して待っていた。暗殺部隊はこのボートに乗り、沖合で待つイスラエル海軍のミサイル艇へ向かった。海岸に乗り捨てられていたバイクがマルタ警察に発見されたのは翌日のことである。

ベイトリッドの事件を受けてテロに対する姿勢を改めたラビンは、ハマスの指導者たちの情報収集も命じた。そのなかでも最重要視されたのが、「エンジニア」というコードネームを持つヤヒヤ・アヤシュである。アヤシュは、国外追放中に自爆テロの訓練を受け、一九九三年の春からイスラエル国内にこの攻撃手法を導入した。一九九四年から九五年までの間に九件の自爆テロ事件を起こし、この一連の攻撃で五六人を殺害し、三八七人に重軽傷を負わせた。あふれ出る血や黒焦げの死体をまのあたりにしたイスラエル国民の怒りは、頂点に達しつつある。ラビンは何らかの行動を起こさなければならないと考え、アヤシュのレッドページに署名した。

だがこれは、通常ではありえないことだった。アヤシュは、パレスチナ自治政府が支配するヨルダン川西岸地区やガザ地区から自爆テロを指揮していた。両地区は自治政府の管轄下にある以上、本来であれば自治政府がアヤシュやその部下たちを逮捕するべきなのだ。イスラエルとパレスチナ自治政府は当時、オスロ合意の次の段階の交渉に入っていたが、パレスチナ自治政府領内で作戦行動をとれば、和平協定違反と見なされ、政治問題になるおそれがある。

ラビンは、PLO議長に自爆テロを阻止する断固たる措置をとるよう繰り返し要求してきた。ラビンとアラファートとの電話会談に同席していたある情報機関職員によれば、ラビンはアラファートを激しく叱責していたという。さらにラビンは電話を切ったあとに、アラファートたちはハマスやPIJの活動を抑制する努力を一切していないと文句を言い、「顔を真っ赤にしていた」らしい。

アラファートは、パレスチナ人がこうしたテロ攻撃を仕掛けていることさえ否定した。陰謀論者で有名なアラファートは、何の根拠もない独自の説明を披露した。「シン・ベト内にOASという秘密組織があり、それがハマスやイスラム聖戦機構と協力し、和平プロセスを妨害しようとしている。自爆テロなどの攻撃を仕掛けているのはそいつらだ」

一九九五年になるころには、パレスチナ自治政府が自爆テロを止めてくれるかもしれないという希望は、もはや非現実的な妄想でしかなくなった。ギロンは言う。「パレスチナ人に対するあらゆる交渉、対話、依頼、要求を発展させていくうちに、われわれは最終的に自分たちだけを頼り、テロと戦うためにあらゆる手を尽くすほかなくなった」

奇しくも、二人の自爆テロ犯がベイトリッドを攻撃したのと同じ一月二二日、シン・ベト長官ヤアコヴ・ペリはイスラエル・ハッソンを呼び出し、ヨルダン川西岸地区全体も担当するシン・ベト中央司令部の指揮官就任を要請した。

これに対し、シン・ベトのベテラン工作員だったハッソンは、シン・ベトがヤヒヤ・アヤシュに対処する方法を根本的に変えるのであれば、その要請を受けると返答した。

ハッソンはペリにこう述べた。「これをラファト（アヤシュが生まれた村）担当の作戦要員が対処すべき地方の問題とお考えなら、それは大きな間違いです。この男は政治的プロセスを狂わせています。やつを捕らえるには、シン・ベトの職員全員が、毎朝起きたらまず『ヤヒヤ・アヤシュを捕らえるために何ができるだろうか?』と自問するようにならなければなりません」

ペリはハッソンに何が必要かと尋ねた。

「アヤシュに対処するには、シン・ベトのあらゆる人員に対する最高の権限が必要です」とハッソンは言う。

エージェントの扱いに熟達し、相手の喜ばせ方をよく心得ていたペリは、笑顔でこう言った。「ここにきみを、シン・ベトのヤヒヤ・アヤシュ問題担当指揮官に任命する」

「それならば、長官も私の決定に従うこと、アヤシュに関して私が下したいかなる決定も最終的なものとすることを約束していただきたい」とハッソンが言う。

ペリは、どんな決定であれラビン首相を説得する自信があったうえ、組織的な問題をうまくかわす術も身につけていたため、「イスラエル、シン・ベトが総力を挙げてきみを支援する。さあ取り掛かれ、アヤシュの首を持ってこい」とだけ答えた。

ハッソンは指揮官に就任すると、シン・ベトが所有するアヤシュの情報を洗い直した。だが情報はほとんどなかった。シン・ベトの信頼できる情報筋はかれこれ一年以上もアヤシュやその側近に接触できず、アヤシュの所在さえはっきりとはつかんでいなかった。ただし、シン・ベトに捕まらないようハマスがアヤシュをポーランドに逃したという報告はあった。

だがハッソンはこの報告に疑いを抱き、二月初めの会議でこう問いかけた。「自爆テロ現場の至るところでやつの指紋が見つかっているというのに、本当にポーランドにいるのか?」ハッソンは、アヤシュに対する見方を全面的に改めつつあった。

それまでシン・ベトの主な敵は、PLOに所属するさまざまな組織だった。それらはたいてい小集団で、特定の地域(通常は住んでいる場所)で活動していた。そのためシン・ベトの作戦も地域を中心に展開され、村や町、地区や地域のなかで諜報員や工作担当官があらゆる情報を収集していた。各部隊はほぼ独立して活動し、部隊間の連携はほとんどなく、指揮官レベルでのみ連携が行なわれていた。同じターゲットを追う諜報員たちでも、情報を交換したり、とるべき措置を議論したりするために計画的に会うようなことはなかった。

しかし、ハマスはまったく異なる組織運営をしていた。ハマスの活動家は、与えられた任務を、自分が住む場所ではなくほかの場所で実行した。指揮権を全土に広げていたため、任務ごとに場所を変えることができた。そのため、自分が担当する地域にしか目を光らせていなかったシン・ベトの諜報員は、何の成果もあげられなかったのだ。

ハッソンはアヤシュに対して新たなアプローチを採用することにした。そしてアヤシュに「水晶」というコードネームをつけ、「水晶」に関する情報はすべて自分のオフィスに集め、自分の指揮下に置くよう通達した。こうして「水晶」作戦は、シン・ベトのさまざまな諜報員たちが別々の指揮官のもとで、独自の優先順位に従って個別に活動する局地的な作戦から、ハッソンがあらゆる決定権を持つ全国的な作戦になった。これは小規模な組織革命と言ってよかった。これによりハッソンは、地域の指揮官たちの頭越しに命令できるようになり、彼らの多大な反発を招いた。

ハッソンは、多くのパレスチナ人協力者を獲得するようシン・ベトの各部隊に命令した。さらに、イスラエルの刑務所に多数いるハマスの活動家を再尋問するよう諜報員に指示した。その結果、新たにハマスの活動家三五人が逮捕され尋問を受けた。彼らは、夜ごとにグループを変えて監房に入れられ、その会話を録音された。さらに、シン・ベトのスパイとして雇われたパレスチナ人受刑者（「操り人形」と呼ばれた）が各監房に送り込まれ、彼らに話を促した。

すぐに、アヤシュがきわめて抜け目のない人物であることがわかった。警察や情報機関が極秘に個人の電話を盗聴して大量の情報を収集していることは以前から広く知られていたので、アヤシュは同じ携帯電話や固定電話を定期的に使用するのを避け、常に寝場所を変えていた。何よりもアヤシュは、誰も信用していないようだった。

だが、とうとう「水晶」の居場所を探る努力が実を結んだ。アヤシュはポーランドにはおらず、そんな国へは行ったことさえなかった。実際には、ヨルダン川西岸地区北部のカルキーリーヤ県のあたりに潜伏して活動していた。カルキーリーヤ県にはイスラエルの支配地域とパレスチナ自治政府の支配地域があったため、まさにシン・ベトの目と鼻の先にいたことになる。ペリの後を継いでシン・ベト長官に就任したカルミ・ギロンは言う。「やつを捕まえられない責任をパレスチナ自治政府ばかりになすりつけることはできない。われわれの責任でもある。それは認めないといけない」

レッドページに署名がなされてから四カ月後の四月、アヤシュがヘブロンで開かれるハマスの会議に出席するという情報をシン・ベトは入手した。ハッソンは、このタイミングで行動するのはかなり危険であり、ハマス内部にもっと諜報員を潜入させる必要があると考えていたが、結局はアヤシュ殺害を求めるラビン首相からの重圧に負けた。会議当日、アラブ人に変装したシン・ベトのツィポリム部隊が、敵がうようよしている町の真っただ中で、会議の場所にやって来るアヤシュを待ち伏せした。

だが、ハッソンは言う。「やつにとってもわれわれにとっても運がよかった。結局やつは現れなかったんだ。現れたとしても、あんな場所から隊員全員が生きて帰れるとは思えなかった。とてつもなく常軌を逸した危険な任務だった。それでも、あの恐るべき男が生み出す危険を取り除くためには、作戦を実行するしかなかった」

アヤシュは、イスラエル側にとって戦略的に都合のいい場所には現れてくれなかった。五月、アヤシュがガザ地区を囲むイスラエルの防犯システムの穴を見つけ、その弱点をついてガザ地区に潜り込んだことが判明した。「これもわれわれの責任だ」とギロンは言う。

ガザ地区ではイスラエル当局に逮捕権限はない。だがシン・ベトの諜報員は、数カ月間アヤシュのあとをつけ、その行動パターン、習慣、警備のすきなど、利用できる弱点を探った。

すると八月の終わりごろ、アヤシュがまれにウサマ・ハマドの家から電話をかけることがわかった。アヤシュの信奉者であり幼なじみでもあるウサマ・ハマドは、ガザ地区北部のベイトラーヒヤーという町に住んでいた。アヤシュはそのハマドの家の電話を使って、イランやレバノンに連絡したり、ハマスの部下と話をしたりした。また、ハマドの家を訪れるたびに、ヨルダン川西岸地区にいる父親と長電話をした。

これは貴重な情報だった。

しかしハッソンは、アヤシュ殺害はより大きな作戦の一部でしかないと考えていた。ハマスのもっと奥深くまでシン・ベトの諜報員を潜入させ、ガザ地区の密輸ルートを掌握する作戦である。だが、シン・ベトの南部方面の指揮官アヴィ・ディヒターが手柄を急いだ。ディヒターとは、ハッソンとシン・ベト長官職を争い、五年後にみごとハッソンに勝って長官に就任する人物である。ハッソンはこの男を暗に批判してこう述べている。「連中はあせっていた。アヤシュ殺害を自分たちの手柄にしたかったんだろう。『まずはやつを殺害しよう、あとのことはそれからだ』と言われた。残念だよ」

アヤシュ暗殺計画はディヒターに一任された。アヤシュはいつも、ハマド家のリビングルームの隣の部屋で電話をかける。そこで一家が留守のときを狙ってツィポリムの隊員が家に入り、映像を送信するカメラと爆破装置をその部屋に仕掛けた。アヤシュがその部屋で腰を下ろし、電話につけた盗聴器から彼の声が聞こえたら、その装置の起爆スイッチを入れるのである。

ディヒターは言う。「しかし政府には、確実な方法でテロを阻止したいが、道徳的原則にも忠実でありたいというジレンマがあった。アヤシュを空高く吹き飛ばすだけなら簡単だ。だが、その家には子どもたちもいた。子どもたちが爆発に巻き込まれない保証はない。だから作戦の全面的な変更が必要になった」

シン・ベトに必要なのは小型爆弾だった。グラム単位の重さしかないほど小型で、アヤシュを殺せるぐらいの破壊力はあるが、ほかの人間を危険にさらすほど強力ではない爆弾だ。アヤシュがそれを頭のそばに持っていってくれればいい。

やがて、ハマドがイスラエルの協力者とつながりがあることがわかると、それを利用することになった。ハマドのおじはカマル・ハマドという裕福な建築業者で、過去にイスラエル当局者と連絡をとり合っていたことがあった。シン・ベトはカマルに接触し、協力をとりつけると、もっともらしい口実を設けて新品の携帯電話（折りたたみ式のモトローラ・アルファ）を甥にプレゼントするよう依頼した。

その携帯電話をアヤシュが使うだろうと見越してのことである。

シン・ベトはその携帯電話をカマルに預ける際にこう言った。「その携帯電話のなかには小型送信機が仕込んであるから、電話での会話を盗聴できるんだ」。この作戦の終了後、カマルは報酬を受け取ると、その金で家族とアメリカへ移住した。

シン・ベトの工作担当官は嘘をついていた。実際には送信機ではなく、遠隔操作で起爆できる五〇グラムの爆薬が仕込まれていた。シャカキ殺害の二日後の一〇月二八日、アヤシュがハマドの家を訪れた。ハマドは新品の携帯電話をアヤシュに渡すと、一人で電話できるようにと部屋から出た。当時のシン・ベトの技術力はかなり低かったので、携帯電話の電波を受信するために空軍の特別機を使った。その飛行機が携帯電話とシン・ベトの南部方面司令部を中継したのだ。司令部では、アヤシュの声に精通している熟練の傍受要員が、電話の会話を聞いていた。傍受要員は、その声の主が「エンジニア」だと特定すると、起爆用の信号を送った。

傍受要員は、間もなく聞こえてくるであろう耳をつんざくような爆発音に備え、ヘッドホンを外したが、携帯電話の会話は何ごともなく続いた。信号をもう一度送ったが、それでもアヤシュは話を続けていた。ディヒターは言う。「ボタンを一回押しても、二回押しても、自販機からコーヒーが出てこなかった」

小型爆弾は失敗したが、少なくとも発見はされなかった。その後カマルは、請求書がおかしいからと言って、携帯電話を数日間借りた。そしてシン・ベトの研究所での修理がすむと、その携帯電話をまたハマドに返した。関係者全員が、アヤシュがまたこの家に来るのを待っていた。

一一月二日木曜日、シン・ベトの要人警護部隊で首相の警護を担当するある高官が、南部地域でシン・ベトの情報収集を指揮するイツハク・イランに、暗号化回線を使って電話をかけてきた。「明後日の夜、テルアビブのイスラエル王広場で、政府や和平プロセスへの支持を訴える大規模な集会が行なわれ、その場でラビンが演説することになっている。ファトヒ・シャカキ暗殺後、PIJがその仕返しに首相を暗殺しようとしているといった情報はないか?」

イランによれば、具体的な情報はないが、シャカキが暗殺されてから、その地区で抗議活動が増えているという。イスラエル政府は暗殺への関与を否定しているが、PIJは政府が関与していると確信しているのだろう。イランは、集会で自動車爆弾テロが起きることを懸念し、イスラエル王広場の周囲全域から車を一掃するよう提案した。この会話を受け、要人警護部隊は追加の予防措置をとることにした。

この平和集会は、右派が繰り広げていた怒りの抗議活動に対抗して、左派グループが企画したものだった。右派の抗議活動は、ラビンの写真を燃やす、ナチス親衛隊の制服を着たラビンの絵を掲げる、その名前を記した棺桶を担いで練り歩くなど、ラビンへの憎悪をあおる異様な光景を呈していた。デモ参加者がラビンを襲おうと、非常線の突破を試みたこともあった（危うく突破されそうになったこともある）。そのためシン・ベト長官のギロンは、ユダヤ人テロリストがラビン首相に危害を加えるおそれがあると注意を促し、ラビンには装甲車での移動や防弾チョッキの着用を求めた。だがラビンは、ギロンの注意を真に受けずにこうした予防措置を嫌がり、ほとんど応じようとしなかった。

平和集会は大盛況だった。ラビンは左派の支持者などいるのだろうかと思っていたようだが、実際には一〇万人以上の支持者が広場に詰めかけ、ラビンに声援を送った。ふだんはほとんど感情をあらわにしない内向的なラビンが、群衆の前でスピーチを始めた。「暴力に反対し、平和のために立ち上がってくれたみなさん一人ひとりに感謝します。イスラエル政府は（中略）和平のチャンスに賭けることにしました。私はこれまでずっと軍人でした。和平のチャンスがなく、戦い続けてきました。しかし、いまこそ平和を切り開くチャンスです。このまたとない機会を逃してはなりません。

平和に反対する人がいます。そういう人たちは平和を妨害するために、私たちに危害を加えようとします。弁解や言い訳ではなく、私はこう言いたい。私たちは平和を築くためのパートナーを見つけました。それもパレスチナ人のなかに。そのパートナーとはＰＬＯです。ＰＬＯは敵でしたが、テロをやめました。平和を築くパートナーなくして、平和はありえません」

ラビンはスピーチを終え、壇上にいる人々と握手を交わすと、ボディーガードに囲まれながら、近くで待つ装甲車に向かった。首相の行く手に浅黒い肌の若者が立っていたが、外見がユダヤ人だったので、シン・ベトの警備担当者もこの男をどかそうとしなかった。ところがこの若者は、ヘブロンに入植しているユダヤ人過激派と近しい関係にあった。イーガル・アミルという法学部の学生である。アミルは驚くほどやすやすとボディーガードの間をすり抜けると、三回発砲してラビンを殺害した。

最初にイーガル・アミルの尋問を担当したシン・ベト尋問課のリオル・アケルマンは言う。「アミルは薄ら笑いを浮かべてやって来た。何時間も前からそんな薄ら笑いを顔に貼りつけていたよ。そしてラビンが母国を裏切ったこと、誰かがラビンを止めなければならなかったことを説明すると、こう言った。『いまにわかるよ。あの銃弾のおかげで和平プロセスはストップし、パレスチナ人に領土を引き渡す話もなくなる』」

この暗殺のニュースはイスラエルを震撼《しんかん》させた。ケネディ大統領の暗殺を知ったアメリカ国民同様、イスラエル国民もまた、このニュースが放送されたときに自分がどこにいたのかを正確に記憶にとどめることになる。数十万のイスラエル人が通りに出て、ろうそくを灯し、涙を流した。ユダヤ人がユダヤ人国家の指導者を殺害するとは誰も思っていなかっただけに(首相のボディーガードでさえそうだ)、衝撃はなおさら大きかった。シン・ベトはこの事件で手ひどい失敗を二つも犯していた。第一に、アミルが参加していたテロ集団の存在に気づかなかった。第二に、銃を持ったアミルがラビン首相に近づくのを許してしまった。シン・ベト全体が失意の底に沈んだ。

しかし、アヤシュはまだ生きている。ラビンに代わり首相兼国防大臣に就任したシモン・ペレスは、引き続きハマスの「エンジニア」のレッドページに署名した。シン・ベト長官のカルミ・ギロンは、ラビン首相暗殺後に辞任を考えたが、結局アヤシュを殺害するまで続けることにした。そうすれば、自分の在任期間が恥ずべき失敗続きだったと見なされることもないと考えたのである。

それに、あの携帯電話のなかにはまだ爆薬が入っていた。一九九六年一月五日金曜日の朝、前の晩にジャバーリヤー難民キャンプの地下貯蔵室に隠れていたアヤシュが、ウサマ・ハマドの家に戻ってきた。午前九時、アヤシュの父親であるアブド・アッラティーフ・アヤシュからハマドの携帯電話に電話がかかってきた。おじのカマルからもらった例の携帯電話である。ハマドは言う。「アヤシュに携帯を渡すと、あいつは親父さんに元気かと尋ねていたよ。おれはあいつが一人で話せるように部屋を出ていった」

アヤシュは父親に、心から愛していること、会えなくて寂しいことを伝えた。音声認識のプロにはそれだけの言葉で十分だった。起爆用の信号を送ると、今回は航空機を経由して携帯電話に信号が届き、携帯電話が爆発した。

アブド・アッラティーフ・アヤシュは言う。「突然、電話が切れた。電波が途切れたんだと思ってもう一度かけてみたが、つながらなかった。その日の午後、息子が殺されたと聞かされたよ」

アヤシュは翌日ガザに埋葬された。葬儀には数千人が参列した。その日の夜、ヨルダン川西岸でハマスの工作員が自爆テロ志願者の募集を始めた。ハマスの報道官は声明でこう告げていた。「地獄の門が開かれた」

第二六章　「ヘビのように狡猾《こうかつ》、幼子のように無邪気」

ヤヒヤ・アヤシュは、シン・ベトに殺害されるまでの間に、数百人に重傷を負わせ、死に追いやった。それによりイスラエルやその和平プロセスは甚大な被害を受けた。

当時、ヨルダン川西岸地区やガザ地区の部隊を率いるハマスの上級指揮官はほかにも数人おり、やはりイスラエルに残虐な攻撃を仕掛けていた。しかし、アヤシュとほかの指揮官との間には本質的な違いがあった。ほかの指揮官は占領地区内で活動し、路上でイスラエル兵を待ち伏せして銃撃した。一方アヤシュは、イスラエル国内で民間人を狙った自爆攻撃を展開した。

アヤシュの画期的な仕事は死後も引き継がれた。アヤシュは暗殺されるまでの数カ月の間に、小型で破壊力のある自爆テロ用爆破装置を作る技術や、自爆テロ志願者を集め覚悟を植えつける方法を、ハマスの活動家たちに教え込んでいた。その活動家のなかに、モハメド・ディアブ・アル＝マスリがいた。シン・ベトの指名手配リストに載って以来、毎晩泊まる場所を変えたことから、ハマス内でモハメド・デイフ（アラビア語で「宿泊客モハメド」の意）と呼ばれていた男である。デイフは一九六五年、ガザ地区のハーンユーニス難民キャンプで生まれた。父母は第一次中東戦争の際にアシュケロン近くの村から逃れてきた難民だった。一九八七年にハマスが設立されると、デイフはすぐにその一員になった。一九八九年五月にはハマスの軍事組織のメンバーだという理由で初めて逮捕され、一六カ月間服役したが、出所後すぐに活動を再開し、アヤシュがガザ郊外の砂丘で秘密裏に開催していた研修会に参加した。そして一九九三年一一月から、ガザ地区内のハマスのテロ作戦を任されることになった。

アヤシュが埋葬された日、デイフはハマスの軍事組織であるイッズ・アッディーン・アル＝カッサム旅団の指揮官に就任した。そしてその夜から、自爆テロ志願者の募集を始め、翌月には報復を開始した。

デイフらは四件のテロ攻撃を実行した。一九九六年二月二五日、エルサレムのバスのなかで自爆テロがあり、二六人が死亡した。同日、アシュケロン郊外のヒッチハイク待合所で別の自爆テロが起き、兵士一人が死亡、三六人が負傷した。一週間後の三月三日の朝、エルサレムのバスのなかでまた自爆テロが行なわれ、一九人が死亡、八人が負傷した。その翌日の三月四日、テルアビブの中心街にあるにぎやかなショッピングモール「ディゼンゴフセンター」にあるＡＴＭの行列の近くで、自爆テロ犯が爆破装置を作動させ、一三人が死亡、一〇〇人以上が負傷した。

ラビン暗殺後に首相職を引き継いだシモン・ペレスは、こうしたテロ攻撃により、イスラエルの世論や、和平プロセスへの国民の支持、五月に予定されている次期選挙の勝敗が影響を受けることをよく理解していた。そのため、モハメド・デイフのレッドページに署名し、あらゆる手段を講じてデイフを始末するようシン・ベトに命じたが、デイフはなかなか捕まらなかった。パレスチナ自治政府は和平協定の一環として、シン・ベトのテロ対策に協力する約束をしていたが、何の協力もしなかった。自治政府の保安機関の幹部で、アラファートとも近しい関係にあったジブリル・ラジューブは言う。

「力がなかったんだ。（ハマスのテロと）戦いたかったが、人員も、手段も、権限もなかった」。自治政府との連絡役を務めたシン・ベトのユヴァル・ディスキンは、それを否定してこう述べている。「ジブリルは嘘つきだ。あいつには強大な力があったが、アラファートから手を抜けと命令されていたんだ」

ペレスはこの四件の自爆テロの前に、デイフほか三四人のテロ容疑者をアラファートに逮捕させようとし、一月二四日にガザに行き、アラファートと緊急会談を開いた。同行したアマン長官のヤアロンが、その席でアラファートに訴えた。「このテロリスたちをいますぐ逮捕しないと、何もかもめちゃくちゃになってしまう」

「ただちにモハメド・デイフを逮捕してくれ！」とペレスも要求した。

するとアラファートは当惑しながら目を見開き、「モハメド・シュ？」と尋ねた。「モハメド何？」という意味だ。

だが、やがてアラファートも気づいた。自爆テロが起きると、自分が自治政府をコントロールできていないような印象をパレスチナ人に与えてしまう。またテロ対策に協力しなければ、むしろ残忍なテロに手を貸しているような印象を国際社会に与えてしまう。このままイスラエルでバスやショッピングモールの爆破が続けば、和平プロセスが破綻しかねない、と。そこで自治政府の保安部隊は、四件目の自爆テロ攻撃の後に精力的なハマス掃討作戦を展開し、ハマスの主だったメンバー一二〇人を一斉に検挙し、過酷な拷問技術を駆使して厳しい尋問を行なった。しかし、そのときにはもう手遅れだった。

ペレスは言う。「アラファートはとても複雑な人物だった。私たちにはなじみのない心理の持ち主だよ。ヘビのように狡猾だが、幼子のように無邪気でもあった。同時にあらゆるものになろうとしたんだ。平和的な人間でありながら闘争的な人間とかね。また、アラファートには驚異的な記憶力があり、名前や誕生日、歴史的な出来事など何でも記憶していたが、その一方で事実にも真実にも興味がなかった。

私はアラファートと一緒に座り、あの男が湿疹《しっしん》のある手でつかんだものを食べた。勇気がいったよ。

それから自治政府領内にいるハマス幹部の情報を提供したんだが、アラファートはそれが間違いないことをよく知っていたくせに、あからさまにとぼけて見せた。しばらくしてアラファートも態度を改めたが、もう遅すぎた。私はテロにより破滅し、とどめを刺され、首相の座から引きずり降ろされた」

一九九六年二月から三月にかけて頻発したテロは、テロ攻撃が歴史の流れを変えられることを実際に証明してみせた。それは、ほどなくして行なわれた首相選に如実に表れている。二月初旬の世論調査ではペレスが、保守タカ派の政敵ベンヤミン（ビビ）・ネタニヤフに二〇ポイント差をつけてリードしていた。だが三月半ばの世論調査では、ネタニヤフが大きく差を縮め、ペレスのリードはわずか五ポイントになった。そして五月二九日の選挙では、一パーセントの得票差でネタニヤフが勝利した。この結果はすべて、ペレスがテロ攻撃をまったく止められなかったことに起因する。シン・ベトの副長官イスラエル・ハッソンも、ヤヒヤ・アヤシュの弟子たちの活動により、イスラエルでは右派が勝利し、「和平プロセスが頓挫した」と述べている。

だが不思議なことに、選挙後のほぼ一年間、自爆テロ攻撃はなかった。これは、アラファートのハマス掃討作戦で軍事組織のメンバーが多数逮捕されたからかもしれない。あるいは、自爆テロは和平プロセスの中止を当面の目標にしていたが、ネタニヤフがすでに和平プロセスをほぼ完全に停止していたため、もはやハマスに自爆テロを行なう理由がなくなったのかもしれない。

ネタニヤフはオスロ合意を破棄することはなかったが、和平プロセスでは無数の口論を積み重ねるばかりだったため、一期目の任期の間、和平プロセスにほとんど進展はなかった。それでも、武力の行使や攻撃的な行動を急ぐことはなかった。ネタニヤフの方針は何もしないことにあった。戦争であれ和平であれ、率先して行動しようとはしなかった。

一方アラファートは、パレスチナ自治政府領内からのイスラエルの撤退が遅々として進まないことに憤慨し、その報復として、拘束していたハマスの活動家を一部釈放した。一九九七年三月二一日、ハマスは再びテルアビブの中心部を攻撃した。ダヴィッド・ベン゠グリオンがかつて住んでいた家からほど近いオープンカフェで自爆テロがあり、三人の女性が死亡、四八人が負傷した（かなりの重傷者もいた）。だがネタニヤフは、この攻撃のあとでさえ何もしなかった。自治政府領内での軍事行動を主張する者もいたが、いかなる武力行使も命じなかった。

このテルアビブでの自爆テロ攻撃により、イスラエルの二大対テロ情報機関の間で、アラファートに対する認識の差が広がりつつあることが明らかになった。アヤロン指揮下のシン・ベトは、アラファートはイスラム原理主義運動との対立を避けるため、ハマスに攻撃継続を許し、ハマスを抑える努力をしないのだと考えていた。つまり、アラファートは消極的で弱腰だというわけだ。

それに対し、カリスマ性に満ちたタカ派モシェ・ヤアロン少将が率いるアマンは、問題の核心にいるのはアラファートだと考えていた。シン・ベトもアマンも、アラファートとハマス指導部との秘密会談の記録を目にしていたが、この記録を見てヤアロンだけが、アラファートは和平交渉の膠着状態を打開するためにテロ攻撃を許可していると考えたのだ。アマン長官としてラビン、ペレス、ネタニヤフと三人の首相に仕えてきたヤアロンは、この首相たちに自分の見解を訴えた。「アラファートは、パレスチナ人とわれわれとの間に和平を築こうとするどころか、戦争をしようとしています」。ラビンはかつて、イスラエルは「あたかもテロが存在しないかのように平和を追い求め、あたかも平和が存在しないかのようにテロと戦う」べきであるという名言を残した。だがヤアロンは、一緒に平和を築こうとしている男とテロを生み出している男が同一人物である以上、そんなラビンの言葉は「たわ言」にすぎないと言いきった。

ヤアロンは、アラバ砂漠にあるキブツの出身で、かつてはイスラエルの左派労働運動の後継者として著名な存在だった。しかし、アマンの長官や国防軍の参謀総長を務めて情報資料に接するうちに、次第に右派的な傾向を示すようになった。そして軍人や政治家として目覚ましい出世を遂げるにつれ、さらにタカ派的な考え方を強めた結果、その後の数十年にわたりイスラエルの政策に劇的な影響を及ぼすまでになった。イスラエル情報機関のなかには右寄りの考え方をする者は少なかったので、その一人だったヤアロンは右派に温かく迎え入れられた。とりわけネタニヤフと親交を深め、ネタニヤフ政権では戦略問題担当大臣を、後には国防大臣を務めた。だが二〇一六年、イスラエル兵が重傷のテロリストを撃ち殺す事件が発生し、法と規律を重んじるヤアロンがその兵士を起訴するべきだと主張するとネタニヤフと対立し、辞任を余儀なくされた。

ヤアロンはまた、イスラエルでも一、二を争うほど正直な政治家と考えられており、正真正銘のアラファート嫌いとして有名だった。アラファートが積極的にテロを支援しているという彼の信念が揺らぐことはなかった。ヤアロンは言う。「シン・ベトは、法廷で有罪判決に持ち込めるような説得力のある証拠の収集に長けている。だがアラファートはもっと巧妙だ。ハマスの幹部に『攻撃に行け』とは言わない。ただ聖戦について話をするだけだ。そして逮捕した幹部を全員釈放する。あとは何もしなくていい。現在に至るまで、ヒトラーの署名入りのユダヤ人絶滅指令書は見つかっていない。だからと言ってヒトラーがユダヤ人絶滅を命令しなかったということになるか？」

アマンの上級分析官ヨシ・クペルワセル准将は、ヤアロンの言葉を裏づけるようにこう述べている。「アラファートは適当な時期に一九のハマスの施設を閉鎖し、活動家たちを逮捕した。そして、テロ攻撃を再開する時期になったと判断すると、彼らを釈放し始めた。ハマスはそのとき、アラファートが本気か試そうとこんな要求をした。『イブラヒム・アル＝マカドメを釈放してくれ。われわれが好き勝手に行動していいかどうかを知るにはそれしかない』。なぜ、マカドメだと思う？ マカドメは以前、アラファート暗殺部隊の隊長だったからだ。アラファートはその要求に応じた。その後すぐに、ベン＝グリオンが以前住んでいた家の近くでハマスが自爆テロを実行したんだ」。クペルワセルによれば、アラファートは釈放する活動家も如才なく選んでいたという。たとえば、彼らがテロ事件を起こしてもイスラエルの責任になるように、イスラエル支配下の地域に住む活動家を釈放していた。また、そのテロ攻撃が自分とは関係ないことを強調するため、ファタハに何のつながりもない活動家を釈放していた。

エルサレムのマハネ・イェフダ市場は、いつも手ごろな価格の生鮮食品や衣類を求める買い物客でにぎわっている。市の幹線道路ヤッファ通りとアグリッパス通りの間に位置し、一九世紀の終わりから地元の人々に利用されてきた。肉、魚、花、ファラフェル〔ひよこ豆のコロッケ〕を売る人々の大きな呼び声が響き、さまざまな色、におい、見所に満ちた活気あふれるこの市場は、人気の観光名所でもある。

一九九七年七月三〇日水曜日の正午、黒いスーツと白いワイシャツに身を包み、ネクタイを締めた二人の男が騒々しい群衆のなかを歩いていたが、誰も気にとめる者はいなかった。二人は重いアタッシュケースを持ち、決然と市場の真ん中まで歩いていくと、モハメド・デイフに指示されたとおり、お互いから五〇メートルほど離れて立ち止まった。そして、アタッシュケースを抱きしめるように自分の体に引き寄せた。

アタッシュケースには、およそ一五キログラムの爆薬のほか、釘とネジがぎっしり詰め込まれていた。

やがて二人はアタッシュケースを爆発させた。すさまじい爆風と飛び散る破片や釘やネジにより、一六人が死亡、一七八人が負傷した。

ハマスは、この自爆テロの犯行声明を赤十字に送った。以前の自爆テロのあと、シン・ベトは犯人の遺骸や持ち物を特定し、その情報を使って、犯人が自爆テロ前に誰と接触していたかを割り出していた。それを知ったデイフは、今回の自爆テロ犯には自分の身元ができるかぎりわからなくなるような工夫をさせた。たとえば、服からラベルを切り取った。シン・ベトがラベルを手がかりに、自分たちを覚えている可能性がある店主を探しあてることがないようにするためだ。さらに、顔や体をなるべく損傷させるため、爆弾をしっかりと抱きかかえた。また、これはハマスの兵士すべてに言えることだが、たとえ死んだとしても、パレスチナ人の慣習に従って弔問用のテントを張ることは避けるよう家族に伝えていた。そうすればシン・ベトも、身元を特定して交友関係を洗い出すことができなくなる。

だがそれにもかかわらず、シン・ベトは入念な捜査のすえ、死んだテロリストの身元を特定するとともに、この自爆テロの計画や犯人の採用をモハメド・デイフが主導していたことを明らかにし、首相にそう報告した。

この自爆テロの一〇日後、ネタニヤフ首相は保安関連閣議を招集し、その冒頭でもう自制はしないと明言した。モサドとシン・ベトの担当者が、ハマス幹部の大半はヨルダンやシリア、湾岸諸国、アメリカ、ヨーロッパに避難していると説明すると、ネタニヤフは彼らに対する攻撃を支持すると断言した。内閣もまた、首相と国防大臣が具体的な標的を決定することを認めた。

翌日、ネタニヤフはモサド長官ダニー・ヤトムに電話を入れ、暗殺対象者リストの提出を求めた。ヤトムは、カエサレアの隊長HHと主席情報官であるモシェ（ミシュカ）・ベン＝ダヴィッドを連れてネタニヤフを訪れた。

ベン＝ダヴィッドは、モサド内ではちょっとした変わり者だった。背が低く、がっしりした体格で、一風変わった長いひげを生やしており、一九八七年に三五歳という比較的遅い年齢でモサドに入庁した。翻訳者兼編集者だった母親が家庭ではロシア語しか使わなかったため、ヘブライ語を習う前はロシア語を話していた。一八歳になると、ロシア語の素養を活かそうと８２００部隊に志願し、当時エジプト軍やシリア軍に手を貸していたロシア人顧問の電話を盗聴した。除隊後はしばらくアメリカでイスラエル青年運動の代表を務めていたが、やがてイスラエルに帰国して青少年センターを開き、エルサレムの山で馬を育て、本を書き、文学博士号と空手の黒帯を取得した。また、結婚して三人の子どもを育てた。

モサドに志願したのはそのあとだったとベン＝ダヴィッドは言う。「本当に興味があったんだ。何年も自分のために生きてきたあとになって、シオニストとして、あるいは国民として、国の安全保障に貢献すべきだと気づいた。レバノンでの戦争が激しくなり、平和はいまだ手の届かないところにあるのに、エルサレムでもテルアビブでも誰も真剣に受け止めていないと思えてね」

ベン＝ダヴィッドによれば、正確には誰も気にしていないわけではなく、世界はそんなに危険な場所ではないふりをしていたほうが楽だから、そうしているだけだという。「イスラエルはいまだに存亡の危機に直面している。私たちを傷つけ滅ぼそうとする企てを防ごうと、相当数の政府職員や政府機関が出費を惜しまず、あらゆる努力を重ねている。そんな事実にぶつかると、テルアビブのカフェでのんびりしている人たちも不安で仕方がなくなる。悪い連中のことなど考えないで、ただ傍観しているほうが楽なんだ。（中略）でも、モサドの職員の大半は私と同じだと思うよ。冒険や陰謀を愛する気持ちや出世を望む気持ちなんて、テヘラン行き三三七便の最終案内を聞くまでの話だ。それ以降は、そんな気持ちはすっかり消える。正当な理由のために行動しているという確信や愛国的な動機がなければ、二回目の作戦まで生き延びられない」

ヤトムらは、暗殺対象になりそうなハマスの活動家をまとめた書類を携えていた。いずれも、ヨーロッパや中東で武器や資金の調達を取り仕切っている人物である。そのなかには、一九八八年に二人のイスラエル兵を拉致・殺害してエジプトに逃亡したマフムード・アル＝マブフーフもいた。だがネタニヤフは、この暗殺対象者リストを退けて言った。「こんなザコじゃなく大物を持ってきてくれ。

私が倒したいのは指導者だ。商人じゃない」

ネタニヤフのこの命令により、ベン＝ダヴィッドらは難しい問題に悩まされることになった。ハマスの最高幹部たちはヨルダンにいたのだ。イスラエルは三年前、ヨルダンと平和条約を結んでいた。外交儀礼上、イスラエルの情報機関がヨルダン国内で許可なく行動することはできない（ラビンからもそう指示されていた）。ヨルダン国民は大半がパレスチナ人なので、フセイン国王が許可を出すはずもない。

モサドがネタニヤフにきちんとこうした問題を説明したかどうかについては、証言者の間に食い違いがある。ベン＝ダヴィッドは言う。「ネタニヤフが痕跡を残さないように実行しろと言うと、カエサレアの隊長（ＨＨ）がこう応えた。『ライフルやピストルや爆弾を使ったこの種の工作ならできますが、隠密工作を指揮した経験はありません。ターゲットを殺害しようとすれば、そのターゲットに実際に接触しなければなりませんが、たいていは誰かが見ています。秘密裏にというのは無理です。何か手違いがあった場合、銃を捨てて逃げることもできませんし』。するとネタニヤフは『誰にも知られないように任務を実行することが重要なんだ。（中略）ヨルダンとの関係を台なしにしたくない』と言い、さらにこう続けた。『ハマス指導部を一掃する必要がある。自爆テロをこれ以上許すわけにはいかない』」

一方、首相の軍事顧問シモン・シャピラ准将によれば、関係するあらゆる会議に出席したが、カエサレアがヨルダンでの任務遂行を問題視するような発言をすることはなかったという。「私の印象では、工作など公園の散歩と同じで、ヨルダンでもテルアビブと同じように行動できるという感じだった。簡単でリスクもない。失敗するわけがない。そんなふうに見えた」

モサドが暗殺対象者リストを作成し直して戻ってくると、そこにヨルダンに住むハマス指導者四人の名前があるのを見て、ネタニヤフの目が輝いた。首相は、そのなかの一人をよく知っていた。ハマスの政治局のトップ、ムーサ・アブー・マルズークである。マルズークは、イスラエルが引き渡しを要求するまではアメリカで活動していた。だが、この要求は承認されたものの、裁判でシン・ベトの情報源を暴露されるおそれがあったため、当時のラビン首相はイスラエルへの強制送還を断念した。そのためアメリカは、マルズークをヨルダンに追放していた。

マルズークはアメリカの市民権も持っていた。この男の暗殺を望んでいたネタニヤフはそれを問題視しなかったが、モサドは慎重になった。そこでモサドは、アメリカとの関係悪化を避けるため、マルズークを暗殺対象者リストの最下位に置いた。つまり、マルズークの副官ハーリド・マシャアル、ハマスの報道官ムハンマド・ナザル、ハマスの政治局幹部イブラヒム・ゴーシェの下である。

モサドはこの四人の情報をわずかしか持っておらず、情報不足を補うための人員も時間も不足していた。暗殺はターゲットに関する十分な情報があって初めて実行可能になるため、ある人物の情報が比較的多いというだけの理由で、その人物が優先順位の最上位に選ばれる場合もある。したがってこの優先順位が問題になることはなかった。リストの最下位に置いておけば比較的安全になる。

八日後、隊長のジェリーをはじめとするキドンの隊員六人が、偵察任務のためヨルダンに入国し、四一歳のマシャアルに関する情報の収集にとりかかった。マシャアルは、アンマンの繁華街にあるきらびやかなショッピングモールに設置された「パレスチナ救援センター」からハマスの政治局を運営していた。偵察隊は数日のうちに、マシャアルの住居、移動手段、一日の行動パターンを調べあげたが、ゴーシェやナザルの追跡はほとんど行なわず、マルズークにはまったく近づかなかった。そして偵察隊がヨルダンから戻ると、モサドはネタニヤフにこう報告した。マシャアルについては十分な情報を入手できたが、ほかの三人についてはそれほどの情報を得られなかった、と。

キドンがヨルダンで情報を収集している間、モサド本部の工作員たちは、ネタニヤフが要求した「隠密工作」を成功させる方法を考案していた。騒ぎを起こさず、気づかれないように殺害し、自然死したように見せかけることができれば理想的である。交通事故などさまざまな案が検討されては却下され、最終的に一つの案だけが残った。毒殺である。早速、モサドの技術局がイスラエル生物学研究所の協力を得て、どの毒薬を使用すべきかを検討した。イスラエル生物学研究所とは、テルアビブの南の町ネスジオナにある政府の極秘施設である。そして最終的に、モルヒネの一〇〇倍の効果がある強力なオピオイド鎮痛薬フェンタニルの類似薬、レヴォフェンタニルを使用することに決めた（手術用麻酔薬としてレヴォフェンタニルを開発しようとした製薬会社によれば、薬効の制御が難しく、患者が死亡してしまうおそれがあったという）。

　マシャアルに気づかれることなく、この毒薬を致死量投与する。レヴォフェンタニルはやや遅効性で、効果が出るまでに数時間かかる。次第に眠気を催し、やがて眠りに落ちると、呼吸がだんだん遅くなり、最終的には呼吸が止まるが、その様子は脳卒中か心臓発作にしか見えない。しかも、レヴォフェンタニルはほとんど痕跡を残さないため、特別な検査をしなければ、検死しても何もわからない。カエサレアの隊員はこれを「神の妙薬」と呼んだ。

　だが、この薬を気づかれることなくマシャアルの体内に投与するにはどうすればいいのか？　イスラエル生物学研究所は、子どもに予防接種をする際に使用する器具に似た超音波装置の使用を提案した。この装置を使うと、針を使わずに薬を注入できる。だが、この装置を使うにはマシャアルに近づく必要があるうえ、使用時には湿った空気が噴射されるのをかすかに感じるに違いない。そのためカエサレアは、歩行者が時折ぶつかり合うようなにぎやかな通りで暗殺を決行することに決定した。二人の工作員がマシャアルの後ろから接近し、一人がよく振った炭酸飲料の缶を開けると同時に、もう一人が手のひらにテープで貼りつけた超音波装置から毒薬を噴きつける（スパイダーマンが糸を放つような要領である）。マシャアルが濡れたような感覚を不審に思って振り向いても、泡立つ炭酸飲料の缶を持った観光客が二人いるだけだ。この毒薬はかなり危険なため、偶然垂れた液体が工作員に触れた場合に備え、モサドの医師が解毒剤を用意してアンマンに待機することも決まった。

九月初め、暗殺を担当する工作員たちはテルアビブのイブンガビーロール通りで、毒薬の代わりにコカ・コーラを歩行者に噴きつける練習を始めた。ちょうどそのころ、エルサレムのベンイェフダ遊歩道で、三人のパレスチナ人（一人は職務質問を避けるために女装していた）が自爆テロを起こした。この事件により、家族を訪ねてロサンゼルスから来ていた一四歳の少女を含む五人が死亡し、一八一人が負傷した。負傷者を見舞いにシャアレ・ゼデク医療センターを訪れたネタニヤフは、もうたくさんだと言い、こう述べた。「はっきり断言しよう。この瞬間から方針を変える」

まずはハマス幹部の殺害である。早速モサドのヤトム長官に、マシャアルを暗殺する「キュロス」作戦の即時実行を命じた。ヤトムはここでも、マシャアルではなくヨーロッパにいるハマスの活動家をまず暗殺してはどうかと説得してみたが、無駄に終わった。

だが、その後のあらゆる問題は、ネタニヤフの命令そのものではなく、モサドがその命令を受け入れたことに原因があった。工作員たちには、任務の「機が熟して」いなかったり任務のリスクが高すぎたりする場合には、それを指揮官（首相本人も含まれる）に訴える権利があった。過去にその権利を行使したことも一度ならずあった。ただし、圧力をかけてくる首相にそう言うのは勇気が必要であり、簡単に言い出せない場合もある。

しかし、モサドがマシャアル暗殺作戦の即時実行を受け入れたため、その準備のためにいつも行なっている所定の作業ができなくなってしまった。たとえば、工作員たちは以前の偵察訪問中、ヨーロッパの観光客のふりをしていた。というのは、以前にもほかの作戦でヨーロッパの観光客になりすまし、これなら厳しい監視の目もごまかせることが実証されていたからだ。だが今回は、あまりも急にヨルダンに戻ることになったので、それよりもはるかになじみのないカナダ人になりすまさなければならなくなった。さらに、工作員たちは、演習区域に設置した実物大の模型で、通しの予行演習を一度も行なっていなかった。この件に対するモサド内部の調査委員会の委員の一人はこう述べている。「計画どおりにやったのにうまくいかなかったというわけではない。計画どおりにやっていたら、うまくいっていただろう。だがこの種の作戦は、成功に終わらせなければならない。少なくとも失敗してはいけない。数えきれないほどの予防措置を講じておけば、不測の事態や不運に襲われても失敗を防げる」

それだけではない。首相は独自の判断でモサドに作戦実行を命じる権限を持っているが、通常はほかの大臣と話し合って最終的な決断を下す。そのため今回も、イツハク・モルデハイ国防大臣に作戦の確認や承認が求められてしかるべきなのに、大臣はそんな作戦が行なわれようとしていることさえ知らなかった。以前に情報収集を認めたことはあったが、最終的な承認がなされたことも作戦がどこで行なわれるかも知らされていなかった。かつて軍の指揮官を務めたこともあるモルデハイは、細部にこだわる人間だった。作戦が行なわれることを知っていたら、カエサレアの事前準備をもっと徹底させていたに違いない。だが残念ながら、この作戦実行については何一つ知らなかった。

だがモサド長官ダニー・ヤトムは、この作戦に自信を持っていたという。「秘密裏に苦もなく任務をこなせる、とね。そうでなければ、ネタニヤフに無理だと言っていたよ。いまにして思えば、工作部門の職員が正確なリスク評価を提出していなかったのかもしれない」

ネタニヤフは、自分の判断や方針に問題があるとは思っていない。「首相の職務とは何か？　方針を決めることだ。モサドには情報部門と工作部門があるが、私に言わせればシャカキの暗殺以降、工作部門はまるで活動していなかった。だから私は『ターゲットを教えろ』と言った。すると彼らはハーリド・マシャアルを挙げた。適切なターゲットだ。だが、そこで私がなすべきなのは、モサドの内部調査ではない。『任務を遂行できるのか？　準備はできているのか？』と尋ねることだ。彼らがそれにイエスと答えたのなら、あとは彼らを信用するほかない」

九月一九日、キドンの部隊の先発メンバー二人がヨルダン入りした。その翌日には、ジェリーほか五人のメンバー（一人は女性）が、アンマンのインターコンチネンタル・ホテルにチェックインした。それとは別に、カエサレアの主席情報官ベン＝ダヴィッドと女性麻酔専門医の「プラチナ」もチェックインした。プラチナはモサドの特別任務にたびたび手を貸していた。たとえば、一九八六年にはローマで、イスラエルの核施設の情報を売った原子力技師モルデハイ・ヴァヌヌに鎮静剤を投与し、この男をイスラエルに連れ戻して裁判にかける作戦に貢献している。今回はレヴォフェンタニルの解毒剤を持ってきていた。

モサドの暗殺部隊は、シャミア・ショッピングセンターの三階にあるハマスの事務所の入口近くで、マシャアルを待ち伏せすることにした。事務所に行くには、歩道の脇に車を止め、そこからアーチのある三〇メートルほどの通路を歩いていかなければならない。そこでジェリーは二人の工作員に、アーチの陰に隠れて待機し、マシャアルが車を降りて歩きだしたら、事務所に向かって歩き始めるよう指示した。そうすれば、二人は後ろから近づき、毒薬とコーラを同時にマシャアルに噴きつけることができる。

午前中に待ち伏せをしたが、五日にわたりチャンスはなかった。マシャアルが現れない日もあれば、攻撃を実行する場所に人が多すぎる日もあった。

毎朝ベン＝ダヴィッドとプラチナは、その日の暗殺延期の連絡が届くまでホテルで待機した。ベン＝ダヴィッドは言う。「そのあとは観光客がするようなことをしたよ。そう、観光だ。アンマンはとてもおもしろい街だね」

九月二四日、シャミア・ショッピングセンターの従業員が、見張りをしていたキドンの工作員二人に不審の目を向けた。ジェリーは、これ以上この地域をうろつきまわるのは危険だと思った。だが、任務が完了しているかどうかにかかわらず、暗殺部隊は翌日にはヨルダンを出国することになっている。急がなければならない。

しかし、部隊はマシャアルの動向について十分な情報を収集していなかった。そのため、運転手が朝マシャアルの子どもたちを学校に送っていく車に、マシャアルが同乗する日もあることを知らなかった。作戦実行が可能な最後の日である九月二五日が、まさにその日だった。さらに悪いことに、幼い子どもたちが車の後部座席に深く座っていたため、監視チームにはその姿がまったく見えなかった。

午前一〇時三五分、車がショッピングセンターに到着した。ジェリーは監視車両から出てくると、コーラと毒薬を手にして待機している工作員二人に作戦開始の合図を送った。この作戦では、誰も通信機器を携帯していなかった。問題が発生した場合に備え、有罪に問われそうな道具を持たないようにしていた。しかしそれは、作戦中止を伝える手段がないということでもある。いったん作戦を始めたら、中止するすべはない。

マシャアルは車から降りると、事務所に向かって歩き始めた。キドンの工作員二人があとをつける。運転手はその後、マシャアルの子どもたちを学校へ連れていくはずだったが、幼い娘はまだ父親と別れたくなかったのだろう。娘は車から跳び降りると、アラビア語で「ヤー・ババ、ヤー・ババ」（「ねえ、お父さん」）と大声で呼びながら、父親のほうに走っていく。運転手も彼女を追いかけた。ジェリーにはそれらの様子が見えたが、工作員二人には見えない。ジェリーは二人に中止の合図を送ったが、ちょうどそのとき二人はあるアーチの陰にいて、ジェリーの合図が見えなかった。

二人はマシャアルに近づいた。一人が手のひらにテープで貼りつけた毒薬の容器を持ち上げ、マシャアルの首筋に噴きつける準備をし、もう一人がコーラの缶を開けた。ちょうどそのとき、マシャアルの娘を追いかけてきた運転手がマシャアルのほうに目をやった。そしてマシャアルの後ろで手を上げている男を見て、その男がマシャアルをナイフで刺そうとしているのだと思い、「ハーリド、ハーリド！」と叫んだ。運転手と娘の呼び声を聞き、マシャアルが振り向いた瞬間、首筋ではなく耳に毒薬が噴射された。

それでも毒薬の効果に変わりはないが、暗殺者たちの偽装工作がばれてしまった。奇妙なシリンダーから何かを自分に噴きつけた男と対面して、マシャアルはすぐに自分の命が危ないことに気づくと、目の前の二人から走って逃げた。運転手も、マシャアルの娘を抱き上げて車に走って戻った。工作員二人もすぐにその場を離れ、逃走用の車に向かう途中で、毒薬の容器とコーラの缶をごみ箱に投げ捨てた。

ダニー・ヤトムは、工作員たちが適切な行動をとらなかったと言う。「この作戦の重要なポイントは、誰にも知られない点、襲われたことを相手に気づかせない点にあったのに、工作員たちはどう見ても私の指示に従わなかった。隊員の予行演習を二回見たが、どちらのときも文書と口頭で、マシャアルの近くに誰かいたら作戦を決行してはならないとはっきり伝えていた。それなのに決行してしまった。それが失敗の理由だよ。実行してはいけないことが明らかな状況だったのに、気持ちばかりあせって実行してしまったんだろう」

理想を言えば、もう一つカエサレアの部隊を近くに配置して、必要に応じて牽制行動をとらせるべきだったのかもしれない。しかし、そうはしなかった。さらに悪いことに、ハマスの武器と現金の輸送を担当していたムハンマド・アブー・セイフという熟練のゲリラ戦士が、この事件が起きたとき、たまたまそばを通りかかった。アブー・セイフは当初、何が起きているのか理解できなかったが、自分のボスが逃げる方向とは別の方向に逃げている二人の男を見て事態を理解すると、二人のイスラエル人のあとを追った。そして二人が車に乗り込むと、その車が走り去る前に車のナンバーを書き留めた。

逃走車両を運転していたイスラエル人は、アブー・セイフが車のナンバーを書き留めたのを見て、二人の工作員に報告した。逃走車両はやがて渋滞につかまったため、右折して脇道に入ると、さらに二度右折した。こうして現場からかなり離れたところで、工作員は運転手に車を止めるよう命じた。あとで考えてみれば、ヨルダン警察にそれほど早く捜索隊を編成できるはずもないのだが、車が特定されていることから、ここで乗り捨てたほうがいいと考えたのだ。だがそんな彼らも、アブー・セイフがあれからすぐに車を奪い、自分たちのあとをつけていたことには気づかなかった。アブー・セイフがその場に着くと、ちょうど二人の工作員が別々の方向に去っていくところだった。一人はすでに通りの向こう側にいた。

アブー・セイフは、アフガニスタンのイスラム聖戦士キャンプで訓練を受けた接近戦のエキスパートだった。近くにいるほうのイスラエル人にタックルし、この男はイスラエル情報機関の人間でハマスの幹部を殺そうとした、と大声で叫んだ。すると、もう一人の工作員が駆け戻ってきて、アブー・セイフの頭を殴りつけた。アブー・セイフが血を流して放心状態に陥ると、イスラエル人たちはそのまま逃げるのではなく、アブー・セイフが意識を失うまで首を絞め続けた。

だがその日、幸運に恵まれたのはハマスのほうだった。ちょうどそのとき、パレスチナ解放軍の元ゲリラ兵で、現在はヨルダンの保安部隊に所属するサアド・アル＝ハティーブが、たまたまタクシーでその近くを通りかかった。現場では、二人の外国人が一人の地元民の首を絞めているのを野次馬が見守っている。アル＝ハティーブはそれを見て、けんかをやめさせに行くから、しばらく車を止めて待っていてくれと運転手に頼んだ。「外国人の一人は大きな石を拾い上げて、アブー・セイフの上に落とすところだったよ」とアル＝ハティーブは言う。

「私はその男に飛びかかって投げ倒し、胸の上にまたがって押さえつけた」。そして二人のイスラエル人に警察署に連れていくと言うと、二人は集まってきた群衆のリンチを怖れ、抵抗することなく同意した。一方、アブー・セイフは見物人たちに助けられて、アル＝ハティーブが待たせていたタクシーまで行き、助手席に乗り込んだ。そして誰かが貸してくれた携帯電話でマシャアルに連絡した。

工作員たちには、尋問されても偽装した身元がばれない自信があった。警察署ではカナダのパスポートを見せ、こう証言した。自分たちは観光でヨルダンを訪れた旅行者だが、通りの真ん中で突然（アブー・セイフを指差しながら）「この狂人」が襲いかかり、殴りつけてきた、と。

だが身体検査の結果、一方の工作員の腕に、傷もないのに包帯が巻いてあるのが見つかった。超音波装置を固定していた粘着テープである。こうして二人は逮捕され、留置場の電話を使って「外国の親戚」に連絡を入れた。

逮捕されてから二時間後、アンマンのカナダ領事が警察署にやって来た。領事は二人が入れられている監房に入り、どこで生まれ育ったかなど、カナダについて一〇分間ほど質問をすると、監房から出てきてこう言った。「彼らが誰かは知りませんが、カナダ人ではありません」

そのころまだ事務所にいたマシャアルは、ハマスの二人の仲間、ムーサ・アブー・マルズークとムハンマド・ナザルに電話した。三人は相談の結果、モサドがマシャアルを殺そうとしたこと、ヨルダン王室がその謀略に加担していることを声明として発表することにした。ところが、こうして話している間にマシャアルは眠気を催し、うつらうつらし始めた。毒薬が血流に入り込んでいたのだ。仲間やボディーガードがあわててマシャアルを病院に運んだ。

あと数時間の命だった。

逮捕されたキドンの工作員二人が電話で連絡を入れたのはもちろん、ヨルダンに来ているほかの工作員たちにだった。仲間の女性工作員がただちにインターコンチネンタル・ホテルに向かい、ベン＝ダヴィッドに報告した。そのときベン＝ダヴィッドは、ホテルの巨大な中庭にある豪華なプールのそばに水着姿で座り、サリンジャーの『ライ麦畑でつかまえて』を読んでいたという。「彼女の表情から悪い知らせだとわかったよ。少し言葉を交わしただけで、深刻な事態が発生したことに気づいた」。当初の計画では、暗殺部隊はアンマンから別々の行き先の飛行機に乗ることになっていたが、こうなってしまってはヨルダン当局は間違いなく空港を監視するだろう。

ベン＝ダヴィッドがテルアビブのモサド本部に電話で相談すると、身を隠している隊員を全員集め、イスラエル大使館に行くようにとの指示を受けた。

モサド本部に工作員逮捕の知らせが届いたのは偶然にも、首相がそこを訪れ、モサド職員にローシュ・ハッシャーナー〔ユダヤ暦の新年祭〕の挨拶をしているときだった。ネタニヤフはそこでスピーチを行なう予定であり、何百人もの職員が新年のセレモニーが始まるのを待っていた。そんなときにヤトムが、首相に悪い知らせを伝えたのである。

ネタニヤフとヤトムは、何ごともなかったようにふるまうことにした。ほとんどの職員がこの危機に気づいていなかったからだ。ネタニヤフは普段どおりのメッセージを伝えようと、手短にスピーチを行ない、国の安全保障に貢献してくれているスタッフに心から感謝した。そしてスピーチが終わるとすぐに、ヤトムと一緒に長官室へ急いだ。

ネタニヤフはヤトムに、すぐさまアンマンに飛び、フセイン国王に事情を説明するよう命じた。そして二人の工作員を解放するために「必要なあらゆる手」を打つよう指示し、こうつけ加えた。「マシャアルの命を救う必要があれば、工作員たちにそうさせろ」

フセイン国王はヤトムを迎え入れたが、話を聞いて愕然とし、怒りのあまり部屋から出ていってしまった。ヤトムはそのときを回想してこう述べている。「国王を怒らせたのは（ヨルダン情報局長官のサミフ・）バティヒだよ。私に腹を立てていたようだからね。あの男がいなければ、これほどコストをかけず、もっと穏やかに国王とこの問題を解決できたはずだ。

話し合いをしているとバティヒが、どうして事前に知らせなかったんだと私に文句を言い始めた。

一緒に作戦を計画することもできたのに、とか言ってね。ナンセンスもいいところだ。これまでに何度もヨルダン政府にハマスを抑えてくれと頼んだのに、何もしてくれなかった。ラビンが何回か強く抗議したけど、それでもだめだった。そんな状況なんだから、マシャアルに対する作戦をヨルダン側に知らせるわけがない」

そのころになるとマシャアルの容態が急激に悪化し、イスラム病院の医師たちは途方に暮れていた。フセイン国王の事務局長アリ・シュクリが病院に行って容態を尋ねると、国王がこの陰謀に加担していると思っているハマスのメンバーから非難を浴びた。それでも、マシャアルの命を必ず救うようにと国王から命じられていたため、マシャアルをクイーンアリア軍病院の王室病棟に移すことにした。最初はハマスのメンバーも、国王がマシャアルの息の根を止めるつもりなのではないかと考えて転院を拒んでいたが、自分たちがつき添い、ハマスの護衛もつけ、治療の詳細を説明してもらうという条件で、最終的に転院に同意した。

王室専属医にしてヨルダン陸軍医療部隊大佐であり、ヨルダン屈指の名医でもあるサミ・ラババ医師が呼ばれた。彼はマシャアルのことをぼんやりと知っている程度で、ハマスについてはほとんど何も知らなかったという。「それでも、病院内が慌ただしく、アリ・シュクリも来ていたから、この患者が重要人物なのだということ、国王が何としてでもこの男を回復させようとしていることは理解できた」

マシャアルはひどいめまいに悩まされながらも、事務所の外で起きたことをラババに話した。話している間もたびたび眠ってしまうので、医療スタッフが何度も起こさなければならない。そんな状態を繰り返すうちにラババは、マシャアルが眠っているときに呼吸をしていないことに気づいた。「患者を眠らせてはいけない。眠ったら窒息死する」

医師たちはマシャアルを立ち上がらせ、歩かせてみたが、しばらくの間しか効果がなかった。そこで、一部のオピオイド〔アヘンに似た作用を持つ合成麻酔薬〕の効果を抑止するナロキソンを投与したが、効果はすぐになくなり、さらに投与するたびに効果は弱まっていく。ラババはマシャアルに酸素吸入器をつないだ。そうすれば、眠ってしまっても体内に酸素を送り込める。

マシャアルの死を望む者は誰もいなかった。フセイン国王にしてみれば、ヨルダンでハマスの幹部が殺されたとなると、暴動が発生し、内戦にも発展しかねないという不安がある。一方、ネタニヤフ首相やヤトムにしてみれば、マシャアルがこのまま死ぬとなると、捕まった二人の工作員が裁判にかけられ、処刑されることを受け入れなければならなくなる。それにヨルダンの情報機関は、キドンのほかの工作員がまだイスラエル大使館にかくまわれているのではないかと疑っていた。フセイン国王の息子で王位継承者でもあるアブドゥッラー王子がヨルダンの特殊部隊を率い、攻撃の準備をしている。フセイン国王は、この事件をきわめて重視していることを行動で示そうとしていた。

こんな険悪な状況が続けば、ヨルダンとイスラエルの間のあらゆる絆が断たれてしまうことは誰の目にも明らかだった。

ベン＝ダヴィッドは言う。「今回はずっと解毒剤を持って歩きまわっていたが、毒薬の被害にあう仲間が一人もいなかったから必要ないと思っていた。（中略）ところが、カエサレアの隊長から電話があった。隊長があまりにばかげたことを言うものだから、最初は聞き間違いかと思った。もう一度言ってくれと頼んだほどだ」

ベン＝ダヴィッドはHHから、ホテルのロビーでヨルダンの情報機関の大尉に会い、一緒に病院へ行くようにとの指示を受けると、急遽取引《きゅうきょ》が成立したことを理解した。二人の工作員の命を救うには、マシャアルの命を救うしかないのだ。そう考え、ほんの数時間前に殺そうとしていた男の命を救うためにロビーに向かった。

ベン＝ダヴィッドはさらにこう述べている。「厳しい状況だったが、そんなときに『ああ、大失敗してあいつらを地獄に送ってしまった』なんて感傷に浸っていてはいけない。なすべきこと、できるかぎりのことをする。それだけだ。感傷的になっている暇などない」

ベン＝ダヴィッドがロビーへ行くと、大尉が待っていた。「いまでもあの男の敵意のこもった表情を覚えている。だが彼も命令を黙って実行していた」。ヤトムからの指示では、プラチナ医師とベン＝ダヴィッドが大尉と一緒に病院へ行き、マシャアルに解毒剤を注射することになっていたが、ヨルダン側が安易にそれを認めなかった。

プラチナはラババのオフィスに連れていかれた。ラババはそのときのことをこう回想している。「彼女に話を聞くと、自分も作戦に参加しているが、自分がかかわるのは工作員の誰かが毒薬に触れた場合だけだと言っていた。作戦の目的などまったく知らないようだった。彼女がアンプルを二本机の上に置くと、私は医療スタッフにそれを調べさせた。相手の言葉を信用できなかった。暗殺の任務を完了させるために来たのかもしれないからね」

ラババはプラチナに対し、医師としても軍人としてもその地位にふさわしい礼儀正しい態度を保ってはいたが、内心では激怒していた。「私が思うに、薬は人を殺すために使うものではない。それなのにイスラエル人はそんなことばかりしている」

その後、マシャアルは急速に回復した。ヤトムは、暗殺者になり損ねた二人の工作員とベン＝ダヴィッドとともにイスラエルに帰国した。二人は、激しく殴打されたもののいかなる情報も漏らさなかったという。

だがフセイン国王は、それだけでは満足しなかった。取引に含まれていたのはあの二人の工作員だけであり、大使館にかくまわれている暗殺部隊の残りのメンバー六人を救いたければもっと高い代償を払うようイスラエル政府に通告した。そしてそれまでの間、イスラエルとのあらゆる関係を一時保留とした。

ネタニヤフは、モサドの元副長官で当時はEU大使を務めていたエフライム・ハレヴィに助言を求めた。ロンドン生まれのハレヴィは、モサドに所属していた期間の大半を、他国の情報機関との情報交換を担当するテヴェルで過ごした人物だが、支配者や国王との接し方を心得ている機知に富んだ熟練の外交官でもあった。一九九四年のイスラエル・ヨルダン平和条約締結においては重要な役割を果たし、フセイン国王のことをよく知っていたばかりか、フセイン国王もハレヴィには敬意を払っていた。

ハレヴィはフセイン国王と会談すると、ネタニヤフとヤトムにこう告げた。残りの六人の工作員を解放したければ、「国王が暗殺部隊の解放を国民に釈明できる」だけの代価をヨルダン側に支払う必要がある、と。国王の提案とはつまり、ハマスの創設者であるアフマド・ヤーシーン師の釈放だった。ヤーシーンは、イスラエルに対するテロ攻撃に関与した罪により終身刑に服していた。

ハレヴィによると、この提案は「ネタニヤフからモサド工作員の末端に至るまで、あらゆるところから反対」にあったらしい。彼らはこう考えた。これまでイスラエル人は、ヤーシーンを解放するために計画された拉致や殺人、テロ攻撃に耐えてきた。それなのに、フセイン国王の要求を黙って受け入れろというのか?

ネタニヤフがシン・ベト長官アミ・アヤロンに助言を求めると、アヤロンはハマスに精通しているミハ・クビに電話をかけて意見を求めた。するとクビは、怒りもあらわにこう応えた。「フセインの脅しに屈してはいけません。どうせいずれは、工作員を解放するしかなくなります。ヤーシーンはやせ衰えて死ぬまで刑務所に入れておくべきです。もし自由にしたら、ガザに戻ってこれまで以上にハマスを強化することになりますよ」

アヤロンはこのメッセージをネタニヤフに伝えた。だがハレヴィも説得を続けていた。エルサレム、テルアビブ、アンマンをヘリコプターで飛びまわり、ヤーシーンの解放以外に選択肢がないことを時間をかけてネタニヤフに訴えた。危機的状況に追い込まれたネタニヤフは、何よりも優先しなければならないことは何かを考えた。それは、六人の工作員の帰還にほかならない。ネタニヤフは、工作員が捕らえられたという知らせを受け取って以降、冷静かつ自信に満ちた態度でこのマシャアル事件に対処してきた。それは、ネタニヤフがイスラエルの指導者として最も輝いた瞬間でもあった。

やがてヨルダンとの間に合意が成立し、六人のモサド工作員の帰国と引き換えに、ヤーシーンほか多くのパレスチナ人受刑者が釈放された。釈放された受刑者のなかには、イスラエル人殺害に関与した者もいた。

イスラエルは今回の取引でもまた、敵陣から同胞を救い出すために多大な労力と犠牲を払うことになった。

その代償は大きかった。このヨルダンでの作戦の失敗により、モサドのいくつもの工作手段が明らかになり、その工作部隊が使用した偽装手段がすべて使えなくなった。そのため、偽装手段を改めて一から再構築しなければならなくなった。また、ヨルダンとの微妙かつ重要な関係に生じた亀裂を修復するのに、かなりの年月を要することになった。フセイン国王とネタニヤフが訪問先のアメリカで公式に和解したのは、一九九八年末のことである。さらに、この事件で暗殺部隊が偽造パスポートを使用していたため、カナダなど偽造された国々との外交関係も悪化した。そのためイスラエル政府はまたしてもこれらの国に謝罪し、叱られた子どもさながらに、二度と同じ過ちを繰り返さないことを約束しなければならなかった。

この事件を受け、モサドの内部と外部に調査委員会が設立されると、この作戦について誰が知っていたのか、誰がそれを承認したのか、という点について相矛盾するさまざまな証言が出てきた。ネタニヤフやモサドは関係者全員に知らせたと主張したが、国防大臣のイッハク・モルデハイ、アマン長官のモシェ・ヤアロン、シン・ベト長官のアミ・アヤロンはいずれも、この作戦については事前に知らされていなかったと訴えた。数カ月前の情報機関の長官会議でマシャアル殺害案について大まかな説明があったが、そのときは、将来実行する可能性があるさまざまな選択肢の一つにすぎなかったという。

アヤロンは、動機も含め、この作戦全体にきわめて批判的だった。「マシャアルはテロを実行しているグループには属していなかった。だから、始めからターゲットとするにふさわしい人物ではなかったんだ。マシャアルはハマスの軍事活動にほとんどかかわっていなかった。民主国家の国防大臣のほうがもっと軍事活動にかかわっているよ」

やがてモサドの内部調査委員会の報告書が公表された。後にモサド長官となるタミル・パルドーがまとめたこの報告書は、モサド史上類例がないほど手厳しい内容となった。辛辣《しんらつ》な言葉づかいで、この作戦の計画と実行にかかわった全員を非難していた。カエサレアやキドンの指揮官、ベン＝ダヴィッド、工作員など、全員が批判の矢面に立たされた。委員会が調査したところ、問題のないところが一つも見つからなかったのだ。だが、これらの失敗に対するヤトムの責任については、それとなく言及されていただけだった。

カエサレアの隊長HHは辞任した。野心に支えられて任務に励んでいたジェリーは、キドンの隊長を解任されると、恥辱と悲痛にさいなまれながらモサドを去った。

そして何よりも、ヤーシーンが自由の身になった。ハマスを弱体化させるためにマシャアル暗殺を計画したのに、弱体化させるどころか、ハマスの創設者にして精神的指導者でもあるヤーシーンを釈放することになってしまったのだ。イスラエルを離れたヤーシーンは、治療のためと称して湾岸諸国に向かったが、実際にはそこで資金を調達し、イスラエルとの「重大な対決」が迫っていると豪語していたという。

その言葉を疑う者は誰もいなかった。

第二七章　最悪の時期

海軍特殊部隊シャイェテット13の隊員一六人が、レバノンの海辺の町アンサリエ近くの海岸にひそかに上陸した。闇夜にまぎれ、小型だが強力なザハロン強襲ボートから降りると、内陸に向かって長い行軍を始める。一九九七年九月四日の夜、この特殊部隊は一人の男を殺害しようとしていた。

それは、北部方面司令部を指揮するレヴィンとコーヘンが、レバノンにいるヒズボラ中堅幹部を対象に国防軍独自の暗殺手続きを策定してから、二七件目の作戦だった。これまでは、そのうちの二一件が成功していた。だがレヴィンもコーヘンも、今回の作戦は必要ないと考えていた。ターゲットのハルドゥーン・ハイダルは小物で地位も低く、殺害したところで大した戦略的進展はないと思えたからだ。しかし国防軍はこの人物について、作戦を実行するのに十分な情報を収集しており、それだけで十分に殺害する理由になると考えるのがすでに慣例となっていた。北部方面司令部には、この作戦の指揮権は参謀本部に委ねられていると言って反対する将校もいたが、作戦に批判的な者たちは意思決定の枠組みから外されていた。

今回の計画は、次のようなものだった。特殊部隊が内陸へ四キロメートルほど進み、ハイダルが毎朝通る道沿いに複数の爆弾を設置して強襲ボートに引き返し、イスラエルに戻る。その後、ドローンを上空に旋回させて監視し、ハイダルが来るのを確認したら、ドローンから無線信号を送り、爆弾を起爆する。レバノンの内部抗争に見せかけるため、爆弾のなかには、レバノンのテロリストがよく爆弾に入れて使う金属片が詰め込まれていた。

当初、作戦は順調に進んでいた。天候にも恵まれ、隊員たちは素早くレバノンの海岸沿いの道路を横切り、その東側にある広大な果樹園を囲む壁に到達した。二人の隊員が壁を乗り越え、ゲートのちょうつがいを破壊して、ほかの隊員たちをなかに入れた。通り道のほとんどが上り坂だったうえ、灌《かん》漑《がい》用水路があったり植物が密生していたりしたため、通り抜けるのに苦労した。

そして地図上のG７と記された場所に着くと、またゲートにぶつかった。ゲートの向こう側には道路がある。その道路を渡り、あと四〇〇メートルほど進めば、ハイダルが利用する道路にたどり着くはずだった。全員がゲートを乗り越えると、偵察隊が道路を渡り、敵対勢力が付近にいないか注意深く調べながら前進した。やがて安全を知らせる合図が届き、残りの部隊が道路を渡り始めた。するると、先頭を歩いていた隊員が道路を渡っている途中で大きな爆発があり、続いてもう一度爆発があった。

爆発とそれに続く銃撃戦のなかで救出作戦が行なわれたが、一二人の隊員が死亡した。

国防軍の調査委員会はこの事件を次のように結論づけた。偶然ヒズボラの待ち伏せ攻撃を受けただけで、予測や予防は不可能だった。またゲリラの一斉射撃により、ハイダルを殺害するために特殊部隊が持ち込んだ爆発物に引火した、と。

これは、関係者にとってかなり都合のいい説明であり、やがて事実でないことが明らかになった。実際には、特殊部隊が出発する数週間前および数時間前にイスラエルの情報が完全に漏れていたため、ヒズボラに待ち伏せ攻撃を計画・準備する余裕があったということらしい。第一に、ドローンでこのエリアを上空から偵察していた際に、ドローンから送信された映像が暗号化されておらず、それをヒズボラに傍受されていた。第二に、南レバノン軍内で活動するイスラエルのスパイだと思われていた男たちが、実際は二重スパイであり、国防軍の幹部が話題にしている人物などをヒズボラに報告していた。

国防軍が偵察していたエリアの映像と国防軍がハイダルを標的としているという情報さえあれば、待ち伏せする場所を特定するのも難しくはない。実は、当時シャイェテット13に所属していたある人物によると、あの襲撃を受ける数時間前に飛ばしたドローンの映像に、G7地点をうろつく怪しげな人物が三人写っていたという。この映像（現段階では公開されていない）がリアルタイムで分析されていれば、今回の任務は延期もしくは中止されていたに違いない。

「シャイェテットの惨事」と呼ばれるこの事件は、イスラエルの大衆に深刻な衝撃を与えた。その主な原因は、殺害された男たちが、国防軍に二つある精鋭部隊の一つに所属していたことにある。ナスルッラーフはさらに衝撃を与えようと、陰惨きわまりない遺体の写真を集め、ヒズボラのウェブサイトにアップロードした。そのなかには、兵士の顔がはっきり写っている写真もあった。

アンサリエで大失敗を犯した日の前日には、イスラエルの情報機関が事前に情報を入手できず、エルサレムのベンイェフダ遊歩道で三人による自爆テロを許していた。また、そのわずか数週間後には、モサドがヨルダンでハーリド・マシャアル暗殺に失敗し、工作員が捕らえられる失態を犯している。

一九九七年九月、イスラエルの情報機関はさまざまな意味において史上最悪の状態にあった。三つの情報機関それぞれが失敗を重ねていた。シン・ベトは、首相の護衛に失敗し、連続する自爆テロ攻撃を止められなかった。モサドは、国外のイスラム過激派組織の司令部を狙って失敗していた。アマンは、ヒズボラの内部に工作員を潜入させて混乱させようとしていたが、まるで効果をあげていない。アマンはさらにモサドとアマンは、後に明らかになるイラン、シリア、リビアの大量破壊兵器開発計画を完全に見逃していた。

　また、アンサリエでの大失敗もあり、イスラエル軍のレバノン駐留について国民的な議論が高まった。レバノンのイスラエル軍を、ヴェトナム戦争の泥沼にはまり込んだアメリカ軍になぞらえる国民もいた。レバノンからの撤退を要求する抗議活動を先導していたのは、「四人の母」という組織だった。この名称は、聖書に登場する四人の女性〔イスラエル民族の祖先とされるアブラハム、イサク、ヤコブの正妻を指す。アブラハムの妻はサラ、イサクの妻はリベカ、ヤコブの妻はラケルとレアである〕にちなんでおり、レバノンに駐留する国防軍兵士を息子に持つ四人の女性が始めたことから、そう呼ばれるようになった。国防軍や政府の幹部はこの運動をばかにし、なかには「四人の腰抜け」と呼ぶ高官もいたが、抗議運動は国民の共感を呼びつつあった。

　アンサリエでの大失敗を受け、レバノンでの暗殺作戦は中止された。国防軍は繰り返しヒズボラ幹部の殺害計画案を提示したが、参謀総長自身により、あるいは国防大臣が同席して毎週開かれる攻撃作戦会議で却下された。ヒズボラが脅威でなくなったわけではないが、ヒズボラ幹部をターゲットにすれば政治責任問題に発展するおそれが高まったのだ。

　モサドは、ヨルダンとの間に亀裂を生んだあの事件からわずか五カ月後、今度はスイスでの工作でしくじりを犯した。ターゲットになったのは、ヒズボラの物流・金融ネットワークを取り仕切る重要人物、アブダラ・ゼインである。モサドの計画では、ゼインの電話を盗聴して監視下に置き、その後殺害する予定だった。しかし、ゼインのアパートの地下に盗聴器を仕掛けようとしたときに大きな音を立てて老婦人を起こしてしまい、彼女が警察に通報した。その結果、工作員が一人逮捕された。失敗を重ねたモサド長官のダニー・ヤトムは、これを機に辞任を余儀なくされた。

　あとを継いだのは、マシャアル事件を手際よく処理してネタニヤフの信頼を得ていたエフライム・ハレヴィである。

　これ以上の失敗を怖れたハレヴィは、リスクの高いほとんどの作戦の承認を拒否し、事実上カエサレアの活動を停止した。

当時シン・ベトの副長官を務め、二〇〇〇年に長官に就任するアヴィ・ディヒターは言う。「正直に言えば、当時は国防機関がイスラエル国民を守る防御壁の役割を十分に果たしていなかった」

こうした事態は、いかなる状況であれ不安を引き起こす。イスラエルの敵がこれまで以上に脅威を増しつつあった一九九〇年代後半であれば、なおさらそうだ。イランやリビア、レバノンのヒズボラ、ガザやアンマンのハマスなど、これまでの敵よりもはるかに高い革新性と覚悟に満ちた敵が、戦線を形成していた。


三つの情報機関のなかで最初に態勢を立て直したのが、シン・ベトだった。長官のアミ・アヤロンが調査委員会を立ち上げ、なぜ組織が機能しなくなったのかを調査させた。すると委員会は、シン・ベトの二つの活動領域で能力が低下し、効果をあげられなくなったと結論づけた。

第一に、情報収集に問題があった。シン・ベトは過去数十年間にわたり人間の情報源から収集した情報に頼っていたが、もはやその情報源のほとんどを失っていた。オスロ合意後にイスラエルがパレスチナ自治政府領内から撤退し、数百人ものパレスチナ人エージェントを失って以来、それに代わる情報源を見つけられずにいた。さらに代替手段の構築にも失敗し、ハマス内に潜入できるエージェントを採用できなかった。イデオロギー的・宗教的な運動組織のハマスには、賄賂に釣られるメンバーがあまりいなかったのだ。調査委員会のある委員は簡潔かつ痛烈に「当組織は活動環境に適応していない」と述べている。

第二の問題点は、情報入手後のシン・ベトの管理の仕方にあった。アヤロンはシン・ベトの記録保管庫を訪れ、厚紙のバインダーが何十万と詰め込まれた巨大なケースを信じられないといった様子でながめると、シン・ベトの上級幹部会でこう述べた。「まるで中世の組織のようだ。記録をこんなふうに保管していたら、リアルタイムの情報の全体像など構築できない。このファイルのなかにあらゆる情報があったとしても、これでは何の役にも立たない」

アヤロンは「シン・ベトは情報機関ではなく予防機関である」と断言した。つまりシン・ベトの目的は、情報をただ集めるのではなく、リアルタイムで敵の思惑を阻止することにある。そのためには、集めた情報を即座に分析しなければならない。

そこでアヤロンは、最新のテクノロジーを導入する必要があると主張した。人間ではなくテクノロジーを使って情報を処理すれば、リアルタイムの情報の全体像を多元的に提示できると考えたのだ。しかし一九九六年当時、これは革命的な考え方だった。アヤロンは激しい批判にさらされ、組織を辞める人間が続出し、シン・ベトは岐路に立たされた。だがアヤロンは意思を曲げなかった。情報収集の最先端技術を開発する新たなチームや部局を数多くつくった。さまざまなデータシステムへ侵入したり、電子メールや携帯電話やSNSを傍受したりする技術である。こうしたチームや部局はまた、情報の新たな使用法も開発した。膨大なデータを解析して重要な情報だけを抽出する技法などだ。

アヤロンを中心とする技術チームはさらに、シン・ベトの方針を見直し、人のつながりに重点を置くことにした。つまり、一人ひとりの人間ではなく、ネットワークに重点を置くということだ。シン・ベトは、携帯電話の監視に大きな可能性を見出した最初の情報機関だった。その監視対象は、当初は通話だけだったが、やがて位置情報、メール、送信動画、ネットサーフィンにまで拡大していく。

アヤロンの下で、組織の全体的な運営にも変化が見られるようになった。それまでは地域ごとに配置された工作担当官がエージェントを管理し、それぞれ独自に活動していた。それがこのころから、担当者がコンピューターの前に座り、情報を収集し、それをつなぎ合わせて全体像を把握し、欠けている情報を集めてくるよう工作員に指示を出す、といった「デスク」まわりの活動が主流になった。

シン・ベト職員の構成も、瞬く間に変わっていった。古いタイプの工作担当官の多くが姿を消すと同時に、国防軍の技術部隊の若者たちが続々と採用され、間もなくシン・ベト職員の二三パーセントを、革新的な技術の開発に長けた情報官が占めるようになった。ジェームズ・ボンドの映画に出てくる科学技術の専門家Qになぞらえ、ディスキンはこう述べている。「Qの課をそっくりまねてつくった。ここでは、びっくりするような開発プロジェクトがいくつも同時に進行している」

新しく生まれ変わったシン・ベトが最初に取り組んだのが、ヤヒヤ・アヤシュの教え子モヒ・アル＝ディン・シャリフへの対処である。シャリフはアヤシュが暗殺されると、ハマスの軍事部門随一の爆弾専門家の座を引き継ぎ、「第二のエンジニア」として知られるようになった。アヤシュや当時その副官だったハッサン・サラメは、非常に強力な爆発物である過酸化アセトンから即席爆弾をつくる方法をイスラム革命防衛隊から学んでいたが、シャリフも二人からそれを受け継いでいた。ハマスはアヤシュ暗殺の報復として四件の自爆テロを行なったが、その際に使用した爆弾をつくったのが、このシャリフだった。

前任者のアヤシュと同様に、シャリフもほかのメンバーに自分の技術を伝え、遠隔制御爆弾や遅動信管（爆発するタイミングを遅らせる信管）のつくり方、身近な材料で即席爆弾をつくる方法を、エルサレムで活動する部隊に教えた。また、これらの爆弾をビデオのカセットケースに隠す方法も教えた。実際、バス停、宝くじ売り場、公衆電話ボックスでのテロ攻撃用に、こうしたカセット爆弾が一一個つくられた。一九九八年二月一一日にはその一つがネタニヤで使用され、市民一〇人が負傷した。だがシン・ベトは、ほかのカセット爆弾が設置される前に爆弾製造者を逮捕し、大惨事を未然に防いだ。

シン・ベトは、シャリフやその仲間が使用した携帯電話の通話や位置情報を追跡し、その行動や習慣を監視し、シャリフに関する分厚い資料を作成していた。なかでもいちばんの成果は、過ぎ越しの祭りの前日に計画されていた自爆テロの阻止だろう。シャリフらは、買い物をする市民でごった返すエルサレムの歩道で、大量の爆薬を詰め込んだフィアット・ウーノを爆破する計画を立てていた。だが、シャリフがフィアットを自爆テロ犯に引き渡す前に、シン・ベトの工作部隊であるツィポリムがその車に起爆装置をとりつけた。一九九八年三月二九日、ラマッラーの人けのない場所にあったガレージにシャリフがフィアットを入れた瞬間、爆弾が爆発した。

シャリフが死に、多くの関係者が逮捕された。だがそれでも、パズルの決定的なピースが欠けていた。シン・ベトは、相手はいわば「複数の足を持つタコ」であり、「独立して動くそれぞれの足をまとめて操作している一人の人間がいる」と考えていた。

新たなデータマイニングシステムを駆使して、ターゲットに設定した何千ものパレスチナ人を監視していたシン・ベトは、やがて一人の男に注目するようになった。アデル・アワダッラーである。アヤシュの死後、ヨルダン川西岸地区のハマスの軍事部門を指揮していた、ガザ地区のモハメド・デイフに相当する男だ。

アワダッラーは以前からシン・ベトの指名手配リストに載っていた。だが、アワダッラーとその配下のグループとの間に、「援助・奉仕機関」として知られるハマスの支援ネットワークが介在していたせいで、捕まった部下が尋問に屈して情報を漏らしたとしても、アワダッラーまでたどり着けなかった。

この支援システムを利用して、アワダッラーはシン・ベトの逮捕を逃れながら、次々とテロ攻撃を行なった。この支援システムを運営していたのは、パレスチナ自治政府の刑務所から逃亡してきたアデルの弟イマードだった。やがてこの兄弟は、次のテロ攻撃を計画し始めた。イスラエルの五大都市の中心部を自動車爆弾で攻撃するというきわめて大がかりな作戦である。計画では、まずはテルアビブで自動車爆弾を爆破し、かなりの犠牲者を出す。そのあとで、パレスチナ人受刑者を全員解放しなければ大都市に次々と自動車爆弾を送り込むという脅迫状をイスラエル政府に突きつける。兄弟はまた、その交渉を有利に進めようと、イスラエルの兵士や著名政治家を誘拐する計画を立て、そのために闇市場で大量の鎮静剤を購入していた。誘拐や暗殺の対象になっていた人物のなかには、エルサレム市長エフード・オルメルト、退役後に国会議員や閣僚を務めていた元国防軍参謀総長ラファエル・エイタン、元シン・ベト長官のヤアコヴ・ペリやカルミ・ギロンがいた。

アワダッラーは一流の作戦指揮官だったが、シン・ベト内の変化には気づいていなかった。シン・ベトは、いつ、誰が誰に、どこからどこへ電話したかなど、通話の徹底的な監視を続けていたため、アワダッラー自身がほとんど電話を使っていなくても、ネットワークのメンバーが電話を利用さえすれば、アワダッラーの行動を把握し、監視することができた。

アワダッラーは、アミ・アヤロンの言う「シン・ベト史上最高の作戦参謀」を相手にしていることを知らなかった。その人物とは、ユヴァル・ディスキンである。ディスキンは、アワダッラー兄弟の活動拠点であるエルサレムおよびヨルダン川西岸地区の指揮官を務めていた。

一九五六年生まれのディスキンは、シャケド偵察部隊で兵役を務め、部隊の指揮官を務めた後、一九七八年にシン・ベトに入庁し、パレスチナ占領地区やレバノンで工作担当官として任務にあたった。アラビア語を自在に操り、仕事ぶりも優秀だったため、瞬く間に出世したが、批判すべき点があれば部下であれ上司であれ厳しく批判できるほど、強靭な精神の持ち主でもあった。ヨルダン川西岸地区のハマスのテロネットワークの粉砕に成功すれば、シン・ベトの次期長官候補に躍り出るのは間違いなかった。

ディスキンは言う。「アデルは実に疑い深かった。人間による直接的な情報伝達ネットワークだけを信用していて、ネットワークのメンバーはみな忠誠心テストを受けていた。彼らのおかげで数年は生き延びたと思う。最後の瞬間まで、あの男に近づくのは難しかった」

モヒ・アル＝ディン・シャリフの運命や多くの同志の逮捕をまのあたりにしていたアデルとイマー

ドは、用心を怠らなかった。二人は、ハマスの幹部クラスの活動家がイスラエルかパレスチナ自治政府に秘密を漏らし、シャリフをはめたのではないかと疑っていた。

だが協力者として追い出された仲間がまだ一人もいないので、アワダッラー兄弟は、協力者がまだハマス内で活動していると思っていた。そこで安心して寝食できる場所を求め、パレスチナ民族主義の大義に忠実だと思われるハマス以外の人間に頼ることにした。

二人が選んだのは、パレスチナ解放人民戦線（ＰＦＬＰ）のあるグループだった。テロ組織に所属して銃器を不法に所持していた罪により、イスラエルの刑務所で数年間服役していた活動家たちである。アワダッラー兄弟は、ヘブロンの西にあるヒルベトアルタイベ村にその活動家の家族が所有している、塀に囲まれた、広大な庭つきの二階建ての農場に身を落ち着けた。するとその家は瞬く間に、ハマスの軍事部門などの情報資料の倉庫と化した。こうした資料がシン・ベトの手に落ちるのを怖れ、アデルが隠れ家を移動するたびにそれらを絶えず持ち歩いていたからだ。そのなかには、テルアビブの水道に毒を流し込む計画など、今後の大規模攻撃に関する資料もあった。

シン・ベトは間もなく、この活動家グループのなかでアワダッラー兄弟の連絡役を務めていたある人物の身元を特定した。そしてその男を拘束すると、言うことを聞かなければハマスに協力した罪で刑務所送りにすると脅し、シン・ベトのエージェントになるよう圧力をかけた。また、ムチと同時にアメも与えた。協力すれば多額の報酬を与え、家族そろって外国で豊かな生活を送れるようにすると約束した。男は同意した。

まずはその家に、映像と音声で監視できる装置を設置する必要があった。アワダッラー兄弟を捕まえるのはいつでもできる。それよりも、二人が計画している内容を正確に把握するほうが重要だ。シン・ベトは、アワダッラー兄弟が家を出るという情報がエージェントから届くのを待った。

しばらく後、ＰＦＬＰの仲間がその家に食料を届けに行くと、兄弟は急いで行かなければならないところがあると告げた。兄弟が一台の車に乗り、協力者が別の車に乗ると、家はもぬけの殻となった。そのころ、外で待機していたツィポリムの部隊が、その一部始終を見ていた。二台の車が視界から消えると、部隊は行動を開始した。複製した鍵を使って家のなかに入り、すべての部屋にカメラとマイクを設置した。

兄弟はその夜遅く帰ってきた。それからのまる四日間、ハマスの軍事部門の指揮官のあらゆる言葉が記録された。アデルとイマードは、作戦の戦術に関するさまざまな改善案のほか、ヒズボラが使用しているようなロケットの製造についても話し合っていた。

この監視により、シン・ベトは具体的な計画の詳細を把握するだけでなく、アワダッラー兄弟の意識や考え方を垣間見ることもできた。たとえば、パレスチナ自治政府の看守から厳しい拷問を受けたことのあるイマードは、ヤーセル・アラファートの組織について激しい憎悪を込めてこう語った。

「今度やつらがおれのところに来たら、すぐに撃ち殺してやる」

すると、ソファに寝ていた兄のアデルが跳び上がって叫んだ。「だめだ！　イスラム教徒は撃つな。いいな？　どんなにひどいことをされても、イスラム教徒は殺してはいけない」

シン・ベトは、このみごとな情報工作の内容を国防軍に知らせ、二人を殺害する部隊を派遣するよう要請した。兄弟がいつ何どきこの隠れ家に不安を感じ、別の隠れ家に移動するかわからないからだ。しかし国防軍は、ハマス高官の暗殺に乗り気ではなかった。アヤシュ暗殺後に起きたような激しい反撃を心配していたからだ。そこでアヤロンはその腹いせに、イスラエル警察のテロ対策部隊ヤマムに同じ要請をした。ヤマムと国防軍の特殊作戦部隊は以前から対立関係にあったため、アヤロンが警察に協力を要請すれば、国防軍は心証を害するに違いないと考えたのだ。

だがその後、ディスキンとアヤロンの間に意見の相違が生じた。ディスキンは、ヤマムの特殊部隊をあの家に突入させてその場で二人を殺すべきだと主張した。一方アヤロンは、二人を殺害することる。

に異存はないものの、生け捕りにする努力はするべきだと考えていた。そうすれば、尋問により貴重な情報を入手できるかもしれない。しかし最終的には妥協が成立した。ヤマムの隊員が危険を冒さなくても二人を生け捕りにできる確実な方法があれば、生け捕りにする。その方法がなければ、殺害する。

ネタニヤフ首相は、アヤロンから計画書を提示されると、モサドがハーリド・マシャアルの暗殺計画書を提示したときとは打って変わって、承認に消極的な姿勢を見せた。簡単そうに見える安全な作戦でも、いざ実行してみたらうまくいかず、関係者や国全体に破滅的な影響を及ぼす場合があることを、いまでは十分に理解していたからだ。モヒ・アル＝ディン・シャリフを暗殺したときはイスラエルが関与した痕跡を残さなかったが、今回ヤマムの急襲によりアワダッラー兄弟が殺されたら、イスラエル側がその責任を否定できなくなる可能性が高い。そうなればハマスは、大規模な報復攻撃を開始するだろう。

シモン・ペレスは、アヤシュ暗殺後に起きたハマスの連続攻撃のために権力の座を追われた。ネタニヤフはその二の舞を演じたくなかったため、レッドページへの署名を拒否した。

アヤロンはネタニヤフに異議を唱えた。「敵対活動をする軍事組織の幹部を始末する気がないのであれば、私たちがいる価値はない。署名しないのなら、私はシン・ベトの長官を辞任する」

この脅しには、一幹部の去就を超えた影響力があった。ヤーシーン師を釈放した時点で、首相はすでに弱腰だと思われていた。大衆の多くが、ネタニヤフはテロとの戦いに消極的だと考えている。ここでアヤロンが辞任したら、いずれ辞任理由が漏れる。そうなれば、イスラエル人や海外のユダヤ人に脅威を与えている重要人物の抹殺を首相が拒否したと噂され、さらに弱腰だと思われかねない。

数時間後、ネタニヤフは作戦を承認した。

この作戦では、急襲前にアワダッラー兄弟を眠らせることになっていた。シン・ベトが盗聴した会話によると、イマーム・アワダッラーはバクラバ〔木の実を使った中東の焼き菓子〕が大好きだという。そこで一九九八年九月一一日の夜、シン・ベトの専門家がバクラバに鎮静剤を仕込み、それをヒルベトアルタイベの家に届けた。襲撃部隊は、兄弟が眠り込むのを待って家に侵入し、二人を車に運び込み、取調施設に連れていく計画だった。

この計画は大してうまくはいかなかった。イマードはバクラバに大喜びしてたらふく食べると、すぐに眠気を催していびきをかき始めた。しかし、アデルはバクラバが大嫌いで、触りもしなかった。シン・ベトはアデルの好みまで把握していなかったのだ。アデルに鎮静剤の効果が見られず、すぐに寝る様子もないことが監視カメラの映像で明らかになると、ヤマムはそのまま家に突入するよう命じられた。建物を囲んでいる隊員たちが、軍用犬を連れてさまざまな方向から近寄り、やがて塀を登って侵入した。

アデルはライフルを取って発砲し、軍用犬を撃ったが、すぐに射殺された。銃声に目を覚ましたイマードは、武器を手にしようとしたが、自動小銃の連射を浴びて死んだ。ヤマムが制圧完了の合図を送ると、ツィポリムの部隊が家のなかに入り、ある部屋に隠されていたハマスの重要資料を発見した。

アヤロンはネタニヤフに電話をかけ、作戦が成功したこと、アワダッラー兄弟が死んだことを伝えた。それを聞いたネタニヤフは、パレスチナ人の暴力的な反撃を未然に防ぐため、アヤロンにムカタア（ラマッラーにあるパレスチナ自治政府の本部）に行くよう指示した。アヤロンが到着すると、アラファートは起きて待っていた。アヤロンは、イスラエルがアワダッラー兄弟を殺したと伝えたときのことをこう述べている。「アラファートが知らないふりをする前にこう言ったんだ。『「アワダッラー・シュ？（アワダッラー何？）」とは聞かないでください。彼らが何者で、何をしてきたかはあなたもご存じのはずだ。イスラエル国の名において、ハマスの暴走を食い止めるために万全を尽くすよう強く求めます』」

アラファートは、手配のため殺害のニュースの公表を四日間差し止めるよう求めた。だがアヤロンは、ニュースの公表を遅らせるのは無理であり、メディアがこの事件をかぎつけるのに四時間もかからないだろう、とアラファートに伝えた。

さらにアヤロンは続けた。「ジブリル（・ラジューブ）と（ムハンマド・）ダハランにすぐに行動するよう命じてください」。二人はパレスチナ自治政府の保安機関の責任者で、アラファートの両脇に座っていた。「二人とも何をするべきかわかっているはずです。このまま何もせず、テロ攻撃が起きるようなら、イスラエルは和平プロセスの完全停止を含め、可能なかぎり強硬な対応をとることにします」

アラファートは、断固たる措置を講じるよう二人の副官に命じた。その日の夜、パレスチナ自治政府は、ハマスの主要な活動家たちを一斉に逮捕拘留し、イスラエルを攻撃すれば厳しい対応をとるとハマスに通告した。こうしてラジューブとダハランはあらゆる手を尽くして、今回はアラファートも本気だということをイスラエル側に示した。

そのころシン・ベトでは、デスク担当官や分析官がただちにハマスの軍事部門の資料の調査にとりかかり、名前や日付をコンピューターに入力していた。「ハマスの軍事部門が再編成されたりメンバーが身を潜めたりする前に行動できるよう、入手した文書の迅速な精査に集中的に取り組んだ」という。そしてそれをもとに、国防軍の部隊、ヤマム、シン・ベトが、何十人もの容疑者の一斉検挙を始めた。そのなかには、「上級指揮官、爆発物の専門家、武器や爆弾の材料の調達担当者、訓練スタッフ、支援スタッフ、連絡要員、ダーワ（ハマスの社会民生部門の組織）のメンバー」がいた。

アワダッラー兄弟が必死に守ってきた資料が、いまやハマスの軍事的な基盤を崩壊の瀬戸際に追い込んでいた。

このハマスの資料から見つけた名前のなかに、イヤド・バタトという人物がいた。ヨルダン川西岸地区内の攻撃を専門とする上級軍事工作員である。記録によれば、イスラエル軍兵士に対して数多く行なわれていた待ち伏せ攻撃にかかわっているという。

イスラエル側は数カ月かけてようやく、イヤド・バタトがベイトアウワ村の隠れ家にいることを突き止めた。バタト殺害を目的とする「ダンジョンズ・アンド・ドラゴンズ」作戦の作成が始まった。

一九九九年一〇月一九日、アマン長官の任期を終え、当時は国防軍中央司令部の指揮官を務めていたモシェ・ヤアロンが、この作戦の前線指揮所にやって来た。前線指揮所は、ベイトアウワ村に近いベイトジュブリン村のそばに設営された、大きなカビ臭いテントに置かれている。だがヤアロンは、作戦計画の準備がまるで整っていないことにすぐに気づいた。国防軍の作戦将校たちは、計画の作成にすでに三日を費やしていながら、作戦遂行に必要な情報を断片的にしか持ち合わせていなかった。そもそも、8200部隊（アマンの通信傍受部隊）からも、ドローンを操作する9900部隊からも、誰一人来ていない。たとえ誰かがいたとしても、情報を表示するモニターがない。それに、関連情報を提供するシン・ベトの情報担当官は別の地域におり、電波の受信が安定しない携帯電話でしか連絡がとれなかった。

ヤアロンは、かつて指揮していたサエレト・マトカルを引き合いに出してこう述べている。「私はそれまで別の場所、別の文化のなかにいた。そこではやり方が違う。ほかの誰かが作戦に関する情報を持っているはずなのに、作戦を開始しようとしている部隊の指揮官がそれを利用できないなんて想像もしなかった」

ヤアロンもディスキンも、作戦継続は容認しがたいほどリスクが高いと判断すると、作戦を中止し、バタト殺害に関するあらゆる活動を一時保留にした。ディスキンは言う。「ベイトアウワで、私たちは本当にまぬけだとわかった。だから、これを繰り返さないために何をするべきかを考えた」

理屈のうえでは、解決は簡単だった。指揮所に必要な人間を全員集めれば、お互いに意見を交換することも、モニターに表示されている同じデータを見ることもできる。シン・ベト、ヤマム、国防軍の特殊部隊（サエレト・マトカル、シャイエテット13、ドゥヴデヴァン）、アマンの8200部隊、504部隊、9900部隊を、そしていずれは空軍も、一つの部屋に入れればいい。ディスキンの言葉を借りれば、「みすぼらしいテントのなかではなく、蛍光灯の下」に集める。そうすれば、入手可能なデータ、必要なデータがすべてそこに流れ込んでくるだろう。

しかし、実際にこの解決策を実行するのは難しかった。責任、指揮、統制などさまざまな問題があったからだ。軍事機関や情報機関のさまざまな部隊は、以前から個別に活動するのが習慣になっていた。部隊が違えば、用いる専門用語も違う。国家の安全よりも自分の縄張りを守ろうとする者もいた。

そこでシン・ベトのディスキンと国防軍のヤアロンは、組織に染みついていた数多くの官僚的手続きを廃止し、さまざまな人間関係の問題を解決して、シン・ベトのエルサレム本部二階のスペースに全員を集めた。このスペースは後に、合同作戦司令室（ＪＷＲ）と呼ばれることになる。このとき、シン・ベトを中心とする合同作業にとりわけ抵抗を示したのが、アマンの通信傍受部隊である8200部隊だった。この部隊は、むしろシン・ベトのほうが8200部隊に歩み寄るべきだと主張していた。

一九九九年一二月一一日、作戦行動の準備がすべて整った。シン・ベトに寄せられた情報によると、バタトは数日中にベイトアウワの隠れ家に行く予定だった。隠れ家とその周辺は、厳重な監視下に置かれた。バタトは安全のため携帯電話を持ち歩かなかったが、彼の運転手が持っていたので、シン・ベトはその携帯電話を追跡した。すると一二月一三日、その携帯電話が隠れ家にやって来た。そこにしばらく止まり、また動きだす。どうも誰かを降ろしたらしい。上空を飛ぶドローンのカメラからも、誰かが車を降り、家に入っていくのを確認できた。エージェントから入手した情報では、バタトは人目につかないよう屋上に見張りを置き、危険があれば伝えるようにしているという。この情報はすでにJWRのコンピューターに入力されており、実際にドローンに装備した熱センサーを作動させると、屋上の小屋のなかに誰かが座っているのが確認できた。

これらの情報を念頭に置いて、アラブ人に変装したドゥヴデヴァンの隊員が、家の周囲数カ所に陣取った。四人の隊員が、入口の近くにある外壁沿いの小さな階段の下に身を潜める。そこなら屋上の見張りからは見えない。

この部隊に参加していたアロン・カスティエルは言う。「夜一一時。村は静まりかえっていた。最初はアドレナリンのせいで怖さを感じない。でも配置につくころから怖くなる。部隊の指揮官から発砲許可はもらっていた。（中略）屋上にいたバタトの部下を仕留めるときにちょっとした銃撃戦になった。（中略）銃撃戦のあとは『フリーズ（撃ち方止め）』して周囲の様子をうかがった。そのとき家のなかから大きな音がして、イヤド・バタトがピストルを持って出てきた。部隊全員がバタトだと確認した後に発砲した」

国防軍はその後、ある部隊がバタトともう一人のハマスの指名手配犯に「遭遇」して二人を殺害した、という短い声明を発表した。水面下で行なっていた広範な情報収集活動を隠蔽するためだ。

イスラエル側から見れば、シン・ベトの改革とJWRの創設が功を奏したのは明らかだった。それから九カ月の間に、JWRモデルはさまざまな逮捕・暗殺作戦に一五回利用された。このモデルは二つの原則に立脚している。第一に、組織間の完全な透明性、第二に、作戦展開中にある組織から次の組織へと「バトンを渡していく」システムである。

JWRモデルの第一の原則では、あらゆる「センサー」、つまり作戦に関係するあらゆる情報収集機関の参加が求められた。その参加とは、実際に代表者を参加させることのほか、入手した情報をリアルタイムで提供することを意味する。シン・ベトは多大な労力を費やして、さまざまな情報組織や作戦実行組織が利用する無数のハードウェアやソフトウェアなど、関連するすべてのコンピューターシステムを統合した。そうすれば、作戦司令室のＩＴ機器と通信し、相互に連携した行動がとれる。あらゆるデータをまとめ、状況を一目で把握できる全体像を提示できる。ヤアロンは言う。「情報を重視し、ありとあらゆる情報を一カ所に集中させることが、ターゲットを殺害する能力の基盤になる」

　また、バトンを渡すという第二の原則を実行するため、作戦司令室は事実上二つの部署に分けられた。一つは、シン・ベトの指揮下に置かれた作戦情報司令室である。作戦のターゲットを探し出すのはここだ。つまり作戦情報司令室の仕事は、ターゲットの具体的な位置を特定すること、そして当人がターゲット本人であると保証することにある。この仕事は「フレーミング」と呼ばれる。

　ターゲットの位置特定と本人確認ができたら、作戦司令室の第二の部署、作戦実行司令室にバトンが渡される。ここの仕事の大部分は国防軍が担い、殺害実行の指揮をとる（当初は陸軍部隊が大半の暗殺を実行していたが、後に空軍に引き継がれた。ただし一般原則は変わっていない）。バトンが作戦実行司令室に渡された場合でも、監視映像が一時的に失われるなど、暗殺作戦の妨げになる事態が現場で発生したら、バトンは情報作戦司令室に戻され、また最初からフレーミング手順をやり直す。こうした作業が、殺害が遂行されるまで繰り返される。

　二〇〇〇年九月、ディスキンがシン・ベトの副長官に、ヤアロンが国防軍の副参謀長に任命された二カ月後、二人は、中央司令部管区のために確立したこのモデルをイスラエル全域で展開し、重要な作戦や暗殺を実行するため常設の作戦司令室を設置するよう提言した。この提言は承認され、テルアビブ北部のシン・ベト本部に建設中の建物のなかにそのスペースが確保された。

　これは、偶然ながら絶好のタイミングだった。ディスキンは言う。「技術革命など進めず、特別な作戦司令室も設置していなかったとしたら、第二次インティファーダがもたらす難題にどれだけ対処できていたかわからない」

第二八章　全面戦争

ベンヤミン・ネタニヤフは選挙の最終結果が出るまで待とうともしなかった。一九九九年五月一七日、テレビ局の出口調査により労働党やその党首エフード・バラクの圧勝が明らかになった直後、ネタニヤフは政界からの引退を表明した。

ネタニヤフはハマスの自爆テロのおかげで首相に選ばれたが、首相在任中は、政治スキャンダル、連立政権崩壊の危機、マシャアル事件などの安全保障上の大失敗、パレスチナ人との交渉の行き詰まりに悩まされた。一方バラクは、有権者からネタニヤフとは正反対の人物と受け止められていた。数々の勲章を授与された国防軍の輝かしい兵士であり、レバノンからの撤退と和平を約束したイツハク・ラビンの後継者である。バラクは、テルアビブの中央広場（四年前にそこで暗殺されたラビン首相にちなみ、現在はラビン広場と呼ばれている）に集まった何十万人もの支持者を前に勝利演説を行ない、「新しい時代の夜明け」だと述べた。数カ月後のクネセトではこう語っている。「平和は共通の利益であり、双方の国民に大きな恩恵をもたらす。シリアやパレスチナと真の和平を実現したとき、シオニズムの理想は完全に実現する」

実行力、決断力、目的意識にあふれるバラクは早速、自身の政策にとりかかった。かつてのバラクは特殊作戦の達人で、細部まで細心の注意を払い、あらゆる不測の事態を見越して、敵地での暗殺を慎重に計画し、積極果敢に行動した。だから、外交戦略もそれと同じように計画できると確信し、自信を抱いていた。しかし、こうした方法は規模の小さな計画では成功したが、複雑な外交プロセスには必ずしも通用しなかった。それにバラクは補佐官の助言にほとんど耳を貸さなかった。

アメリカの支援を受け、イスラエルはシリアと交渉を始めた。二〇〇〇年三月二六日ジュネーブで、クリントン大統領がバラクの代理としてシリアのハーフィズ・アル＝アサド大統領と会談し、バラクの意思を伝えた。シリアが和平に応じるのであれば、ごくわずかな国境調整を除き、ゴラン高原から全面撤退する用意がある、と。だが、クリントンの言葉には、期待されていたほどの熱意も魅力もなかった。初期の認知症や極度の疲労などさまざまな不調を抱えてこの会談に臨んだアサドは、これまで以上に一歩も譲らなかった。結局この二人の会談は、冒頭の社交辞令を終え、本題を話し始めてからわずか数分で決裂した。

バラクは公約を守ってレバノンから撤退しなければならなかったが、シリアやレバノンとは何の合意もない。ヒズボラがこの撤退を利用して国防軍部隊を攻撃してくるおそれもある。それを防ぐためには、夜陰に乗じて秘密裏に撤退を行なう必要があった。

すると撤退の直前になって、アマンが思いがけずイマード・ムグニエの居場所を見つけた。イスラエルの指名手配リストの最上位に位置するヒズボラの軍事指導者である。ムグニエは、バラクが公約どおり撤退しようとしているかどうかを確認し、撤退の翌日に民兵を配置する準備をしておこうと、レバノン南部の最前線を視察していた。

国防軍はムグニエの暗殺を計画した。しかしバラクは、五月二二日に北部国境に来て軍上層部と緊急会議を開き、その場で「対象Mの監視の継続」だけを命じて攻撃を禁じ、暗殺計画を事実上破棄した。バラクの最優先事項は、死傷者を出さずに国防軍を撤退させることにあった。ムグニエを暗殺すれば、それが引き金となって、イスラエルの町や村への砲撃や、海外のイスラエル人を対象にした大規模な攻撃が起こる。そうなるとイスラエルも反撃しなければならず、不意を突いてひそかに撤退することがほぼ不可能になる。

短期的に見れば、バラクの考えは正しかった。北部国境での会議の翌日、バラクは国防軍にレバノンからの即時撤退を命じた。撤退は死傷者を出すことなく完了した。

しかし、この撤退をヒズボラの完全なる勝利と見なしたナスルッラーフは、イスラエル人はムグニエの軍隊から逃げた腰抜けの臆病者どもだと述べ、得意げにこう言い放った。「イスラエルはクモの巣よりも貧弱だ。敗北主義がイスラエル社会に蔓延している。（中略）ユダヤ人に資本家はたくさんいるが、自己犠牲の精神を持つ者は一人もいない」

いまにして思えば、バラクは最悪の時期にイスラエルのレバノン占領を終わらせたと言えるかもしれない。バラクはシリアとは合意できないと考え、パレスチナの状況への対処を急ぐことにした。ところがパレスチナ人の多くは、イスラエル軍のレバノンからの撤退を見て、ゲリラ戦術とテロが中東最強の軍隊と情報機関に勝利したと見なし、それぞれの地域でこうした戦術を取り入れることを真剣に検討し始めた。

クリントンは二〇〇〇年七月、バラクとアラファートにじっくり腰を据えて交渉を行なわせ、あわよくば和平協定にまで持ち込もうと、両者をキャンプ・デーヴィッドに招待した。バラクは言う。「この協定に、パレスチナ国家の承認とエルサレムに関する妥協が含まれていることはわかっていたし、それを受け入れる覚悟もしていた。和平協定がイスラエルの利益になること、ほかに選択肢がないことをイスラエル国民に説得する自信もあった」

一方アラファートはこの交渉に消極的だったが、交渉がうまくいかなくても非難しないとクリントンが約束したため、しぶしぶ訪米に同意した。

イスラエルの情報機関によれば、そのころパレスチナ人の間にかつてないほど不穏な空気が漂っていたという。交渉で大幅な譲歩を引き出すため、パレスチナ自治政府がイスラエルとの武力衝突を準備しているとの報告もある。

だがジブリル・ラジューブは、古代ギリシャの歴史家トゥキディデスを引用してこう述べている。「イスラエルと戦う準備などしていなかったし、そもそも始めるつもりもなかった。『希望とは本質的に高価な商品』だからな」。バラクも周囲にこう漏らしていた。「私たちは、氷山にぶつかる寸前の巨大な船に乗り合わせているようなものだ。キャンプ・デーヴィッドでの交渉がうまくいかなければ、氷山を回避できない」

会談は華やいだ雰囲気で始まった。バラクは、アメリカ側の出席者が「ぽかんと口を開けて大喜びする」ような譲歩案を準備していた。そのなかには、パレスチナ人に東エルサレムの一部を明け渡し、アル＝アクサー・モスクがある神殿の丘を国際社会の管理下に置くという重大な妥協案も含まれている。タブーとされてきた重要な問題で妥協し、これほど多くの譲歩を提案してきたイスラエルの指導者は、これまで一人もいなかった。

しかしバラクは、この会談に向けた地ならしを十分にはしてこなかった。難民の帰還の権利というパレスチナ人の基本原則について妥協を促すため、アラブ世界からアラファートに働きかけてもらうような取り組みをしていなかった。それに、バラクの交渉は傲慢と思われても仕方のないものだった。アラファートが滞在している山荘から数百メートルしか離れていないのに、使者を介して交渉を行なったのだ。

アラファートは署名を拒否した。その理由は、粘ればもっといい条件を引き出せると考えたからかもしれないし、あるいは単に、イスラエルとの妥協を支持するアラブの指導者など見たことがなかったからかもしれない。クリントンは交渉を中止させ、失敗に終わってもアラファートを非難しないという約束を破り、怒りを爆発させた。中東問題の第一人者とされるイスラエルの学者・外交官イタマール・ラヴィノヴィチは言う。「クリントンがカーターの戦略を採用して、バラクとアラファートに道理を説き、妥協案に同意させていれば、歴史は変わっていただろう」

その後の二カ月間、両者の隔たりを埋める試みがなされたが、双方の対立と疑念はもはや取り返しのつかない段階に達していた。バラクは親しい友人に「火薬を吸っているような気分だった」と語っている。

火薬があるところには、それに火をつける放火魔がいるものだ。今回の放火魔はアリエル・シャロンだった。

ユダヤ教徒が「神殿の丘」と呼び、イスラム教徒が「高貴な聖域」と呼ぶ場所は現在、世界で最も厄介な場所と言っていいだろう。エルサレムの旧市街に位置し、神が世界を創造し、アブラハムに息子のイサクをいけにえに差し出すよう求めた岩がある場所として崇められている。そこはまた、ユダヤの第一神殿と第二神殿が建っていた場所であり、イエスが歩いて説教をした場所であり、預言者ムハンマドが天使ガブリエルを伴って昇天したとされる場所でもある。岩のドームとアル＝アクサー・モスクは現在もそこにある。

そこでは何年も前から争いが絶えなかった。一九八二年にはユダヤ人テロリストのグループが「忌まわしきものを取り除くため」と称して、岩のドームを爆破しようとした。そうすることで世界大戦を引き起こし、救世主の出現を早めようとしたのだ。このグループの作戦は結局失敗に終わったが、その戦略は完全に的はずれというわけでもなかった。小さな雪玉が巨大な雪崩を引き起こすように、神殿の丘で何らかの事件が起きれば、それがたちまち次の大事件を引き起こすからだ。

アリエル・シャロンはそれをよく知っていた。そこで、バラク政権に対する野党の党首として、神殿の丘に対するイスラエルの主権を放棄するというバラクの譲歩案に、最悪な方法で反対を表明することにした。九月二八日、シャロンは数百人の警官に囲まれながら、リクードの政治家の集団を引き連れて聖地をデモ行進し、こう宣言した。「イスラエルに住むユダヤ人には、神殿の丘を訪れて礼拝する権利がある。神殿の丘は私たちのものだ」

するると、その場にいたパレスチナ人がシャロンに「ベイルートの虐殺者、（中略）女性や子どもを殺す殺人鬼」と罵声を浴びせ、シャロンを護衛していた警官と衝突した。

翌日の礼拝の時間になるころにはすでに、パレスチナのラジオ放送やモスクの説教師が、イスラエルがイスラム教徒の聖地を汚したと激しい非難を展開していた。若い男性が大半を占める二万人の群衆が怒りに身を震わせながら、アル＝アクサーで礼拝が始まるのを待っていた。その多くが石などを持って武装していた。彼らが警官に石を投げ始めると、それが嘆きの壁で祈りを捧げていたユダヤ教徒たちに当たった。この暴動により、パレスチナ人七人が死亡し、一〇〇人以上が負傷した。翌日になると暴動は、イスラエル占領下のパレスチナ人地区やイスラエル国内のアラブ人居住区にまで広がり、子どもを含むイスラエル在住のアラブ人一二人が死亡した（そのほか、パレスチナ人一人とイスラエル在住のユダヤ人一人も犠牲になった）。短期間のうちに、局所的な衝突事件が全国的な暴動に発展してしまったのだ。

イスラエルの情報機関のなかで、ヤーセル・アラファートの思惑をめぐって議論が再燃した。モシェ・ヤアロンをはじめ国防軍やアマンの上層部は、インティファーダは以前から綿密に計画されていたアラファートの戦略の一部であり、アラファートはオフィスから「炎の強さをコントロールしている」のだと考えていた。最初は部下たちに「自発的な」デモを組織させ、次いでデモの群衆の中からイスラエル軍に発砲し、続いて兵士や入植者に対する銃撃を計画し、最後にイスラエル国内で自爆テロを起こすという戦略である。当時国防軍の参謀総長を務めていたシャウル・モファズ中将によれば、アラファートは「イスラエル人が流した血によって外交的な成果をあげようとしていた」という。

それに対しシン・ベトは、アラファートはこれまで一度もそのような戦略を採用したことはないと考えていた。今回の暴動は、さまざまな問題（そのなかにはパレスチナ内部の問題も含まれる）に不満を持つ学生たちが自然発生的に怒りを爆発させて始まっただけであり、それを地元の指導者があおった。するとそれが国防軍の激しい反撃を招いた。国防軍が突然の暴動に対して「やけに手まわしよく」反撃し、パレスチナ人に大量の死傷者が出たため、状況はさらに悪化した。アラファートはむしろ、こうした事件の波に翻弄されている。シン・ベトはそう主張した。

ヨシ・アヴラハミはペタフティクヴァ出身の三八歳で、自営業を営み、妻と三人の子どもと暮らしていた。空き時間には、補助交通警官としてボランティア活動をしていたという。ヴァディム・ヌルジッツはロシアのイルクーツク出身のトラック運転手で、アヴラハミよりも三歳年下だった。二人はともに職業軍人ではなかったが、多くのユダヤ系イスラエル人同様、国防軍の召集に備えて常時待機する予備兵だった。

イスラエルとパレスチナ人との間で起きたこの武力衝突は、第二次インティファーダと呼ばれる。兵員の増強が必要になった国防軍は二〇〇〇年一〇月一日、アヴラハミとヌルジッツを召集した。二人はパレスチナ人の襲撃から入植者のスクールバスを守る任務につき、一〇月一一日に休暇をもらった。だが翌日、ヌルジッツの車に乗って基地に戻る途中、曲がる場所を間違え、ヨルダン川西岸地区の都市ラマッラーに入ってしまった。それまでの数週間、ラマッラーでは何度か暴動が発生し、多くのパレスチナ人が国防軍に撃ち殺されていたため、緊張が高まっていた。車がラマッラーに入ると、イスラエルの黄色いナンバープレートを見た通行人が車に石を投げ始めた。二人は逃げようとしたが、渋滞にはまってしまった。

パレスチナ人の警官が銃を突きつけ、二人を車から引きずり出して武器を押収し、尋問のため警察署に連行した。だが警察は、二人をリンチしようと警察署に集まってきた暴徒のなすがままに任せた。二人の予備兵は叩きのめされ、目をえぐられ、何度も刺された。ヌルジッツは頭を叩き割られ、のどに突き刺された棒で内蔵をえぐり出され、火をつけられた。何も知らないアヴラハミの妻が夫の携帯電話に電話をかけると、暴徒の一人が電話に出て「おまえの夫を数分前に虐殺したよ」と言った。現場を撮影した写真には、警察署の二階の窓から、下で歓声を上げている群衆に向けて、得意げに血まみれの手を見せているパレスチナ人が一人写っている。暴徒たちはその後、二人の遺体を窓から地面に投げ捨て、街中を引きずりまわした。

この事件は、イスラエル国民に強烈な印象を与えた。パレスチナ自治政府の役人は、その領内で二人のイスラエル人を保護するどころか、何の理由もなく二人を逮捕し、警察署内で暴徒が二人を殺すに任せた。イスラエル国民がパレスチナ自治政府を非難したのも無理はない。

そこでシン・ベトは、このリンチ殺人を「象徴的な攻撃」に指定した。つまり「ミュンヘンオリンピックでイスラエル人を大量虐殺した犯人同様」、捕らえるまで永久に犯人を追跡するということだ。追跡はその後何カ月も何年も続いた。

だがそれ以上に重要なのは、イスラエルの指導層には、この攻撃が根本的な裏切りだと思えたことだ。つまり、パレスチナ自治政府やアラファートは、実際には和平ではなく対決を求めているように見えた。それを機にイスラエル側は、パレスチナ自治政府もアラファートもこの問題の片棒を担いでいると見なすようになった。

ラマッラーの暴徒によるリンチ事件を受け、国防軍は武力行使の規模を大幅に拡大した。暴徒には以前よりも頻繁に銃器が使われた。パレスチナ人警官にも容赦なく反撃を行ない、人がいなくなる夜に警察署を爆破した。こうして二〇〇〇年末までに、二七六人のパレスチナ人が死亡した。

この流血の惨事は、エフード・バラクにとって政治的厄災以外の何ものでもなかった。すでにキャンプ・デーヴィッドで失敗していたところへ暴動が発生し、身動きがとれなくなってしまったのだ。バラクは公の場で繰り返しアラファートを非難したが、このパレスチナ人指導者を信頼したバラクの失態をイスラエル国民にさらに印象づけるだけだった。だが、それでもバラクはアラファートとの和平交渉の継続を主張したので、その人気は前例のないほど低下した。親しい友人によると、バラクの任期の最後の数カ月はあわただしく、政策の焦点が定まらず、明確な方向感覚を欠いていたという。やがて連立政権は破綻し始め、一二月には二〇〇一年二月に選挙を行なうことを余儀なくされた。

バラクは結局その選挙で、第二次インティファーダのきっかけとなる挑発行動をとった人物に破れた。アリエル・シャロンである。

シャロンは、多大な損害をもたらしたレバノン侵攻を画策して以来、ほぼ二〇年にわたり政界で孤立していた。一九八三年には国防大臣を辞任したものの、中東全体を再編成するという無謀な計画に基づいた愚かしい軍事作戦は一八年間延々と続き、イスラエル側に一二一六人の死者と五〇〇〇人以上の負傷者を、レバノン側に何千もの死傷者を出した。

イスラエルの大衆は抗議活動を展開し、シャロンを人殺しや戦争犯罪者と呼んだ。アメリカは、非公式にシャロンをボイコットした。シャロンが訪米したときも、会うことができるのは下級官僚だけであり、しかも宿泊しているホテルで勤務時間外にしか面談できなかった。赤信号でも止まらないと歌われた男は、国会議員や閣僚を務めてきたにもかかわらず、ここ数年は公然と軽蔑され、あちこちで忌み嫌われていた。

しかしシャロンは、政治は観覧車のようなものだと考えていた。「上にいるときもあれば、下にいるときもある。乗ったまま待っていればいい」とよく言っていた。実際、二〇〇一年二月、暴力行為を止めてくれる強いリーダーを切望していたイスラエル国民の支持を受け、シャロンはバラクに二五パーセントの差をつけて勝利した。

前政権との違いはすぐに明らかになった。バラク退陣後も首相官邸に残っていた補佐官たちによれば、官邸の雰囲気がたちどころに穏やかで落ち着いたものになったという。シャロンはバラクとは正反対の人間だった。温厚で、雰囲気や個性に気を配り、誰にでも敬意を払うよう心がけていた。生まれつき疑い深い性格だったが、信頼できる人間だと思えれば、すぐに自由に仕事をさせた。

シャロンはまた、イスラエル人や海外のユダヤ人がテロ攻撃で殺されるたびに心を痛めていた。軍事顧問のヨアヴ・ガラントは言う。「自爆テロの報告を伝えると、心が押しつぶされるような表情をしていた。身内のことのように心を痛めていたんだ。バスやショッピングモールで殺されたイスラエルの子どもや女性や男性を、まるで親戚や家族のように思っていた」

シャロンは暴力行為を終結させる明確な方法を示した。ガラントは言う。「シャロンは、このテロとの戦いの勝利は目前だという確信を周囲に植えつけた。ナポレオンが言ったように、ルビコン川を渡ったのはローマ軍ではなくカエサルだ。シャロンはリーダーとしてテロとの戦いの先頭に立った」

首相に就任するとすぐにシャロンは、テロ攻撃が続くかぎり政治交渉は行なわないと宣言し、平穏が訪れなければイスラエルは交渉の席に戻らないと述べた。その一方で、国防軍とシン・ベトに作戦を強化するよう圧力をかけ、「既成概念にとらわれず、独創的なアイデアを持ってきてくれ」と指揮官たちに発破をかけた。そして一九五〇年代に自身が101部隊を率いていた激動の時代や、一九七〇年代に自分の指揮下のメイル・ダガンがテロリストを追い詰めていた時代を思い出すよう繰り返し訴えた。

シャロンは一九八〇年代初めに国防大臣を務めていたときから、国防軍の能力に疑問を持ち、「年を追うごとに不屈の精神を失っている」のではないかと疑っていた。彼は国防軍の将校も信用していなかったが、これはおそらく、自分が軍隊時代に政治家に嘘をついていたからだろう（上司をだまして、作戦を実行する許可をもらっていた）。そして首相になったいまでも、シャロンは国防軍の将校が失敗を恐れているような気がした。ガラントによれば、「上級指揮官たちは責任をとりたくないから嘘をついているのだとシャロンは確信していた」という。

一方でシャロンは、シン・ベトには大いに満足しており、長官のアヴィ・ディヒターをとても信頼していた。そのため、再優先課題にしていたテロとの戦いにおいて、ますますシン・ベトを当てにするようになり、さらなる任務と権限を与えるようになっていった。

第二次インティファーダが始まったときには、過去一〇年間にテロ攻撃にかかわったかなりの数の活動家が、パレスチナ自治政府が管理する刑務所に収容されていた。一九九六年の自爆テロによりシモン・ペレス政権が崩壊し、和平プロセスが中断に追い込まれたため、少なくともイスラエルと交渉をしている間は、ハマスの幹部やＰＩＪの指導者を刑務所から出してはいけないことをアラファトも理解していたからだ。しかし、二〇〇一年一〇月から六カ月にわたり、アラファトは彼らの釈放を命じた。

そのため国防軍は、アラファトが再びイスラエルへの攻撃をけしかけようとしていると考えたが、それに対してシン・ベトは、パレスチナ人の支持がハマスに流れるのをアラファトが必死になって防ごうとしていると考えた。そのころには、インティファーダにより数百人のパレスチナ人が死亡していたが、国防軍兵士や入植者の死者はまだごくわずかだった。しかし、ハマスの自爆テロが徐々に規模を拡大しつつあった。シン・ベトの副長官ユヴァル・ディスキンによれば、「自爆テロの成功例が増えれば増えるほど、それに比例してハマスへの支持は高まっていった」という。

アワダッラー兄弟が殺害され、二人が持っていたハマスの軍事部門の資料が失われたのは大きな痛手だったが、ハマスはヤーシーン師の指導により再建を始めていた。そして再建が一段落すると、イスラエル市民への自爆テロ攻撃をさらに拡大した。

二〇〇一年五月一八日、濃紺の丈の長いコートを着たハマス工作員が、ネタニヤの近くにあるハシャロン・ショッピングモール入り口の検問所にやって来た。この男を不審に思った警備員が入場を止めると、男が自爆し、近くにいた五人が死亡した。六月一日には、別の自爆テロにより二一人の若者が死亡した。被害者の多くはロシアから移住してきたばかりのユダヤ人で、テルアビブのビーチにあるディスコの前に並び、開場を待っているところだった。ディスコのオーナーであるシュロモ・コーヘンは海軍の特殊部隊にいた経験もあるが、目に絶望の色を浮かべ、「おれの人生のなかで最悪の出来事だったよ」と語っている。

一一月上旬になると、もはや毎週のようにイスラエルの通りで自爆テロが起きるようになった。数日おきに発生することもあったほどだ。一二月一日には、エルサレムのベンイェフダ遊歩道で三件の自爆テロが相次ぎ、一一人が死亡した。ハーリド・マシャアル暗殺未遂事件を起こす引き金となった一九九七年の自爆テロと同じ場所である。翌日には、ナーブルス出身の男がハイファを走るバスのなかで自爆し、一五人が死亡、四〇人が負傷した。現場に駆けつけた北部地区の警察署長は「私たちは総攻撃を受けている」と述べている。

攻撃は止まらなかった。二〇〇二年三月だけで、自爆テロにより、男性、女性、子どもを含め、一三八人が死亡、六八三人が負傷した。なかでも残虐だったのが、過ぎ越しの祭りの日にネタニヤのパーク・ホテルの一階で発生した自爆テロである。そこでは、ネタニヤの恵まれない人々二五〇人のために、セデル〔過ぎ越しの祭りの最初の一夜に行なう儀式〕の祝宴が催されていた。そのホールへ、ユダヤ教徒の女性の服装をした自爆テロ犯が入ってきて自爆したのだ。二〇歳から九〇歳までの三〇人が死亡し、一四三人が負傷した。その祝宴には、ジョージ・ジャコボヴィッツとその妻アンナも参加していた。二人ともハンガリー出身のホロコースト生存者である。二人は、アンナの前夫との息子アンドレイ・フリードとその妻エディットとともにセデルの夜を祝っていたが、四人とも死亡した。

シン・ベト長官のディヒターによると、二〇〇二年は「イスラエル建国以来、テロ攻撃により最悪の被害を受けた年になった」という。

モファズ参謀総長もこう述べている。「これは国民のトラウマになった。人命を失うとともに、国家の安全や経済がダメージを受けたんだ。誰も旅行に出かけなくなり、ショッピングモールで買い物をするのもレストランで食事をするのも怖がるようになり、バスにも乗らなくなった」

国防省の武器・技術基盤開発局（ヘブライ語でマファトと呼ばれる）の局長イツハク・ベン＝イスラエル少将によれば、イスラエルの情報機関は以前から自爆テロを経験しているが、「これほど頻繁に行なえるとは思わなかった」という。「重大な脅威だとは認識していたが、戦闘法にしろ武器にしろ、対抗する手立てがなかった。自爆テロ犯が自爆する場所を探して通りを歩きまわっている段階では、もうなす術はない」

自爆を主とするテロ攻撃により、シン・ベトや国防軍はこれまで経験したことのないもどかしい状況に陥っていた。当時国防軍の計画局長を務めていたギオラ・エイランド少将は言う。「見るからに無力感に包まれていたよ。フラストレーションはかなりあった。上（国防軍の司令部や政治家たち）からも下（現場の将校や兵士たち）からも、何とかしろとものすごいプレッシャーをかけられた。近所の人や親戚、通りすがりの人からも言われたよ。『あんたら軍の指揮官はどこにいるんだ？　五〇〇億シェケルもの予算を何に使っている？　一日中何をしているんだ？』とね」

自爆テロ攻撃に対する大局的な戦略のないまま、シン・ベトはこれまでしてきたことを続けるだけだった。テロを扇動・組織している人物の暗殺である。

第二次インティファーダが始まった二〇〇〇年の間は、明確な方向性もなく、場当たり的に暗殺が実行されていた。最初の暗殺は、インティファーダが始まって間もなく行なわれた。ターゲットになったのは、フセイン・アバヤトというファタハの工作員である。アバヤトは、ヨルダン川西岸地区やエルサレムのギロ地区の路上で発生した多くの銃撃事件を指揮していた。

ラマッラーでのリンチ事件以来、パレスチナ自治政府の管轄下にある地域はすべて敵地に指定されていた。敵地で作戦を実行する場合には、細心の注意を払い、大規模な国防軍部隊と一緒に行動する必要がある。しかし、大規模な部隊を引き連れて逮捕・殺害に向かえば、アバヤトはすぐに気づいて隠れ家に逃げてしまう。そのためシン・ベトは、偽装した特殊部隊による攻撃と空からの攻撃を組み合わせるほかないと判断した。

作戦を担当することになったのは、空軍の特殊部隊シャルダグ（ヘブライ語で「カワセミ」の意）である。この部隊が、敵地に潜入してターゲットをレーザーで指定する。シャルダグが選ばれたのは、当時、空軍と緊密に連携して行動できる部隊がなかったからだ。

二〇〇〇年一一月九日、アバヤトが部下と一緒に黒いベンツに乗り、ベツレヘム近郊のベイトサフール村を出ていくのを、シン・ベトのパレスチナ人エージェントが確認した。エージェントと合流したシン・ベトの工作員はそれを合同作戦司令室（ＪＷＲ）に伝え、ＪＷＲはそれを空軍と地上部隊に伝えた。間もなく、シャルダグの索敵班がレーザーでそのベンツをマークし、遠方から追尾しているアパッチヘリコプターにターゲットを示した。空軍の攻撃部隊は、アパッチヘリコプター二機ずつの二編隊で構成されている。やがて車がある家の前で止まり、車の周りに人が集まってきた。アパッチ飛行隊の副指揮官だった人物はこう証言している。「車が動きだし、集まった人たちから遠ざかるのを待ってから、二発ミサイルを発射した。一発目は私が、二発目は別の編隊を率いていた指揮官が撃った。二発ともターゲットに命中したよ。こうした任務はレバノンでしかやったことがなかったから、（イスラエル占領地区内でやるのは）変な気分だった」

アバヤト殺害は、占領地区では初めての航空機を使った暗殺となった。そもそもシン・ベトは一般的に、自然死や事故死に見えるような暗殺方法を選ぶ傾向がある。一九九四年の和平合意により、暗殺にイスラエル軍が関与するのは禁じられていたからだ。しかしこのころになるともう、占領地区内でのターゲットの殺害にイスラエル軍が関与してもしなくてもよくなっていた。

ＰＩＪのジェニーン地区指揮官イヤド・ハラダンも、そんなターゲットの一人だった。当時は、携帯電話の通話をイスラエルに盗聴されていることに気づいた多くのテロリストが、公衆電話を利用するようになっており、ハラダンもジェニーンの繁華街にある公衆電話をよく使っていた。二〇〇一年四月五日、その公衆電話が鳴ると、ハラダンが受話器を取って電話に出た。すると通話どころか大爆発が発生し、一瞬にしてハラダンの命を奪った。この公衆電話には、ツィポリム部隊が前夜のうちに爆破装置を埋め込んでいた。二機のドローンでその公衆電話を監視し、公衆電話に出たのがハラダンだと確認できた時点で、爆弾を起動する信号をＪＷＲから送ったのである。六月二七日には、ナーブルスに拠点を置くファタハ系のアル＝アクサー殉教者旅団のメンバー、ウサマ・アル＝ジャワブラを同様の作戦で殺害した。

シン・ベトはさらに、パレスチナに拠点を置くＰＦＬＰの議長アブー・アリー・ムスタファの抹殺を計画した。だが、毒殺する、携帯電話に爆弾を仕掛ける、ムスタファが運んでいた爆発物が間違って爆発したと思われるように車を爆破するなど、目立たない殺害方法をいくつも試してみたが、いずれも失敗したため、シン・ベトは控えめな方法をあきらめることにした。八月二七日、ラマッラーにあるムスタファのオフィスの窓に向けて、アパッチヘリコプターがロケット弾を撃ち込んだ。イスラエル側の声明によれば、ムスタファの暗殺を決断したのは、「この人物が政治指導者だからではなく、政治指導者であるにもかかわらず」直接テロに関与したからだという。

イスラエルがムスタファを暗殺しても、自爆テロが収まる気配はまったくなかった。むしろこのような攻撃は、パレスチナ人側から見れば、一線を越える行為だった。ＰＦＬＰのある指導者はこう訴えた。「イスラエルに一九七〇年代初めの時代を思い出させてやろう。パレスチナの指導者たちへのさらなる攻撃を思いとどまらせるほどの反撃が必要だ」。報復は二カ月後に行なわれた。一〇月一七日、エルサレムのハイアット・ホテルで、ＰＦＬＰのメンバーがレハヴァム・ゼエヴィを暗殺した。極右思想の持ち主だったゼエヴィは、国防軍の将官を務めた後、シャロン内閣に入閣していた。

ゼエヴィは国内での評価も高く、軍隊時代からのシャロンの親友でもあった。実のところ、イスラエルが行なった暗殺や軍事作戦には何の効果もなかった。それどころか、パレスチナ人四五四人を殺害し、数千人を負傷させたために、血まみれの非対称戦争をさらに長引かせ、イスラエル人の死者を増やすばかりだった。

シャロンは国防当局の無能ぶりにいら立ちを募らせていた。そこで、シャロンの首席補佐官ドヴ・ウェイスグラスがある朝、シン・ベトの情報局長バラク・ベン＝ズールを珍しい場所に連れ出した。テルアビブのある銀行の国際貿易センターの入口である。

ウェイスグラスはあらかじめ、同センターのオペレーションルームの入室許可証を準備していた。彼はベン＝ズールを広いスペースの真ん中に連れていった。周囲のスクリーンには、経済の酸素とも言うべき資金がイスラエルに出入りする様子が表示されている。

しばらく黙っていたウェイスグラスが「何か聞こえるかね？」と尋ねた。

ベン＝ズールは困惑して答えた。「何も。物音一つ聞こえない」

「まさしくそのとおりだ。何も聞こえない。何も動いていない。外国人投資家は先行きに不安を感じて、ここには来ないんだ。明日何が起こるかわからないから、金を持ってきてくれない。きみたちシン・ベトや国防軍や空軍が何もしなければ、血と苦悩と哀悼と悲痛が積み重なるばかりか、この国の経済も崩壊する」

シン・ベトはその言葉の意味を理解した。個別の暗殺作戦が成果をあげていないのなら（実際、成果をあげていなかった)、自爆テロを行なうハマスなどのテロ組織の力を抑えるもっと広範な戦略が必要だった。情報機関の工作員たちは一般的に敵を逮捕しようとする傾向にあるが、シン・ベトのある高官は保安関連閣議で、支配が行き届かない地域では逮捕などしている余裕はないと述べ、こう訴えた。「われわれにもはや選択肢はない。検察官であると同時に弁護人、裁判官であると同時に死刑執行人でなければならない」。いまではもう誰も、完全な勝利など夢見てはいなかった。それがどのようなものかさえわからなかった。それよりも、イスラエル国民に比較的平穏な生活を保証できるような保安状況の確保が求められていた。

二〇〇一年末、シン・ベト長官のアヴィ・ディヒターが一連の会議を通じて、シャロン政権に新たな戦略を提示した。当初、閣僚たちはその戦略に消極的だった。しかしハイファでバスがテロ攻撃を受け、乗客一五人が殺害されると、その後の会議の席でシャロンはディヒターにこう耳打ちをした。

「やれ。全員殺せ」

第二九章　「自爆ベストより自爆テロ志願者のほうが多い」

二〇〇一年末までの間、シン・ベトは「作動中の時限爆弾」と名づけた人間にターゲットを絞っていた。攻撃計画を作成している者や攻撃を実行しようとしている者、もしくは、自爆テロ犯の指揮官や勧誘員、爆弾製造者など、攻撃に直接関係のある者である。

だが、この方法にはいくつもの問題があった。第一に、一見したところ志願者が無数にいるなかからターゲットを特定しなければならない。ハマスのスポークスマンは「自爆ベストより自爆テロ志願者のほうが多い」と豪語していたが、こうした志願者にはこれといった特徴がなかった。若者もいれば老人もいる。教養のある者もいれば無学の者もいる。失うものが何もない者もいれば大勢の家族がいる者もいる。当初は成人男性ばかりだったが、後には女性や子どもの自己犠牲も奨励されるようになった。

第二に、自爆テロ犯を特定できたとしても、それだけで攻撃が食い止められるわけではない。監視官、デスク担当官、通訳、情報分析官、技術者が協力して追跡し、シン・ベト風に言えば「爆発直前まで追いかけ続ける」ことはできるかもしれない。しかし、イスラエルは敵地であるパレスチナ人支配地区内で公然とは活動できないため、自爆テロ犯を止めることはできない。そして自爆テロ犯がイスラエルに入ってしまったら、たいていはもう手遅れとなる。

そのため、デスク担当官や監視官のなかにはノイローゼになる者もいた。あるデスク担当官は、二〇〇一年五月に起きたネタニヤのショッピングモールへの攻撃に事前に気づき、全システムを駆使してそれを阻止しようとした。しかし間もなく自爆テロ犯がイスラエル領内に侵入してしまい、自爆して五人の市民を殺害するまで居場所を特定できなかった。シン・ベト長官のディヒターは言う。「そのデスク担当官の女性は自分の席に座ったまま、遺体を片づけている様子を周囲のモニターで見ながら泣いていたよ。だがすぐに次の警報が入ったから、涙を拭いて仕事を続けるほかなかった」

自爆テロ犯一人ひとりを狙い撃ちしても効果がないことがわかると、ディヒターは狙う相手を変えることにした。二〇〇一年末以降、攻撃の背後にある「活動の基盤」をターゲットにすることにしたのだ。自爆する人間、爆弾を仕掛ける人間、引き金を引く人間は結局のところ、長い鎖の最後の輪にすぎない。基盤となる組織にはそのほか、勧誘員、運び屋、武器調達係、隠れ家を管理する者、資金を持ち込む者などがいるが、その全体を地区の指揮官が監督しており、その上には本部の軍事指揮官がおり、さらにその上には組織の政治指導者がいる。

これからはその全員がターゲットになる。まずは、ハマスの軍事部門であるイッズ・アッディーン・アル＝カッサム旅団やパレスチナ・イスラミック・ジハード（ＰＩＪ）の全メンバーが暗殺対象になった。当時シン・ベトの高官を務め、後に副長官に出世することになるイツハク・イランは、「地域の工作員からタクシー運転手、自爆テロ犯の別れのビデオを撮影するカメラマンまで、一人残らず暗殺から逃れられないことを、やつらもすぐに理解するだろう」と述べたという。

自爆テロ犯をターゲットにしても意味がない。彼らは本質的に消耗品であり、容易にすげ替えられるからだ。しかし、彼らを教育し、組織化して送り出す人間となると、そうはいかない。基本的にこうした人間は、自爆テロに志願する人々ほど殉教者になりたいとは思っていない。イスラエルの情報機関は、自爆テロの指揮に積極的にかかわっている人間は三〇〇人以下であり、全てのテロ組織の活動的なメンバーを合わせても五〇〇人ほどしかいないと推測していた。

その全員を殺す必要はなかった。ディヒターはクネセトの外務・国防委員会でこう説明した。「テロとは底のある樽《たる》みたいなものです。テロを無力化するために、最後の一人までテロリストを排除する必要はありません。ある程度の人数になればテロは収まります」

武器・技術基盤開発局（ＤＷＴＩ）が、ハマスの「余剰人員」（予備的な人員）の総数を判断する数学モデルを開発した。それによれば、二〇パーセントから二五パーセントの人員を取り除けば、組織は崩壊するという。ＤＷＴＩ局長のベン＝イスラエルが「わかりやすい例が自動車です」と述べ、次のように解説した。


自動車には重要な部品があります。こうした部品は最初からある程度その数に余裕をもって自動車を組み立てますが、スペアタイヤは一本あれば十分で、一〇〇本はいりません。車を運転をしていてパンクしたとします。タイヤを交換して運転を続けていたら、またパンクしました。運転を続けることができますか？　無理ですよね。ではなぜ、もっとスペアタイヤを積んでおかないのでしょう？　場所を取るうえに、重量が増えるからです。予備の部品にも最適なレベルがあるのです。

車を止めたいと思い、車の正面に立って発砲するとします。適当に一発発砲した場合、車は止まるでしょうか、止まらないでしょうか？　それは銃弾が当たった場所によります。フェンダーに当たるかもしれませんし、ラジオに当たるかもしれませんが、それでは車は止まりません。もう一度、さらにもう一度発砲します。車は止まるでしょうか、止まらないでしょうか？　銃弾が何発か外れても、ある段階で車は間違いなく止まります。なぜか？　重要な部品のどれかに銃弾が当たるからです。これがまさに私たちのモデルです。

誰かが暗殺されれば、すぐ下の地位の人間がその地位を引き継ぐことになるが、それを繰り返していくと、時間がたつにつれて平均年齢は下がり、経験のレベルも落ちていく。イツハク・イランは言う。「ある日、PIJのジェニーン地区の指揮官が取調室に連れてこられた。たまたま殺さず生け捕りにしたんだが、その男が一九歳だと知ってうれしくなったよ。勝利が目前に迫っていることがわかったからね。われわれは、この男に至るまでの鎖の輪をすべて断ち切ったんだ」

一貫した戦略が策定されると、次いでこうしたターゲットを発見・殺害する方法を考えなければならない。シン・ベトはシャロン首相に、検討中の暗殺計画が無数にあるため、その実現にはイスラエルが持つあらゆる関連資源を投入する必要があると訴えた。

占領地区に住むパレスチナ人は以前から、うなりをあげて空を飛びまわるドローンに慣れきっていた。当時副参謀長だったモシェ・ヤアロンも、「ドローンはあのあたりをいつも飛びまわっていた」と述べている。この無人航空機は、高解像度カメラで情報を収集していた。「太陽や月と同じだ。UAV（無人航空機）の騒音と姿があたりまえのようにあった」

しかし、アラブ人もイスラエル人も含め、ほとんどの民間人は、イスラエルがドローンを使用するようになってから数十年の間に、ドローン技術がどれほど進歩したか知らなかった。そのころになるとドローンは大型化し、滞空時間も長くなり（最長四八時間）、最新の光学機器を備え、重量のある兵器（最大一トンの精密誘導ミサイル）を搭載できるようになった。

二〇〇一年八月、国防軍はシリアとの戦闘をシミュレーションした軍事演習により、当時最大の軍事的脅威と見なしていたシリア軍の戦車数千台に対し、ドローンのみで効果的に戦えることを知った。「われわれは中東にいるターゲットの数よりも多くの爆弾を手にしていた」とヤアロンは言う。

アメリカが「砂漠の嵐」作戦やバルカン半島諸国で行なったように、イスラエルも遠隔地から戦争を遂行することが可能になったのだ。しかし、イスラエルの戦闘能力はアメリカをはるかに超えていた。誘導ミサイルや誘導ロケット弾などの精密兵器を保有しているだけでなく、ターゲットにかなり近くまで接近してほぼ確実に攻撃できるドローンを保有していたからだ。ドローンであれば、移動するターゲットに合わせて飛行中にさまざまな調整ができる。

国防軍も空軍も、全面戦争になるまで自軍の能力を秘密にしておきたかった。そのため、シャロンが人間のターゲットに対してドローンの使用を要請すると、パレスチナ人にドローンの実態がばれてしまうことを理由に軍が反対した。するとシャロンは、拳で机を叩いて反論した。ヨアヴ・ガラント大将は言う。「シャロンはそのとき決心したんだ。今後の戦争のために開発された兵器システムだとはいえ、その戦争まで棚に眠らせておくのではなく、現在の敵に対して使用するべきだとね」

空軍は、ドローンのターゲット特定技術と弾薬を改良するため、特別班を立ち上げた。戦場でシリアの戦車を特定するのと、イスラエルの暗殺者から逃れようとロバに乗って逃げる男を追跡するのとではわけが違う。装甲車を破壊するのと、街区を破壊せずに一人か二人だけ殺すのとでは、必要になるミサイルの種類が異なる。そこで空軍は、ある特殊な弾頭を採用した。薄い金属やセメントブロックを突き破る三ミリメートルのタングステンブロックを数百個飛散させるものの、高密度であることによりその飛散を直径二〇メートルの範囲に抑えられる弾頭である。

軍から適切な兵器を提供されたシン・ベトには、情報収集能力の向上も必要だった。シャロンの指示により、シン・ベトより数倍規模が大きいアマンも、シン・ベトとあまり関係のよくないモサドも、必要に応じてシン・ベトが意のままに動かせるようになった。

これを機に、アマンの通信傍受情報部門である8200部隊は大きく変革された。それまでこの部隊は、シリアなど国外の敵を主な対象としてきた。それがいまでは、強力なアンテナ、監視施設、暗号解読部門、コンピューターハッキング部門の多くが、自爆テロ対策に割かれることになった。この部隊の盗聴拠点の一つであるターバンは、和平プロセスの開始を受けて閉鎖の瀬戸際にあったが、改修されてシン・ベトが自由に使えるようになると、８２００部隊最大の拠点となり、暗殺作戦を次々と生み出した。

シン・ベトはさらに、アマンと空軍から観測機部隊やスパイ衛星の利用許可を得た。本来はリアルタイムの戦場の情報を戦闘部隊に提供するために編成されたその航空部隊は、作戦中にターゲットを監視する任務についた。イツハク・イランは言う。「その映像から得た情報により、多くのイスラエル市民の命が救われる一方で、多くのテロリストの命が絶たれた」

これらの結果、「単なる情報の統合をはるかに超えたインテリジェンスの融合」が生まれたとモシェ・ヤアロンは言う。ＪＷＲのテーブルのまわりに全情報機関の人員を集めると、さらに多くの情報が生まれた。ディヒターは言う。「イディッシュ語を使わないで仕事をする８２００部隊の隊員（敵の電話を盗聴する仕事なので、アラビア語の運用能力が必要だった）が、シン・ベトの工作担当官がアラビア語でパレスチナ人エージェントと話をしているのを聞きつけ、突然話に割り込んできて質問をした。現場の見張りから、悪党がアブー・ハッサンの雑貨屋に入ったと連絡があり、そのアブー・ハッサンとは誰なのかとか、この人物も悪党として記録しておくべきか、といった質問が出たんだ。こうしてＪＷＲ自体が、作戦の過程できわめて多くの情報を生み出すようになっていった」

ターゲットは自身の経験から教訓を学び、暗殺を回避するための予防措置を講じているため、リアルタイムのＩＴ活用がとりわけ重要になった。ターゲットは素早く動きまわり、乗り物を替え、ときに変装する。「標的有効期限」（あるターゲットを特定し狙いを定めることが可能な時間）は日増しに短くなっており、数時間以下という場合もあれば、わずか数分という場合もある。データを迅速に送信しないかぎり、素早く動くターゲットの暗殺を成功させることはできない。

ＪＷＲのほか、対テロ暗殺システムには数千人が参加していた。工作担当官、システムアナリスト、地上監視任務を行なう偽装歩兵、監視ドローンオペレーター、キラードローンオペレーター、通訳、爆発物の専門家、狙撃手などである。

これは非常に巨大で複雑なシステムだったが、シン・ベトを頂点とする明確かつ厳格なヒエラルキーが存在した。シン・ベトの内部文書にはこう記されている。「保安庁（シン・ベトの正式名称）は、何よりも総保安庁法に従い、国家の治安を維持することを任務とする。（中略）この目標を達成するため、対象への先制攻撃によりテロ攻撃を阻止・予防する」

暗殺作戦は通常、現場の担当官が情報を収集してターゲットの位置を特定することから始まる。ターゲットになるのは一般的に、テロ組織の重要人物（ディヒターの言葉を借りれば「抹殺されるにふさわしい人物」）、または殺害に必要な資源を投じるだけの価値のある人物である。ターゲットに関する情報資料をまとめると、それを受け取った副長官が、その男の殺害が妥当かどうかを判断する。副長官の後に長官が暗殺を承認すれば、レッドページが首相に提出される。

首相がそれに署名すると、該当する地理的領域とテロ組織を担当する情報機関に、暗殺に役立つ情報に特に留意するよう指示が行く。この情報は、ターゲットが何を計画しているのか、ターゲットの共犯者が誰なのかといった情報とは異なる。暗殺作戦の「実現可能性」があるかどうかの判断に役立つ情報のみに限られ、二四時間体制で収集される。

実行のチャンスが生まれると、首相は再度連絡を受け、特定期間内の暗殺を許可する。この二度目の許可が出たら、国防軍参謀本部作戦局が「実行組織と実行方法を決定し、武器弾薬の種類を選択する」。参謀総長がその計画を承認すると、ＪＷＲは少なくとも二種類の情報源によりターゲットの本人確認をする。つまりフレーミングである。

次いで、バトンは実行組織に渡される。通常は空軍である。

概略的に見れば、新たな暗殺システムの大部分はまったく新しいというわけではなかった。情報部隊が情報を集め、首相が承認し、現場の部隊が暗殺を実行するというのは、一九七〇年代や一九八〇年代にヨーロッパやレバノンで行なわれた暗殺作戦と同じだ。しかし、それとは重要な違いがあった。あるベテラン情報担当官が、マーシャル・マクルーハン〔カナダ出身の英文学者、文明批評家。メディアに関する理論で有名。「メディアはメッセージである」という言葉がある〕の言葉を言い換え、「拡張性はメッセージである」と述べている。つまり、先進技術を使用することによりまったく新しい現実が生まれた。全情報機関を協力させ、世界最高の通信技術やコンピューターシステムの手を借り、最先端の軍事技術開発と連動させることで、システムが同時に実行できる暗殺の数が大幅に増えたのだ。シン・ベトのある職員は言う。「それまでモサドは、一件の暗殺作戦を計画・実行するのに数カ月はかけていた。しかしいまでは合同作戦司令室から、一日に四、五件の暗殺を実行できる」

ＪＷＲから実行された作戦により、二〇〇〇年には二四人、二〇〇一年には八四人、二〇〇二年には一〇一人、二〇〇三年には一三五人が殺害された。モサドが海外で行なう散発的な暗殺とは違い、これらの暗殺がイスラエルのしわざではないと主張するのには無理があった。

アマンの調査局長ヨシ・クペルワセル准将も、「さすがにフィンランド政府がこうした作戦を行なったなどとは主張できない」と述べている。また、物理的な証拠もあった。機械的な故障により爆発しなかったミサイルをパレスチナ人が回収し、そのミサイルにヘブライ語でミホリト（「小筆」の意）と記された印を見つけていた。ミホリトとは、対戦車ミサイルであるミホル（「筆」の意）を対人用に改造したミサイルである。

イスラエル内外からの暗殺への批判に対しては、暗殺された被害者の悪事の詳細を明らかにし、イスラエルには反撃する十分な理由があることを証明することで、暗殺を正当化した。以前は暗殺した事実を認めるのはきわめて不利だと考えられていたが、徐々に暗殺を認めるのが公式の方針になっていった。

ドヴ・ウェイスグラスは言う。「暗殺したことをかたくなに認めないでいれば、笑い者になっていただろう。暗殺の数分後には、パレスチナ人たちが、イスラエルの会社名が入ったミサイルの破片を車から探し出していたからね。それよりも抑止効果が欲しかったんだ。実際、ガザの上空でブーンという音が聞こえるたびに、数千人が散り散りになって逃げた。彼らには一瞬の平安もなかった。ガザの住人たちは、携帯電話からトースターまで、電磁波を発生させるものすべてが、イスラエルのミサイルをおびき寄せていると思っていたに違いない。まさにパニック状態だよ」

国防軍は、暗殺するたびに声明を発表した。同様に、かつてはメディアとの交流にきわめて消極的だったシン・ベトも、第二次インティファーダが始まってからは、暗殺した人物の行状に関する資料など、レッドページの一部をさまざまな報道機関に配布した。イスラエルはこれまでのメディア対応をすっかり改め、いわば宣伝戦を行なうようになった。

それまで国家が秘密にしてきたことを説明し、前面に押し出そうとすれば、新しい言葉や表現が必要になる。たとえば、「インティファーダ」には民衆の蜂起というニュアンスがあるため、「自爆テロ戦争」という表現に置き換えられた。暗殺作戦中に罪のない一般市民が死ぬのは、「ネゼク・アガヴィ」（ヘブライ語で「偶発的損害」の意）と表現され、やがて略して「ナザ」と呼ばれるようになった。

首相官邸のある高官は言う。「『暗殺』、『排除』、『殺害』あるいは『殺人』といった言葉はすべて多大な不快感を与えるので、使用するべきではなかった。そこで、直接的でなく感情にも訴えない無味乾燥な言葉を探した。われわれが防ごうとしている悪を表現する言葉をね」。当初は「ベル」を意味する「パアモン」という言葉を使用した。これは「予防措置」を意味する言葉の頭字語でもあったが、あまり受けがよくなかった。その後、情報機関で以前から使用されている「否定的処置」などの隠語を含め、さまざまな言葉の提案があったが、いずれも却下された。そして最終的に、ヘブライ語で「対象を絞った予防行為」を意味する「シクル・メムカド」という言葉が選ばれた。この言葉は、ヘブライ語ではハイテクめいたクリーンな響きがあり、国防当局が外部の世界に向けて伝えたいことをすべて表現していた。

こうした婉曲表現は、広報の役には立ったかもしれない。だが、「暗殺」であれ「対象を絞った予防行為」であれ、イスラエルが新たに展開していた超法規的殺害作戦が、合法的なものだったかどうかはわからない。

当然のことながら、暗殺されたパレスチナ人や「偶発的損害」の被害者の家族は、合法だとは思わなかった。彼らは人権団体や左派系のベテラン弁護士の協力を得て、イスラエル最高裁判所にこう請願した。責任者の捜査・起訴を命じるか、せめて暗殺を禁止し、イスラエル人とパレスチナ人の争いにも通常の法律のみを適用するよう命じるかしてほしい、と。

この政策に反対したのは、ターゲット側の人間だけではない。たとえば、アマン長官のアハロン・ゼエヴィ＝ファルカシュ少将は、原則的には暗殺に反対ではなかったが、暗殺に頼るのはあまりに短絡的だと考えていた。「内閣は、あらゆる対象者に対する決定・考察・言及を、暗殺を前提に検討していた。強大な権力を手に入れたシン・ベトが突然、何についても最初に意見を求められるようになった。これは問題だと思ったよ」

意外なことに、情報・作戦システムを徹底的に改革し、新たな暗殺プログラムを始めるきっかけをつくった前シン・ベト長官のアミ・アヤロンも、この意見に同意した。シン・ベトは関連する政治的・国際的問題を考慮することなく殺害を進めており、暗殺により争いの炎が弱まる場合もあれば強まる場合もあることを理解していない。アヤロンはそう主張した。

たとえば、二〇〇一年七月三一日、国防軍のドローンがジャマール・マンスールのオフィスにミサイルを数発打ち込んだ。ハマスの政治局員だったマンスールは、ナーブルスにあるアル＝ナジャフ大学の学生指導者であり、パレスチナ研究所の所長でもあった。

結局マンスールは、助手一人と、子ども二人を含む六人のパレスチナ人一般市民とともに死亡した。その後、国防軍は声明を発表し、この男は政治広報の担当だが、テロにも関与し、自爆テロ攻撃を計画・実行したと述べた。それを聞いたアミ・アヤロンはシン・ベト司令部に電話をかけ、あなたがたは頭がおかしくなったのかと問いただした。「なぜ殺したんだ？　この男はほんの二週間前に、テロ攻撃を止めて和平プロセスを進めるべきだという声明を出していたのに！」

電話を受けていた幹部職員がそんな声明は知らないと答えると、アヤロンは激怒した。「知らないだと！　パレスチナのどの新聞にも載っていたんだ。世界中が知っている！」

アヤロンが異議を唱えた暗殺はほかにもある。ファタハの武装民兵組織タンジームの指導者の一人ラエド・カルミの暗殺である。タンジームはテロ攻撃に手を染め、占領地区のイスラエル人商人や入植者、兵士を殺害していたため、カルミのレッドページは厚みを増すばかりだった。だがカルミは、無数の暗殺作戦を生き延びた経験から、仕事にとりかかるときには細心の注意を払っていた。

しかし、やがてシン・ベトは弱点を見つけた。カルミは午後になると、定期的に愛人（部下の妻）のもとを訪れていた。その際、イスラエルのドローンが上空から監視しているおそれがあるため、いつもナーブルス共同墓地の周囲の壁沿いの小道を、壁に張りつくように歩いていた。そこである夜、ツィポリムの工作員が、その小道の壁の石を一つ取り外し、強力な爆発物を詰め込んだ石に取り替えた。翌日カルミは、愛人との密会場所に向かう途中、遠隔操作されたこの爆弾により即死した。

アヤロンは、カルミがテロにかかわっていたことを認めながらも、タイミングに問題があると主張した。ちょうどアメリカが進めていた集中的な停戦協議の真っただ中であり、アラファートもそれに賛意を表明していたからだ。そんな状況での暗殺は違法行為でしかない。「戦争終結を可能にするため、戦争をこれ以上エスカレートさせないため、戦争にもルールがある。戦争の終結を遠ざけることにしかならないような挑発的行為は禁じられている」。アヤロンによれば、カルミ殺害を受けて、ファタハは以前よりも深くテロに関与するようになり、自爆テロさえ始めたという。

シン・ベト長官のディヒターはアヤロンに反論し、アヤロンは事情を知らないだけで、カルミはテロ攻撃の計画に携わっており、カルミもアラファートもテロを本気で止めようとは思っていないと主張した。シン・ベトに耳を貸す者がいないとわかると、アヤロンはシャロン政権の国防大臣ベンヤミン（フアド）・ベン＝エリエゼルに電話し、怒鳴り声をあげた。「（アメリカの国務長官コリン・）パウエルが訪問を予定している。アラファートも和平プロセスを再開するチャンスをうかがっている。全軍にテロ攻撃を禁止する命令さえ出しているんだ」。アヤロンは、アラファートの命令がファタハの内部議論に影響を与えており、その議論にはカルミも参加していたという最新情報を引き合いに出した。「シン・ベトがカルミを殺したがっていたんだろうが、なぜこんなタイミングでアラファートの部下を殺す必要がある？　単に作戦行動のチャンスがあっただけだろう？」

アヤロンの説明によると、ベン＝エリエゼルはこう言ったという。「私にどうしろと言うんだ？　頭のいかれたディヒターが決めたことだろう」。それにアヤロンはこう言い返した。「国防大臣はあなただ。ディヒターじゃない。あなたに話しているんだ」

アヤロンは後にこう述べている。「私はこれを〝悪の陳腐さ〟と呼んでいる」。これは、服従を促される腐敗した状況に置かれた普通の人々を観察してきたハンナ・アーレント〔ドイツ出身のユダヤ人哲学者。ナチスが台頭してきたドイツからアメリカに亡命した〕の言葉である。「殺害に慣れてくると、人命が軽いものになり、簡単に処分できるものになる。一五分か二〇分で殺す相手を決め、二日か三日で殺す方法を決める。戦術だけを考え、その影響を考えない」

国防軍はこの新しいプログラムの道徳的意味を十分に考慮していなかったかもしれないが、今後イスラエルや海外で起訴される可能性のある将校やその部下を法的に保護する必要があることには気づいていた。二〇〇〇年の一二月上旬、国防軍参謀総長シャウル・モファズは、軍法務局長メナヘム・フィンケルスタイン少将を自分のオフィスに呼び出すと、こう尋ねた。

「イスラエルがときどき〝否定的処置〟をとることは知っていると思うが、現在の法的状況では、テロに明らかに関与している個人をイスラエルが公然と殺害してもいいのか？　これは合法なのか、違法なのか？」

フィルケンスタインはしばしあぜんとした後にこう答えた。「何を聞いているのかわかっているのですか、参謀総長？　国防軍の法務官が、裁判なしで人を殺してもいいなどと言うと思いますか？」

モファズはそれを十分に理解していた。そのうえでもう一度尋ねた。パレスチナ人テロ容疑者を殺害するのは合法なのか、と。

フィルケンスタインはモファズにこう答えた。それは、世界中の法律の比較研究が必要な、きわめて微妙かつ複雑な問題であり、おそらくはまったく新しい法概念さえ必要になるだろう、と。そして最後に、「インテル・アルマ・エニム・シレント・レゲス」というキケロの言葉を引用した。戦争になると法律は沈黙する、という意味である。

それでもなおフィンケルスタインは、国防軍の若く優秀な法律家チームに解決策を導き出すよう命じた。二〇〇一年一月一八日、フィンケルスタインが署名した最高機密の法律意見書が、首相、司法長官、参謀総長、副参謀長、シン・ベト長官に提出された。「イスラエル人への攻撃に直接関与した人物への攻撃について」と題されたこの意見書の冒頭には、こう記されている。「この意見書の枠組みのなかで、われわれは初めて、国防軍が実行した阻止行動の合法性の問題に着手した」。「阻止行動」というのも例の婉曲表現である。「国防軍やシン・ベトは、イスラエルの一般市民や治安部隊員の命を守るためにこのような行動をとったと述べている。したがって、これは原則的に、自己防衛のルールという道徳的基盤に基づいた行動であり、『誰かが殺しに来たらすぐに立ち向かい、こちらが先に殺せ』という場合に相当する」

こうして、保安部隊による超法規的処刑を支持する法的文書が初めて提示された。この意見書のなかで執筆者たちは、「個人の生存権と国民の保護という保安当局の責務とのバランス」を見出すために全力を尽くしたと述べている。

フィンケルスタインには辛い瞬間だった。信仰心が篤く聖書にも精通していた彼は、神がダビデ王に神殿の建設を許さなかった理由を嫌というほど知っていた。ダビデ王が、イスラエルの民のためとはいえ大勢の敵を殺したからだ。そのためフィンケルスタインは、いつか罰を受けるのではないかと思っていたという。「手を震わせながら意見書を提出したよ。これは理論上の問題ではない。政府は明らかにその意見書を利用しようとしていた」

この意見書では、イスラエルとパレスチナ人との法的関係が根本から見直されていた。その結果、この紛争はもはや、警察が容疑者を逮捕して裁判にかけるといった法執行の問題ではなくなった。インティファーダは「戦争の一歩手前の武力紛争」であり、それには戦時国際法が適用される。戦時国際法では、戦闘員と民間人の区別さえつければ、どこであれ敵を攻撃できる。

従来の戦争では、その区別は比較的簡単である。敵軍のメンバーは、軍務に服しているかぎり合法的なターゲットになる。しかし、イスラエルとパレスチナ人との紛争では、その区別がきわめて困難だった。誰が敵なのか？　どうやって見分けるのか？　敵がいつか敵でなくなることもあるかもしれない。

この意見書では、武力紛争に参加する新たなタイプの人間を想定していた。軍事作戦には参加するが正規の兵士ではないという「非合法戦闘員」である。これには、活動の内容を問わず、テロ組織で活動している人間も含まれる。つまりテロ組織の活動家は、制服を脱いだ休暇中の兵士とは違い、常に（ベッドで寝ているときも）戦闘員と見なされた。

「戦闘員」のこの拡大解釈については、国防軍法務局の国際法部（ＩＬＤ）で長時間に及ぶ議論が行なわれ、最終的に「シリアの料理人問題」と同じだという結論に至った。「シリアの料理人問題」とは、イスラエルがシリアと通常の戦争状態にある場合、シリアの戦闘員は誰でも合法的に殺される可能性があり、それは後方支援部隊にいる軍の料理人にもあてはまるということだ。その基準に照らして、イスラエルとパレスチナの紛争における「非合法戦闘員」の定義を広くとれば、ハマスを支援している者は誰でもターゲットになりうる。任務に向かう自爆テロ犯の服を洗った女性や、活動家をそれと知りながら乗せたタクシー運転手もそれに含まれる可能性がある。

ただし、この意見書によれば、それはやりすぎだという。意見書は、「当該人物が攻撃を実行した、あるいはテロリストを派遣したという信頼できる正確な情報」がある者だけがターゲットになりうると規定している。また、過去の行為に対する処罰として、あるいはほかの戦闘員に対する抑止力として暗殺を使用してはならないとも述べている。「ターゲットが今後もこのような行為を実行し続けることがほぼ確実である」場合にのみ、暗殺を認めている。

意見書はさらに、可能な場合には（国防軍の支配地域では特に）、殺害よりも逮捕を優先するよう強調していた。通常の戦争の職業軍人とは違い、非合法戦闘員には刑事免責もなければ捕虜として扱われることもないため、通常の刑事裁判を受ける権利があったからだ。

殺害が必要な場合でも、「バランス」の原則は適用されなければならない。意見書には、いかなる殺害もできるかぎり制限すべきであり、「作戦行動に付随する生命の損失や財産の損害」が「その行動から期待される軍事的利益を過度に超える」ことがあってはならない、と規定されていた。

そして最後に、首相または国防大臣だけがレッドページに署名する権限を持つと添えられていた。

イスラエルの国防当局で働く将校や職員はこの意見書を歓迎し、安堵のため息を漏らした。「これで、われわれは国際法の基準に従って行動しているというお墨つきが得られた」とシン・ベト副長官のディスキンは言う。二〇〇三年、イスラエル政府がこの意見書の公開版を最高裁判所に提出すると、二〇〇六年にはそれを最高裁判所が承認した。

しかし、イスラエル政府はこれで国際法を遵守している気になったかもしれないが、国際世論がそう考えるとは限らなかった。


シャロン首相は、外国の外交官が来たときにいつでも見せられるように、デスクに小冊子をしまっていた。イスラエル警察からもらったその小冊子には、バスに乗った自爆テロ犯の爆弾が爆発してから数分後のバスの様子がカラー写真で掲載されていた。頭のない死体や手足が至るところに散乱しており、炎が犠牲者の衣服を焦がし、肌に緑や青の火傷痕を残している。シャロンの首席補佐官であり親友でもあるドヴ・ウェイスグラスは言う。「うるさい外交官がテロリストの暗殺についてあれこれ言いに来たら、アリクは無理やりその写真を見せるんだ。ページをめくりながら次々に写真を見せて、そいつが目を見開いて現場の残虐ぶりに見入るのを観察する。体のねじれた死体や頭のない胴体が出てきてもおかまいなしにね。そして見せ終わると、穏やかにこう尋ねる。『では、お聞かせ願おうか。あなたの国でこんなことが起きてもいいとお思いですか？』」

外交官に見せる資料をもっとシャロンに提供しようと、ウェイスグラスのスタッフは、イスラエルに協力した疑いで処刑されるアラブ人数名の写真をパレスチナの通信社から購入した。そのアラブ人のなかには、実際にシン・ベトのエージェントだった者もいれば、悪意のある仕返しの犠牲になっただけの者もいる。いくつかの処刑は、ムハンマド・タブアフが行なった。地元のギャングのリーダーで、その残虐さからヒトラーと呼ばれていた人物である。ウェイスグラスは言う。「この男はよく、残忍な群衆を引き連れ、イスラエルへの協力者たちを犬のように撃ち殺していた。そのパレスチナ人たちは凶悪な暴徒のようだった」

シャロンはもちろん、イスラエルが攻撃したあとの様子については何も言わなかった。だが結局のところ、シャロンが外交官にいくら写真を見せても効果はなかった。ほかの国々は、暗殺プログラムについても、シャロンが占領地区で強引に進めているユダヤ人入植地の拡大についても、批判を続けた。多くの国の外交官が、イスラエル人が通りで命を狙われるのはこの二つの政策のせいだと主張した。アメリカでさえ、暗殺政策は違法であり、入植政策は不必要にパレスチナ人を挑発していると考えていた。

シャロンはこうした批判を即座にはねつけた。後にこう述べている。「私に問題があるとしたら、大昔に生まれたことだ。きみたち全員よりずっと前にね、そうだろ？　占領前には、何千ものユダヤ人がアラブ人に殺された。イスラエル人が狙われるのは私の政策のせいだなんていうのは嘘だ」

とはいえシャロンも、ほかの国々をなだめたいと思うのなら、まずはアメリカと何らかの合意を結ばなければならないことは理解していた。国防大臣を務めていた一九八〇年代に触れ、こう述べている。「あの時期に学んだ教訓があるとすれば、アメリカとは決してけんかをしてはいけないということだ」

幸いシャロンは、自分と同じ時期に大統領に就任したジョージ・W・ブッシュとの関係をすでに築いていた。ブッシュは、テキサス州知事に再選された直後の一九九八年一一月に、イスラエルを訪問したことがあった。大統領選への足がかりとして、テキサス州のユダヤ人ビジネスマンたちが企画した旅行だった。当時、シャロンはまだ政治的に孤立していたが、ブッシュ知事をヘリコプターに乗せてイスラエルを視察した。そしてイスラエルが直面している安全保障上の脅威について説明し、自分の軍隊時代の手柄話でブッシュを楽しませた。この旅行を企画した人物の一人フレッド・ゼイドマンによれば、最終的にブッシュは「シャロンは信頼できる男だ」と確信していたという。ブッシュはこの視察旅行に多大な感銘を受け、繰り返しこう語った。「テキサス州の人間には信じられないほどイスラエルは小さい。（中略）歴史を経てそうなったのだろうが、人口が集中している地域と敵陣との間に住民はほとんどいなかった」

それから二年半後、選挙で圧勝したシャロンは直後にワシントンを訪れた。シャロンの補佐官はこの訪問を手配する際、アメリカの大統領補佐官に、シャロンがアメリカに猜疑心を抱いていること、過去二〇年にわたるアメリカのシャロン個人に対する態度に傷ついていることを伝えた。その報告を聞いたブッシュ大統領は、あらゆる手を尽くしてシャロンを温かく迎えるよう命じた。政府高官全員との会談、ブレアハウス〔アメリカの迎賓館〕での大統領の手厚いもてなし、儀仗兵の配置、二一回の礼砲などである。シャロンの外交顧問シャローム・トゥルゲマンは、当時を回想してこう述べている。「シャロンは夢見心地だった。疑い深くて皮肉屋なシャロンでさえ、この待遇には感動するほかなかったし、アメリカが本気で協力したいと思っていることがわかった」

そこでウェイスグラスは、シャロンにある提案をした。「アリク、反テロの戦士としての役割を果たせば、アメリカ政府から温情や支援や友情を得られるかもしれないが、バカでかい入植者の帽子なんてかぶろうものなら、そんなものは消えてなくなってしまう。アメリカが要求している入植プロジェクトの中止に応じれば、悪党を抹殺してもアメリカは大目に見てくれるようになる」

ウェイスグラスはシャロンの許可を得て、アメリカの国家安全保障問題担当大統領補佐官コンドリーザ・ライスと副補佐官スティーヴン・ハドリーと秘密の取引をした。アメリカがイスラエルの暗殺政策やパレスチナ人との戦争を支持する代わりに、イスラエルは新たな入植地の建設を大幅に削減するという内容である。

ウェイスグラスは言う。「それからのアメリカは、みごとなほどアンバランスな対応をしてきた。一方では、われわれがパレスチナ人にかなり厳しい措置をとっても、何の非難もせず、黙っていてくれた。せいぜい、罪のない人々が殺されたときに、義務的に遺憾の意を表明するぐらいだ。だが他方では、入植計画が公表されたりすると、それがくだらない極右のブログであっても、コンディ（ライス）から午前三時に電話がかかってきて怒鳴りつけられたよ」

ブッシュ大統領がイスラエルやその支配地域に代表団を派遣し、シャロンが約束を守っていることを確認すると、軍事・情報活動における両国の協力関係は大いに深まった。いまだヨーロッパの国々からは多くの批判が寄せられていたが、アメリカは国連安全保障理事会で繰り返し拒否権を行使して、暗殺を続けるイスラエルへの非難決議を阻止した。すると、やがてアラブ諸国もあきらめ、非難決議要求を取り下げた。


九月一一日、イスラム過激派が四機の旅客機をハイジャックし、そのうちの二機がワールドトレードセンターに、一機がペンタゴンに突っ込んだ。残りの一機は、乗客がハイジャック犯を取り押さえたものの、ペンシルベニアの野原に墜落した。

当時イスラエルの国家安全保障会議の議長だったギオラ・エイランド少将は言う。「この大事件が起きたとたん、われわれに対する苦情が止んだ。（国際的な）議題のリストから削除されたんだ」

イスラエルは何十年も前から自国の強硬な措置をほかの国々に説明する努力を重ねてきたが、突然それが不要になった。しばらくは、誰もがイスラエルの立場を理解してくれているかのようだった。

シャロンはすぐに、「ブルー・トロール」（スーダンにおけるアルカイダの展開とその関連情報のコードネーム）など関連する機密情報のファイルをすべてアメリカに提供するよう全情報機関に命じた。

また後には、世界最高のテロ対策プログラムを学ぶため海外からイスラエルにやって来る人々に、自分たちの経験を教えるようシン・ベトや国防軍に命じた。

外国の高官の接待役を務めたディスキンによれば、「途切れることなく、いろんな人がここにやって来た」という。シャロンはブッシュとの関係を考慮し、「(アメリカ人には) すべてを見せ、すべてを与え、作戦中であっても、合同作戦司令室を含むあらゆる場所への出入りを許可する」よう指示した。アメリカがいちばん知りたがったのは、すべての情報機関を統合した暗殺システムがどのように機能しているのか、多くの作戦を同時に実行する能力をどのように獲得したのかということだった。ほんの数週間前には国際的な非難を浴びていたシステムが、いまや模倣すべき手本となったのだ。

ディスキンは言う。「同時多発テロ事件により、われわれが行なってきた戦争の正当性が国際的に認められた。われわれを縛っていたロープからようやく解放されたんだ」

第三〇章　「ターゲットは抹殺したが、作戦は失敗した」

アヴィ・ディヒターは、シン・ベトの若い工作担当官だったころ、サラーハ・シェハデというガザ地区出身のソーシャルワーカーと話をしたことがあった。シェハデはガザ地区北部の町ベイトハーヌーンの出身で、当時二四歳だった。学業に優れ、トルコとソ連の大学の工学部と医学部に合格していたが、家が貧しかったため、不本意ながらエジプトのアレクサンドリアで社会福祉の勉強をした。卒業してからは、ガザ地区との国境に近いシナイ半島のアルアリーシュという町で職を得た。

ディヒターが初めてこの人物に注目したのは、一九七七年のことだった。ディヒターは言う。「ほかの男とは違う感じがした。身なりがよく、ジェームズ・ボンドが持っているようなブリーフケースを抱えていた」。ディヒターは、シェハデをエージェントか協力者にできるかもしれないと考えた。

だが、二人の出会いからは何も生まれなかった。

シェハデは五年ほど社会福祉の仕事をした後、ガザ・イスラム大学の教授になり、後には同大学の学生部長も務めた。そのかたわら、市内のあるモスクで説教師として活動するようになり、その活動を通じてハマスの創設者であるヤーシーン師に出会った。二人はすぐに意気投合した。シェハデは、ヤーシーンのカリスマ性や知性、パレスチナ全域にイスラム神政国家を樹立する構想にすっかり魅了された。一方ヤーシーンは、シェハデの並外れた統率力や管理能力を高く評価した。

やがてヤーシーンは、シェハデに重大な秘密を明かした。福祉事業や宗教活動に隠れて、対イスラエル活動を行なう軍事テロ組織の設立を計画していたのだ。シェハデはこのプロジェクトの責任者になった。一九八四年、シン・ベトによる最初のハマス（当時は別の名前で活動していた）掃討作戦で逮捕され、有罪判決を受けたが、二年後には釈放された。一九八八年に再度逮捕されると、多数のテロ攻撃に関係したとして有罪判決を受け、懲役一〇年を宣告された。それでもなお、刑務所からハマスの軍事部門を指揮した。

一九九八年九月、シェハデは刑期を終えたが、その後も行政拘禁（政府が危険と見なした者を令状なしに予防拘禁すること）された。アメリカが裁判もせずグアンタナモに拘留者を監禁しているのと同じような、問題の多い措置である。シン・ベトによると、釈放すれば「ただちに地域の治安に対する脅威になるのは間違いない」という。長期間イスラエルの刑務所にいたため、ガザで英雄視されていたのだ。

二〇〇〇年、パレスチナ自治政府はシェハデとその同志数名の釈放をイスラエルに要請した。絶大な人気を誇るハマスのメンバーをはじめ、パレスチナ人すべてに、パレスチナ自治政府があらゆる市民の身を案じているように見せるためである。パレスチナ自治政府はイスラエル側に、サラーハ・シェハデは過激なヤーシーン師とは違い、行政官として人道的活動も行なっていた現実的な人物だと訴えた。

当時は、キャンプ・デーヴィッドでの会談直前の希望にあふれた時期だった。エフード・バラクとヤーセル・アラファートは緊密に連絡を取り合い、和平プロセスを加速させようとしていた。ここでイスラエルが誠意を示せば、パレスチナ自治政府も身内の懐疑派を納得させられるかもしれない。それに、シン・ベトの掃討作戦の成功により、ハマスの活動はかつてないほど衰退している。

イスラエルはそう考え、パレスチナ自治政府の要請に同意した。シェハデはテロ活動に復帰しないという誓約書に署名し（イスラエルが受刑者を釈放する際にはそれが慣例となっていた）、パレスチナ自治政府が保証人になった。

いまにして思えば、釈放に応じたイスラエルは考えが甘かったように見えるかもしれない。「それでも当時の私たちは、本当に希望を持っていたんだ」と元シン・ベト工作員は言う。

シェハデは釈放されてから四カ月の間は非合法活動にかかわらなかったが、インティファーダが勃発すると戦場に戻った。シン・ベトのファイルにはこうある。「そのときからシェハデは以前にも増して過激になり、扇動、命令、指導などの活動を開始し、残忍なテロ工作の計画や実行、ハマス組織の軍事指導にかかわるようになった」

アヴィ・ディヒターがシェハデの勧誘を試みてからおよそ二〇年にわたり、シン・ベトはこの男（「旗手」というコードネームがつけられていた）に関する資料を集め、分厚いファイルを作成していた。この二人は、シェハデが投獄されている間に何度も会っていた（その際にシェハデはさまざまな脅迫を受け、仲間の受刑者に関する情報を漏らしていた）。ディヒターは言う。「シェハデは、われわれにとってヤーシーン以上に脅威となる男だった。ヤーシーンと違って教養があり、組織管理の経験もあったため、並外れた作戦能力を身につけていた」

シェハデは、平射弾道で装甲車に迫撃砲弾を発射する、戦車に対して爆発物を利用するなど、新しい戦闘技術の開発を指揮した。また、ボート爆弾やタンクローリー爆弾を使って自爆テロを展開する斬新な方法を編み出した。さらに、高弾道のカッサム・ロケットを導入し、ハマスの戦い方を一変させた。シン・ベトの南部地域の指揮官は、シェハデの危険性をよく認識していた。「あの男が自ら、攻撃の具体的な指示を出し、テロの方法を決め、攻撃を実行すべき日時を指定している。攻撃の原動力となっているのはあいつだ」

シン・ベトのファイルによると、シェハデはさまざまな攻撃に直接関与し、二〇〇一年七月から二〇〇二年七月までの間に、四七四人を殺害し、二六四九人を負傷させた。イスラエルはシェハデを集中的に監視してはいたが、ガザから作戦を指揮していたため逮捕はできなかった。パレスチナ自治政府にも、釈放時の誓約を守らせようとする意思はないようだった。

そこでシェハデのレッドページが提出され、「旗手」作戦が始動した。

いかなる暗殺作戦であれ、引き金を引く前に必ずその場で、二種類の情報源により殺害対象の本人確認を行なわなければならない。ディヒターによれば、この「フレーミング」は、「ターゲットの友人や兄弟、ターゲットによく似た人物や通行人ではなく」、確実にターゲット本人を殺害するための手続きだったという。シン・ベトもアマンも空軍も、絶対に過ちを犯さないよう多大な労力を費やしていた。ディヒターが何度も繰り返していたように、「リレハンメルの二の舞は許されない」からだ。そのため間違った人物を殺害するおそれがあれば、たいてい作戦は中止された。

実際のところ、ターゲットの「フレーミング」は想像以上に難しい。必要な二種類の情報源のうちの一つは、ターゲットを知っているパレスチナ人エージェントになる場合が多く、作戦の最終段階でこのエージェントが、身を隠しながらターゲットを確認することになる。だがディヒターによれば、シン・ベトやアマンの５０４部隊はたくさんのエージェントを抱えていたが、「この連中は最高位のラビではない」という。つまり、同胞や友人を裏切るようなパレスチナ人エージェントには、モラルが欠けている。そのため「連中を相手にするときには、かなり疑ってかかる必要があった」

また、ＪＷＲにもルールがあった。本人確認ずみのターゲットが視界から消えた場合、それまでのフレーミングは無効となり、再度始めからやり直さなければならない。たとえば、本人確認がすんだターゲットが車に乗り込んでガソリンスタンドに行き、その屋根の下に隠れて見えなくなってしまえば、フレーミングをやり直す必要がある。このような状況はたびたび発生した。たいては曇り空が原因で、暗殺作戦全体を放棄しなければならないことも頻繁にあった。

こうした厳格な確認手順のおかげで、シン・ベトの暗殺は優れた精度を誇った。ディヒターは言う。「一〇〇パーセント正確なフレーミングだよ。残念ながら、常にターゲットを殺害できたわけではないが、いずれの事例でも、攻撃目標にしていたターゲット本人を間違いなく攻撃できた」。こうした暗殺作戦は意図した効果をもたらした。二〇〇二年半ばになると、自爆テロに対するイスラエルの戦いが成果をあげ始めた。自爆テロで死亡するイスラエル人の数は次第に減少し、八五人が死んだ三月に比べ、七月は七人、八月も七人、九月は六人となった。

ただし、ターゲットの正確なフレーミングには多大な労力を費やしていたが、ターゲットが一人でいるか、近くに罪のない一般市民がいないかといった判断にはさほど労力を費やしていなかった。複数の情報を確認するなどのルールや安全策はあったものの、イスラエルが遂行しているような規模の暗殺作戦では、どうしても何らかのミスが発生する。比較的数は少なかったが、罪のない人々が作戦の巻き添えになった。

ターゲットがなかなか一人にならない場合には、まわりにいる人々も一緒に殺害してしまっていいのかどうかを慎重に検討することもあった。このような場合、国防軍やシン・ベトは、軍法務局の国際法部（ＩＬＤ）の代表者を合同作戦司令室に呼び寄せ、一緒に検討するよう要請する。国際法部長だったダニエル・レイスネルは言う。「そうなると私たちＩＬＤの人間は、かなり面倒な状況に巻き込まれることになる。法律家がいてだめと言わなければ、承認しているも同然だと見なされていたからだ」

軍法務局長は参謀本部会議の一員であり、極秘保安会議にも参加していた。局員が要請すれば、暗殺候補者の関係資料も閲覧できた。暗殺実行時には、レイスネルらＩＬＤの職員が頻繁にＪＷＲに同席した。これらはいずれも、フィンケルスタインの言葉を借りれば、保安関係者がイスラエルや海外で起訴されないようにするための「法的偽装」だった。

実際のところ、ＩＬＤが主に考慮していたのは、現実的な「バランス」をとることだった。バランスとは、イスラエルが与える損害が利益を上まわらないという意味である。危険なテロリストを殺すためなら、罪のない人の命をいくつまで危険にさらすことが許されるのか？

レイスネルは言う。「テロリストたちは、罪のない人々を傷つけたくないというこちらの気持ちをうまく利用していた。よく、子どもを抱いて通りを横断したり、一般市民のなかに身を置いたりしていた。以前ＪＷＲで作戦を見守っていたときに、こんなことがあった。屋根の上に立つテロリストに向けてミサイルが発射された。すると突然、そいつが子どもを抱きかかえた。もちろんすぐに、ミサイルを空き地に落とすよう命令したよ」

だが、巻き添え被害の問題について一定のルールを定めるのは難しい。レイスネルは言う。「いずれの作戦も、それぞれの状況に応じて判断されたが、一つだけ明確なルールがあった。私たちはみな人の親だったから、子どもを殺すことだけは容認できなかった。そのような暗殺作戦を承認したことは一度もない」

攻撃区域に「間違いなく子どもがいる」ことが事前にわかっている場合には、作戦は絶対に許可されなかった。だが、ターゲットと何らかのつながりがある大人だけしかいないような場合には、作戦を中止しないこともあった。その大人たちがテロ組織とつながりがあるかどうかは考慮されない。同じことは、妻や友人、タクシー運転手などにも言えた。

「旗手」作戦はかなり厄介なケースだった。シン・ベトの記録によると、「旗手」への攻撃は、無害な人を傷つけるおそれがあったため、少なくとも二度保留になった。一度目は二〇〇二年三月六日のことだった。シェハデがガザ南部のアパートにいることがほぼ確実にわかっていたが、同じ建物のなかに大勢の一般市民がいたほか、シェハデと一緒に妻のレイラや一五歳の娘のイマンもいると思われたため、攻撃はとりやめになった。

その三日後、エルサレムの首相官邸近くにあるカフェ・モーメントで、シェハデの手先が自爆テロを起こし、一一人の一般市民が死亡した。

六月六日にはまた同じような理由で、シェハデ暗殺作戦が中止になった。その一二日後、ハマスの軍事部門の自爆テロにより、エルサレムのバスの乗客一九人が死亡した。

イスラエルの保安当局のいら立ちは募る一方だった。当時参謀総長だったモシェ・ヤアロンは言う。「アメリカの軍関係者は、この件について話をするといらいらしていたよ。やつの妻が一緒にいたから作戦を中止したこと、やつはいつも妻と一緒に行動していることを伝えたんだが、彼らにはそれが正気の沙汰とは思えなかったらしい。こう尋ねてきた。『え？　妻と一緒だから攻撃しなかったって？』アメリカの巻き添え被害に関する基準は、われわれの手を縛っているサスペンダーとはまったく違っていた」

二〇〇二年七月、国防大臣ベンヤミン・ベン゠エリエゼルは、これまでとは異なるシェハデ暗殺計画を承認した。今回もアパートを爆破することに変わりはなかったが、一般市民の犠牲者に関する制約に違いがあった。

ベン゠エリエゼルは前回同様、「当該アパートの付近に女性や子どもがいる場合には、作戦を許可しない」とした。ただし今回、シェハデの妻は例外とされた。作戦時に妻がアパートにいても、作戦は続行される。また、罪の有無にかかわらず、隣人や通行人の男性も例外とされた。彼らはみな死んでもかまわないとされたことになる。

ヤアロンは言う。「結局そうするしかなかった。ほかにやりようがなかった。生かしておいたために、あれからまたさらにユダヤ人の命が奪われた。やつがいなくなればテロ攻撃が止まるとは思わなかったが、あの男には、経験、ノウハウ、人脈をもとに恐ろしい攻撃を実行する類いまれな能力があった」

シェハデは頻繁に移動していたが、七月一九日になって、難民がごった返すガザ市北部のアルダラジ地区にある三階建ての建物にいることがわかった。

エージェントからの情報によると、一階は空き倉庫なので、爆弾を落とすには理想的な建物だった。シェハデが再び移動する前に、素早く片をつけなければならない。

だが、シン・ベト副長官のユヴァル・ディスキンは焦ることなく、デスク担当官にさらなる情報を集めるよう命じた。たとえターゲットとなる建物が空であっても、まわりには家族全員で住んでいそうな掘っ立て小屋がたくさんある。そのため、たとえば狙撃兵を使うなど、地上作戦の実現可能性も検討しておきたかったのだ。戦果調査部（攻撃結果を予測する空軍の部署）の推測によると、空軍が爆弾を落とせば、周囲の掘っ立て小屋に「甚大な被害」が出るという。

国防軍内の議論でも、深刻な懸念が提起された。参謀本部の作戦局長は、「掘っ立て小屋から住民を立ち退かせ、そこに誰もいないことを確認する」ため、四八時間の待機を提案した。ガブリエル（ガビ）・アシュケナジ副参謀長も、さらに情報が集まるまで作戦の実行を保留すべきだと述べた。

しかし、逃げ足の速いシェハデの抹殺を求める声は大きかった。シン・ベトの南部地区指揮官は、自分の手元にある報告書によれば、シェハデがいる建物のまわりの掘っ立て小屋は夜になると人がいなくなるらしいと述べ、ディスキンの判断を退けた。この指揮官がシン・ベト長官ディヒターに直訴すると、ディヒターは空軍の戦闘機で爆弾を投下してシェハデを即刻暗殺することを承認した。

アマン長官のアハロン・ゼエヴィ＝ファルカシュもこの決定を支持した。この判断について後にこう述べている。「サラーハ・シェハデのような人物を排除しなければ、もっとたくさんのイスラエル人が傷つくことになる。こうした状況では、パレスチナ人一般市民が傷つくおそれもある。二人の子どものどちらかを選ばなければならないのなら、ユダヤ人の子どもが泣かないほうを選ぶ」

イスラエル中南部に位置するハツォール空軍基地の滑走路に待機しているF-16戦闘爆撃機に、パイロットが乗り込んだ。その戦闘機には一トン爆弾が一発搭載されている。五〇〇キログラム爆弾二発であれば、爆風が及ぶ範囲を抑え、被害を限定できるが、シェハデが建物のなかのどこにいるのかがわからない。シェハデが通り側のドアの近くに寝ていた場合、三階だけを破壊しても意味がない。より大きい爆弾のほうが確実に殺せる。

この作戦はすでに三回中止されていた。一回目の一九日は、イスラム教徒の安息日である金曜日だったため、通りが人でごった返していた。続く二〇日と二一日の夜は、シェハデの娘が一緒にいると思われた。

だが翌日の七月二二日の夜になると、暗殺チーム内で意見が分かれた。シェハデの妻がそのアパートに来ていたが、それでも作戦を継続することについては誰からも異論はなかった。だが、娘はもうそこにいないという判断については、ごく一部の同意しか得られなかった。

この暗殺作戦の直接の責任者であるユヴァル・ディスキンも、アパートにイマンがいる可能性は低いという判断に必ずしも納得してはいなかった。

ディスキンはディヒターに電話で懸念を伝え、攻撃の中止を勧めた。しかし、後の公式調査によると、「シン・ベト長官はあらゆるデータや評価を比較検討した結果、イマンは建物のなかにいない確率がきわめて高いという結論に達し、作戦実行を命じた」という。

ディヒターはシャロン首相の軍事顧問に電話を入れた。軍事顧問に起こされたシャロンは、爆撃の「速やかな実行」を許可した。

パイロットがキャノピーを閉めようとすると基地の指揮官が駆け寄り、コクピットまではしごを登ってきて、「誰か知りたいか」とパイロットとナビゲーターに尋ねた。二人が誰を殺そうとしているのか知りたいか、という意味だ。

パイロットは言った。「機体から降りてください。別に知りたくありません。何の意味もありませんから」

確かに意味はなかった。実際に殺害を行なう男たち、任務に従い爆弾を投下する男たちは、最低限のことしか知らない場合が多い。上空にいる彼らに見えるのは、一二個の数字で表された座標が示す小さな標的だけであり、それ以外を探す必要はなかった。

サイレンが鳴り、F‐16の離陸が許可された。七月二二日の午後一一時だった。ハツォールからガザまでの飛行時間は二分だったが、パイロットははるか西の海上の暗闇のなかを飛ぶよう命じられていた。後にこう述べている。「飛行機のにおいがしたり、飛行機の音が聞こえたりしたら、シェハデが逃げ出してしまう。われわれは海上で五〇分待機する。その後、航空管制官から無線で『攻撃』と指示があったら攻撃する」

飛行機は東へ稲妻のように飛び去ってから西に折り返し、爆弾を落とした。パイロットは言う。「映画でよく見るだろう。あんな感じだ。爆弾が命中すると、建物が崩れ落ちた」

F‐16が離陸する前の数日間、空軍の情報部が、シェハデが隠れている建物の上空で何度も偵察任務を行なっていた。分析官が航空写真を詳しく調べると、周囲の掘っ立て小屋には、太陽熱ヒーターや干された洗濯物、衛星放送のアンテナがあった。そこには人が住んでいた。シン・ベトの作戦要員もそう考えた。この地区は全域で人口が密集しているため、シェハデが隠れている建物のまわりも同様と思われる、と。

しかしシン・ベトは、周囲の掘っ立て小屋に間違いなく人が住んでいることを示す「確実な情報」

を入手していなかった。つまり、そのあたりのどの小屋にはどの家族が住んでいるかといったことを明確に伝える情報は一つもなかった。そのため、作戦計画が具体的になり、実行の時期が近づくにつれ、常識が影を潜め、およそ五〇〇人の殺害にかかわった男を抹殺したいという欲求に抵抗できなくなった。何しろ、これまでに暗殺計画が二度中止になった結果、さらに三〇人が殺されているのだ。この作戦に携わったシン・ベトのある職員によると、ある時点で、「確実な情報がない」という事実が「そこに一般市民は住んでいない」という判断にすり替わってしまったという。

後の調査資料にはこうある。「シェハデの居場所が特定され、少なくとも近い将来には二度とないような絶好のチャンスが生まれた。この人物はいわば時限爆弾であり、ぜひとも無力化する必要があった」。だが結果は最悪だった。シェハデや妻、助手のザヘル・ナサルは即死だった。だが一緒に、娘のイマンのほか一〇人の一般市民も死亡した。そのうちの七人は子どもであり、一歳にならない赤ん坊もいた。さらに一五〇人が負傷した。

《ハアレツ》紙のジャーナリストで、パレスチナ人の窮状を懸念するリベラルなイスラエル人を代表するギデオン・レヴィは、この爆撃の数時間後に現場に到着したという。当時を回想してこう述べている。

そこには無人の掘っ立て小屋しかないと思っていたと彼らは言う。それは二階建てか三階建ての建物だが、ガザのそんな建物に人が住んでいないはずがない。シェハデを抹殺したがっていた人たちもそれは知っていた。

私は甘い考えを持っているわけでも、情に流されているわけでもない。お偉方に自制心があると思えるのなら、サラーハ・シェハデのような男の殺害には間違いなく賛成する。それでも、その人物が一人でいるときだけ、ほかの人を傷つけない保証がある場合だけだ。ところが、お偉方に自制心があるとはとても思えない。あの人たちは、組織のなかでも公の場でも自制ができず、最終的にはやりたいことをやる。暗殺にはかなりのマイナス面がある。かなりね。今回の事件がいい証拠だ。家族全員がみな殺しにされた。病院で死にかけている男の子を見たが、全身に爆弾の破片を浴びていた。ひどい話だ。

アヴィ・ディヒターは攻撃の結果を知らされると、こう述べた。「ターゲットは抹殺したが、作戦は失敗した」

奇妙なことに、この攻撃に対する国際的な非難はほとんどなかった。しかしイスラエルでは抗議の嵐が吹き荒れた。たいていは国防軍の報道官やシン・ベトが出す声明を繰り返すだけのメディアも、今回は辛辣に批判し、匿名の情報提供者から伝えられる作戦関係者間の非難の応酬を誇張して伝えた。イスラエルでは、暗殺を対抗手段として利用する考え方に疑問を投げかける声が次第に高まった。

空軍司令官ダン・ハルツ少将は、外遊中でこの作戦に直接かかわってはいなかったが、メディアの批判に激怒し、部下の行動を支持した。《ハアレツ》紙のインタビューでは、批判的な人々を激しく非難し、そんな人たちは国家安全保障に悪影響を及ぼした容疑で起訴するべきだと語った。そして、「無関係な人々の命が失われたことに哀悼の意」を表明しながらも、パイロットの行動を全面的に支持し、シェハデの殺害作戦全体を容認すると強く訴えた。

ハルツは作戦後しばらくしてから、爆撃に参加した空軍兵に会い、こう述べたという。「安心してぐっすり眠るがいい。おまえたちは指示されたとおりに行動した。左右に一ミリメートルも外さなかった。文句を言うやつがいたら、おれのところに寄こせ」

元パイロットでもあるハルツは、さらにこう続けた。「おれが爆弾を投下するときに何を感じていたか知りたければ、教えてやる。爆弾を投下すると、翼のかすかな振動を感じる。だがそれも一瞬でなくなる。それだけだ、おれが感じたのはな」

この「翼のかすかな振動」という言葉はそれ以後、罪のない人々の命に対する無関心を意味する表現として使われるようになった。結局このインタビューは、さらなる怒りを買っただけだった。その内容には、ほかの空軍兵でさえ愕然とした。爆弾を投下したパイロットは、自分が誰を攻撃するのかは気にしなかった（あとで指揮官にシェハデだと聞かされたときには「そいつはよかった」と答えていた）が、それが正しい攻撃だったかどうかは気にしていた。パイロットは言う。「爆撃の数日後、飛行中隊に三人の男が入った。三人とも予備兵だ。彼らがこう言ったんだ。『あんた何をした？　罪のない命を奪った。人殺しだよ』」

やがて予備役のパイロットたちが反乱を起こした。彼らは、平時は週に一日任務を務めるだけで、戦時でなければ本格的な軍務にはつかない。たいていは除隊した年長者であり、普段は民間人として生活しているため、軍事的な視点ではなく民主的な視点で世界を見ている。そんな空軍およびサエレト・マトカルの予備兵たちが、それぞれ別々に、暗殺などパレスチナ人に対する攻撃行為への参加を拒否する書簡をメディアに公表したのだ。抗議をしている空軍兵士や陸軍兵士も、こうした公開書簡に署名すれば高い代償を払わなければならなくなることはわかっていた。自爆テロ犯による流血の惨事が続く緊迫した雰囲気のなかでは、この声明を反逆罪以外の何ものでもないと考えるイスラエル人も多かった。国防軍の高官のなかには、戦時における命令拒否に相当すると考える者もいた。

とりわけ話題を呼んだのが、イフタク・スペクトル退役准将が署名していた点だ。スペクトルは、敵の超音速戦闘機を一二機撃墜した世界記録を持つパイロットであり、イスラエル空軍史上最高の戦闘機パイロットと見なされていた人物だった。また、ヨエル・ペテルベルグ中佐も署名していた。レバノンで待ち伏せ攻撃を受けた地上部隊を救出するという勇敢な行為により勲章を受けた有名なヘリコプターパイロットである。

ペテルベルグは抗議集会のスピーチでこう訴えた。「こんにちは、ヨエルです。私はイスラエル国防軍でコブラ、アパッチ、ブラックホークといったヘリコプターのパイロットをしていますが、現在イスラエル占領軍での任務を拒否しています。（中略）私たちは平和を守る兵士です。戦争を、死を、悲しみを止めなければなりません。あなたがた政府の指導者や軍の指導者は、いずれ報いを受けます。イスラエルの法廷に立たなくても、ハーグの国際司法裁判所の法廷に、それがだめでも、神の前に立つことになるのですから」

インティファーダ以前の暗殺は主に、イスラエル国境から遠く離れたところで、モサドが組織する小規模なチームにより秘密裏に遂行されていた。国益のために行なわれていたとはいえ、作戦のモラルに関する判断は、ひと握りの工作員や政府の閣僚に限られていた。ところが、こうしてひそかに活動していた少人数のチームが大規模な殺人機構に発展してしまうと、数千人が暗殺に加担することになった。国防軍の陸軍兵士や空軍兵士、シン・ベトの職員、情報を収集・選別・分析・伝達した者たち全員が直接関与するようになり、殺害を担当する者より重要な役割を果たす場合も多くなった。二〇〇二年夏の段階ではもう、何が起きているかまったく知らないと言いきれるイスラエル人は、一人もいなかったと言っていい。

だがこうした抗議は、たいてい激しい反論を受けた。シン・ベトの元工作員でアシュケロンのバスジャック犯二人を殺害したエフード・ヤトムは当時、ベンヤミン・ネタニヤフ率いるリクードの政治家として活動していた（二〇〇三年にはクネセトの議員になる）。ヤトムは、任務を拒否する人間は「敗北主義者」だと述べ、「こうした輩は、糾弾し、起訴し、部隊の記章を引き剝がして、軍から追放しなければならない」と訴えた。実際に国防軍は、抗議書簡の署名を撤回しない者は追放すると発表した。

パイロットたちの書簡が公開されてから三日後、アリエル・シャロンの最側近たちが、イスラエル南部にシャロンが所有するハヴァト・シクミム（ヘブライ語で「イチジク農園」の意）に集まった。一人がこの書簡を「敗北主義者の嘆き」だと言うと、シャロンは声を荒らげて「そうじゃない」と言い放った。「この人たちは、緑色に染めた髪をカールさせ、イヤリングをつけて徴兵検査場に出頭してくるビート族の連中とは違う。このリストには、イスラエルのために果敢に行動してきた人たちもいる」

状況が切迫していることを理解していたシャロンは、側近たちを見つめてこう言った。「杉林のなかにまで火事が広がっている」

第三一章　８２００部隊の反乱

こんな笑い話がある。人は死ぬと天国に昇り、神聖な御座《みざ》に座る神の前に立つ。神は新しく来た死者に、天国と地獄のどちらが自分にふさわしいと思うか尋ねる。一人ひとりがそれに答えると、神が裁きを下して次の段階に進む。

この笑い話では、最後にいつもネットワーク情報担当官（ＮＩＯ）が登場する。ＮＩＯは軍や情報機関のなかで、毎日届けられる大量の情報のなかから価値ある情報を取捨選択する役割を担う。つまり、何が重要で何が重要でないか判断する。ある意味では、神の御座の前に並ぶ人間を決めているとも言える。

ＮＩＯが神の前に進み出る。神が「おまえは天国と地獄のどちらが自分にふさわしいと思う？」と尋ねる。

するとＮＩＯは少しむっとしてこう答える。「どちらでもありません。私にふさわしいのは、あなたがいま座っているところです」

「アミール」は、若く優秀なＮＩＯだった。国防軍でもとりわけ評価の高い８２００部隊に配属され、ほかのＮＩＯ同様、強化コンクリートで保護された基地で情報を監視する仕事を担当していた。入ってくる情報はあまりに量が多すぎるため、そのすべてを解釈したり処理したりしている余裕はない。

そのためNIOが、どの通信チャンネルを盗聴し、どの放送を傍受するかを決める。そしてアミールのような担当者が、部下がふるいにかけた情報のうち、どれを重視して組織内に配信するのかを決定する。8200部隊では、部内の機密情報は「記事」と呼ばれる。アミールは、その「記事」の最終編集者として見出しを作成し、それを伝えるべき人物を決めた。たとえば、傍受した会話の話し手が、単に商品を注文しているだけの商店主なのか、それとも爆弾の材料を手に入れるために暗号で指示を送っているイスラム過激派なのかを判断する。そこで間違えれば、罪のない人々が死ぬ可能性がある（商店主だと判断して間違えた場合にはイスラエル人が死に、イスラム過激派だと判断して間違えた場合には不運な商店主が死ぬ）。それでもこの作業は迅速に行なわなければならない。

ターバン基地の8200部隊に所属するアミールたちは、公式にはテロ攻撃を阻止する役割を担っていたが、非公式には暗殺される人間を決めていた。実際に暗殺を承認するのはシャロンであり、そこに暗殺計画が届けられるまでの間にもいくつものプロセスが存在する。しかし政治家たちは情報機関の提案を承認するだけであり、その提案を実際に作成するのはたいていNIOだ。あるNIOは言う。「暗殺のターゲットを選ぶ仕事は刺激的だった。テロ組織をまとめている人物を自分の判断で決められる。こうしてある人物に『狙い』を定めたら、暗殺に必要な情報を集める。その人物が実際にテロに関与している場合には、それだけの仕事に数週間もあれば十分だった」

8200部隊が爆撃する建物を選ぶことも多かった。シャロン首相やモシェ・ヤアロン参謀総長は、ハマスやパレスチナ・イスラミック・ジハード（PIJ）など、パレスチナ自治政府に対抗する組織からの攻撃であっても、その責任をすべてパレスチナ自治政府に押しつけた。そのためイスラエルは、攻撃を受けるたびに制裁措置として、パレスチナ自治政府の施設を爆撃した。こうした施設の大半は政府の民生部門のオフィスであり、破壊され放棄された場所を繰り返し爆撃することもあった。それは、パレスチナ人に警告を与える手段であると同時に、イスラエルの指導者や兵士がいら立ちや怒りを表明する手段でもあった。

アミールは言う。「報復爆撃をしたのは、具体的な軍事目標を達成するためというより、政治的メッセージを伝えるためだった。要するに、『やつらに思い知らせてやる』というわけだ」

イスラエルは当初、爆撃対象の建物のなかにいる人に避難する時間を与えるため、空軍が間もなくその建物を爆撃することをパレスチナ自治政府に通知していた。しかしこうした慣習も次第に廃れていった。二〇〇二年末ごろになると、夜間には誰もいないだろうという前提のもと、空軍が夜間に何の警告もなく対象の建物を爆撃することも多くなった。たいていは単なる象徴的な軍事行動だった。

二〇〇三年一月五日、ファタハのアル＝アクサー殉教者旅団が派遣した二人の自爆テロ犯がテルアビブに潜り込み、旧中央バスターミナル方面に向かった。そして午後六時二六分、テルアビブの繁華街近くで自爆し、最終的に二三人が死亡、一〇〇人以上が負傷した。犠牲者の多くが赤ん坊や子どもだった。

パレスチナ自治政府はこのテロ攻撃を非難し、それを計画した者たちの逮捕に全力を尽くすと約束した。しかしイスラエル当局は、この非難が本気だとは思っていなかった。結局のところ、二人の自爆テロ犯はファタハ傘下の組織から派遣されたのであり、ファタハはアラファートの指揮下にある。パレスチナ自治政府の幹部のほとんどがファタハのメンバーだった。

シャロン首相はすぐに国防関係の幹部を官邸に招集して協議を行ない、パレスチナ自治政府に対する措置を強化する決定を下した。

この協議を受け、ヤアロン参謀総長は自爆テロ攻撃から三時間もたたないうちに、「ターゲット７０６８」の爆撃を決めた。「ターゲット７０６８」とは、ガザ地区のハーンユーニスにあるファタハ支部のオフィスを指すコードネームである。今回の国防軍は、警告をするつもりもなければ、夜間に攻撃するつもりもなかった。むしろ、そのオフィスに人が集まるのを辛抱強く待った。

午後一一時四五分、アマン本部のターゲット局（アナフ・マタロト）からターバン基地の8200部隊に、ハーンユーニスにあるファタハのオフィスに関する情報を収集するよう要請が入った。午前〇時三一分、このターゲットに関する報告書がターバン基地から届いた。

報告書によると、「ターゲット7068」はテロ活動とは無関係だった。このターゲットを調査した軍曹は、簡潔かつ率直にこう記していたという。「あそこにいる人たちを爆撃するな。何も悪いことはしていない」

アミールは言う。「これはかなり砕けた表現だったので、もちろん送信する前に報告書らしい文言に改めた。だがこの表現は、報告書の内容をよく表していた。そのオフィスでは、テロ関連の活動は一切しておらず、地元の政治活動や給付金や給与の支払いなど、日常的な事務作業を行なっていただけだった。いわばガザ地区の労働組合みたいなものだ」

単なる象徴的な作戦として「ターゲット7068」を攻撃するのだろうと考えていたアミールは翌朝早く、いまならオフィスには誰もおらず、爆撃を開始しても問題ないとアマン本部に伝えた。

すると、アマン本部のターゲット局の担当者がこう返答した。「まだだ。オフィスが開くのを待つ」

「え？　誰かを待っているんですか？」

「特定の人物を待っているわけではない。誰でもいい。誰か来たら知らせてくれ」

何かがおかしい。アミールは誤解があるに違いないと思った。建物のなかに民間人がいれば、攻撃を中断する理由にはなるが、爆撃を実行する理由にはならない。官吏や清掃員、秘書らが来るのを待つのは、二〇〇一年にフィンケルスタインが作成した法律意見書に完全に反している。民間人をターゲットにするのは、紛れもない戦争犯罪だ。

しかし誤解などなかった。ターゲット局は次のような命令書を発行し、オフィスに人がいる「証拠」が見つかるまで待つよう指示した。「この〝証拠〟とは、誰かが電話をかけたり受けたりすることを指す。話し手を特定したり、価値のある会話を待ったりする必要はない。電話で話をしている人物やその内容に関係なく、建物のなかに人がいる証拠があれば報告せよ」。つまり爆撃の目的は、誰かを殺すことにある。殺すのは誰でもいい。

ＮＩＯのなかにはこの命令に困惑する者もいたが、それを口にできる場所は食堂ぐらいしかなかった。アミールはそのときの様子をこう語っている。「私たちが食堂に行くと、ＮＩＯが三人で夕食をとっていた。そのなかの一人が、冗談めかしてはいたが真剣な面持ちでこう尋ねた。『なあ、これって明らかに違法な命令に入るんじゃないかな？』何げない軽い言い方だったが、それを聞いて私たちは悩んだ。越えてはならない一線を越えようとしているのではないか？　間違ったことなのではないか？　どんな人を殺すことになるか知れたものじゃない。電話をかけに入ってきた近くの小学生が犠牲になるかもしれないし、国連の支援金を渡しに来た事務官や、早めに出社した清掃員が犠牲になるかもしれない」

このような会話が交わされていたというのは、いかにも８２００部隊らしい。一九七三年一〇月、エジプトとシリアがイスラエルを襲撃する数日前に、両国が奇襲を仕掛けようとしていることを懸命にアマンに警告したのも、この部隊だった。

テルアビブ大学の高名な中東専門家で、予備役でＮＩＯ選考委員会の委員長を務めたこともあるエヤル・ジセル教授はこう述べている。「あのときの失敗を受けて、既成概念にとらわれず、確固とした自分の意見を持ち、それを堂々と述べられる人物をＮＩＯに選ぶようになった」

ＮＩＯは、かなり若い年齢で機密資料に触れることになるため、長い訓練期間中に、道徳的責任や法的責任に対する意識を徹底的に叩き込まれた。たとえばある授業では、盗聴により市民権が侵害される場合もあることを学び、国家の安全保障のために情報を入手する以外の目的で、与えられた強大な力を利用してはならないと教えられた。一九九五年に実際に起きた事件がケーススタディとして利用されることもあった。この事件では、8200部隊の隊員がウサマ・ビン・ラディンに関する通話を探している間に、当時中東で仕事をしていたトム・クルーズが妻のニコール・キッドマンと携帯電話で交わしていた会話を偶然傍受し、意図的に録音した。そしてその録音を仲間たちに配り、会話の内容を大声で読み上げたという。

アミールは言う。「あのような盗聴が不道徳な行為として禁じられているのであれば、あのオフィスを爆撃するのも間違いなく禁じられているはずだ。考えれば考えるほど、こんな命令を実行してはいけないと思うようになった」

アミールはNIOの上司や8200部隊の司令部に対し、この問題を提起した。すると司令部の回答は、「問題があることを認識して」おり、追って通知があるまで作戦は保留するとのことだった。アミールは言う。「それを聞くと、満足して仕事に戻り、午前二時ごろに仕事を終えた。もうこの問題は解決したという感じだった」

しかし翌朝、NIOの仕事場に戻って交代の指示をしていると、ターゲット局から電話が入り、ハーンユーニスのファタハ支部の爆撃が間もなく実行されると告げられた。アミールが反対すると、暗号回線の向こう側にいる将校が怒鳴りつけてきた。

「どうしてこれが明らかに違法だなんて言えるんだ？　相手はアラブ人だ。テロリストじゃないか」

「私の部隊では、テロリストとテロに無関係な人とをはっきり区別しています。あのターゲットの建物を日常的に使用している人たちは、テロとは無関係です」とアミールは応じた。

しかし、それで何かが変わるはずもなかった。すでに作戦は進行していた。ミサイルを搭載したF

‐16戦闘爆撃機二機が地中海上を旋回しながら命令を待ち、ドローンが遠くからターゲットの建物の写真を撮影している。建物のなかに人がいるとアミールが伝えれば、すぐに二発のヘルファイアミサイルが建物に向けて発射される。

アミールは協力を拒否する決心をした。杉林の火事が広がりつつあった。

やがて空軍やアマンがしびれを切らして、８２００部隊の司令部に電話をかけてきた。当時８２００部隊の指揮官だったヤイール・コーヘン准将は、そのときのことをこう語っている。「『そちらの部隊が情報提供を拒否している』と言われたよ。だから私は、そんなことがあるものか、８２００部隊が情報を提供しないなんてことはこれまでなかったし、これからもあるはずがないと応えた」

一〇時五分、アミールは８２００部隊の司令部から電話を受け、「いまは質問の時間ではなく行動の時間だとヤイールが言っている」と言われた。今回の作戦では、子どもたちが近くの学校から出てくる一一時三〇分までに爆撃を完了させる必要がある。

アミールはこう答えた。「これは明らかに違法な命令ですから、従うつもりはありません。指揮官が合法だと言っても合法にはなりません」

電話での会話が一瞬止まったあと、相手はこう告げたという。「指揮官からのメッセージをそのまま伝えた。この瞬間に自分があなたの立場にいなくてよかった」

数分後、アミールのもとへ部下から、ファタハのオフィス内で電話をかけている人が複数いるとの報告が入った。戦闘続きでパレスチナ自治政府が困難な状況にあるにもかかわらず、オフィス内のある男性が、従業員に支払う賃金を工面しようとしていた。またある秘書が、地元の女たらしに関する噂話に花を咲かせていた。

これを伝えれば作戦は遂行される。Ｆ‐16がミサイルを発射し、二人とも死ぬことになる。

当直のＮＩＯだったアミールは、そのときの心境をこう語っている。「ある意味では落ち着いていた。やるべきことは一つだけだと感じていた。この作戦が越えてはいけない一線を越えていること、明らかに違法な命令であること、この作戦を進めてはならないこと、兵士として、あるいは人間としてその実行を拒否するのが自分の責任であることが、はっきりわかっていた」

アミールはオフィス内に人がいるという情報を伝えないよう命じ、あらゆる活動をストップさせた。一〇時五〇分、作戦が実行できなくなる時間まであと四〇分になると、アミールの直属の指揮官Yが基地に到着し、アミールを解任して自身がNIOの席に座った。そして、ターゲットのオフィス内に人がいるかどうか報告するようある隊員に命じた。やがて爆撃が許可された。

しかし、ときすでに遅く、戦闘機はテルノフ空軍基地に戻っていた。オフィス内に人がいるという情報が伝えられると再び離陸したが、戦闘機がターゲットに狙いを定めるころには、時計は一一時二五分を示しており、学校の終業の鐘が鳴っていた。

その夜、8200部隊司令部はアマン長官に、作戦に関する深刻な懸念を表明する緊急メッセージを送った。このメッセージは国防大臣に伝達され、国防大臣は「ターゲット7068」への攻撃を取り消すよう命令した。

これはアミールの立場が道徳的に正しかったことを証明しているが、「8200部隊の反乱」が軍隊に引き起こした騒動を鎮めるには遅すぎた。8200部隊司令部はあらゆる国防組織から激しい非難を浴びた。シャロン首相でさえ、今回の事件について批判的な見方をしているとのことだった。コーヘン准将は、アミールの処分を審議する国防軍参謀本部会議に呼び出された。軍の幹部連は、アミールを軍法会議にかけ、六カ月以上の懲役に処すべきだと主張した。「反逆罪で有罪とし、銃殺隊の前に引きずり出すべきだ」とまで言う将官もいた。

だが、数カ月前に起きたシェハデの爆撃に対する空軍兵士たちの抗議や、サエレト・マトカル隊員たちによる暗殺作戦への参加拒否が、まだ大衆の記憶に鮮明に残っていた。間もなく、誰か（おそらくは８２００部隊のライバル部隊の隊員だろう）がメディアにこの事件をリークした。報道では詳細は明らかにされなかったが、これによりすでに高まっていた抗議の声はいっそう高まり、左派も右派も街路に出てデモ活動を行なった。クネセト選挙のわずか数日前だったが、新聞の多くが「拒否者」を見出しに掲げた。

軍や情報機関は、アミールのあとに続いて命令の実行を拒否する兵士が大勢出てくるのではないかと危惧した。パレスチナ人の暴動を鎮圧しなければならない指揮官の側から見れば、弱腰のリベラルな反戦主義者を抱えている余裕などなかった。

当時高官を務めていたある人物は言う。「８２００部隊は秘密主義の典型だ。常に姿を見せず、軍のほかの部署から離れ、単独で、優れた秘密活動を展開している。それが突然、国防軍内で注目を集めた。それも最悪な意味でね。８２００部隊の兵士はそれまでもずっと、テルアビブのお偉方から甘やかされた子どもだとか、軍隊で世界最高の訓練を受けて身につけたスキルを活かし、ハイテク企業で何十億と稼いでいるとか、全員が左翼でホモに違いないとか言われていた。だから絶えずそうしたイメージを拭い去ろうと努力してきた。それなのに突然、命令実行を拒否するアナーキストだというレッテルを貼られた」

民間人を殺すことになる命令は明らかに違法だというアミールの主張は、軍により即座に却下された。国防軍人事部長のエラザール・ステルン少将はその理由として、違法だと思う殺害命令を拒否できるのは、実際に引き金を引く者だけであり、作戦に関与するほかの人間にその資格はないと主張した。８２００部隊の指揮官は、哲学者のアサ・カシェル教授を呼び、この問題について意見を聞いた。カシェルは、アミールの行動が道徳的に不適切だと考え、こう語った。「いかなる状況下であれ、このＮＩＯの行為を是認することはできない。当時の状況を考えると、遠く離れた基地にいたＮＩＯには、命令が明らかに違法だという判断を下す道徳的権限がなかった。ＮＩＯは作戦の全体的な経緯を知らなかった。作戦の全体像を見ていなかったうえ、参謀総長が決めた戦術全体に関する知識もなかった。（中略）質問をしても疑問を抱いてもいいが、このような瞬間に命令を拒否してはならない」

だが結局、アミールは起訴されることなく、ひそかに除隊処分となった。こうして「ターゲット７０６８」の民間人を殺す命令が合法的であったかどうかを法廷が判断する機会は失われた。

「ターゲット７０６８」の作戦は、国防軍の軍法務局国際法部が作成した指針に違反していた。抹殺するターゲットはテロに直結する個人に限るという指針である。しかしそのころになると、そのほかの指針も頻繁に破られていた。道徳的・法的なさまざまな基準が全体的に低下していたのである。

たとえば、ターゲットと一緒に罪のない民間人を殺害してしまったら、その都度調査しなければならないという指針もあったが、実際にはこの手続きが行なわれることはほとんどなかった。確かに、シェハデの暗殺作戦については調査が行なわれ、最終的には一二人の民間人の死について責任を負うべき人間はいないという結論に至った。だがこれは、むしろ例外的な事例であり、イスラエル政府に対する世論と国際社会の強い圧力があったために調査が行なわれたにすぎない。

また別の指針では、「逮捕という妥当な選択肢」がある場合、つまり兵士や民間人の命を危険にさらすことなくテロリストを拘束できる場合には、殺害してはならないとされているが、この規定も頻繁に破られている。ドゥヴデヴァン部隊の情報官アロン・カスティエルは言う。「インティファーダの勃発後、軍隊の仕事はすっかり変わってしまった。インティファーダ以前は、指名手配中の人物を生きたまま捕らえようと懸命に努力した。ところがインティファーダが始まると、こうしたやり方は放棄され、明らかに相手を殺すようになった」

その時期以降の作戦命令では、指名手配中の男を確認したらその場で殺害することが求められるようになった。たとえば「二つの塔」作戦では、作戦命令自体が矛盾していた。「一、目的は逮捕である。二、「フレーミング」（本人確認）の結果、PIJ（パレスチナ・イスラミック・ジハード）幹部のワリード・オベイド、ジアド・マライシャ、アドハム・ユーニスだった場合、部隊は迎撃を実行する権限を有する」」。「迎撃」という言葉は、「抹殺」あるいは「殺害」の婉曲表現であり、国際法部の指針を回避する手段として頻繁に使用されるようになっていた。実際の作戦ではそのとおり、マライシャが「フレーミング」され、「迎撃」つまり射殺された。

さらに、首相だけが暗殺計画を承認する権限を有するという規定も、頻繁に破られることになった。アマンの職員たちは、シャロンが暗殺の全権限をシン・ベトに委ねていることに憤りを感じていた。そのためアマンは、国際法部の指針を回避する仕組みをつくりあげた。シャロンの承認を受けずに、テロ組織のために武器を調達、開発、貯蔵、輸送、使用する人物に「迎撃作戦」を実行する仕組みである。あるアマン幹部によると、「命令により暗殺は禁じられていたが、カッサムを発射したり爆発物を輸送したりする人物への銃撃は禁じられていなかった」という。

武器の輸送やカッサム発射部隊がリアルタイムで確認された場合、殺害は事実上正当化される。しかしたいていの「迎撃」は、事前に計画されていた暗殺の単なる言い換えでしかなかった。アマンは特定の人物の殺害を目的としていたからだ。「迎撃と呼んでいたが、もちろん暗殺だった。次から次へと絶え間なく作戦を実行した」とアマンのある高官は言う。合法的な軍事行動の場合もあれば、主要なテロリストを暗殺する場合もあり、両者が混然となっていることもあった。

時間がたつにつれて、軍や情報機関は、公式な規定を出し抜く新たな方法をでっちあげるのがますますうまくなっていった。国防軍は発砲基準を大幅に拡大し、テロリストがはびこっている地域では、小火器、火炎瓶、爆破装置を持つ人物がいたら警告せずに発砲し、確実に殺害するよう兵士に指示した。武装したテロリストが隠れ家から車道や路地に出てきたところをイスラエル兵に銃撃されるという状況をつくり出すため、「離婚した女」というコードネームの作戦手順がつくられもした。

占領地区での衝突が続いているころには、「離婚した女」作戦のテクニックを発展させたさまざまな方法を駆使し、隠れ家から出てきたテロリストを物陰から狙い撃ちにした。たとえば、イスラエル軍が誰からも見えるような路上でテロリストの一人を逮捕し、武装した仲間が出てきて軍を攻撃するよう仕向ける。あるいは、拡声器をつけた装甲車で通りを行き来し、アラビア語で挑戦を挑むような言葉を流す。「イッズ・アッディーン・アル＝カッサム旅団の偉大な英雄たちはいったいどこにいる？　出てきて戦ったらどうだ？　男らしいところを見せろ」。もっと挑発的に、「ジハードとか言っているやつは全員ホモだ」とか「ハマスのやつらの母親はみな売春婦だ。路上をぶらつき、やりたいやつには誰でもただでやらせている」といった言葉を流す場合もある。これらはまだ上品なほうで、とても印刷には耐えられない言葉さえある。当然というべきか、この方法には効果があった。テロリストは挑発的な言葉を流す車両を銃撃するために出てきて、近くのアパートに隠れている狙撃手に殺されるはめになる。

「離婚した女」作戦では、さまざまなパレスチナ人組織のテロリストを何十人も殺害した。軍事的観点から見れば、この作戦は功を奏し、国防軍はパレスチナの都市の街路で比較的自由に活動できるようになった。ただし、いくらひいき目に見ても合法的だとは言えなかった。


二〇〇二年の夏になるころには、シン・ベトを中心とする国防当局は、テロ攻撃の八〇パーセント以上を、致命的な被害が出る前に阻止できるようになった。暗殺のおかげで多くの命が救われたことは間違いない。しかし、気がかりなデータもあった。敵がテロ攻撃を試みる回数が増えていた。パレスチナ人は、弱体化するどころかますます多くのテロリストを生み出している。となるとイスラエルは、これまで以上に多くのターゲットを狙わなければならない。また、このデータはさらに、次第にテロ組織が過去の敗北から学び、適応して、よりずる賢く厄介な存在になっているのではないか、この闘争は無限に続き、事態は際限なく悪化していくのではないかという懸念も引き起こした。

　この時期からシン・ベトの幹部を務めているある人物は言う。「やつらにすべてをあきらめさせるような打撃を食らわそうと思ったら、一年かそれ以上はかかると思った」

　そんな懸念から、「アネモネ摘み」というコードネームの新しい計画が生まれた。イスラエルはこれまで、テロ組織のあらゆるメンバーを「活動の基盤」の一部と見なしていたが、政治指導者にはほとんど手を出していなかった。その考え方を改めたのだ。アマン長官のゼエヴィ＝ファルカシュ少将は言う。「ハマスには政治指導者と軍事指導者の区別がなかった。〝政治的〟指導者はあらゆることに関与している。方針を定めて、攻撃をいつ実行し、いつやめるかを指示する」。実際のところ、政治部門を設立する唯一の狙いは、指導者を国際的な地位につかせ、暗殺の魔の手から遠ざけることにあると言われている。ゼエヴィ＝ファルカシュはさらにこう続ける。「われわれには、確固たる抑止力を構築する必要があった。いずれは政治指導者にも手をつけなければならない」

　いまや、ハマスとパレスチナ・イスラミック・ジハードのあらゆる指導者がターゲットになった。新たな計画とは、彼ら全員の殺害だった。

第三二章　「アネモネ摘み」作戦

イブラヒム・アル＝マカドメは、イスラエルに狙われていることを知っていた。パレスチナ自治政府の情報機関からそう聞いていたはずだ。その情報機関が二重スパイから入手した情報によると、そのスパイはシン・ベトからマカドメの行動を監視するよう指示を受けたという。殺害以外に、シン・ベトがマカドメの動向を探る理由があるだろうか？

だがマカドメは、この情報を信じていなかったのかもしれない。マカドメは、宗教やジハード、ユダヤ人のパレスチナ移住に関する本や記事を発表しているイスラム教の理論家だった。また、ユダヤ人国家を滅ぼす聖戦を支持し、ハマスの政治部門と軍事部門の調整役を務める急進的な戦略家でもあった。さらに歯科医でもあり、ガザ・イスラム大学の人気講師でもあった。テロ活動に直接関与することはなく、大半の時間を政治の世界で過ごしてきた学者である。

パレスチナ自治政府の諜報員たちはマカドメに、しばらく身を潜め、イスラエルが監視をあきらめるまで待つよう伝えた。しかしマカドメはこの忠告を無視し、普段どおり大学で講義を続けた。二〇〇三年三月八日の午前九時三〇分ごろ、助手一人とボディーガード二人が、ガザのシャイフラドワン地区にあるマカドメの自宅へ迎えに行った。

イスラエルのドローンがそれを監視していた。

助手が大学の学部長に電話をかけ、マカドメは間もなく到着するので、学生たちを講堂に待たせておいてほしいと伝えた。その際「命の危険はありますが」とつけ加えたが、その仰々しい口ぶりからして、本当に命の危険があるとは思っていなかったようだ。

マカドメ、助手、二人のボディーガードが乗った車がアルジャラア通りを三〇〇メートルほど進んだところで、二機のアパッチヘリコプターがヘルファイアミサイルを四発発射し、車を破壊した。

この四人と、近くの通りで遊んでいた幼い子ども一人が、二〇〇三年初頭にイスラエルの保安関連閣議で承認された「アネモネ摘み」作戦の最初の犠牲者になった。この作戦には基本的に、イスラム過激派テロ組織の指導者たちを暗殺対象にすれば、そのメンバーたちが行なう自爆テロの様相も変わるだろうという前提があった。国防省の軍政局長であるアモス・ギルアドは言う。「天国に七二人の処女〔イスラム教徒の男性は、天国に行くとフーリーと呼ばれる天女七二人と一人でセックスを行なうことができ、天女の処女膜は破れてもすぐに再生するとされている〕がいることなど証明できない。指導者たちはみなそれを知っているから、自分でそれを確かめに行こうとする覚悟がない」

「アネモネ摘み」作戦は、アマン長官ゼエヴィ＝ファルカシュが主張したような、政治指導者を対象にした全面的な暗殺作戦とは微妙な違いがあった。実際この作戦では、ハマスとＰＩＪの指導者全員を狙うつもりはなかった。たとえば、ハマスの創設者であるヤーシーン師は、殺害すればさらに多くのパレスチナ人が戦闘に加わるおそれがあったため、最初の暗殺対象者リストから外された。それでも、もはや政治的な役職が隠れ蓑《みの》にならないことをハマスとＰＩＪに知らしめるという主旨に変わりはなかった。

この作戦の条件を決めるのに、数カ月も議論が行なわれた。こうした殺害は合法的なのか、モラルに沿っているのか、そして何よりも戦略的に役に立つのかなどの問題について意見を一致させるのにも数カ月を要した。アヴィ・ディヒターの前にシン・ベト長官を務めていたアミ・アヤロンは言う。

「テロもヘビと同じで、頭を切り落とせば動きを止めると考えるのはあまりに単純な発想であり、誰もがそう考えていると思うと不安になる。テロ組織は格子状に構成されている。仮に頭があったとしても、それはイデオロギー面での頭であり、作戦面での頭を制御しているわけではない」。つまり、このような作戦はあまり意味がなく、むしろ相手が同様の行動に出るきっかけをつくってしまったという。ハマスの政治指導者を合法的なターゲットとするなら、「オフィスで軍事行動を承認している（イスラエルの）国防大臣はどうなのか？　国防大臣も暗殺の合法的なターゲットになってしまう」

アミ・アヤロンの指摘にもかかわらず、「アネモネ摘み」作戦は着実に実行されていった。マカドメ暗殺の三カ月後には、ハマスのナンバーツーであるアブドゥル・アズィーズ・ランティースィーが、国防軍のドローンの発砲を受けて負傷した。次いで八月一二日、ハマスの政治部門の指導者イスマイル・アブー・シャナブが、アパッチが発射した五発のミサイルにより、ガザの国連ビル近くで殺害された。アブー・シャナブはハマスの創設メンバーの一人であり、アラブ諸国や外国のメディア向けの主要スポークスマンでもあった。

「アネモネ摘み」作戦の実行前から外務省幹部が懸念していたように、国際社会はやはり軍事指導者に対する攻撃と政治指導者に対する攻撃を区別していた。西側諸国は、イスラエルが自爆テロとの苦闘を強いられていることを認識していた。それでも、アブー・シャナブが暗殺されると、イスラエルの行動に対する国際的な論調は厳しくなった。

国連事務総長コフィ・アナンはこの暗殺を非難し、イスラエルにはハマス幹部の「超法規的殺害」を遂行する権利はないという声明を発表した。腹心の部下を失ったヤーシーン師は、パレスチナのメディアにさらに厳しい言葉を放った。「イスラエルは越えてはならない一線を越えた。いずれその報いを受けることになる」

そう言うヤーシーンも、どのような報復を行なうかまでは、まだ具体的には考えていなかったのだろう。従来のやり方に従い、血なまぐさい野蛮な報復を行なえば、それで一応戦術上の区切りをつけることはできる。だが、ハマスの政治部門を率い、暗殺されることはないと組織の指導者たちから思われていたアブー・シャナブが殺害されたことにより、ハマスは深刻な混乱に陥っていた。ヤーシーンは早急に対応策を考え出す必要があった。

ヤーシーンは九月六日、ハマスの軍事・政治指導者全員に招集をかけた。場所は、ガザ地区の精神的指導者であり、パレスチナ立法評議会のメンバーでもあるマルワン・アブー・ラース博士の自宅である。この会議は途方もない危険を伴った。ハマスの幹部全員が一堂に会すれば、イスラエルにとって絶好のターゲットになる。この秘密会議の情報が漏れてしまえば、巻き添え被害を起こしてまで幹部全員を殺す必要はないとイスラエルが判断しないかぎり、ヤーシーンには打つ手がなくなってしまう。

人的情報源と技術的情報源の両方からこの会議の情報を入手していたシン・ベト長官アヴィ・ディヒターは、運が向いてきたのかもしれないと考えた。「私のこれまでのキャリアのなかで、これほどの強敵がこんな重大な過ち、戦略的に深刻な過ちを犯したことはなかった」

会議は午後四時に始まる予定だった。そのため午後三時四〇分にはすでに、一トン爆弾を搭載したF‐16二機が地中海上空を旋回していた。会場に集まってきた幹部たちに疑念を持たれないようにするためだ。空軍分析局の推計によれば、アブー・ラースの三階建ての家を破壊するには一トン程度の爆弾が必要だという。

午後三時四五分、ヤアロン参謀総長が地図と航空写真を手に、作戦分析官たちのところへやって来た。

「見積もりでは巻き添え被害はどのくらいになる？」とヤアロンが尋ねた。

アブー・ラースの家のそばには五階建てのアパートがあり、およそ四〇家族がそこに住んでいる。アマン長官ゼエヴィ＝ファルカシュが答えた。「午後四時に男たちが帰宅しているとは思えない。だが女性や子どもが数十人いるはずだ」

「一トン爆弾を使ったらどうなるんだ？」

「犠牲者は数十人か、それ以上になると思われます」と分析官が答える。

シェハデ暗殺の後に起きた抗議行動は、いまだ記憶に残っていた。シャロンの側近だったドヴ・ウェイスグラスは言う。「殺人願望にとりつかれていた者など一人もいない。むしろ空軍は、一人のテロリストを抹殺することで得られる利益よりも、民間人を七、八人死亡させたために被る損害のほうがはるかに大きいことを理解するようになった」。そのため空軍は、爆発物の最大九〇パーセントをセメントに置き替えるなど、爆発半径をより小さくする爆弾の開発に取り組んでいた。しかしこのセメント爆弾では、三階建ての建物を破壊できない。

ヤアロンは、シャロン、ディヒター、ほか三人との電話会議に参加し、こう述べた。「首相、私は爆撃の中止を勧める。数十人の民間人が作戦の犠牲になるおそれがある。国際的にも国内的にも戦闘に勝って戦争に負けることになる。イスラエル国民が女性や子どもに対するさらなる攻撃を許すはずがない。戦いを続けるためには、対内的にも対外的にも正当性が必要だ。今回の作戦は双方から激しい批判を受けるに違いない」

一方ディヒターは、イスラエルは最大の敵に「回復不可能な」損害を与えられるかもしれない歴史的な機会を逃すことになる、と異議を唱えた。

しかしヤアロンはあくまでも反対した。「いかなる状況下でもこんなことはできない。ハマスの指導層を一掃できるかもしれないが、何十万もの人々がラビン広場に集まって抗議し、私たちのことを女性や子どもを殺す残忍な軍隊だと叫ぶことになるかもしれない。そんな事態は避けるべきだ。チャンスはまだある。やつらを始末できる日がきっと来る」

　シャロンは爆撃を中止した。

　ディヒターは、いら立ちながら合同作戦司令室に残っていた。皮肉なことにディヒターは、シェハデ暗殺作戦が大失敗だったこと、民間人の死傷者を大勢出せば「ターゲットを抹殺しても作戦は失敗となる」ことを最初に悟った人物だった。

　しかし、このハマスの会議は歴史的なチャンスだった。ディヒターの言葉を借りれば、「ドリームチームの集まり」である。ディヒターはハマスの秘密会議に関するあらゆる情報に目を通すと、間もなく解決策を思いついた。アブー・ラースの自宅の最上階には、厚手のカーテンが引かれたカーペット敷きのリビングルーム「ディーワーン」がある。合理的に考えれば、その部屋で会議が開かれる可能性が高い。合同作戦司令室にいる分析官もそれに同意した。そこで作戦分析官を呼び出し、隣接する構造物に損傷を与えることなく、アブー・ラースの家のその部分だけを破壊する方法があるかどうか尋ねてみた。すると方法はあるとの回答だった。二五〇キログラムの弾頭を備えた小型ミサイルを窓から撃ち込めば、外部にほとんど損害を与えることなく、その部屋にいる全員を確実に殺害できるという。

　ディヒターは全員を電話に呼び戻すと、秘密会議は三階で開催されるに違いないとの見解を伝えた。ゼエヴィ＝ファルカシュは半信半疑だった。ヤアロンも納得できず、後にこう述べている。「車椅子に乗っているヤーシーンを上まで運ぶとは思えなかった。だがシン・ベトがそう判断したのなら、隣接する家屋に犠牲者を出さずに最上階を破壊することはできる。作戦遂行は可能だった」。その後もう一度、盗聴を防止した電話回線で全高官が参加する電話会議が開かれた。シャロンはディヒターとヤアロンの話を黙って聞き、二人が話を終えると作戦を承認した。

合同作戦司令室は、アブー・ラースの家を監視するため三機のドローンを上空に配置した。そのドローンから、会議の参加者たちが到着してなかに入っていく映像が送られてくる。これでシン・ベトの情報が正確だったことが証明された。ハマスの政治指導者と軍事指導者が全員そこにいた。車椅子に乗ったヤーシーン、シェハデに代わって軍事指揮官になったアフメド・ジャバリ、イッズ・アッディーン・アル＝カッサム旅団の指揮官モハメド・デイフがいた。一九九六年初頭にデイフがヤヒヤ・アヤシュのあとを継いで以来、イスラエル当局は七年以上もデイフ殺害を試みていた。その日合同作戦司令室にいたシン・ベトのある幹部もこう述べている。「毎回やつの手や足をもぎ取ったが、それでもやつは生き延びた」

四時三五分、F‐16のパイロットがカーテンのかかった三階の窓にミサイルを発射し、「アルファ」と報告した。ターゲットを直撃したという意味だ。建物の最上階が爆発して炎をあげ、レンガや家具を含む破片が四方に飛び散った。合同作戦司令室の分析官が、破片のなかに人体の一部が含まれていないか確認した。巨大な爆発が全域を揺るがした。

しかし、秘密会議は一階で行なわれていた。ディヒターは言う。「やつらは立ち上がると、ほこりを払い落として家から逃げ出した。一目散に逃げるのをながめていたよ。ヤーシーン師があわてて車椅子から立ち上がり、走り始める姿が見えたような気さえした」

ディヒターはドローンの編隊を送り込んで、その家の駐車スペースから甲高い音を立てて出ていこうとする車をすべて爆破しようとしたが、モファズ国防大臣の反対にあった。「民間人がけがをするおそれがある」からだ。

ディヒターは後にこう述べている。「作戦司令室を見まわしたら、みなチャンスを逃して取り乱していた。シェハデ暗殺のときのようなニュース記事が引き起こす問題のせいで、こんな代償を払わなければならなくなったんだ。家全体を爆破しないという決定のせいで、イスラエル人が何人死んだり負傷したりしたかわからない。結局あとで一人ずつ始末しなければならなくなった。かなりの苦労をして、そのうちの何人かは成功した。だが残念ながら、まだ生き延びているやつもいる」

アブー・ラースの家を攻撃してから三日後の午後六時数分前、夕方の暑いさなかにツリフィン陸軍基地の外に集まっていた数百人の国防軍兵士の一団のところへ、軍服を着てバックパックを背負った男がやって来た。そこにはバス停とヒッチハイク待合所があり、強い日差しを遮ってくれる高い屋根があった。短い休暇をもらった兵士たちがそこで、ヒッチハイクさせてくれる車かバスが来るのを待っていた。

数分後、国防軍の巡回警備員が一人、バス停のほうに歩いてきた。先ほどやって来た男は、ハマスの自爆テロ犯だった。男は正体がばれるかもしれないと思ったのか、すぐにボタンを押した。兵士九人が死亡し、一八人が負傷した。

ハマスはアブー・ラースの自宅への攻撃や政治指導者たちの暗殺に対抗し、イスラエルへの反撃に出た。以前と同じローテクだが効果の高い戦術、つまり自爆テロを再開したのだ。そもそもイスラエルが政治指導者にターゲットを拡大するきっかけとなったのは、この自爆テロだった。

これらの作戦は、ラマッラーのハマス司令部が担当することになった。司令部が運営する下部組織はすでに、エルサレムの北西にあるベイトリキヤ村出身の自爆テロ志願者数人と接触していた。ツリフィン攻撃の前日には、自爆テロ犯が一人エルサレムのレストランに派遣されたが、恐怖に負けて直前に引き返していた。その翌日にツリフィンのヒッチハイク待合所で自爆したのは、イハブ・アブー・サリムという若者だった。

シャロン首相がこの自爆テロの知らせを受けたのは、ニューデリーでインド首相アタル・ビハーリー・ヴァージペーイーと会談しているときだった。シャロンの不在中は、シルヴァン・シャローム外務大臣が「必要な対応措置」をとる権限を有していた。そこでシャロームは、国防軍と情報機関の責任者たちを国防省に召集して緊急会議を開いた。

ツリフィンで兵士が殺害されてから四時間後の午後一〇時、シャロームは会議に出席していたシン・ベトとアマンの代表者に、すぐに殺せるハマスのメンバーがいるか尋ねた。自爆テロを受けて何もしないわけにはいかない。「マフムード・アル＝ザハールの監視なら完璧です」とシン・ベトの職員が答えた。アル＝ザハールは外科医だが、ハマスの創設メンバーの一人でもあり、ハマス過激派の指導者と見られていた。

「この男の抹殺は可能だと思いますが、無関係の人間を傷つけるおそれがあります」

一時間が経過した。その間には、ヤーセル・アラファートをどうすべきかという問題も議題に上った。シルヴァン・シャロームは以前からずっとアラファートを殺害するか国外追放にするべきだと要求しており、そのときもこう語った。「アラファートはテロを演出し、攻撃を支えている。アラファートがいるかぎり、大量殺戮を止めることもパレスチナ人と合意を結ぶことも不可能だ」。シャロームはまたこんな話もした。アメリカの政権中枢にいる高官が今回の自爆テロの話を聞いてシャロームに電話し、こう尋ねたという。「あのろくでなしを暗殺するつもりなのか?」

アラファートの扱いについては意見が分かれた。だがいずれにせよ、このような重大な決断は首相にしか下せなかった。

午後一一時二〇分、補佐官たちが国防省の会議室に入ってきた。一様に深刻な顔をしている。エルサレムのジャーマンコロニー地区にあるカフェ・ヒレルで、また自爆テロが発生したのだ。七人が死亡し、五七人が負傷した。犠牲者のなかにはダヴィッド・アペルバウム博士もいた。シャアレ・ゼデク医療センターの救急センター長で、娘のナヴァは翌日に結婚する予定だった。

アル＝ザハールの暗殺が決まった。

シャロームは衛星電話を使い、シャイェテット13の元指揮官ヨアヴ・ガラントに連絡した。ヨアヴ・ガラントは数多くの暗殺作戦に参加した経歴の持ち主で、現在は首相の軍事顧問を務めていた。ガラントがシャロンを起こすと（インド時間はイスラエルより二時間半進んでいる）、シャロンはすぐにアル＝ザハールの自宅へのミサイル攻撃を承認したが、翌朝の八時半以降という条件をつけた。その時間であれば、大人は仕事に出かけ、子どもたちは学校におり、通りに人がいないからだ。

では、アル＝ザハールの家族はどうなのか？　六時間の間に二度も残忍な攻撃を受け、恐怖におののいたあとでは、この疑問を気にかける者はいなかった。

翌朝、ターバン基地の傍受員が、アル＝ザハールが自宅から電話をかけているのを検知した。二階の書斎に引かれた回線を使っていた。

合同作戦司令室がシャロームにこれを報告した数秒後、ターバンから別の報告が入った。この電話は、ＢＢＣアラビア語放送によるアル＝ザハールへのインタビューだという。シャロームは生放送中に暗殺を行なった場合の影響を懸念した。「爆発音が聞こえるなど絶対にあってはならない」。そのため、インタビューが終わるまで攻撃の延期を命じると、合同作戦司令室のスタッフは耳をそばだて、アル＝ザハールが電話を切るのを待った。

シン・ベトのエージェントもカメラも書斎にいるアル＝ザハールの姿をとらえてはいなかったが、この電話が差込口一つの固定電話だったため、またターバンの熟練傍受員もＢＢＣのインタビュアーもアル＝ザハールの声を明瞭に確認できたため、アル＝ザハールの「死刑執行令状」は承認された。二機のアパッチが計三発のミサイルを発射し、家を破壊した。アル＝ザハールの二九歳の息子ハーリドとボディーガード一人が死亡し、アル＝ザハールの妻が重傷を負った。しかし、アル＝ザハールはかすり傷を負っただけだった。コーヒーとタバコとコードレス電話を持って庭に出ていたからだ。

「アネモネ摘み」作戦は実際のところ、想定されていたほどの成果をあげなかった。イスラエルが何度も重要なターゲットの殺害に失敗していた一方で、ハマスは二回の自爆テロで報復を行ない、一六人を殺害し、七五人を負傷させた。ハマス工作員の暗殺など、イスラエルがそれまでに採用したさまざまなテロ対策は、イスラエル人死傷者の数をある程度減少させることに成功したのに、この「アネモネ摘み」作戦は、期待されていたほどテロ攻撃を減少させることはなかった。ハマスの政治指導者は動揺したかもしれないが、シャヒード（殉教者）に進んでなろうとする人間に事欠くことはなかったのだ。

やがて、ヤーシーン師をどうすべきかをめぐり、国防当局内の議論が激化した。アヤロンは相変わらずヘビの頭を切り落としても問題は解決しないと主張したが、このハマスの指導者を無力化すべきであることは、いよいよ疑いの余地がないように思われた。

シン・ベトはサエレト・マトカルと協力し、ヤーシーン師を拉致・投獄する手の込んだ計画を練りあげた。しかし、そのような作戦はほぼ確実に銃撃戦となり、兵士やそばにいる民間人、あるいはヤーシーン師本人が被弾するおそれがあるため、このアイデアは却下された。そもそも、ヤーシーン師を再び投獄すれば自爆テロが収まるという保証もない。以前ヤーシーンを長期間投獄したときには（ハーリド・マシャアル殺害に失敗した後、フセイン国王との屈辱的な取引により釈放された）、自爆テロのほか、ヤーシーン師の解放を要求する殺害・拉致行為が頻発した。

やはり、ヤーシーンに効果的に対処する方法は殺害以外になかった。

しかし、ヤーシーンがハマスのテロの計画・指揮に積極的に関与していることには誰もが同意していたにもかかわらず、イスラエルの指導者たちはヤーシーン殺害をためらった。確かに、イスラエルは前年の「ドリームチーム」会議中にヤーシーンを殺害しようとしたが、その会議には軍事指導者も参加していた。ヤーシーンだけを暗殺するとなると、まったく事情が違ってくる。ヤーシーン師はハマスの創設者であり、世界的に有名な政治指導者であり、中東全域で尊敬を集める聖職者だった。

一一月の議論で、アヴィ・ディヒターはこう主張した。「この人物を暗殺すれば、中東全域が怒り狂い、国外からテロの波が押し寄せるおそれがある」。国防省の軍政局長のアモス・ギルアド少将は、そのタカ派的見解で有名だが、やはり暗殺には反対した。「ヤーシーン師は死のイデオロギーのパラダイムそのものであり、殺人計画を無限に立案している」とは言いながらも、イスラムの精神的指導者として認められている人物を殺害すれば、イスラム世界全体を敵にまわしかねないとの意見に同意した。

一方ヤアロンは、ヤーシーンは精神的指導者と見なされているわけではなく、殺害したとしても怒りや非難以上の反応は起きないと反論した。「ヤーシーンのまわりの人間を殺すばかりで本人に手を出さなければ、堂々巡りが続くばかりだ」

国防大臣のモファズはさらに過激な提案をした。「ヤーシーンを殺害する必要があるどころか、〝ハイ・シグネチャー〟で殺害したいぐらいだ」。つまり、イスラエルの仕業だとはっきりわかるように暗殺を実行するという意味だ。

シャロンはおおむねヤアロンやモファズと同じ意見だったが、ディヒターはシャロンのテロ・暗殺問題担当上級顧問であり、独断的なシャロンでさえ、ディヒターらの反対を受けて若干自信を失っているように見えた。

ギオラ・エイランド少将は別の懸念材料を挙げた。対外的に悪い印象を与えるのではないかという点である。「高齢で、目がやや不自由な、車椅子に乗った哀れな障害者」をイスラエルが殺すと問題にならないか？　無法者に見られないか？　シャロンはその点をほとんど問題にしなかったが、ほかにも意見を聞いてみた。

国防軍の哲学顧問アサ・カシェルはヤアロンを支持して、次のような意見を述べた。「国際人権団体が発展させた政治指導者と軍事指導者との区別が適用されれば、ヒトラーもかなりの期間、攻撃を免れられたでしょう。テロ組織の場合、指導者の区別はきわめてあいまいです」。一方、軍法務官はきっぱりと反対した。フィンケルスタインとダニエル・レイスネルが三年前に暗殺のルールを策定して以来、レイスネルら法務局員は多くの作戦に立ち会い、法的支援を提供してきた。罪のない人々を傷つけるおそれがあるという理由で作戦の延期を命じることもあった。ヤーシーンのケースでは初めて、ターゲットとする人間の身元を理由に強く反対した。レイスネルの意見が重視されるようになったのは、ちょうどその時期に国際刑事裁判所が設立されたからでもあった。イスラエルの高官たちは暗殺で起訴されることを心配するようになり、法的支援を求めていた。

それでもなおヤアロンはヤーシーン暗殺を主張し、この問題はイスラエル最高の法的権威である司法長官室でも取り上げられた。特定の人物の暗殺がそこで議題とされたのは初めてのことだった。

アマンとシン・ベトの職員はヤーシーンのレッドページを提示した。そこには、ハマスの創設、イスラエルの存在に対する敵意に満ちた説教、テロ組織の設立、一九八〇年代のイスラエル兵士の拉致・殺害に関する犯罪歴、武器の取得、軍事活動のための資金調達、自爆テロの推奨など、ヤーシーンの罪を立証するためにこれまでに積み上げてきたあらゆる証拠が記載されていた。

フィンケルスタインとレイスネルは、レッドページに敬意を払いながらも、暗殺は復讐や処罰としてではなく、将来の攻撃を防ぐためにのみ行なわれるべきものである、と異議を唱えた。

情報資料によれば、ヤーシーンが最近テロに直接関与した兆候はなかった。だがアマンの担当者はこう主張した。「それはあの男が、われわれに追跡されていることを知っているからです。電話などの電子的手段を使って話をしないよう注意しているんです」

司法長官のエリアキム・ルビンスタインは軍法務局の立場を支持し、ヤーシーンを直接テロに関連づけられる証拠、「法廷でも説得力のある」証拠が提出されるまで、暗殺を承認しないと述べた。

ヤーシーン暗殺を断念してから間もない二〇〇四年一月一四日、ガザ地区の二一歳の女性がエレズ検問所を通ってイスラエルに入ろうとした。検問所ではパレスチナ人は全員、金属探知機を通り抜けなければならない。その女性が金属探知機を通過すると、「ビーッ、ビーッ、ビーッ」という甲高い警告音が鳴った。彼女は国境警備員に「プラチナ、プラチナ」と言いながら、自分の足を指差した（プラチナが埋め込まれているという意味だ）。

国境警備員はその女性をもう一度金属探知機に通し、さらにもう一度通した。金属探知機は常に警告音を発する。彼女の身体検査をするために、女性の警備員が呼ばれた。すると、そのパレスチナ人女性が爆弾を爆発させた。四人の国境警備員が死亡し、ほか一〇人が負傷した。

その女性の名前はリーム・サーレハ・リヤシという。二人の子どもがおり、一人は三歳、もう一人はまだ一歳半だった。

翌日、ヤーシーン師は支持者の家で記者会見を開いた。車椅子に座り、茶色い毛布にくるまったヤーシーンは、「ＨＡＭＡＳ」の文字が入ったハート形の大きな花輪を背景に、笑みを浮かべながらこう語った。「男性ではなく女性の戦士を初めて使った。闘争は新たな段階に入った」。それまでは女性を自爆テロに利用することに反対するファトワー（宗教的布告）を何度か出していたが、その考えを改めたということだ。「聖戦は、男性女性を問わず、すべてのイスラム教徒に義務づけられている。この自爆行為は、われわれの祖先の土地から敵を追放するまで抵抗を続けるという意思表示だ」

イスラエルにとって、このような戦術の変更は脅威だった。モファズ国防大臣は言う。「そのとき思ったよ。この国に押し寄せる女性自爆テロ犯にどう対処すればいいのか、とね。女性を調べて爆発物の持ち込みを防ぐのは、かなり難しい」。汚い戦争のさなかでも、守らなければならない礼節というものがある。

この声明のほか、ターバン基地の８２００部隊が極秘に録音したヤーシーンの会話記録もアマンはルビンスタイン司法長官に提出することができた。ヤーシーンはその会話のなかで、例の女性を自爆テロに使ってもよいと作戦要員に伝えていた。ファルカシュは言う。「ヤーシーン師を中心とするハマスの政治指導部とテロ攻撃の立案・実行者との間に、直接的なつながりがあるという明確な証拠を手に入れた」

ルビンスタイン司法長官は、この会話記録の提示を受けて暗殺を承認した。こうしてヤーシーンを合法的に殺害することが可能になった。暗殺の決定を下すため、保安関連閣議が招集された。シモン・ペレスはまだ反対しており、後にこう語っている。「ハマスのほうでもイスラエルの指導者を殺そうとするのではないかという不安があった。それに、和平合意を結べる相手はヤーシーンしかいないと思っていた」

しかし閣議では一票差で、ヤーシーンをテロの首謀者と見なすという決定が下された。当時の産業貿易通信大臣で、この決定にも賛成したエフード・オルメルトは言う。「この暗殺を実行すれば天変地異なみの事態になるという警告には賛成できなかった」

すでに定例化されている手続きに従い、暗殺の日時や方法に関する国防軍やシン・ベトの提案の承認については、シャロンとモファズに一任した。その後、シャロンの側近からアメリカの国家安全保障問題担当大統領補佐官コンドリーザ・ライスに、ヤーシーンがイスラエルの合法的なターゲットになったことが伝えられた。側近のウェイスグラスは言う。「かなり激しい議論を交わしたよ。アメリカ側は中東全域が激怒するのではないかと心配していた」

シャロンは公の場でも、ヤーシーンをターゲットと見なすようになったことを示唆した。するとヤーシーンは、周辺の警備を厳重にした。また家を出ることが少なくなり、自宅近くのモスクや妹の家を訪れるときにしか姿を見せなくなった。これら三カ所の移動には二台のバンが使われた。ヤーシーンの車椅子用のリフトを装備した車と、武装したボディーガードが乗る車である。ヤーシーンの生活はこの三カ所に限定されていたが、イスラエルがこれらの場所を爆撃してくるとは思えなかった。どの場所にも女性や子どもがたくさんいたからだ。とりわけモスクには罪のない民間人がたくさんいる。

しかし、三カ所を結ぶ線上に攻撃の余地があった。三月二一日の夜、ヤーシーンは祈拝のため車でモスクに向かった。ボディーガードが乗った二台目の車がそれに続く。

モファズは、帰り道を狙って二台とも破壊するよう命令した。上空にはヘリコプター、頭上にはうなりをあげる無人航空機が飛んでいたので、ヤーシーンの息子アブドゥル・ハミードが間もなく危険に気づき、モスクに駆け込んだ。

「お父さん、ここから離れないで。モスクは攻撃してこないから」

ヤーシーンらは用心してモスクにとどまることにした。

数時間が経過した。合同作戦司令室と待機中の全部隊は警戒を続け、空軍は燃料切れになったドローンや攻撃ヘリコプターを交代させながら監視を継続した。ヤーシーンはモスクの床に敷いたマットレスで眠りについたが、寝心地が悪く、朝早くに目を覚ました。そして夜明けの礼拝をすませると、家に帰ることにした。ハミードは言う。「ヘリコプターの音が聞こえなくなり、危険は過ぎ去ったのだと誰もが思った」

それでも、モスクを出るのは危険だった。彼らは結局、追跡者を混乱させるため、ヤーシーンを車椅子に固定し、それを押して自宅まで帰ることにした。車はおとりに使った。ハミードによれば「障害者の車椅子には砲撃してこないだろうと思った」という。

言うまでもなく、イスラエルの監視はまだ続いており、ドローンが熱探知カメラの映像を送っていた。人々がモスクの正面玄関から出てきて、車椅子を押しながら、入口そばに止めたバンの横を素早く通り過ぎていく。

だが空軍指揮官のハルツは、砲撃を許可することができなかった。モファズ国防大臣の命令で許可されていたのは、二台のバンの砲撃だけだったからだ。

ハルツはモファズに連絡を入れた。「大臣、バンのフレーミングはできませんが、ボディーガードたちが車椅子を押して走っている姿は確認できます。車椅子にはクーフィーヤをかぶった人物が乗ってます。許可をいただけませんか?」

モファズは、ヘリコプターから車椅子がはっきり見えるかどうか、攻撃が可能かどうかをアパッチのパイロットに確認するようハルツに命じた。

パイロットは「はっきり見えます。攻撃も可能です」と答えた。

「許可する」とモファズが言う。

「ラシャイ(攻撃許可)」とハルツがパイロットに伝えた。

送信されてくる映像に閃光が見え、一瞬何も見えなくなった。その後、車椅子の部品が四方に飛び散り、車輪が一つ空に舞い上がって画面から消えた。倒れたり地面をはっている人々の姿が見える。

「追加攻撃の許可を求めます」とパイロットが言った。

「許可する」とモファズが応える。

ミサイルがもう一発地面に当たり、まだ生きていた人々を殺害した。

モファズはシャロンに電話した。ハヴァト・シクミムの自宅で作戦の結果報告を緊張しながら待っていたシャロンに、モファズはこう伝えた。「ビデオがある。画像から判断するかぎり成功したようだ。ターゲットを直撃した。別の情報源からの報告を待とう」

数分もしないうちに、ターバン基地の当直の傍受員から、ハマスの通信チャンネルが情報であふれかえっているとの報告があった。ハマスのメンバーの間で「ヤーシーン師がボディーガード数名とともに殉教者になられた」という情報が飛び交っていた。ヤーシーンの息子アブドゥル・ハミードは重傷を負った。シャロンは補佐官たちに、早々に起きて暗殺の余波に備えるよう命じた。

アメリカ政府は、この暗殺のニュースを聞いて強い懸念を示した。実際ウェイスグラスは「アメリカ政府はいまにもヒステリーを起こしそうでした」とシャロンに報告している。ウェイスグラスはライスに、心配しなくてもアラブ世界が非難以上の行動に出ることはないと伝え、説得力のある落ち着いた声でこう述べた。「コンディ、パレスチナ自治政府領内でもただならぬ事態にはならないと思います。三日間全市民が喪に服すと発表していますが、店はすべて開いていています。大丈夫ですよ」


服喪期間が終わると、ハマスの最高指導機関であるシューラ評議会は、アブドゥル・アズィーズ・ランティースィーをヤーシーンの後継者に任命した。ランティースィーはガザの難民キャンプにあるサッカー場で宣誓を行なった。組織の指導者全員が大勢の群衆の前の演壇に座り、制服を着た民兵のパレードを観閲した後、新しい指導者の手にキスをした。ランティースィーは最高指導者としての初めての演説で「あらゆる場所で敵と戦い、抵抗の意味を思い知らせる」と宣言し、ヤーシーン殺害の復讐を誓った。

イスラエル当局はこのパレードや就任式典の計画を知っていた。だがここで攻撃をすれば、民間人を殺すおそれがあるうえ、外国のテレビ局がイスラエルの攻撃を生中継することになる。そのためシャロンは、シン・ベトと空軍に攻撃を控えるよう命じた。

しかしそのころにはもう、シャロンは新しい指導者の暗殺を承認していた。この決定は、ヤーシーン暗殺のときほど難航しなかった。ランティースィーはヤーシーンのような宗教的権威を備えているわけでも、アラブの政治家として国際的に認められているわけでもない。それに、ランティースィーがテロに関与していることには議論の余地がない。そして何よりも、ハマスの指導者の暗殺にはすでに前例がある。つまり、もはやどんなハマスの指導者でも抹殺できる。

用心深いランティースィーは、隠れ家を頻繁に変えたり、カツラをかぶったり、複数の携帯電話で異なるコードネームを使ったりするなど、イスラエルの監視を欺こうとした。しかし、ターバン基地は苦もなくランティースィーを追跡した。ハマスの責任者の地位についてから数週間後の四月一七日、ランティースィーは息子のアフメドの結婚準備のために帰宅した。必要な現金を妻に渡して立ち去るだけの短い訪問だった。

ランティースィーがスバルの車に乗ってアルジャラア通りを走っていたとき、ミホリトミサイルの砲撃を受けて車が炎上した。

数百人もの群衆が黒焦げになった車の残骸のまわりに集まった。救急隊員たちがランティースィーと二人の側近の命を救おうと努力をしたが、無駄だった。ロイター通信が配信した写真には、泣き叫ぶ群衆の姿が写っていた。そのなかには、死んだ指導者の血にまみれた両手を空に掲げている男もいた。

モファズはマスコミに、「ランティースィーは子どもの殺害を専門とする小児科医だった」と語った。シャロン政権の閣僚は、それまで暗黙のうちに行なってきた警告を露骨に行なった。ある閣僚は「テロを生業にしている者は自分の運命を心配したほうがいい。アラファートもそれに気づくべきだ」と述べた。

ランティースィーの殺害は、二〇〇〇年末のインティファーダ勃発以後一六八回目となる暗殺作戦だった。そのころになると「アネモネ摘み」作戦は、ハマスに衝撃と混乱を与えることに成功していた。シューラ評議会はランティースィーの後継者をすぐに指名したが、その人物は大して重要な人物ではなく、名前も秘匿され続けたので、結局殺害されることはなかった。ハマスの幹部は全員、イスラエルの監視から逃れるために極端な予防措置を講じ、事実上生き延びるためだけにほとんどの時間を費やすことになった。

やがてハマスのウェブサイトに次のような声明が発表された。「敵のシオニストたちが、闘志あふれる兄弟たちを大勢暗殺することに成功している。いまこそわれわれは、ありとあらゆる純粋な戦士を是非とも必要としている。われわれの不用意な行動が、敵の成功の大きな要因となっていることに疑いの余地はない。電子スパイ航空機が常にガザ上空を飛び交っている。この監視任務を遂行する数多くの目は、眠ることを知らない。ミサイルを搭載したアパッチヘリコプターがいつでも待機し、発射する機会をうかがっている。われわれは毎日、いや毎時間、暗殺の危険にさらされている」

ランティースィーが殺されてから二週間後、エジプト政府でムバラク大統領に次ぐ権力を持つオマル・スレイマーン総合情報庁長官がイスラエルを訪れ、モファズ、ヤアロン、ディヒターと緊急会談を行なった。その席でスレイマーンは、「和解のメッセージを伝えに来た」と言い、ハマスの停戦案を提示した。「暗殺を行なわなければ、テロ攻撃は行なわない」という内容である。

モファズはスレイマーンに来訪の礼を述べ、地域に和解をもたらそうとするエジプトの努力をいつも高く評価していると述べた。しかし、それ以上話し合うことは何もなかった。イスラエルはハマス幹部の殺害作戦など、暗殺全般をやめるつもりはない、とモファズは伝えた。

するとスレイマーンは気分を害して言った。「わざわざカイロからやって来て、攻撃停止を提案しているんだ。あなた方もそれを望んでいたんだろう？　なぜ暗殺にこだわる？」

モファズはこう答えた。「ハマスが停戦を望むのは、その間に態勢を強化するためだ。われわれはハマスを倒し、息の根を止めなければならない」

スレイマーンはシャロンにも話をした。シャロンはスレイマーンを温かく迎え入れたが、一歩も譲ることなくこう主張した。「わが国の国防当局は、停戦に合意してはならないという立場をとっている。指揮官たちには反対できない」。シャロンは、ハマスの行動を注意深く見守るとだけ伝えた。

ハマスの活動家たちは、イスラエルのドローンやアパッチに見つからないような行動を心がけた。

たとえば、必要なときだけ移動した。しかもバイクを使い、わざわざ狭い路地ばかりを選んだ。だが、それでも効果はなかった。五月三〇日にはガザ地区でミサイルにより二人が殺された。その二週間後にはバラータ難民キャンプで一人が殺された。ちょうどその日、前回の訪問以来シャロンと何度も電話でやり取りをしていたスレイマーンが、直接会いに来た。「首相、今回のハマスの提案は本気だ。ハマスが攻撃をやめていることにあなたも気づいているだろう?」

シャロンは不本意ながら暗殺の中止に同意した。ハマスは即刻自爆テロを完全停止するよう命じた。

アリエル・シャロンはテロとの戦いにおいて優位に立つと、治安状況がやや改善したこの時期に、中東の歴史的対立に対する政治的解決策を模索し始めた。シャロンはブッシュ大統領と親密な関係にあり、アメリカの政府全体とも深い関係を築いている(暗殺の黙認と引き換えに入植を凍結した取引に基づく)。そのためアメリカ政府はいまや、心からイスラエルを助けたいと思っている。こうした事実を受けて、シャロンはそれまでの認識を改めた。

ウェイスグラスは言う。「アメリカ政府は、誰が大統領に就任しようが関係なく、イスラエル人の占領地への入植を重大な問題と見なす。シャロンはそんな結論に至った」

以前のシャロンは、入植を熱心に奨励していた。だがいまでは、入植は宗教やイデオロギーの問題ではなく、安全保障にかかわる問題だと考えるようになった。ウェイスグラスは、パレスチナ人などアラブ人全般に対する攻撃的な政策でキャリアを築きあげてきた超タカ派のシャロンが「劇的な変化を遂げた」と言う。「入植地は重荷でしかなく利点がないと理解した瞬間、入植地を明け渡して入植者を見捨てることにも抵抗がなくなった。シャロンは、戦いに疲れて和平を実現した将軍として引退したいと思っていた」

しかしシャロンは、この構想を実現するには大きな障害が一つあると考えていた。ヤーセル・アラファートである。パレスチナ国家の創設・独立を認めざるをえないことはわかっていたものの、だからと言ってアラファートに対する憎しみまで消すことはできない。シャロンはアラファートを「支配する領土にテロ体制を確立し、政府の支援により組織的にテロリストを訓練・扇動し、資金・装備・武器を提供し、イスラエル全土に派遣して、殺害を行なわせた」人物と見なしていた。ロシアのセルゲイ・イワノフ国防大臣との電話会談のなかで、アラファートのことを「病的な嘘つきで、子ども、女性、幼児の殺害を命じる人殺し」と表現したこともある。

イスラエルの情報機関は、国防軍部隊がラマッラーのパレスチナ自治政府本部の一部を占拠した際に、ヤーセル・アラファートの資料を大量に押収していた。この資料には、シャロンの主張を裏づける何百もの事例が記載されている。たとえばアラファートは、ファタハのテロ活動を支援するために多額の送金を命じていた。また、アラファートの周辺では、前例のないほど数多くの汚職が行なわれていた。アラファートはイスラエルや国際社会に対し、近代的な経済と単一の軍隊を備えた真の民主国家を建設すると約束していたが、この資料を見れば、その約束が繰り返し破られていたことがわかる。アラファートは、ゲリラ組織の首領から民主国家の指導者に生まれ変わることができず、人心操作、買収、分断統治など、PLOの支配に用いたのと同じ方法でパレスチナ自治政府を支配し続けていた。それはすべて、パレスチナ人の指導者としての地位を守るためでしかなかった。

そこでシャロンは、アラファートの権威を失墜させる計画の一環として、一部のジャーナリスト（私のほか非イスラエル人ジャーナリスト数人）にこの資料の閲覧を許可し、その内容を世界中に公表させようとした。さらに、この資料に関する書籍の海外での出版を支援するため、モサド長官の機密費からの送金を指示した。

シャロンは、一九七〇年代後半にルーマニアの情報機関が撮影したビデオテープをばらまくことさえ検討した。当時DIE（ソ連主導のルーマニアの情報機関）の長官を務めていたイオン・ミハイ・

パチェパ将軍はアラファートについて、「ずる賢さ、冷血さ、醜悪さが一人のなかにこれほど集まった人間は見たことがない」とよく語っていた。そのため、アラファートがニコラエ・チャウシェスク大統領との会談後に滞在していた宿泊施設に、パチェパ将軍の部下が隠しカメラを設置していた。そのカメラの映像に、アラファートがボディーガードたちと同性愛の性行為にいそしんでいる姿が記録されていたという。シャロンは、このビデオテープをイスラエルの情報機関が入手しており、インターネットに匿名でばらまくことを検討していると側近たちに打ち明けた。

しかし、シャロンは結局この不愉快なアイデアを捨てた。別の手段により、アラファートが手に負えない人間だとアメリカ政府に納得させることができたからだ。イスラエルはそのころ、パレスチナ自治政府のテロ組織が「カリーヌA」という船でイランから武器を密輸した事件に、アラファートが関与している明白な証拠を入手した。シャイェテット13が「ノアの箱舟」作戦により海上でこの船を拿捕し、乗組員を逮捕・尋問した結果、アラファートに近い人物の関与が判明したのだ。それに対してアラファートは、ブッシュ大統領に宛てた特別書簡で自分や部下の関与を否定した。しかし、アマン幹部がホワイトハウスに持ち込んだ情報資料のほうが、はるかに説得力があった（盗聴資料、押収文書、尋問記録などを、鎖で手首につないだブリーフケースに入れて運んだ）。アラファートが厚かましくも嘘をついていたことを知ったブッシュは、アラファートがパレスチナの大統領としてふさわしくないという声明を発表し、二〇〇二年六月二四日、パレスチナ国民に新しい指導者を選ぶよう呼びかけた。

二〇〇二年一一月、イスラエルへの激しい攻撃が繰り返されると、シャロンは「ムカタア」と呼ばれるパレスチナ自治政府本部を包囲するよう命じ、アラファートとその部下をそのなかに閉じ込めた。そして、あるときには電気を遮断し、またあるときには上水道を遮断するなど、「ムカタアの犬」（シャロンはアラファートをこう呼んだ）に惨めな生活を送らせるよう指示した。さらにD9装甲ブルドーザー中隊を派遣し、数日おきに建物の壁を一枚ずつ破壊させた。

だが、最終的にアラファートをどうすべきかについては意見が分かれた。殺害のターゲットに設定して堂々と攻撃すべきだという意見もあれば、イスラエルの仕業だとわからないような方法で殺害すべきだという意見もあった。また、追放を望む者もいれば、ムカタアで「腐る」まで放置しておけばいいと言う者もいた。

二〇〇二年四月の大規模攻撃のあと、シャロンとモファズが交わした密談を偶然聞かれてしまう事件があった。二人はある公開イベントでマイクの近くに座っていたが、テレビスタッフがすでにマイクを接続していたことにも、遠くから二人を撮影していたことにも気づかなかった。

モファズ　やつを始末しないとな。

シャロン　え？

モファズ　やつを始末しないと。

シャロン　わかっている。

モファズ　この機会を利用しよう。こんなチャンスはもうない。いまのうちにその話をしておこう。

シャロン　行動を起こすとなると……きみがどんな手を使うかわからないが（クスクス笑い）、全員を眠らせて……（真剣になる）。用心しないとな！

シャロンがこの会話で述べている「行動」がどんなものかは不明だが、国防軍や情報機関は、アラファートに対して今後採用する可能性がある戦略ごとに対応策を準備した。アラファートの国外追放を強く主張していた空軍司令官のダン・ハルツは、この自治政府議長の今後の新たな住み処として、二つの小さな島（一つはレバノンの海岸近くの島、もう一つはスーダンの近くの島）を選んだ。ハルツは、アラファートに二人の側近をつけ、少量の食料と水を持たせて島へ追放し、そのあとで居場所を世界に公表すればいいと考えていた。やがて、特別歩兵部隊がムカタアを占拠してアラファートの部屋に突入する計画が立てられた。アラファートたちを死なせないために、突撃の前に建物内に催眠ガス弾を撃ち込むことも検討された。

ところが、この作戦は結局中止となった。医療隊の外科部長だったアミール・ブルーメンフェルド中佐によれば、「アラファートを生きたまま拘束できる保証がなかった」からだという。「結局のところ、相手は多くの疾患を抱えている老人だった。それに、突入した兵士との間に戦闘が勃発するおそれもあった」

アラファートをめぐる協議は、間もなくワシントンにも伝えられた。ブッシュ政権は、シャロンがヤーシーン殺害を決断したように、アラファートの暗殺命令も出すのではないかと心配していた。二〇〇四年四月一四日にはホワイトハウスで会議が開催され、アラファートに危害を加えないと約束するようブッシュがシャロンに要請した。会議の出席者によると、シャロンはブッシュ大統領に、要請は理解した（「言いたいことはわかります」）と述べたという。しかしブッシュは、シャロンが言葉を濁していることに気づき、アラファートを殺さないとシャロンがはっきり約束するまで圧力をかけた。

だがこの約束をする前からシャロンは、国防軍や情報機関の幹部との協議を通じて、イスラエルがヤーセル・アラファートの死に関与していると思われてはならないという結論に達していた。ブッシュ大統領とこの約束をしたあとは、それがさらに重要になった。

突然、何度も死を免れてきた男が、不可解な腸の病にかかって死んだ。さまざまな関係者により検死が行なわれたが、結論はまちまちだった。アラファートの服や遺体から微量のポロニウム（暗殺に使用される放射性物質）が見つかったという検死結果もあれば、自然死だと見なす検死結果もあった。シャロンは、アラファートがイスラエルの支配地域で死ぬことのないように、フランスのパリ近郊にある軍病院に搬送するのを認めていた。その病院の医療ファイルを見ると、死因についていくつもの疑問点が挙げられており、エイズで死んだ可能性も排除されていない。

イスラエルの報道官は、どのような形であれイスラエルはアラファートの死に関与していないとはっきり主張した。情報機関の幹部や政府首脳も、神妙な顔で「われわれはアラファートを殺していない」と繰り返すばかりだった。

それでも、ヤーシーンが暗殺された直後だっただけに、アラファートが妙なタイミングで死んだというのも疑いようのない事実だ。シャロンの報道官を務めていたウリ・ダンの著書『Ariel Sharon: An Intimate Portrait（アリエル・シャロンの素顔）』（未邦訳）によれば、シャロンが後にブッシュと会談した際に、アラファートを殺さないという以前の約束をもう守るつもりはないと言うと、ブッシュは何の返事もしなかったという。そのころダンはシャロンに、なぜアラファートを国外追放にしたり裁判にかけたりしないのかと尋ね、「アラファートは全面的に免責されているのか？」と文句を言った。

するとシャロンは「私のやり方でやらせてくれ」と素っ気なく応えた。ダンの著書によれば、「突然、彼は会話を打ち切った。私たちの関係では珍しいことだった」という。ダンは続けて、大統領との会談後アラファートの状態が悪化し始めたと述べ、最後にこう記している。「アリエル・シャロンはアラファートを殺害することなく消し去った人物として、歴史に名を残すことになるだろう」

アラファートはなぜ死んだのか？　私がその答えを知っていたとしても、本書に書くことはできないし、答えを知っているということさえ明らかにできない。イスラエルの軍検閲局が私に対して、この問題に関する詮索を禁じているからだ。
シャロンがアラファートを始末したがっていたのは事実だろう。実際、アラファートを「二本足の獣」と呼び、二〇年前には殺害を試みている。シャロンが本当にアラファートの殺害を命じていたとしても、それは、ほかの暗殺よりもはるかに規模の小さいグループのなかで極秘裏に進められたに違いない。当人は認めることはないだろうが、シャロンはアラファートの死を受けて発表した特別声明のなかで、アラファート殺害には次のような目的があったことを明らかにしている。「昨今の出来事は歴史的な転換点になるかもしれない。アラファートの時代が終わったいま、困難な事業に真剣に取り組む、信頼できる指導者が現れれば、(中略) その指導者とさまざまな面で協調し、外交交渉さえ再開できるような絶好の機会が生まれるだろう」

この時期の指導層は一様に、アラファートの死に直接関与していることは認めようとしないが、アラファートの死によりイスラエルの治安が改善したことは認めている。後継の自治政府大統領に任命されたマフムード・アッバース(アブー・マゼン)も、アメリカ政府と親密な関係にある新首相サラーム・ファイヤードも、テロ撲滅活動を徹底的に推進した。実際、アッバースとファイヤードの政権が誕生して以降、パレスチナ人はテロ活動の停止に積極的に取り組むようになった。シン・ベトの疑い深い幹部たちでさえ、アラファートの死後に訪れた平和は、この二人との緊密な保安協力によるところが大きいことを認めている。

二〇〇〇年九月に始まり、自爆テロと暗殺の応酬に明け暮れたイスラエルとパレスチナの紛争は、こうして徐々に鎮静化し、やがて完全に停止した。

イスラエルは、第二次インティファーダの間に数多くのテロ対策を実施した。国防軍が地上電撃戦を行なって一斉検挙を実施したり、自爆テロ犯がイスラエルへ侵入できないようにヨルダン川西岸地区とイスラエルとの間に壁を建設したりした。だがこうした対策は、ある程度はテロ組織の活動を妨害したものの、統計を見るかぎり、その後も残忍なテロ攻撃は続いた。結局テロ攻撃が停止したのは、大勢のテロ工作員を殺害し、「アネモネ摘み」作戦でテロ指導者を暗殺したからにほかならない。

イスラエルの情報組織は、暗殺システムの合理化により、これまでずっと抑止不可能と考えられてきた自爆テロの抑止に成功した。イスラエルは、アリエル・シャロンの決然たる指揮のもと、情報部門や作戦行動部門の不屈の努力や協力を通じて、自爆テロ対策にあらゆる国力を動員した。そしてそれにより、まるで妥協しようとはしない残忍なテロネットワークでさえ屈服させられることを証明してみせた。

しかし、暗殺には大きな代償が伴う。何よりもまず、罪のないパレスチナ人が、暗殺の「偶発的被害」を受けた。無関係な人が数多く殺されたほか、子どもを含む数千人が負傷し、一生残る障害を負った。精神的な傷を受けた人も、家を失った人もいる。

あるシン・ベトの高官は言う。「以前は何もかも秘密で合法性もあいまいだったため、暗殺などほとんどできなかった。発覚しない暗殺がどれだけある？　だが国防軍の法務官が、暗殺はユダヤ教の教えにかなった、合法的で、隠す必要のない行為だと判断すると、機械的に暗殺を行なうようになった。そのおかげで良心は痛まなくなったが、それまで以上に多くの人が死んだ」

現在ハーヴァード大学の法律学教授を務めるガブリエラ・ブルームは、かつてイスラエル国防軍の法務局員として暗殺を合法化した意見書の作成に参加していたが、二〇一七年に深い遺憾の意を表明している。「もともと例外的なケースで採用すべき例外的な行為として承認されていたものが、正規の行為となってしまったことを深く憂慮している」

さらに暗殺作戦は、イスラエルを孤立させ、その国際的地位を失墜させる大きな要因になった。またしてもダビデが、ゴリアテのようにふるまってしまったのだ。

ダン・ハルツ参謀総長は、イスラエルが暗殺政策を採用した理由をこう説明している。「これが中東の基本的な行動規範だ。こうすれば敵も、われわれが常軌を逸していること、徹底的にやるつもりでいること、これ以上我慢するつもりなどないことに気づく」

確かに、ヤーシーンとアラファートという二人の重要人物が死んだことで、この地域の情勢は劇的に変わった。指導者を暗殺すれば歴史の進路が変わる可能性があると言ったアミ・アヤロンは正しいのかもしれない。だが、暗殺により、以前よりよい方向へ向かうとは限らない。逆に、平和の実現がさらに遠のく可能性も大いにある。

いまになって考えてみれば、アラファートは、まがりなりにもパレスチナ自治政府のもとにパレスチナ人をまとめることができた唯一の人物だった。アラファートの死後、アッバース議長はそれに失敗し、ハマスがガザ地区を占拠して第二のパレスチナ人国家を樹立した。この新たな展開はイスラエルにとって、アラファート時代よりはるかに大きな脅威となった。

ハマスはイランから莫大な援助を受け、ガザ地区の掌握に成功した。逆説的ではあるが、ヤーシーンが生きていたとしたら、ハマスがガザ地区に独自の国家を樹立することに成功していたとは思えない。ヤーシーンはイランとの協力や連携に強く反対し、ハマスにもそれを認めなかったからだ。

ヤーシーンの死により、ハマスはかつてないほどのダメージを受け、イスラエルとの停戦合意を希望せざるを得なくなった。だがその後、中東の歴史の進路は思いもよらない方向へ変化した。ヤーシーンが舞台から消えたせいで、イスラエルの最大の敵であるイランが、この地域の一大勢力になるためにぜひとも必要な手がかりをつかんだのである。

第三三章　過激派戦線

バッシャール・アル＝アサドは思いがけず権力の座につくことになった。

一九七〇年一一月にシリアの全権を掌握したハーフィズ・アル＝アサドは当初、長男のバースィルにあとを継がせるつもりだったが、その前に自動車事故で死んでしまった。次に後継者候補に挙がったのは、軍人になっていた一番年下の四男マーヘルだった。しかし、マーヘルは激しやすく、発作的に暴れたりするなど、指導者にふさわしい性格ではなかった。三男のマジドは先天的な病を患っており、その病気が原因で後に死亡した。残ったのは、二九歳の次男バッシャールだけだった。ロンドンで眼科医の卒後研修を受けていたバッシャールは、一九九四年にバースィルが事故で死ぬと、すぐにダマスカスに呼び戻された。

バッシャールは常々、兄弟のなかでいちばんひ弱だと思われていた。やや空想的で浮き世離れしており、少しおどおどしているようにも見えた。だがハーフィズにとっては、バッシャールがどんな欠点を持っていようと、アサド一族がシリアを支配し続けることが重要だった。ハーフィズはバッシャールを軍隊に入れると、すぐに大佐にまで昇進させ、経験を積ませるためレバノンのシリア軍の指揮官に任命した。こうしてバッシャールは、一九九〇年代末までに大統領になるための素養を身につけた。そして二〇〇〇年六月にハーフィズ・アル＝アサドがこの世を去ると、翌月に大統領に就任した。

だが、ちょうどそのころは、国家の舵《かじ》取りが難しい時期でもあった。一〇年前にソ連が崩壊して冷戦も終わり、当時のロシアは以前ほど中東への影響力を持っていなかった。国際社会は再編されつつあり、バッシャール・アル゠アサドはそのなかでシリアの居場所を見つけなければならなかった。

そのうえ、シリア経済はかつてないほど悪化していた。国庫は底を尽いていた。軍隊はこの地域ではかなりの規模を誇っていたものの、古い装備も多く、最新の武器が早急に必要だった。だが何より問題なのは、イスラエルが一九六七年にシリアから奪ったゴラン高原をいまだに占領していることだった。この深く開いた傷をそのまま放置しておけば、国家の威信が損なわれてしまう。

二〇〇〇年半ば、アサドには二つの選択肢があった。いまや唯一の超大国となったアメリカと手を結ぶか、この地域の新興大国であるイランと手を結ぶかである。これは難しい選択ではなかった。その一〇年前、ハーフィズ・アル゠アサド大統領は、サダム・フセイン率いるイラクをクウェートから追い払うためにアメリカ主導で組織された多国籍軍に参加し、世界を驚かせたことがあった。ハーフィズは多国籍軍に参加すれば、その見返りに、経済的恩恵を受けることも、テロ支援国や麻薬取引国のリストからシリアを外してもらうことも、ゴラン高原から完全撤退するようイスラエルに圧力をかけてもらうこともできると期待していた。ところが、見返りは何一つ得られなかった。

ハーフィズは死ぬ三カ月前、ジュネーブでビル・クリントン大統領と会談した。それは、シリアとイスラエルの和平協定を仲介しようとするアメリカの外交努力の最大の見せ場だった。クリントンは、エフード・バラク首相からのメッセージをアサドに手渡した。そこには、かつてないほどすばらしいイスラエルからの提案が記されていた。「シリア兵がガリラヤ湖に足を踏み入れない」（つまり、ガリラヤ湖岸にシリア軍を常時駐留させない）ことを約束すれば、イスラエルはゴラン高原からほぼ完全に撤退するという。ところがアサドは、クリントンの話を聞くと、始まったばかりの会談を打ち切ってしまった。

イスラエルやアメリカはこれを、ハーフィズ・アル＝アサドが胃腸障害や認知症を患っていたせいで非合理的・非妥協的になっているのだと判断した。一方、陰謀論の熱心な信者だったアサドは、この会談を、アメリカがイスラエルの手先である証拠だと見なした。そのため、ここでアメリカ側の言うことを聞いても、ゴラン高原すべてを手に入れることも、それ以外の利益を受けることもできないだろうと考えた。

それに、イスラエルは弱体化しているように見えた。二〇〇〇年五月、エフード・バラクは無条件でレバノンから撤退した。アサドにしてみれば、これはイスラエルの屈辱的な敗北に等しかった。また、ゲリラ戦を効果的に活用すれば、中東で最強の軍隊さえ降伏させることができることを証明しているように見えた。

そこでハーフィズ・アル＝アサドは、占領されたゴラン高原を取り戻すようバッシャールに命じた。ただし、イスラエルと真正面から戦えば、ほぼ間違いなくシリアが負けることになるため、それは避けるよう忠告した。そのころイランは、イスラエルに対する非対称戦争を代理で遂行するさまざまなテロ組織（その筆頭がヒズボラである）をすでに抱えていた。一方、バッシャール・アル＝アサドは、過激派に「汚い戦争」を行なわせたほうが、イスラエルから譲歩を引き出すのに有利になるかもしれないと考えていた。イスラム過激派が喜んで血を流そうとしているのに、なぜシリア兵が血を流す必要がある？

そこでアサドは、ヒズボラやそれを支援するイラン政府と協力関係を結び、それを安全保障政策の柱に据えることにした。シリアとイランは相互防衛、武器供与、武器開発に関する一連の協定に署名し、イランはアサドに軍再建資金として一五億ドルを提供した。

神政国家を目指すイラン政府の首脳には、アサドらアラウィー派のイスラム教徒を、異端者、神聖な伝統に対する裏切り者、アラーに背いた異教徒と見なす者も多かった。しかしシリアは、強力な軍隊を持ち、イスラエルと国境を接しており、イランよりも国際社会から信用されていた。

それに、そのころイラン政府は国内問題を抱えていた。深刻な経済危機によりペルシャ人社会に深刻な亀裂が生まれ、宗教指導者たちへの反感が強まっていた。当時のイランは、北朝鮮やイラクと同様に国際社会から排斥され、孤立していた。ブッシュ大統領は二〇〇二年一月の一般教書で、この三カ国を「悪の枢軸」と表現した。それ以降、アメリカ政府はイランに対する制裁を強めていた。

ブッシュはその一方で、シリアを「悪の枢軸」に含めなかった。シリアがフランスやドイツなどの西側諸国と友好関係を維持していたため、西側陣営に引き込めるとまだ希望を抱いていたからだ。二一世紀の最初の一〇年間にNSAとCIAの長官を歴任したマイケル・ヘイデンによれば、「イラクのアメリカ軍を攻撃してくるテロリストに対抗するため、アサドと協力しようとした」が、そんな希望はすぐに砕け散ったという。

シリアとの同盟は、イランにとってきわめて都合がよかった。イラン政府は、シリア政府が是が非でも必要としていた現金や、長距離ミサイル用の固形燃料ロケットエンジンなど最先端の軍事技術を提供した。その代わりにシリアは、イラン人が宿敵イスラエルに直接出入りできるようにするだけでなく、イランとより幅広い世界との橋渡し役を務めた。シリアの港や空港を経由させることでイランの輸出入を可能にし、その国際的な孤立を軽減したのだ。

またイランは、シリアが大規模な軍事・情報活動を展開しているレバノンで、代理となる民兵組織ヒズボラを運営していた。ヒズボラが継続的に物資の供給を受け、任務を遂行していくためには、その地域でイラン人が自由に活動できる必要がある。シリアはそれを許可しただけでなく、支援さえした。

それどころかバッシャールは、単なる支援以上のことを行なった。

父のハーフィズ・アル＝アサドは数十年前から、イランが武器をダマスカスに空輸し、陸路トラックでヒズボラに届けることを許可してきた。しかしハーフィズは、イラン人が自由に活動できるよう手を貸すだけで、イスラム過激派そのものと緊密な関係を築くことは注意深く避けてきた。ところがバッシャールは、そこに好機を見出した。ヒズボラはレバノンからイスラエルを追い払うことに成功していた。その議長ハサン・ナスルッラーフは、イスラエルを「クモの巣」（遠くからの攻撃には強いが、近くからの攻撃には弱い）になぞらえていた。こうしたヒズボラの勝利やナスルッラーフの戦術が、バッシャールに衝撃を与えたのだ。

バッシャールは、神政国家の指導者ともイスラム過激派組織とも運命をともにする決断を下し、シリアのあらゆる資源をイランに自由に使わせることにした。二〇〇二年初頭からは軍の武器庫をヒズボラに開放し、イランさえ持っていなかったロシア製の最新兵器や長距離地対地ミサイルを提供した。さらにナスルッラーフを公邸に招待して、その考え方を手本とした。

シリアにはまた、ヒズボラの強化を願う現実的な理由があった。レバノンは、シリアにとってもシリアの軍幹部にとっても経済的な生命線だった（軍幹部は、国が関与する取引から莫大な手数料を手にしていた）。ところが最近、レバノンの有力者の多くが反旗を翻し、シリアにレバノンから出ていくよう要求していた。するとヒズボラの軍事指導者であるイマード・ムグニエが、イランとシリアに代わり、次々と反抗的な有力者を暗殺し始めた。この暗殺作戦の犠牲になった人物のなかには、ラフィク・ハリリもいる。中東の有力政治家ハリリは、レバノンの首相を二度務めたこともある人物だが、世界に働きかけてレバノンからシリア軍を追い出そうとしたために命を奪われた。

イラン、ヒズボラ、シリアの間には利益の一致があり、三者が必要に応じて協力・支援し合えば、相互に利益になることは明らかだった。こうして、イスラエルの情報機関が「過激派戦線」と呼ぶ同盟関係が生まれた。

テロ組織、国際社会から嫌われている神政国家、近代化された国民国家が同盟を結んだことにより、ゲリラ、自称革命家、凶悪犯が広範なネットワークを形成し、きわめて効率よく軍事活動を展開できるようになった。イラン、シリア、ヒズボラの指導者たちは、中東全域に広がったそれぞれの工作員すべてのために、戦略を立て、武器を提供した。

このネットワークの最高位にいた作戦指揮官が、イスラム革命防衛隊のガーセム・ソレイマーニー、ヒズボラのイマード・ムグニエ、シリアのムハンマド・スレイマーン将軍である。イランとシリアの援助を受けてダマスカスで活動していたパレスチナ・イスラミック・ジハード（ＰＩＪ）の指導者ラマダン・シャラハも、この同盟に迎え入れられ、何度か会議に招待されていた。

また補佐官には、ヒズボラの研究開発局長ハサン・アル＝ラキス、パレスチナ・イスラミック・ジハードのレバノン代表マフムード・アル＝マジズーブがいた。ハマスは、スンニ派のヤーシーン師がシーア派のイラン人を軽蔑していたため、公式には過激派戦線に参加していなかった。だが、国外のハマスの活動を指揮するハーリド・マシャアルは違う考えを持ち、ダマスカスにいるハマスの作戦指揮官イッズ・アッディーン・アル＝シャイフ・ハリールに、過激派戦線のメンバーと緊密に連絡を取り合うよう指示していた。

やがて過激派戦線は、通信網と輸送ラインを駆使し、イスラエルに対する闘争のための物資や武器の調達や供給を始めた。ヒズボラは、ベイルートからパレスチナ人テロリストの武装などを支援し、自爆テロで死んだイスラエル人の数に応じて報酬を支払った。また、シリアやイランで分解したロケットの部品を、陸路か海路でガザ地区にこっそり持ち込み、そこでＰＩＪの戦闘員がロケットに組み立て直した。レバノンのＰＩＪが以前から行なっていた方法をまねてミサイルを輸送するように、マジズーブがイスラム革命防衛隊に指示したのだ。マシャアルとシャイフ・ハリールは（おそらくヤーシーンの知らないところで）イランから莫大な資金援助を受けるとともに、重要な専門知識を教わった。その専門知識はガザに伝えられ、自家製ロケットの製造などに役立てられた。

一方、ヒズボラのラキスはレバノン南部で、イスラエルの侵攻に備えるため、あるいはイスラエルに攻撃を仕掛けるための巨大な掩蔽壕《えんぺいごう》やミサイル格納庫の建設を始めた。建設現場は巧みにカモフラージュされていたため、イスラエルの情報機関はその事実にまったく気づかなかった。破壊力のある武器が大量に組み立てられていることも知らなかった。ある調査によると、二〇〇三年当時ヒズボラは、単一のゲリラ部隊としては過去に例がないほど大量の武器を保有していた。

国境地域や占領地区に敵がいるのは、イスラエルにとって目新しいことではない。だがいまやイスラエルは、レバノンのヒズボラ、占領地区のＰＩＪ、北部国境のシリア軍から成る統一的な部隊に取り囲まれていた。そのすべてに資金や武器を提供していたのが、イランである。

モサドは、イスラエル国外の脅威に対する情報収集や対処を担当していたが、その働きぶりはとても十分とは言えなかった。その主な原因は、時代の変化に適応していなかった点にある。モサドは、イスラム過激派組織に潜入することもできず、誰もが携帯端末や暗号化ソフトウェアを利用できる時代なのにそれに対応する技術力もなく、マシャアルの暗殺未遂など数々の大失敗を犯していた。これらはいずれも、モサドの能力不足を意味している。それに対してイランは、これまでモサドが潜入を試みたどのアラブ国家よりも手強い、新たなタイプの敵だった。シリアも、厳重な治安対策を導入していた。

モサドは至るところで、過激派戦線の危険な計画を阻止しようとした。たとえば、ロシア軍事産業の重鎮アナトリー・クンツェヴィッチ将軍が、致死性の化学兵器ＶＸ神経ガスを製造しようとするシリアに手を貸していたことがあった。モサドはその事実を突き止めると、モスクワに正式に抗議をしたが無視された。すると二〇〇二年四月、クンツェヴィッチはアレッポからモスクワへ向かう旅客機のなかで不可解な死を遂げた。

しかし、こうした成功例はまれだった。モサドには過激派戦線に対する一貫した戦略がなく、敵の計画や行動に気づいていないケースもあまりに多かった。占領地区でシン・ベトやアマンが成功を収める一方で、モサドはイスラエル情報機関の穴と見なされていた。

シャロン首相はモサドにいら立っていた。モサドが旧弊で活力に乏しく、以前の不運な作戦失敗以来、危険を冒すことを怖がっているように見えたからだ。モサド長官エフライム・ハレヴィの方針は、常に先手を打って攻撃しようとするシャロンとは正反対だった。ドヴ・ウェイスグラスは言う。「イスラエル史上まれに見る困難な戦いとなった第二次インティファーダの際に、モサドほどの偉大な組織がなぜ存在感を発揮しないのか理解できなかった。ハレヴィは外交面を飛躍的に改善した。だが作戦をまるで重視しなかった。盲腸のように、なくても困らない余分なものと思っていた」

この時期はインティファーダのピークであり、暗殺対象者リストのなかでもターゲットとして最優先されたのは、パレスチナ人のテロを扇動している者たちだった。

イランの支配下にあるヒズボラは１８００部隊を設立し、タンジーム（ファタハの支援を受けて設立されたテロ組織）に自爆テロの資金や訓練を提供した。レバノンのＰＩＪも、ヨルダン川西岸地区やガザ地区にいるメンバーの自爆テロ活動に資金を提供し、訓練や指導を行なった。

だがモサドに強力な対抗策がなかったため、アマンがその穴を埋めた。当時のアマン長官アハロン・ゼエヴィ＝ファルカシュは言う。「モサドは一緒に作戦行動ができる相手ではなかった。そのころわれわれアマンは、ヨルダン川西岸地区のパレスチナ人五〇人をマークしていた。やつらは、レバノンにいるヒズボラの１８００部隊から資金や支援を受け、四六時中自爆テロに精を出していた。目に余る状況だった」。そのため、「その報いを受けなければならないことをヒズボラの指導者たちに教えてやろうと、ヒズボラのターゲットを片っ端から攻撃することにした」

アマンのテロ対策局長ロネン・コーヘン大佐は、ヒズボラの１８００部隊の工作員のほか、ＰＩＪやハマスのメンバーを含むターゲット（これを「一二銃士」と呼んだ）のリストを作成した。

そのリストのなかにカイス・オベイドという名前があった。この男はかつてシン・ベトのエージェントだったが、そのころにはヒズボラの１８００部隊の手先になっていた。オベイドはあるとき、国防軍のベテラン予備役将校をドバイに誘い出した。そして借金で困っていた将校に、金銭トラブルの解決に手を貸す約束をした。将校は罠にはまり、薬を飲まされて木箱に入れられ、ドバイのイラン大使館からベイルートに外交郵便で送られると、そこで尋問を受け、重要な軍事機密をヒズボラとシリアに漏らした。これを機にオベイドは、アラブ系イスラエル人の人脈やヘブライ語を流暢に話せる能力を活かし、自爆テロ犯の採用を始めた。

オベイドはイスラエル市民だった。イスラエルの情報機関には、同胞のイスラエル人の殺害を禁じる暗黙のルールがある。しかし、自爆テロの深刻な脅威にさらされ、この暗黙のルールも一時保留となった。だが、それほどの状況なのに、コーヘンが作成した「一二銃士」のリストに、ムグニエやその補佐官二人、あるいはナスルッラーフ議長といったヒズボラ幹部の名前はなかった。この作戦に参加していた人物が、その理由をこう述べている。「幹部を殺すと全面戦争に発展するおそれがあった」

ゼエヴィ＝ファルカシュとコーヘンは、この作戦の承認を得ようとシャロンに会い、こう訴えた。ヨルダン川西岸地区やガザ地区のテロ指揮官の抹殺については、シン・ベトが優れた仕事をしているが、イスラエル国外からテロを支援している組織の幹部については、どの組織も行動を起こしていない、と。だが、シャロンを説得する必要などなかった。シャロンは不機嫌そうにこう述べた。「残念だよ、きみたちの友人からこうした自発性が出てこないとは」。この「友人」とはモサドのことである。

　最初のターゲットはラムジ・ナハラだった。麻薬の売人で、もともとはイスラエルの情報機関のエージェントだったが、イスラエルがレバノンから撤退したときに寝返り、オベイドのイスラエル人将校拉致にも加担していた。二〇〇二年一二月六日、ナハラは甥のエリ・イサと一緒に、レバノン南部の故郷の村アインエベルへと車を走らせた。二人の乗った車が村の入り口のあたりを通り過ぎようとしたとき、岩にカモフラージュした巨大な爆破装置が爆発し、二人とも死亡した。

　次のターゲットはアリー・フセイン・サラーハだった。レバノン内務省にはイラン大使館の運転手として登録されている人物だが、実際は1800部隊の工作員である。二〇〇三年八月二日、サラーハは外交官プレートをつけたBMWの黒い高級セダンに乗り、ベイルートのダヒヤ地区にある1800部隊本部に向かった。午前八時三二分、その車の後部座席に隠されていた爆破装置が爆発した。車体が真っ二つに割れて一五メートルも吹き飛び、道路に巨大な穴ができた。アマンの報告書にはこう記されている。「爆発によりサラーハの体は、二つに割れた車体と一緒に二つに引き裂かれた」

　サラーハが死ぬと、ヒズボラ系のテレビ局アル゠マナルは、もはやその正体を隠そうともせずにこう報じた。「ヒズボラは偉大なるムジャヒディン（聖戦士）の死を哀悼する」

　二〇〇四年七月一二日、1800部隊のサラーハのあとを継いだガレブ・アワリが、ベイルートのハレトハレイク地区にある自宅を出た。ベンツに乗り込み、イグニッションキーを回すと、数秒後に車が爆発した。アワリは重傷を負って病院に搬送されたが、到着したときにはすでに死んでいた。

　レバノンでは聞いたこともない新たな組織が、この殺害の犯行声明を出した。ジュンド・アル゠シャーム（「レバントの戦士」）と名乗るスンニ派グループが「われわれは背信の象徴、シーア派のガレブ・アワリを処刑した」と述べたのだ。

だがヒズボラは、これはイスラエルの情報操作であり、暗殺はイスラエルの仕業だと確信していた。アワリのために壮大な葬儀が執り行なわれると、ハサン・ナスルッラーフが弔辞のなかで、故人はパレスチナ人の闘争を支援する特別部隊に所属していたと述べた。さらに、黄色いヒズボラの旗に覆われたアワリの棺に向けてこう続けた。「アワリは、われわれがパレスチナへ帰還する途上で倒れた殉教者であり、エルサレムやアル＝アクサー・モスクのためにシオニストの国と戦った殉教者である」。そして、この暗殺の首謀者としてアマン長官のゼエヴィ＝ファルカシュを非難した。

シャロンはゼエヴィ＝ファルカシュの働きを高く評価していた。だが、過激派戦線にはさらなる対応が必要であり、そのためにはモサドを根本的に変革しなければならないと感じていた。

シャロンはハレヴィを交代させることにした。後任には、モサドのベテラン工作員や国防軍の将官など、いくつもの名前が挙がった。しかし実際のところ、シャロンの念頭には一人しかいなかった。軍人時代に自分の指揮下で活躍した盟友メイル・ダガンである。過激派戦線に対抗するためにシャロンが必要としていたのは、不屈の闘志を持つダガンのような人物だった。

ダガンは一九九五年に国防軍を退役した後、首相府のテロ対策局長を務め、敵の資金源を断つことを目的とする秘密機関「スピア」を設立した。ダガンは設立の趣旨をこう説明している。「経済戦争を重視した。主要な敵に対する作戦に経済戦争は欠かせない」

イスラエル政府はスピアの調査をもとに、海外の裕福なイスラム教徒から送金された資金などをハマスの代わりに預かっているあらゆる組織を非合法化した（スピアはＦＢＩやヨーロッパ諸国の担当機関にも同様の措置をとるよう要請したが、まだアメリカで同時多発テロ事件が起きる前だったため、この警告に耳を貸す国はなかった）。だがある会議で、ダガンとハレヴィの方針の違いが問題になった。その会議の席でモサドは、イランからハマスに提供される資金の一部が、チューリッヒに本社を置くヨーロッパの銀行を通じて送金されているという情報を提示した。

するとダガンが言った。「問題ない。燃やしてやろう」

「何を？」

「もちろん、銀行だ。住所はわかるんだろ？」とダガンが答えた。

そこで会議の出席者たちが説明を入れ、送金は現金で行なわれるわけではなく、SWIFT〈国際銀行間金融通信協会〉を通じて電子的に行なわれており、現金はどこか別の場所に保管されていると述べた。

しかしダガンは言った。「それがどうした？　とにかく破壊しよう。銀行の支配人は、それが合法的な金じゃないことに気づいている。だったら何の問題もない」

ダガンは最終的に顧問の助言を受け入れ、銀行を破壊する命令は出さなかった。しかしシャロンが求めていたのは、まさにそんな行動だった。実際シャロンは側近に、ダガンについて「短剣を口にくわえたモサド長官」だと述べていたという。

しかしだからと言って、ダガンが敵との大々的な対決を望んでいたわけではない。むしろダガンは、いつもこう主張していた。イスラエルはあらゆる手を尽くして、この地域のあらゆる国家との全面的な軍事紛争を避けるべきだ、そのような紛争で完全勝利できる見込みはない、と。

ダガンはよく、モサドの部下にこう言っていた。「焦点を絞った攻撃を秘密裏に行ない、戦争を回避するためにできるかぎりのことをする。それがイスラエルの国防機関の仕事だ」

二〇〇二年九月、ダガンがモサド長官に就任した。シャロンはその直後、イランの核開発計画を阻止する極秘活動の指揮をダガンに一任した。イランは一九九〇年代後半から、核兵器開発能力を獲得する計画に莫大な資源を注ぎ込み、そのための設備や専門技術の導入に躍起になっていた。ダガンもシャロンも、イランの核武装をイスラエルの存亡にかかわる問題と見なしていた。

ダガンは、イランの原子爆弾製造を阻止するためなら、資金や人員などあらゆる資源を好きなだけ使ってもよいと言われた。ダガンはその言葉を受け、早速仕事にとりかかった。

ウェイスグラスは言う。「シャロンがメイルを選任したのは正しかった。着任早々からすばらしい成果をあげたよ」

ダガンは、モサド本部ビルの長官室に入ると、その壁にある写真を掛けた。ドイツ軍の兵士に囲まれてひざまずく、殺される直前の祖父の写真である。ダガンはモサドの工作員を任務に送り出す前によくこう言っていた。「この写真を見ろ。私たちモサドの人間は、こうしたことが二度と起こらないようにするためにいるんだ」

ダガンはモサドを解体し、自分の思いどおりに再編することにした。まずは、モサドの情報収集の目的に目を向けた。情報は、何の目的もなく収集し、役に立たない書庫に保管しておけばいいというものではない。ダガンは、対敵行動に直接利用できる情報を望んでいた。予防的な先制・妨害工作、待ち伏せ攻撃、暗殺にすぐに役立つ情報である。モサドは新長官の指揮のもと、戦士の機関になろうとしていた。

ダガンは言う。「アリク（シャロン）に、この組織には大幅な改革が必要だという話をした。こう警告したんだ。『改革をすれば、あなたも批判を受ける覚悟を決めなければならない。ジャーナリストが私やあなたやモサドを徹底的に叩くだろう。簡単にはいかない。批判を受ける覚悟はあるのか？』とね。そうしたら覚悟はあると答えた。アリクは、後ろ盾になるというのがどういうことかわかっていたよ」

ダガンは秘密工作の承認を得るため、シャロンとよくひそかに会っていた。モサドの元高官が当時の様子をこう語っている。「ヒステリー状態の毎日だった。ダガンは朝早く登庁すると、夕方までずっと全員に怒鳴り散らしていた。おまえらはまともな仕事ができないとか、役立たずだとかね」

ダガンは特に、エージェントの採用や運用を担当するツォメットの職員の「矯正」を重視した。この部門が「モサドの真の中心」だと思っていたからだ。「どう組み合わせるにしろ、あらゆる工作の土台にはヒュミント（人的情報収集）がある」

ツォメットの中核となるのは、エージェントを採用・運用する工作担当官である「情報収集担当官」（カツァ）だ。彼らはいわば、人心操作のプロである。

しかしダガンによれば、情報収集担当官はモサドそのものを操ってもいた。ダガンは長官就任早々に衝突したツォメットを、「自らを欺き、自らに嘘をつく、完全な虚言システム」と評し、いかにも成果をあげているように見せかけているだけだと断じた。「ツォメットは何年も好き勝手にやってきた。核施設近くのオフィスでお茶くみをしている男を雇っただけで、イランの核開発計画内部に協力者がいると言う。胸ぐらをつかんで、尻を蹴り上げる必要があったよ」

ダガンはツォメットの仕事の手順を改め、エージェント全員に嘘発見器による検査を行ない、情報源として信頼できることを証明するよう要請した。ツォメットの情報収集担当官は、エージェントを嘘発見器にかけることに強く反対した。「そんなことをするのは、信頼していないと言っているようなものだ。侮辱されたと思い、二度と協力してくれなくなる」

しかしダガンはこうした反対を容赦なく退け、こう言い返した。「おまえはばかか？　その男は自分の国を裏切り、自分にとって大切なあらゆるものを裏切ろうとしているんだ。そんなやつが、金と引き換えに嘘発見器にかけられるのをいやがると思うか？」

ダガンによれば、ツォメットの職員が嘘発見器に抵抗したのは、「自分たちがはったりをかけていた」こと、信頼できないエージェントを採用していたことがばれるのを防ぐためだという。ダガンは世界中に何百といるモサドの工作担当官一人ひとりに頻繁に会うよう努力を重ねた。その理由をこう説明している。「モサドの長官に一度も会ったことがなかった工作担当官のもとへ、突然長官が三カ月おきに現れるようになる。そして単なる部下の一人としてその担当官に興味を持つだけでなく、その担当官の実際の活動に興味を抱き、どこで成功したのか、なぜ失敗したのかを尋ねる。これを続けると、工作担当官の上司たちもなかなか私に嘘をつけなくなった」

ダガンは、こうしてモサドを事実上の戦時体制下に置くと、次いでモサドの任務を限定した。モサドのターゲットは大きく分けて二つしかないと宣言したのだ。第一のターゲットは、核兵器を持とうとしている敵対国、具体的にはイランの核開発計画だ。設備や原材料の輸入を妨害し、中止に追い込む。すでに稼働している施設に対しては、破壊工作を実施する。核科学者を不安に陥れ、味方に取り込み、必要であれば殺害する。

第二のターゲットは過激派戦線だ。イランやシリアと全面戦争をしなくても、ヒズボラやハマスやPIJに武器を送り込む補給線を遮断することはできる。また、個々のテロリストを追跡したり、過激派戦線の幹部（シリアの将軍など）を抹殺したりすることもできる。

アマン長官ゼエヴィ＝ファルカシュはシャロンの命令を受け、アマンをモサドに全面的に協力させることに同意し、両組織であらゆる情報を共有できる「情報プール」を設置した。これによりモサドが利用できる資源は大幅に増えた。

ダガンは、この組織の枠を越えた大々的な取り組みを調整し、モサドの数百もの工作を指揮するため、モサドの工作部隊ケシェトの指揮官タミル・パルドーを補佐官に選んだ。パルドーはサエレト・マトカルの元将校で、エンテベ空港強襲作戦では銃弾に倒れたヨナタン・ネタニヤフとともに行動した。戦略的ビジョンとあり余るほどの意欲を備えた、勇敢な工作指揮官である。ダガンはこの男を副長官に任命した。

パルドーは二〇〇三年五月、ダガンらモサドの上級幹部が出席する会議で、四カ月もの懸命な努力の末につくりあげた極秘計画を提示した。イランの核開発計画を中止に追い込むための計画である。パルドーは説明をこう切りだした。「豊富な資源や先進的な技術を持つイランのような国が原子爆弾の獲得に本腰を入れれば、いずれはそれに成功する。つまり、イランの政治指導者が考え直したりつくり入れ替わったりしないかぎり、イランが核開発計画を中断することはない」

会議室にため息やつぶやき声が聞こえたが、パルドーはかまわず続けた。「このような状況において、イスラエルには三つの選択肢がある。第一に、イランを制圧する。第二に、イランの政治体制を変更させる。第三に、核開発計画を継続すれば利益よりも被害が増えるばかりだと現在の指導者に思い知らせる」

第一と第二の選択肢は非現実的であるため、第三の選択肢だけが残った。イランの指導者たちが核開発計画をあきらめるまで、陰に陽に圧力をかけるのである。ダガンがパルドーの説明をまとめて言った。「とにかく、イランが核開発計画など意味がないという結論に至るまで、さまざまな手段を講じてイランの原子爆弾獲得を延々と遅らせることが重要だ。そうしていればイランもいずれ根負けし、核武装をあきらめる」

ダガンにはそのための大胆なアイデアがあった。イスラエルの友好国の支援を求めるのだ。その友好国には、表向きは敵国とされる国も含まれる。実際、中東諸国の大半は、公式には反イスラエルだが、非公式には柔軟で現実的な考え方をしていた。ダガンによれば、「イスラエルと多くのアラブ諸国の間には、少なからず利害が一致する部分がある」という。ヨルダン、エジプト、サウジアラビア、湾岸諸国、モロッコなどの利害は、過激なシーア派革命家（イラン）の利害とも、重武装した代理民兵組織（ヒズボラ）の利害とも、ダマスカスにいるその仲間（シリア）の利害とも一致しない。これらのアラブ諸国は、イランの核武装を怖れている。イスラエル以上に怖れている可能性さえある。

作戦上の観点から見ると、こうした国々の情報機関は、さまざまな点でモサドよりも有利な立場にある。そもそも、工作員は完璧なアラビア語を話せるアラブ人である。それに、イスラエルに敵対する国々と外交関係を結んでいる（表向きだけにせよ、きわめて良好な関係を築いている場合もある）。そのため、比較的容易にこうした敵国に行ける。アラブ世界内の権力闘争に備え、何年も前からすでにシリアやイラン、レバノンにスパイを配置している場合もある。

ダガンはモサドに、アラブ諸国の情報機関との連携を秘密裏に強化するよう命じた。その後の数年にわたり、モサドは目覚ましい成果をあげた。レバノンやシリアにいるテロリストを特定・監視・攻撃する能力を向上させ、世界中にテログループを派遣しているイラン大使館を把握し、イランの核開発計画に関する情報を手に入れた。こうした成果の多くは、諸外国の情報機関との連携の賜物だった。アラブ諸国は、国連ではイスラエルを非難しながら、極秘任務ではイスラエルに協力していた。

モサド内にはダガンの改革に激しく反発する者もおり、やがて多くの高官が辞任した。モサドは、神経質なほど秘密の保持にこだわる閉鎖的な組織だ。アラブ諸国の情報機関に手口や情報源を教えなければならない協力など、冒瀆《ぼうとく》行為と見なす者もいた。しかしダガンから見れば、そんな考え方はナンセンスであり、情報収集能力や工作能力の低下を糊塗するための言い訳でしかなかった。

ダガンは言う。「反対する職員は間違っていると思った。われわれと同じ立場に立つほかの組織（中東諸国の情報機関）との協力に反対するなんてばかげている。モサドは、いかなる資源、いかなる協力者であれ、利用できるものは何でも利用して目標を達成する必要があった。だから反対する職員に、たわ言を言うのはやめて、外国の情報機関との取引に使えそうなイスラエル独自の情報資産を増やそうと言った。そして、モサドやその情報源を危険にさらす情報以外なら、どんな情報を使って取引してもいいことにした。そこまでしないと、誰も本気にしない」

さらに続けてこう述べている。「私がモサドに来てから三〇〇人が辞めた。まさに大脱出だな。辞めてくれてよかった職員もいるがね」

ダガンはまた、作戦をさらに増やす必要性を考慮し、それまでのモサドの作戦保全手続きの一部を廃止した。そのなかには、数十年前から変わっていない手順もあった。ダガンが長官に就任するまでは、十分な数のパスポートやクレジットカード、安全な通信手段が確保できない場合には、安全を考慮して作戦を中止していた。この保全手続きのため、いくつもの作戦が中止を余儀なくされた。

ダガンの指揮下では、そのような理由で作戦が中止されることはなくなった。モサド長官室での議論を何度も経験したある人物はこう語っている。「ダガンは、安全性に関する資料が不十分で精査に耐えられないと主張するパスポート部門の担当者を呼び出して、翌朝までに机の上にパスポートをあと五冊準備しておかなければ、代わりに辞表をそこに置いておけと伝えていた」

ダガンは、事実は確認したが懸念は退けた。「ナンセンスだよ。問い詰めるといつも嘘にたどり着く。何もかも行動しないための言い訳、〝メイセス〟(イディッシュ語で「つくり話」の意)でしかない」

ダガンは、暗殺を重要かつ必要な手段と見なしていたが、秘密工作、外交手段、資金源の遮断などのさまざまな手段と絡めながら、継続的に行なわなければ意味がないと考えていた。敵は、一回だけの暗殺なら、めったにないその場かぎりの不運だと考えるかもしれない。また、断続的に暗殺を行なうだけなら、無防備で不注意だったために致命的な結果を招いたのだと考え、すべてを状況のせいにしてしまうかもしれない。暗殺の戦略的な効果をあげるためには、暗殺が敵に絶えず脅威を与えるものでなければならない。

ダガンは言う。「散発的な暗殺に価値はない。永続的かつ継続的な方針として指導者に照準を合わせ、上級指揮官を暗殺していけば、かなりの効果がある。ここで言う『指導者』とはもちろん、広い意味での指導者だ。常にナンバーワンを殺すようにしているかというと、必ずしもそうではない。最も重要な働きをしている人物、実際に作戦を取り仕切り、現場で多大な影響力を持つ人物を探す」アマンとモサドは、過激派戦線のなかから「否定的処置」候補者リストを作成した。だが候補者はすべて、いわゆる標的国にいる。モサドはそれまで原則として、そのような場所での暗殺を控えていた。しかしダガンはこの原則も変えることにした。

ダガンによれば、「私がモサドに来たころは、標的国で作戦を行なえるだけの能力がなかった」という。この状況を是正するため、ダガンはまず、証拠資料管理システム（パスポートや架空の経歴など）をつくらせ、工作員が疑いを持たれても尋問に長時間耐えられるようにした。

さらに、イスラエル人だけで暗殺を行なうという長年の方針を転換した。ガザ地区やレバノンでの兵役中に無数の殺害に関与した経験に基づき、代理人を使うほうが望ましいと考えたのだ。ダガンは言う。「私は、エージェントや代理人が死んで魂を神に返したら、その墓前でいくらでも涙を流すつもりだ。その人のために本物の涙を流すだろう。それでも、部下の（イスラエル人やユダヤ人の）工作員が死ぬくらいなら、エージェントや代理人に死んでもらったほうがいい」

さらにダガンは、テクノロジーのアップデートを推進した。その分野について個人的に詳しいわけではなかったが、それがもはや欠かせないこと、モサドが諸外国の情報機関ばかりか国内のほかの情報機関にさえはるかに後れをとっていることを理解していたからだ。現場のエージェントに必要なものを理解していた上級工作担当官「N」が、技術局長に任命された。

こうした変革の成果はすぐに現れた。ダガンは、モサドが作戦を開始する時期が来たと考え、今後の国外での暗殺はすべて自分が指揮をとり、副長官のタミル・パルドーが実行すると主張した。するとアマンはそれに反対し、アハロン・ゼエヴィ＝ファルカシュやロネン・コーヘンがモサドに激しく抵抗した。そのため、最終的にはシャロンが決断を下し、シリアをモサドの管轄とし、レバノンはそれまでどおりアマンの管轄とすることになった。

こうした官僚的な手続きがひそかに行なわれていたころ、イスラエル当局は敵の官僚機構に厄介な変化が起きていることを察知した。二〇〇四年三月、ヤーシーン師の死により、ハマスとイランとの関係を妨げるほとんどの制約がなくなったのだ。シン・ベトのイツハク・イランは言う。「ヤーシーンが排除されると、ハマスの重心はイスラエル支配地域からシリアやレバノンに移動し、ハーリド・マシャアルがハマスの絶対的指導者になった」

マシャアルは、イッズ・アッディーン・アル＝シャイフ・ハリールの部下に、ハマスがあらゆる援助を受ける用意があることをイランに伝えるよう指示した。イランはそれを聞いて喜んだ。ハマスが正式な仲間になれば、「抵抗」戦線が完成するからだ。イランはハリールの指揮のもと、ハマスの保有する武器の射程や破壊力を向上させるため、ガザ地区にミサイル部品を送り始めた。イスラム革命防衛隊の指導員もガザにやって来た。

二〇〇四年九月二六日、ハリールがダマスカス南部にある自宅に止めた車のドアを開け、座席に着こうとしたとき、携帯電話が鳴った。「ヤー、アブー・ラミ、ハダ・ラムジ・ミン・トゥーバース」（「アブー・ラミ、トゥーバースのラムジだ」の意。トゥーバースはヨルダン川西岸地区の村）。「ああ、何の用だ？」とハリールが応答すると、電話が切れた。その直後に車が爆発し、ハリールは死亡した。

次のターゲットは、ＰＩＪのレバノン代表マフムード・アル＝マジズーブだった。二〇〇六年五月二六日午前一〇時三〇分、マジズーブはボディーガード役の弟ニダルと一緒に、レバノン南部の港町サイダにあるＰＩＪの事務所を出た。ニダルが運転席のドアを開けると、近くにいた見張りの遠隔操作で、ドアの内部に隠してあった爆弾が爆発し、二人とも死亡した。

ダガンは一連の殺害について、国外の暗殺についてはー切犯行を認めないというイスラエルの公式方針に従い、こう述べている。「もちろん私には、これらの事件に対する責任はない。ただし、イスラエルがハマスやＰＩＪや自爆テロといった課題に対処しようとするなら、モサドがそれに全力を尽くさないことなど考えられない」

１８００部隊やＰＩＪ、ハマスのメンバーに対する暗殺は、これらの組織に重大な損失をもたらしたが、全体的な状況は変わらなかった。過激派戦線はいまだ深刻な脅威であり、相変わらずイスラエルに対する攻撃を展開していた。

イスラエルの世論は、国防軍兵士の拉致事件にきわめて敏感である。その点をよく理解していたナスルッラーフは、できるだけ多くの拉致作戦を実行するよう部下に命じ、過激派戦線の仲間にもそれを推奨した。失敗もあったが、成功すればイスラエルの士気に大きなダメージを与えることができた。二〇〇〇年一〇月、ムグニエの命令を受けたヒズボラの特殊部隊が、イスラエルとレバノンの国境をパトロールしていたイスラエル兵三人を拉致した。イスラエルは拉致された兵士を確実に取り戻すため、人質と収監者を交換する屈辱的な取引に同意した。

この取引により釈放されたＰＩＪの受刑者たちは、ガザ地区に戻るとすぐにテロ活動を再開し、恐るべき自爆テロ作戦を開始した。シン・ベトや国防軍がこれらの元受刑者を殺害または逮捕するまでの間に、八件の自爆テロを指揮し、三九人の市民を殺害した。

二〇〇六年六月二五日、ハマスの戦闘員七人がトンネルからはい出てきた。わざわざガザ地区内の井戸のなかから近くのイスラエルの村まで、国境のフェンスの地下に何カ月もかけて穴を掘ったのだ。ハマスの部隊は、国防軍の野営地の背後から忍び寄って兵士二人を殺害し、数人を負傷させると、ギルアド・シャリートという兵士を捕らえ、道路を引きずるようにしてガザに連れ去った。その際、犯行声明代わりに、イスラエルとガザ地区との間のフェンスにシャリートの防弾チョッキを掛けておいた。

シン・ベトも国防軍も、シャリートが捕らえられている場所をまったく特定できなかった。シン・ベトやアマンは常々、ガザ地区内の情報収集にも作戦行動にも優れた能力を発揮していたが、ハマスがイランの情報機関から受けていた指導がその効果を発揮したらしい。シャリートが捕まってからまる五年もの間、イスラエル当局はその監禁場所を発見できなかった。

この奇襲を実行したころには、ハマスはすでにパレスチナの統治を担っていた。六カ月前、ハマスの政治部門がイランの支援を受け、パレスチナ自治政府の選挙で勝利を収めた。その結果、二〇〇三年のハマス指導部の秘密会議（ドリームチーム）爆撃など、イスラエルの暗殺計画を何度も生き延びてきたイスマイル・ハニーヤが、首相に選出された。ハニーヤはすぐにテヘランを訪問し、二億五〇〇〇万ドルもの援助を取りつけると、こう宣言した。「イランはパレスチナの戦略的基盤である。われわれは決してシオニストの国を認めない。エルサレムを解放するまでジハードを続ける」。そして、いくつもの大きなスーツケースに三五〇〇万ドルの現金を詰め、ガザに戻ってきた。

イスラエルは、兵士殺害とシャリート拉致への報復としてガザ地区に猛爆撃を実施し、二〇〇人以上のパレスチナ人を殺害した。さらに、ヨルダン川西岸地区に奇襲を仕掛け、ハマスの政府閣僚数名を拉致した。しかしハマスはまったくひるむことなく、イスラエル人兵士一人と引き換えにパレスチナ人受刑者一〇〇〇人の解放を要求した。

シャリートが捕らえられてから二週間後の七月一二日、過激派戦線は攻撃を激化させた。ヒズボラのゲリラ兵が、イスラエル北部国境をパトロールしていた兵士二人を拉致した。これがイスラエルの逆鱗に触れた。脳卒中で倒れたシャロンのあとを継いで首相に就任したエフード・オルメルトは、ヒズボラを永久かつ完全に「つぶす」決意を固めた。シャロンは決して武力行使をためらいはしなかったが、ゲリラ戦を得意とするヒズボラに国防軍が勝てるかどうか疑問を抱いていた。だがオルメルトは、ダン・ハルツ参謀総長の言葉をうのみにしてしまった。ハルツは、空軍を使えば地上軍を危険にさらすことなくヒズボラを撃破できると確信していた。空軍の戦闘機で爆撃すれば、「カチューシャ・ロケットをあちこちに運んでいるロバ以外の」ヒズボラの攻撃能力を粉砕できる、と。

だがこの空からの攻撃は、イスラエルに多大な損害をもたらす結果となり、この致命的なミスによりハルツの軍人としての経歴は終わりを迎えることになった。この空爆により、ヒズボラの拠点は大きな損害を受けはしたものの、ひそかに建設されていた掩蔽壕やミサイルの発射台、通信システムなどは持ちこたえた。イスラエルはこの軍事施設についてほとんど何も知らなかった。「自然保護区」と呼ばれていたこの軍事施設は、イマード・ムグニエの命令を受けたハサン・アル＝ラキスの監督のもと、イランやシリアから入手した最新設備を使って建設されていた。やがてヒズボラのロケットが、イスラエル北部に雨のように降り注いだ。それを受けて、イスラエル国防軍は七月二九日、効果が期待できない地上侵攻作戦をためらいながらも開始した。その結果、ヒズボラの一部の拠点を破壊したものの多大な損失を被り、二週間後には恥じ入るように撤退するほかなくなった。

この軍事行動（イスラエルでは「第二次レバノン戦争」と呼ばれる）は、何一つ目標を達成できないまま屈辱的な敗北に終わった。中東最強の軍隊が、六年の間に同じゲリラ軍に二回破れたのだ。ダガンは言う。「テト攻勢後の北ヴェトナム軍のようだった。やつらは攻撃に失敗して大打撃を受けたのに、戦争には勝った」

その後、停戦協定が調印された。ここ数年では、イスラエルと軍事的に対立して勝利した指導者はナスルッラーフしかいない。ナスルッラーフはアラブ世界で最も人気のある指導者となった。

イスラエルはヒズボラの指導者、できればナスルッラーフの命を奪うことで、この失敗を埋め合わせようとした。だがハルツによれば、「ナスルッラーフ殺害に成功していたら状況は変わっていただろうが、うまくいかなかった」という。ナスルッラーフの居場所については、具体的な情報を三回入手した。そのうちの一回は、ナスルッラーフがいるという建物を爆撃したが、すでに立ち去ったあとだった。残りの二回は、ナスルッラーフが実際にいる間に建物を爆撃できたが、隠れていた地下壕が分厚い強化コンクリートに囲まれていたため、そこまで破壊できなかった。ハルツは言う。「ヒズボラは地下に途方もない施設をつくっていた。爆弾がある場所に当たると突然、通りの端の穴から煙が上がる。それを見て初めて、地下にわれわれの知らないトンネルがあることに気づいた」

ヒズボラ高官の殺害も何度か試みたが、結果は同じだった。七月二〇日には、携帯電話の位置情報をもとにラキスの殺害を試みた。携帯電話の位置情報が示すベイルートのアパートに向け、F‐16がミサイルを発射したが、後になってラキスが携帯電話をアパートに置いて出かけていたことが判明した。ミサイルで死んだのはラキスの息子だけだった。「われわれは本来すべき確認もせずにこの仕事（暗殺）を進めた」とハルツも認めている。

国防軍兵士四人が殺されて新たな戦いの火蓋が切られてから一年後の二〇〇七年六月、パレスチナ側に大きな変化があった。当時は、ハマスが選挙に勝利したにもかかわらず、アブー・マゼン率いるファタハのメンバーが依然としてパレスチナ自治政府を支配していた。それに腹を立てたハマスの軍隊が、ガザ地区のファタハの役人を虐殺し、力ずくでガザ地区を占領すると、パレスチナ自治政府とは別の国家を樹立したのだ。

イスラエルにとっては最悪の状況だった。北から南まで、軍事力と潤沢な資金を備えた、過激派戦線を構成する国や組織に囲まれていた。そのうえ兵士を拉致され、二〇〇六年の戦争にも敗れ、痛手を負って怖じ気づいていた。

ガザ地区を奪取してから一カ月後、過激派戦線の上級指揮官たちが今後の共同活動について協議するため、ダマスカスで秘密会議を開いた。

雰囲気は明るかった。過激派戦線はイスラエル国内で自爆テロ作戦を再開し、成功を収めていた。

レバノンとガザ地区に配備された数万ものロケットやミサイルが、イスラエル全域を射程に収めていた。ヒズボラは前年の夏、それを破壊しようとしたイスラエル軍を撃退していた。ハマスはパレスチナ自治政府の選挙で勝利し、ガザに独自の国家を樹立していた。イランとシリアはそれぞれ、核兵器の開発に向けて目覚ましい前進を遂げつつあった。「抵抗」の枢軸が望みうる最高の状況だと誰もが口をそろえた。

イスラエル当局は、遠方からこの会議を監視しながら計画を練っていた。ダガンはこの戦争を、リスクを怖れることなく、秘密裏に、際限なく遂行しなければならないことを理解していた。

第三四章　モーリス暗殺

イブラヒム・オスマンはウィーンのホテルのバーで見知らぬかわいらしい女性の隣に座った。オスマンは中年で頭髪が薄く、目が垂れていたが、それでも隣の女性は、オスマンと会話を楽しみたいと思ったようだ。女性はフランス語で（オスマンもフランス語を話した）パリと犬が大好きだと語った。オスマンは女性に一杯おごり、ダマスカスの自宅で飼っているプードルの話をした。

オスマンはシリア原子力委員会の委員長だった。女性はモサドの工作員だった。モサドは、オスマンがどのような秘密を握っているのかは知らなかったが、二〇〇七年一月にウィーンに行くことは知っており、そこでなら作戦実施も比較的容易だった。モサドはこの作戦を特に重視してはおらず、もっと重要と思われるいくつかの作戦と並行して実施していた。

女性工作員がバーでオスマンのプードルの話に耳を傾けている間に、ケシェトの部隊がオスマンの部屋を捜索した。ざっと調査しただけでは価値のあるものが何も見つからなかったため、オスマンが部屋に置いていった鍵つきの重いスーツケースを開けることにした。だが痕跡を残さずに開けようとして手間取り、なかなかうまくいかない。そうこうしているうちに監視班から、オスマンが疲れた様子を見せており、もうすぐ部屋に戻るだろうとの連絡が入った。

監視班にいた指揮官が「私が部屋のなかに入る。残り時間を教えてくれ」とささやき、自分の持ち場を離れて部屋に入った。オスマンはすでに勘定書にサインをしている。「あと四分です」。見張りが無線で連絡する。オスマンは相手の女性に礼を言い、午前中に会えたらまた話をしようと約束した。オスマンはエレベーターに向かって歩き始めた。見張りが無線で伝える。「あと二分。そこから出てください」

部屋のなかでは、ケシェトの部隊がようやくスーツケースを開け、なかに入っていた写真をカメラに収めていた。あわてていたため、いちいち写真の内容を確認している余裕はない。オスマンはすでにエレベーターのなかにいた。「接触まで一分」。張り詰めた声が無線に流れる。すべての写真を撮り終え、スーツケースの中身を詰め直して鍵をかける。「エレベーターが着いた。すぐに出てください！」

オスマンがエレベーターを降りた。あと三〇秒ほどで自分の部屋が視界に入る。隊員が一人、酔っ払ったふりをしてオスマンにウイスキーをこぼす陽動策の準備を始める。しかし数秒の差で、残りの隊員が部屋を出て、オスマンとは反対方向に素早く廊下を歩いていった。「脱出完了。異常なし。撤収」。指揮官の自信に満ちた落ち着いた声が聞こえた。

オスマンの部屋で撮った写真は、すぐには分析されなかった。その内容が明らかになるのは、オスマンの部屋に侵入してから二週間後のことだった。

そのとき初めてモサドは原子炉の写真を目にした。

シリアは核爆弾をつくろうとしていた。核開発計画を極秘に進め、核爆弾の製造能力を飛躍的に向上させつつあった。もはや重要人物数名を殺せば解決するような段階ではない。もっと抜本的な行動が必要だった。

奇妙なことに、バッシャール・アル＝アサドはイスラエルの情報機関をきわめて高く評価しつつも、だからこそイスラエルの情報機関を欺いてやろうと躍起になっていた。固定電話、携帯電話、ファックス、電子メールなど、電磁的手段で送信されるシリアのメッセージについては、すべてイスラエルの情報機関に傍受されていると確信していたようだ。８２００部隊のある将校はこう述べている。「アサドは、ムスタファがモハメドに電話をするたびにモイシェレが耳をすましている〔アラブ人同士の電話をユダヤ人が聞いている、という意味〕と本気で信じていたが、それは必ずしも間違いではなかった」

そこでアサドは、傍受されるリスクを最小限に抑えるために、過激派戦線との連絡役であるムハンマド・スレイマーン将軍に命じ、シリアのほかの国防組織から分離独立した「影の軍隊」を設立させた。この軍隊の存在は、軍参謀総長や国防大臣を含め、最高レベルの官僚や将校さえ知らなかった。重要な連絡は書面を作成し、それを封筒に入れてロウで封印し、バイク便のネットワークを使って手渡しした。エレクトロニクスの時代に背を向けたこの方法はみごとに機能した。影の軍隊は何年もの間、イスラエルの情報機関にまったく気づかれることがなかった。

だがスレイマーンの最大の秘密は、デリゾールの乾燥地帯、シリア北東部のユーフラテス川のほとりから数キロメートル離れた深い渓谷のなかに隠されていた。スレイマーンは二〇〇一年から、シリアがイランの資金援助を受けて北朝鮮から購入した原子炉の格納施設の建設を監督していた。この原子炉を使って原子爆弾用のプルトニウムを生産できるようになれば、イスラエルと軍事的に肩を並べることができるとアサドは考えていた。

スレイマーンはこの施設を隠すためにいかなる努力も惜しまなかった。オスマンはスレイマーンが信頼する数少ない部下の一人だった。だがオスマンは、この原子炉について知っていたばかりか、スーツケースのなかに原子炉に関するファイルを置きっぱなしにして部屋を空けた。こうしてイスラエルに原子炉の存在が知れ渡ったのである。

二〇〇七年一月にモサドがその資料を入手したころ、モサド長官のダガンはエフード・オルメルトの国防戦略首席顧問に就任した。二〇〇六年七月、空からの攻撃でヒズボラを撃破するというダン・ハルツ参謀総長の計画に従い、オルメルトがヒズボラとの戦争を決断すると、ダガンはそれに激しく反対し、内閣にこう進言した。「私はレバノンもヒズボラも知っている。大規模な地上部隊を派遣しなければ、ヒズボラには勝てない」。やがてダガンの懸念が正しかったことがわかると、オルメルトはダガンの意見に耳を傾けるようになった。

ダガンは他人の本心を見抜くことができるうえ、弁舌の才能もあった。ダガンが耳寄りな作戦についてオルメルトに話して聞かせると、オルメルトは情報活動や特殊作戦の世界に夢中になった。すでに国防軍による大規模な軍事行動に不信感を抱いていたオルメルトは、こうして次第に、過激派戦線に対して秘密戦争を仕掛けようとするダガンに大きな権限を与えるようになった。オルメルトは言う。「私はメイルを信じた。モサドが考えついた途方もないアイデアの承認には、私の支持が必要だった」

原子炉の発見でダガンの手柄はまた一つ増えた。アメリカを含め、どの国の情報機関も知らなかった情報を手に入れたのだ。しかしそれは、深刻な懸念を引き起こす情報でもあった。イスラエル最大の敵が核開発プロジェクトをかなりの段階まで進めていたうえ、それにまったく気づいていなかった。この知らせは一瞬にしてイスラエルの情報機関全体に広まった。当時の様子をエフード・オルメルトはこう回想している。「メイルからこの資料（オスマンの部屋で撮った写真）を見せられて、地震が起きたような衝撃を受けた。何もかもが一変すると思ったよ」

原子炉発見後すぐに、オルメルトはダガンをアメリカに派遣し、アメリカの国家安全保障問題担当大統領補佐官スティーヴン・ハドリーとＣＩＡ長官マイケル・ヘイデンに概要を説明させた。

すでに顔なじみだったダガンは、ラングレーにあるＣＩＡ本部の七階にエレベーターで向かうと、温かく迎え入れられた。よく知られているように、ダガンはヘイデンと馬が合った。「ヘイデンは根っからのインテリジェンス・オフィサーで、何もかもわかっているという感じだった。私の提案にも耳を傾けてくれた」。ヘイデンのほうもダガンのことを「単刀直入にものを言い、あからさまなほど正直で、気取ることもなく、誠実で、非常に聡明な男だ」と思っていたという。

この二人は、両国の情報機関の歴史において例がないほど緊密な信頼関係を構築し、両機関の蜜月時代を切り開いた。ヘイデンは両機関が相補う関係にあると述べ、こう説明している。「CIAは規模が大きく、資金力もあり、先進的な技術を備え、世界中で活動している」が、モサドは「規模が小さく、焦点を絞った活動を行ない、文化的・言語的に優れ、ターゲットとの関係が深い」。この場合のターゲットとは、イスラム過激派のテロや、中東諸国の大量破壊兵器開発計画を指す。

ダガンはCIAを訪れるときは必ず、機密情報や共同作戦の提案を携えてきた（なかにはきわめて独創的な提案もあった）。だがこの四月の訪問時に持ってきた情報には、経験豊かなヘイデンでさえ衝撃を受けた。「ダガンは席につくとブリーフケースを開き、デリゾールの原子炉のカラー写真を取り出した」

ダガンは長時間にわたりヘイデンと資料を検討し、CIAの分析がイスラエルの分析と一致することを確認した。しかしモサドはこれまで、核開発の取引相手に関する情報をほとんど入手できていない。そこでダガンはヘイデンに、この原子炉の情報と「北朝鮮に関するCIAの広範な情報との照合」を依頼した。

翌朝、ヘイデンはジョージ・W・ブッシュ大統領との会議に出席するためホワイトハウスを訪れた。そして、ほかの出席者と一緒に大統領の到着を待っている間に、ディック・チェイニー副大統領に身を寄せ、「あなたの言うとおりだったよ、副大統領」とささやいた。チェイニーは以前から、シリアが核兵器を入手しようとしていると訴えていた。

ブッシュは、明快ではあるが相矛盾する二つの指示を出して会議を終えた。「第一に、この情報の裏をとること。第二に、この情報を漏らさないこと」。ヘイデンは、イスラエルが提供してくれたこの情報を広めることなく確認する方法を考えながら、CIA本部に戻った。「裏を取るためには、なるべく多くの人間を関与させたいが、そうすると秘密が漏れるリスクが増大する」

CIAなどアメリカの各機関は、この二つの指示のバランスを取りながら、「イスラエルから提供された原子炉に関する情報を確認して裏づけをとると同時に、独自の情報源や調査方法でさらに詳細な情報を収集する、数カ月に及ぶ集中的な取り組み」を始めた。六月、ペンタゴン（国防総省）、CIA、NSAの合同チームが調査結果を明らかにした。その内容は、イスラエルの調査結果同様に憂慮すべきものだった。「わが国のインテリジェンス専門家が確認したところ、この施設は、北朝鮮が自国の寧辺《ニョンビョン》の核施設に建設したのと同型の原子炉である。（中略）この原子炉は当然、平和利用を目的としたものではないと考えられる」

アメリカはイスラエルの安全保障への尽力を約束してきた。オルメルトはその約束が果たされることを望んだ。つまり、アメリカ軍に原子炉を破壊してもらおうというわけだ。タイミングも重要だった。ディモナにあるイスラエルの核施設に勤務する専門家たちの話では、写真で見るかぎり、シリアの核施設は完成間近だという。半年以内には稼働するだろうから、それ以降に爆撃すれば、放射能汚染と環境破壊を引き起こすことになる。

こうした爆撃は、アメリカ空軍には比較的簡単な任務だった。B‐2ステルス爆撃機の飛行中隊であれば、何の問題もなく核施設を破壊できる。しかしCIAの中東専門家は、この地域でアメリカが爆撃作戦を行なうのは危険だと考えた。

そこでヘイデンは、「CIAの分析官たちはかなり保守的だ」とダガンに伝えた。それは「二人の間でもかつてなかったほど率直な会話」だったという。そのときヘイデンは、アサドについてこう語った。アサド家は、映画『ゴッドファーザー』のコルレオーネ家を思わせる。映画では、ソニー〔長男〕が殺されると、ドンは才能に恵まれたマイケル〔三男〕にあとを継がせた。だがシリアでは、バースィルが事故で死ぬと、「ハーフィズは仕方なく、フレド〔次男、気が弱く無能という設定〕、つまりバッシャールにあとを継がせなければならなくなった」と。CIAはバッシャールを「連続失策魔」と呼んでいた。

ヘイデンはさらにこう続けた。「(二〇〇五年に)レバノンから撤退すると、アサドはまた恥をかくのに耐えられなくなった。弱いものだから力を誇示し、戦争で報復しなければと思ったんだろう」

だが正反対の意見を持っていたダガンは、こう言い返した。「アサドの視点から考えたほうがいい。確かにバッシャール・アル＝アサドは以前から、イスラエルと軍事的に対等になりたい、だからこそ核兵器を手に入れたいと思っていた。だがそれでも、イスラエルとの直接対決は避けてきた。それに、原子炉を爆撃されたあとに戦争をすれば、NPT(核拡散防止条約)に違反して核施設を建設していたことが明るみに出る。この施設については同盟国のロシアでさえ知らないし、知ったらいい顔をしないのは確実だ。われわれが極秘に攻撃し、原子炉の存在を公表して恥をかかせるような真似をしなければ、アサドは何もしない」

最終決定は大統領が出席する会議で下された。機密が漏れないように、会議はホワイトハウスの西棟ではなく、居住棟の大統領執務室内で開かれた。そのためこの会議は、公表される大統領のスケジュールリストにさえ載せられることはなかった。

会議では、チェイニー副大統領だけがアメリカの爆撃に賛同した。シリアと北朝鮮だけではなくイランにも強いメッセージを送るため、アメリカが攻撃すべきだと主張した。

一方ライス国務長官は、シリアの原子炉がイスラエルの「存亡にかかわる脅威」だということは認めたが、アメリカが関与するべきだとは考えなかった。ヘイデンは、原子炉の建設はかなり進んでいるが、原子爆弾の製造にはまだ時間がかかることを明らかにした。

アメリカは、イスラム教徒の国で始めた二つの戦争ですでに身動きがとれなくなっていた。そのためブッシュは次のような結論を出した。「先ほどマイク（・ヘイデン）が話した事実を考慮すると、この件が差し迫った危険というわけではない。したがって攻撃は行なわないことにする」

イスラエルが頼れるのは自国だけだった。

シリアが核兵器を保有したら、間違いなくイスラエル存亡の危機となるだろう。しかしアマンの分析官はヘイデンと同じ意見であり、直接的な挑発があったわけでもないのにシリアを攻撃すれば、アサドが猛烈な反撃に出るおそれがあるとオルメルトに警告した。それに対してダガンは、原子炉が稼働していないいまのうちに核施設を爆撃するべきだと主張した。「イスラエルは、戦争状態にある国が核兵器を保有するのを認めることはできない」

ダガンは大きな賭けに出ていた。自分が描いたシナリオどおりにならなければシリアと戦争になり、おそらくはイスラエルが勝利するだろうが、それまでに数千人の命が失われるだろう。しかし、そんな大きなリスクがあるにもかかわらず、ダガンのカリスマ性、自信、過去の成功のおかげで、結局はダガンの意見が通った。

九月六日木曜日午前三時、イスラエル北部、ハイファの南東およそ二五キロメートルのところにあるラマト・ダヴィッド空軍基地から多数の戦闘機が飛び立った。編隊は西に旋回して地中海の方向に向かうと、その後南に進路を取った。これは、イスラエル空軍を監視しているアラブ諸国の情報機関にはよく知られている日常的な基地退避訓練の一部だ。おかしな点は何もない。だが実のところそれは、レーダー画面で空軍を監視しているダマスカスの担当者を煙に巻くための作戦だった。

海上のある地点で、F‐15I戦闘機七機の編隊がほかの機から離脱して、反対方向である北に進路をとった。搭乗員たちは、破壊しなければならないターゲットの正確な地点も、ターゲットの正体も知っていた。離陸直前に指揮官から、この任務について聞かされていたからだ。彼らは地中海岸沿いに超低空を飛び、間もなくトルコ上空を通過して、シリア領空に侵入した。そしておよそ五〇キロメートル離れたところから、核施設内の三カ所に向けて二二発のミサイルを発射した。

シリアは完全に不意を突かれた。ミサイルが発射されるまでシリアの防空システムは何も探知できず、核施設で働く人々には逃げる暇さえなかった。数発の対空ミサイルを発射したのも、戦闘機が飛び去ってしばらくしてからだった。

攻撃後すぐに、シリア上空に位置するアメリカとイスラエルの衛星からの映像により、核施設が完全に破壊されている様子が確認できた。オルメルトは、トルコ首相レジェップ・タイイップ・エルドアンを通じてアサドに密書を送った。アサドが自制心を持って行動すれば、イスラエルはこの攻撃を公表しないという内容である。シリアがこのとおりにすれば、核拡散防止条約に著しく違反した行為を暴露されて窮地に立たされることはない。それに、シリアが多大な時間や資金を費やして手に入れた軍事研究の成果や軍事技術をイスラエルに吹き飛ばされ、体面を保つために報復が必要な状況にあることを国際社会に知られることもない。どちらにとっても内密にしておいたほうがよかったのだ。

「型破り」作戦と命名されたこの作戦の最大の勝者はダガンだった。シリアの核開発計画を暴く情報を入手したのはダガン率いるモサドであり、攻撃後の情勢もダガンが思い描いていたシナリオどおりになった。CIA長官のヘイデンは言う。「結局はダガンが正しく、CIAの分析官が間違っていた」

「型破り」作戦が成功すると、オルメルトは政府の財布の紐をさらに緩め、モサドに過去最大の予算を割り当てた。あるモサド高官は言う。「財政的理由で延期または中止された活動はただの一つもなかった。組織は信じられないほど大きくなったし、要求したものは何でも手に入った」

オルメルトは満足げな笑みを浮かべながら、こう述べている。「私に比べると、アリク（・シャロン）もラビンも作戦の承認をためらいがちだった。私は首相在任中に三〇〇もの（モサドの）作戦を承認した。一回だけ失敗したが、さすがにそれは公表しなかった」

ダガンはモサドの長官に就任したときから、ヒズボラの軍事指導者イマード・ムグニエの殺害を最優先課題にしていた。この目標はダガンだけのものではない。イスラエルの情報機関や国防機関は、三〇年近く前からムグニエを抹殺しようとしてきた。過去数十年にわたり、作戦面でも政治面でもイスラエルに最大の損害を与えた敵はヒズボラであり、その活動を主に推進してきた人物こそムグニエだった。ダガンは言う。「ムグニエは参謀総長と国防大臣を合わせたような役割を担っている。ナスルッラーフは政治指導者であり、民兵を指揮しているわけでもなければ、シリアやイランとのあらゆる取引を管理しているわけでもない。ナスルッラーフはせいぜい、それを承認するだけだ」

ムグニエは世界をまたにかけた逃亡犯であり、四二カ国の最重要指名手配リストの上位に名を連ねていた。数十カ国が逮捕状を発付し、ＦＢＩは逮捕につながる情報に対して二五〇〇万ドルの報奨金を提示していた。一九八〇年代にはレバノンで、自動車爆弾により数百人のアメリカ人を殺害したほか、アメリカの高官を数人拉致して死ぬまで拷問した。ダガンは言う。「アメリカ人は忘れない。アメリカ人はリベラルだと思われているが（「リベラル」は、イスラエルでは寛容で情深いという意味もある）、決してそんなことはない」

だが問題は、ムグニエを見つけられないことだった。ムグニエはまるで幽霊のようだった。西側諸国の情報機関が自分の居場所を特定するために莫大な資源を注ぎ込んでいることを知っていたため、自分も逮捕を逃れるために多大な労力を費やしていた。レバノン国内でさえ偽造書類を使用し、家族や信頼できる仲間などごく一部の人間としか接点を持たず、連絡手段を確保するために変わった手段を数多く採用した。

しかし間もなく転機が訪れた。二〇〇四年七月、ヒズボラの上級指揮官ガレブ・アワリがベンツの爆発により死亡すると、ヒズボラは記念映画を製作した。この映画は、さまざまな組織内の会合で上映された。モサドはこの映画のコピーを手に入れ、一二月に8200部隊とモサドの専門家グループに見せた。専門家グループは、謎の多いこの組織に関する新たな情報がないかと期待して、夜を徹してこの映画を精査した。

夜遅く、モサド本部の一室に全員が座ってスクリーンに集中していると、8200部隊の一人が叫んだ。「やつだ。モーリスだ」

モーリスとはムグニエのコードネームである。

スクリーンにはハサン・ナスルッラーフが映し出されていた。茶色の法衣をまとい、黒いターバンを頭に巻き、地図を表示している卓上コンピューターの巨大モニターを見ている。そして、ナスルッラーフの向かい側に男が一人立っていた。顔はほとんど隠していたが、動いたときに一瞬だけ見えた。ひげを生やし、眼鏡をかけ、迷彩服に帽子をかぶり、地図上のさまざまな場所をナスルッラーフに示している。この男がイマード・ムグニエだった。

わずかではあれ、ようやく手がかりをつかんだ。その後の数日の間にさまざまなアイデアが検討された。この映画を製作した人物を探し出してエージェントに採用する、あるいは、ターゲットが使っていた卓上コンピューターのような製品を提供するペーパーカンパニーを設立して、コンピューターに偽装爆弾を仕掛け、ムグニエが近づいたときに爆発させる、といったアイデアである。

ダガンはいずれのアイデアも却下した。モサドにはまだ準備ができていなかった。「心配するな。いずれやつを仕留められる日が来る」とダガンは言った。

やがて、アマン長官アハロン・ゼエヴィ゠ファルカシュの創意と粘り強さのおかげで、突破口が見つかった。８２００部隊の元指揮官だった彼は、シギント（通信傍受情報）で敵の奥深くへ潜入する方法の開発を推進していた。そのゼエヴィ゠ファルカシュとモサドのダガンが手を組み、ヒュミント（人的情報）とシギントを組み合わせたヒュギントと呼ばれる新たな運用システムを考案した。ヒュギントとはいわば、モサドのエージェントを利用して、敵の通信を傍受する８２００部隊の能力を向上させる手法（あるいはその逆）である。

ヒュギント手法の開発者の一人に、ヨシ・コーヘン（本稿執筆時のモサド長官）がいる。身だしなみや容姿に気を使っているため、同僚から「モデル」と呼ばれている男である。コーヘンは二〇〇二年から、モサドのエージェント採用部門であるツォメットの特殊工作部長に就任していた。かつてないほどエージェント採用の技術に長けた人物で、以前からヒズボラやイスラム革命防衛隊の内部に潜入し、そのなかからモサドのエージェントを採用していた。さまざまなタイプのヨーロッパ人ビジネスマンに扮し、広範な一般知識や人間性への洞察力を利用しながら数多くのエージェントを獲得する過程で、モサドのヒュギントの手法を完成させていったのだ。こうした功績が認められ、国防関連の功績に対する最高の勲章であるイスラエル安全保障賞を授与されている。

二〇〇四年、コーヘンはモサドの対イラン作戦の責任者に任命された。コーヘンのエージェントやヒュギントのおかげで、８２００部隊はイラン政府の通信システムの一部への侵入に成功し、過激派戦線の指揮官をつなぐ緊密な通信ネットワークの奥深くに入り込むことが可能になった。これにより、ムグニエに関する情報（コンピューター通信や携帯電話の傍受情報、エージェントが見聞きした情報）は次第に増えていった。

やがてイスラエルは、過激派戦線の幹部たちがよくダマスカスで会議を開いていることに気づいた。ダマスカスはシリアの秘密警察の保護下にあり、安全だと思われていたからだ。二〇〇六年の戦争にヒズボラが勝利するとムグニエは、自分やナスルッラーフはこれまで以上にイスラエルから命を狙われることになるだろうと考えた。そこで、ナスルッラーフには精鋭部隊の護衛をつけた。また、公衆の面前に出たり生放送のテレビ番組に出演したりせず、ベイルートのダヒヤ地区の地下にあるヒズボラ司令部のなかでなるべく過ごすようにさせた。

ムグニエ自身は、ベイルートからダマスカスへ拠点を移した。有能で屈強なシリアの情報機関の支配下にある都市であれば安心できるうえ、そのころにはもう大半の仕事をダマスカスでするようになっていたからだ。

スレイマーンの「影の軍隊」の防護体制はきわめて強力だったが、ダガンによると「だからと言って、ムグニエがダマスカスで警戒を緩めることはなかった」という。ムグニエは、ダマスカスに拠点を移したことをごく一部の人間にしか知らせなかった。この男がどこに住んでいるのか、どのような移動手段を用いているのか、偽造パスポートにどんな名前を使っているのかを知っている者はほとんどいなかった。

だがイスラエルは、スレイマーンの側近のなかからエージェントを一人採用することに成功していた。ダガンは言う。「ダマスカスではムグニエに関する情報を、ベイルートにいたころよりもたくさん入手できた」

しかし、ダマスカスは標的国の首都であり、テヘラン同様に、モサドが活動するにはこのうえなく危険な場所だった。作戦を計画・準備するためには、モサドの工作員が何度もシリアに出入りしなければならない。こうした出入国の際には、どのような偽装をしていたとしても厳重な検査を受けることになる。それに今回は、情報の扱いには慎重を期する必要があったため、ダガンの判断によりアラブ人情報提供者を使わないことにしていた。

そこでダガンはまたしても、長い間厳格に守られてきたモサドのルールを無視することにした。アメリカに暗殺作戦への支援を要請したのだ。ダガンはヘイデンが出席する会議に押しかけた。

だがＣＩＡは、大統領令一二三三三号により、暗殺の遂行や支援を禁じられている。両国とも殺害を容認してはいたが、その法的見解に少々違いがあった。アメリカは通常、自国が交戦している国や武力紛争に関与している国以外での暗殺にはかかわらない。

それでも最終的にはＣＩＡの法律顧問が、シリアでのムグニエ暗殺を正当化する解決策を考えついた。ムグニエは、部下をイラクに送り込んでシーア派民兵をあおり、アメリカ兵に対するテロ攻撃を実行させていた。そのため、ムグニエ暗殺は自衛にあたるという論法である。

ブッシュ大統領はダガンの支援要請に応じることにしたが、いくつか条件をつけた。秘密を厳守する、ムグニエだけを殺害する、アメリカ人を実際の殺害に直接関係させない、という条件である。オルメルト首相はブッシュ大統領に対し、これらの条件を守ることを自ら保証した（この事件から数年がたったいまでも、ヘイデンはアメリカの関与について話すことを一切拒否している）。

当時、ダマスカスのアメリカ大使館はまだ機能しており、アメリカのビジネスマンは比較的自由にシリアに出入りできた。そのためＣＩＡは、ＮＳＡの支援さえあれば、工作員を送り込むことも現地のエージェントを使うことも可能だった。

この作戦に参加したある指揮官は言う。「これは、両国が途方もない量の資源を注ぎ込んで実施した、とてつもなく大がかりな合同作戦だった。私が知るかぎり、たった一人の人間を殺すのにこれほど多くの資源を投じたことはない」

アメリカの支援のおかげで、ようやくムグニエの行動パターンがわかってきた。ムグニエは情報機関のさまざまな施設で、過激派戦線の指揮官たちと頻繁に会っていた。シリアの警官や兵士が厳重に警護するオフィスビルや、私服警備員を配備した隠れ家などである。また、三人の魅力的な女性を定期的に訪問していた。スレイマーンがムグニエの気晴らしのために提供した女性たちである。

ムグニエも、この三人の女性を訪問するときにはボディーガードを連れていかなかった。自身の支配下にない土地でこうした行動をとれば、監視など敵の作戦活動に身をさらすことになる。この作戦に参加したある指揮官は言う。「これは、身の安全を図るうえであってはならない重大なミスだった。何年も無事でいると、しまいには非常に注意深い男たちでさえ、何も起こらないと過信してしまうものだ」

しかし、このような場所での作戦となると、ムグニエ以外には危害を加えないというアメリカとの約束を守るのがきわめて難しくなる。それに、実行する工作員がかなりのリスクを負わなければならなくなる。

モサドの計画担当者はさまざまなアイデアを提示したが、いずれも却下された。現実味があるアイデアは一つしかなかった。ムグニエがある場所から別の場所に移動する途中を狙うというものだ。しかし、この作戦には重大な問題がいくつもあった。ムグニエはたいていボディーガードを引き連れている。そのうえ毎回、移動のルートや時間を変えるため、事前に予測できない。そのため、車や徒歩で移動するムグニエをどのように追い、どのように殺害すればいいのかがわからない。また、飛行場や港に警戒態勢が敷かれる前に、工作員を国外に脱出させる方法もわからなかった。

計画会議は数カ月に及んだが、ダガンは次から次へとアイデアをはねつけるばかりだった。二〇〇七年一一月、「くるみ割り人形」と呼ばれるモサドの技術者が、遠隔操作の爆弾を利用してムグニエを殺害する作戦の提案書を持って、ダガンのオフィスに入ってきた。この爆弾を使えば、誰も巻き添え被害を受けず、ムグニエだけを殺せるだけでなく、現場の工作員も余裕をもって逃走できるという。ダガンによれば、その計画を承認する決意は固めたものの、成功する可能性はかなり低いと思っていたという。

「くるみ割り人形」の計画は、ダマスカスでムグニエを追跡することができないのなら、ムグニエが物理的に近づく機会の多いものに爆破装置を仕掛ければいいのではないか、という発想に基づいていた。一九九五年にヤヒヤ・アヤシュを殺害した携帯電話は、以前から候補に挙がっていたが、ムグニエが定期的に携帯電話を交換していたため却下されていた。ムグニエが継続的に使用していたものに、車があった。その当時は、シルバーの豪勢な三菱パジェロSUVを使用していた。

ムグニエやボディーガードたちが車の内部や下部に何か仕掛けられていないか頻繁に調べていることは、モサドも知っていた。しかし、そんな彼らもチェックしない場所が一カ所あった。車体後部に固定されたスペアタイヤのカバーである。アメリカの協力のもと、高性能爆破装置の部品と、ムグニエの車についているのと同じタイヤカバーが、シリアにひそかに持ち込まれた。

数カ月にわたる準備や綿密な監視の末、二〇〇八年一月上旬のある晩になってようやくモサドの工作員が、止めてあったSUVに近づくことに成功した。ムグニエは愛人のもとを訪れているところだった。工作員はスペアタイヤを取り外すと、爆弾を仕込んだ新しいカバーに交換した。さらに、ダマスカスにいるモサドの工作員が車の外の様子を見られるように、複数の小型カメラと送信機を設置した。

モサドの爆発物の専門家たちは、ムグニエが車に乗り込もうとする瞬間に爆弾を爆発させれば、ムグニエは死ぬと請け合った。だが完全を期すためには、その車がほかの車と並んで止まっているときに爆発させたほうがいいという。そうすれば、爆風がほかの車にあたって跳ね返り、それだけ大きな被害を与えられるからだ。

暗殺チームは六週間もの間ムグニエを監視し、選ばれた数名しか入室を許されない、モサドの他の部分から孤立した特別な作戦司令室に報告を送った。それまでに暗殺のチャンスは三二回あったが、いずれもぎりぎりのタイミングで決行を中止していた。ムグニエに同行者がいたり、近くにほかの人間がいたり、ムグニエがあっという間に車に乗り込んでしまったりしたためだ（爆弾は、ムグニエが車の外にいなければ効果を発揮しない）。

二月一二日金曜日の朝、モサドの工作員が監視していると、ムグニエが一人の男を連れて車に近づいてきた。「おい見ろよ、ソレイマーニーだ」と監視していた工作員が叫んだ。イスラム革命防衛隊の指導者であるソレイマーニーは、パジェロに寄りかかりながら、ムグニエのすぐそばに立っていた。二人が話している様子を見るかぎり（声は聞こえなかった）、親しい仲なのは間違いない。二人の重要人物を同時に抹殺するチャンスが訪れ、作戦司令室が興奮に湧きたった。しかし、まずは許可を取る必要がある。ダガンはロシュピナの実家に帰り、二日前に死んだ母親の死を弔っていた。モサドの指揮官がダガンに電話すると、ダガンはオルメルト首相に電話を入れた。ところがオルメルトは、そのまま作戦を遂行することを認めなかった。ムグニエ一人しか殺さないとアメリカ大統領にはっきり約束していたからだ。

同日午後八時三〇分ごろ、ムグニエはダマスカスの高級住宅街であるカフルソウサ地区の隠れ家に到着した。シリアの情報機関のある重要施設から数百メートルほどのところにある隠れ家である。そこでスレイマーン将軍の補佐官数人とヒズボラの将校二人と会い、一〇時四五分ごろにその会議を途中で退席すると、一人で建物から出てきて駐車場のパジェロまで歩いていった。そして自分の車と隣に駐車していた車の間に入り、ドアを開けようとしたところで、作戦の実行命令が下った。爆弾が爆発した。三〇年間幽霊のように生きてきたイマード・ムグニエが、ついに死んだ。

シリアは衝撃を受けた。三〇年にわたり、イスラエルやアメリカほか四〇カ国の情報組織や軍事組織の追跡から逃れてきたゲリラ戦士であり戦術の大家である男が、シリアの情報機関の施設のすぐそばで暗殺されたのだ。施設の窓が数枚、爆風で粉々になったほど近くだった。

ダガンは言う。「シリアがこの暗殺にどれほどの衝撃を受けたか考えてみるといい。ダマスカスのなかでも警備の厳重な地区のど真ん中だ。ダマスカスさえ安全ではないと知ったときに、アサドやヒズボラはどれほどの衝撃を受けただろう？」

ダガンはさらにこうも語っている。「こちらの情報活動が敵に浸透しているという感覚、ヒズボラのこともシリアのことも何でも知っているという感覚を敵に与えることができた」

この事件の重大性に気づいていたアサドは、なるべくこの事件から距離を置こうとした。ナスルッラーフには哀悼の意を表する一方で、シリア国内ではこの攻撃に言及しないよう要請した。それどころか、大破したパジェロに遺体を乗せてこっそりベイルートに運び、ムグニエがベイルートで死んだように見せかけるよう提案した。

だがナスルッラーフはこれを拒否し、仲間を気遣わないシリアに激怒した。ヒズボラのメンバーのなかには、この暗殺にシリアが関与していると主張する者もいたため（ムグニエの妻もその一人だった）、アサドはそれを何度も否定し、繰り返し謝罪することを余儀なくされた。ナスルッラーフは、ベイルートでの葬儀にシリアの代表者を一人も招待しないよう命じた。

ムグニエの葬儀は土砂降りの雨のなか執り行なわれた。その途中、シーア派教徒の会葬者の葬列が、ラフィク・ハリリの追悼集会に参加していたスンニ派教徒に遭遇した。指導者として人気のあったハリリは、ちょうど三年前にムグニエの命令により殺害されていた。それがレバノンで生きるということなのだ。

ヒズボラがときどき大規模集会に使用していたベイルート南部の航空機格納庫に、何千人もの会葬者が詰めかけ、さらに数万人が外に集まっていた。ムグニエの棺が壇上に運び込まれると、この世を旅立つ高潔かつ神聖なムグニエの祝福を受けようと、会葬者が棺に手を伸ばしてきた。カーキ色の制服を着た儀仗兵《ぎじようへい》役のヒズボラ民兵が、黒い法衣をまとい厳粛な表情を浮かべた指導者たちと一緒に、壇上の棺の両脇に立っていた。死後に公開を許可されたムグニエの直近の写真が印刷されたポスターが、何千枚と壁に貼られ、会葬者の手に握られていた。そのポスターには「殉教した偉大なる英雄」との文字があった。群衆は復讐を求めて泣き叫んだ。

死んだ同志の忠告に従い、ナスルッラーフは地下司令室にとどまり、葬儀には姿を見せなかった。その代わりに巨大なスクリーンを通じて、追悼の言葉を格納庫の内外にいる大衆に伝えた。「ムグニエは人生を殉教に捧げたが、殉教者になる日を何年も待っていた」

ナスルッラーフはさらに、アッバース・ムサウィ前議長の暗殺も、ヒズボラの抵抗を強化しただけで、イスラエルはますます屈辱を受けることになったと述べ、こう続けた。「イスラエルは、アッバース師の血がヒズボラに受け継がれていること、その血が特有の感情や精神をわれわれに与えていることを理解していない。ムグニエが殉教者になったいま、われわれがイスラエル崩壊の幕を開かなければならないことを世界に認めさせよう。それが私のなすべき仕事である」

すると群衆がこう応えた。「何なりとお申しつけください。ナスルッラーフよ」

ナスルッラーフは次のような脅しで追悼の言葉を締めくくった。「おまえたちシオニストは国境を越えてきた。おまえたちが開戦（イスラエルとレバノンの国境以外での戦争）を望むのなら、あらゆる場所が開戦の舞台になる」

ナスルッラーフとイランは、少なくとも四人をムグニエの後継者に指名した。しかし戦端が開かれることはなかった。ムグニエの暗殺でも証明されたように、イスラエルの情報活動がヒズボラ内に浸透していたおかげで、ヒズボラが計画した攻撃をほとんど阻止できたのだ。成功した攻撃は一件だけだった。ブルガリアでイスラエル人旅行者を乗せたバスを自爆テロ犯が攻撃し、六人が死亡、三〇人が負傷した。

こうして、ムグニエに関する伝説が本当だったことが証明された。ダガンによれば「ムグニエの作戦能力は、後継者となった四人全員の能力よりも優れていた」という。ヒズボラはムグニエの暗殺に反撃することもできなかった。これは、ムグニエの死によりヒズボラが多大な作戦能力を失ったことを如実に物語っている。アマンのある将校は言う。「ムグニエが自分の暗殺に報復するために生き返ってきたとしたら、状況はまったく変わっていただろう。幸運なことに生き返りはしなかったがね」

スレイマーン将軍は六週間足らずの間に、五年間隠し通してきた核施設も、数十年間死から逃れてきた同志の親友も失うと、屈辱と怒りに駆られ、イスラエルへのスカッドミサイルの発射準備を命じた。なかには化学弾頭を備えたミサイルもあった。そして、武力で反撃するようアサドに要求した。

だがアサドは拒否した。スレイマーンが怒るのも無理はないが、化学兵器による攻撃どころか、イスラエルとの開戦自体がシリアにとって得策ではなかったからだ。オルメルトは、アメリカの下院少数党院内総務ジョン・ベイナーとの会談で「バッシャールにはそれだけの自制心があった。あの男もばかではない」と述べていた。側近にも「アサドは、この国の誰からも憎まれているような男だが、節度ある現実的な対応を示している」と語っている。

アサド同様に、オルメルトも部下を抑えなければならなかった。アサドも殺すべきだと考える部下は多かった。アサドはテロリストやイランと手を組んでいたからだ。アマンのある高官は言う。「西側で育った進歩的な眼科医なんて話は、どれもこれも夢想にすぎない。あいつは過激派の親玉だ。父親と違い、情緒不安定で、危険な賭けに出る傾向がある」

しかしオルメルトはそう考えず、「この男となら和平合意も可能だ」と述べている。

ただしスレイマーンは別だ。オルメルトもこの男については、「際立った組織力と作戦行動力を備えた本物のクズだ」と語っている。スレイマーンはさまざまな点でシリア第二の実力者であり、大統領官邸内でもアサドの執務室の廊下を挟んだ向かい側に自分の執務室を構えていた。NSAの極秘メモにはこう記されている。「スレイマーンは三つの重要な領域で支配権を掌握している。政権や政党にかかわるシリアの内政問題、軍事機密事項、彼をヒズボラやレバノン政界の他勢力にかかわらせているレバノンに関する問題である」

しかしイスラエルも、今回はアメリカが手を貸す可能性がないことを理解していた。アメリカ人を数百人も殺害したムグニエと、主権国家の高官であるスレイマーン将軍では、まったく話が違う。そのためイスラエルは、自力でスレイマーンを始末する計画を練り始めた。

ムグニエ暗殺作戦後、ダマスカスの警備体制はさらに強化されたため、ダマスカスで作戦を実行する計画はすべて除外された。スレイマーンには厳重な警護がついていたうえ、絶えず装甲車に護衛されており、爆破装置を使用する余地もなかった。そこでメイル・ダガンが支援を求めると、国防軍は喜んでその仕事を引き受けた。ムグニエ暗殺に成功したモサドが称賛を受けたことにより、軍指導者の間でも重要人物の暗殺の機運が高まっていた。「モサドの人間ではなく、兵士に引き金を引かせたい」というわけだ。

二〇〇八年八月一日金曜日の午後四時ごろ、スレイマーンはいつもより早く大統領官邸での仕事を終え、護衛の車に挟まれて北に向かった。目的地は、地中海沿岸の港湾都市タルトゥースの近くに建てた別荘である。広々とした別荘には、磨いた石を敷き詰めた大きなテラスがあり、そこから海を一望できる。その夜は、妻のラハブや側近たちとのディナーに、地元の高官を大勢招待していた。そこには使用人もいれば、もちろんボディーガードもいた。

会食者たちは、夕日が海に沈む壮大な景色を眺めながら、丸テーブルを囲んで座っていた。スレイマーンの左隣には妻、右隣には首席補佐官が座った。スレイマーンと首席補佐官はキューバ産の太い葉巻を吸った。

すると突然、スレイマーンが椅子に座ったまま後方に身を揺らしたかと思うと、前方に屈み込み、目の前の皿の上にうつ伏せに倒れた。頭蓋骨は割れて裂け、骨片や脳味噌の断片や血が妻のラハブの全身に飛び散った。スレイマーンは六発撃たれた。初めに胸、次いで喉、額の中心、最後に背中を三発である。撃たれたのはスレイマーンだけだった。皿に顔をぶつける前に死んでいた。

それから三〇秒もしないうちに、浜辺の異なる二地点から発砲していたシャイェテット13の二人の狙撃手は、ゴムボートに乗って海軍の船に向かっていた。二人がいた浜辺には、安いシリアのタバコを残しておいた。この暗殺をシリアの内政問題に見せかけるためである。

別荘であわただしく犯人探しが行なわれている間に、ボディーガード隊の指揮官が大統領官邸に電話を入れ、スレイマーンが殺されたことをアサドに伝えた。二方向から六発の発砲があったが、暗殺者を見た者は誰もいなかった。アサドは話を聞くと、しばらくの沈黙の後に毅然としてこう命じた。「起きてしまったことは仕方がない。これは最高レベルの軍事機密とする。誰にも知らせず、いますぐ埋葬しろ。以上だ」。翌日、極秘のうちに葬儀が執り行なわれた。

NSAによれば、「これは知りうるかぎり、イスラエルが正規の政府関係者をターゲットにした初めての事例だ」という。

もはや、メイル・ダガンが六年前に長官職を引き継いだときのモサドの面影はまったくなくなっていた。ダガンが率いるモサドはもう、ずさんな工作に失敗して狼狽《ろうばい》するだけの臆病な組織ではなかった。ヒズボラやスレイマーンの「影の軍隊」の内部に潜入し、過激派戦線内部の武器や最新技術の流通を阻止し、過激派戦線の活動家を殺害し、念願のイマード・ムグニエ暗殺さえ成し遂げた。

さらにダガンは、イランがそれまで順調に進めていた核開発の野望を食い止める計画を練り上げていた。その計画は、次の五つの柱から成る。国際社会からの厳しい外交圧力、経済制裁、現政権の転覆を目的とするイランの少数派や野党への支援、核開発のための設備や原材料の引き渡しの阻止、そして、施設の破壊や核開発計画の重要人物の暗殺などの秘密工作だ。

ダガンはこの総合的な計画を、「現状を変更するための一連のピンポイント作戦」と説明している。その狙いは、できるかぎり開発計画を遅らせることにある。そしてイランが原子爆弾を開発する前に、経済制裁により深刻な経済危機を引き起こし、核開発計画を放棄せざるを得ない状況に追い込むか、野党を支援・強化して政権を転覆させるのである。

この計画を推進するため、ブッシュとオルメルトは協力協定を結び、CIA、NSA、モサド、アマンの四機関の協力関係の構築が正式に承認された。その協力内容には、情報源や手口を相互に開示することも含まれていた（オルメルトのある側近は「お互い丸裸になる」と述べている）。アメリカの情報機関と財務省はモサドのスピア部隊と協力し、イランの核開発計画を経済的に妨害する幅広い活動を開始した。両国はまた、核開発計画のためにイランが諸外国から購入しようとしている設備を特定し、それがイランに届けられるのを阻止する活動にも着手した。これは、オバマ政権に替わった後も数年間続いた。

しかしイランはしぶとかった。二〇〇九年六月、モサドはアメリカやフランスの情報機関との協力により、イランがコムに新たなウラン濃縮施設を極秘に建設していたことを突き止めた。その三カ月後、オバマ大統領がこの事実を大々的に公表してイランを非難し、経済制裁を強化した。さらに、ひそかに進めていた四機関の合同破壊工作により、コンピューターを停止させる、変圧器を爆発させる、遠心分離機を誤作動させるなど、イランの核開発設備を連続して機能停止に追い込んだ。イランに対してアメリカとイスラエルが合同で行なった最大の破壊工作が、「オリンピック大会」作戦である。この作戦では、数種類のコンピューターウイルス（その一つが有名なスタックスネットである）により、イランのウラン濃縮機器に深刻な損害を与えた。

ダガンの計画の最後の柱である科学者の暗殺は、アメリカが同意しないことがわかっていたため、モサドだけで実行された。モサドは暗殺の対象として一五人の主要な科学者を選んだ。そのほとんどが、兵器の起爆装置の開発を担当する「兵器グループ」のメンバーだった。

二〇〇七年一月一四日、イスファハンのウラン濃縮施設に勤務する四四歳の核科学者アルダシール・ホセインプール博士が不可解な状況で死亡した。公式発表では「ガス漏れ」による窒息死と伝えられたが、イランの情報機関はイスラエルの仕業だと確信している。

二〇一〇年一月一二日午前八時一〇分、マスード・アリモハマディが北テヘランの高級住宅地にある家を出て、車のほうに歩いていった。一九九二年にシャリーフ工科大学で素粒子物理学の博士号を取得して同大学の上級講師を務めた後、核開発プロジェクトの第一線で活躍していた科学者である。車のそばには、爆弾を仕掛けたバイクがあった。アリモハマディが車のドアを開けるとそのバイクが爆発し、アリモハマディは死亡した。

科学者は主権国家の官吏として働いているだけであり、テロには一切関与していない。そのため、モサド内で議論もせずに暗殺を遂行することはできなかった。ダガンのオフィスで行なわれたある作戦承認会議では、タミル・パルドー副長官のもとで働く情報担当官が立ち上がり、自分の父親もイスラエルの核開発計画の科学者だと述べ、こう主張した。「この場に蔓延している考え方に従えば、私の父は暗殺の合法的なターゲットということになりますが、私は道徳的でも合法的でもないと思います」。しかし、このような反対意見はすべて却下された。

イラン側は、何者かが科学者を狙っていることに気づき、核開発計画の陰のブレーンとされる兵器グループの責任者モフセン・ファフリザデをはじめ、科学者たちを厳重に警護するようになった。科学者の家のまわりには、警官を大勢乗せた車が何台も配置された。科学者たちの生活は悪夢と化し、家族ともども不安のどん底に突き落とされた。

連続して暗殺作戦が成功すると、イスラエル側が意図していなかった別の効果も現れてきた。過激派戦線を構成する組織は、イスラエルが組織内に潜入しているのではないかと不安になり、情報の漏洩元を突き止めたり、モサドから人員を守ったりするために多大な労力を注ぎ込むようになった。イランも、闇市場で大枚をはたいて入手する核開発関連の設備や装置すべてがウイルスに感染しているのではないかと疑心暗鬼に陥り、製品一つひとつの検査を何度も繰り返した。こうした手間により核開発計画はさらに大幅に遅れ、計画の一部が停止することさえあった。

ダガンのもとでモサドは、伝説的存在に返り咲いた。怖れられたり称賛されたりはするが、いずれにせよ決して軽んじられることのない組織である。いまでは職員も、モサドのために働くことに誇りを抱いていた。ダガンはこの組織に大胆さを注入し、数々の作戦をみごとに成功させることで、その大胆さが虚勢ではないことを証明してみせた。

第三五章　みごとな戦術的成功、悲惨な戦略的失敗

マフムード・アル＝マブフーフは、ホテルに出入りする客に紛れ、午後八時三〇分になる直前にアル＝ブスタン・ロタナ・ホテルのロビーに入った。その姿が、入り口の上部に設置された有線カメラの映像に残されている。黒髪で生え際がやや後退しており、黒々とした口ひげをびっしり生やし、黒いシャツに少し大きめのコートを羽織っている。普段のドバイはかなり暖かいが、その夜は少し寒かった。

アル＝マブフーフは、ドバイに来て六時間もたたないうちにある銀行家と会った。ガザ地区のハマスが特殊な監視装置を購入するために必要な、さまざまな国際金融取引を手配してくれる人物である。また、イスラム革命防衛隊の連絡員とも接触し、武器が入った二つの大きな積み荷をハマスへ配送する手続きを行なった。

小さな都市国家ドバイで、アル＝マブフーフはそのほかさまざまな仕事をこなした。ここ一年足らずで五回目のドバイ訪問となる二〇一〇年一月一九日、この男は偽名と偽の職業が記載されたパレスチナのパスポートで入国した（ドバイは、パレスチナ自治政府が発行した証明書類を正式に認めている数少ない国の一つだった）。実際の職業は、数十年前からハマスで活動してきた腕利きの工作員である。二〇年前には、イスラエル兵二人を拉致・殺害している。最近は、ダマスカスでモサドに殺害

されたイッズ・アッディーン・アル＝シャイフ・ハリールのあとを継ぎ、ハマスの武器調達の責任者を務めていた。

ホテルのロビーに入ったアル＝マブフーフの数歩後ろには携帯電話を持った男がいて、アル＝マブフーフがエレベーターに乗るとその男もついてきた。電話に向かって「もうすぐ着く」と話している。アル＝マブフーフはそれを耳にしたかもしれないが、気にもとめていないようだった。ドバイに来た旅行者が友人に「もうすぐ着く」と伝えるのは、何も珍しいことではない。

アル＝マブフーフは実に用心深い男で、イスラエルが自分を狙っていることも知っていた。二〇〇九年春に行なわれたアルジャジーラとのインタビューではこう述べている。「注意をするに越したことはない。アラーのご加護のせいか、おれには背後に誰がいるか壁越しでもわかるから、やつらはおれを〝キツネ〟と呼んでいる。アラーのおかげで、おれには高度に発達した防衛本能がある。だが、おれたちのような生き方に犠牲はつきものだ。それでもいい。おれは殉教者として死ぬことを望んでいる」

エレベーターが三階で止まり、アル＝マブフーフが降りた。電話をかけていた男はそのままエレベーター内にとどまり、さらに上の階へ向かった。旅行者に違いない。

アル＝マブフーフは左方向にある二三〇号室に向かって歩いていった〔ヨーロッパやアラブ諸国のホテルでは、階数と部屋番号の数字が一つずれる〕。廊下には誰もいない。部屋に着くと、習慣からすぐにドア枠や鍵穴に目をやり、擦り傷やかき傷などこじ開けた痕跡がないか調べたが、異常はない。

部屋に入り、後ろ手にドアを閉める。

物音がした。確かめようと振り返る。

だが、もう手遅れだった。

その四日前の一月一五日、長官室のそばの大会議室で緊急会議が開かれ、マフムード・アル＝マブフーフの暗殺計画が承認された。アマンがアル＝マブフーフの使用している電子メールサーバーをハッキングし、ダマスカス発ドバイ行きの一月一九日のフライトを予約したことを突き止めたからだ。緊急会議では、モサドの情報、技術、後方支援担当の代表など一五人ほどの出席者が長いテーブルを囲んだ。この会議におけるダガンに次ぐ重要人物は、カエサレアの指揮官「ホリデー」だった。がっしりした体格に禿頭《とくとう》のホリデーが、「プラズマスクリーン」作戦の指揮を自ら買って出た。

アル＝マブフーフはかなり以前から、イスラエルの暗殺対象者リストに名を連ねていた。一年前、ガザ地区との国境付近の情勢はかなり悪化し、ハマスがイスラエルの町や村にカッサム・ロケットやカチューシャ・ロケットを大量に撃ち込んできた。そのため二〇〇八年一二月二七日には、イスラエルがハマスの砲撃を阻止するための大規模攻撃（「鋳造された鉛」作戦）を実施している。ハマスがガザ地区から大量のロケットを発射することができたのは、アル＝マブフーフの武器調達・輸送ネットワークのおかげだった。このネットワークは、イランのイスラム革命防衛隊の支援を受けていた。

イスラエルのハマスに関する情報活動は近年飛躍的に向上しており、ハマスがロケットを隠している格納庫を空爆する「猛禽《もうきん》」作戦が展開されていた。モサドは、アル＝マブフーフが運営するネットワークがハマスの武器を補充していることに気づいていた。武器は、船積みされてイランから紅海沿岸のポートスーダンへ運ばれ、そこからエジプトとシナイ半島を経由してひそかにガザ地区に持ち込まれる。エジプトからガザ地区に持ち込む際には、エジプトの国境警備隊と哨戒隊を避けるため、複数のトンネルを利用していた。そこでモサドは、イランから船で運ばれ、ポートスーダンでトラックに積み替えられる武器を追跡した。二〇〇九年一月、イスラエル空軍が長距離奇襲を四回実施し、輸送車隊を破壊し、護衛していた人員を殺害した。

ダガンは言う。「こうした活動は、イランからハマスにつながる密輸ルートに多大なダメージを与えた。完全に遮断したと言えるほどではないが、それでもかなり減少した」

ただし、アル＝マブフーフはその日、何らかの事情でトラックには乗っておらず、別ルートでスーダンを出国していた。この失敗を挽回するため、ダガンはオルメルトからアル＝マブフーフ暗殺作戦の承認を得た。二〇〇九年三月、首相職を引き継いだベンヤミン・ネタニヤフも引き続きそれを承認した。

ドバイはアル＝マブフーフ殺害にきわめて都合のいい場所だった。テヘラン、ダマスカス、スーダン、中国など、アル＝マブフーフがよく訪れるほかの場所には有能な秘密警察が活動しており、モサドの暗殺チームが作戦を実行するのはきわめて難しい。一方ドバイは、観光客や外国のビジネスマンであふれているため、警備や情報収集の能力はかなり低いと思われた。ドバイは公式にはイスラエルに敵対する標的国だったが、そのころにはモサドも、ダマスカスの中心街でムグニエを、別荘でシリアの将軍を殺害していた。それに比べれば、観光客だらけのドバイにいるハマスの工作員は、比較的仕留めやすいターゲットだった。

それでもこの作戦を成功させるためには、少人数の班から成る大規模なチームが必要だった。ある班がドバイに到着したターゲットを見つけて監視を行ない、別の班がホテルの部屋で待ちかまえて暗殺を実行し、自然に死んだように見せかける。そして犯行を疑われた場合に備え、遺体が発見される前に、あらゆる証拠を消し去って国外に逃亡する。

アル＝マブフーフがこれほどの労力を費やし、これほどの危険を冒してまで暗殺するほどの重要人物だと誰もが考えているわけではなかった。アル＝マブフーフは暗殺に必要な基本条件を満たしていないとダガンに訴える者もいた。この男が死に値するという点ではモサドの意見は一致していたが、標的国で暗殺を実行するためには、ターゲットがイスラエルに深刻な脅威をもたらす人物であり、その暗殺により敵に壊滅的なダメージを及ぼせるような人物でなければならない。ところが実際には、アル＝マブフーフはどちらの条件にも適合していない。しかしダガンもモサド職員も、これまでの成功続きで自信に満ちあふれており、とにかく暗殺計画を進めることにした。

カエサレアの工作員チームは二〇〇九年にドバイで、初めてアル＝マブフーフを尾行した。殺害のためではなく、行動を観察し、ターゲット本人に間違いないことを確認するためだ。四カ月後の一一月、「プラズマスクリーン」作戦のチームが再びドバイに入国した。今回はアル＝マブフーフを殺害するためである。チームはホテルのアル＝マブフーフの部屋に運ばれる飲み物に毒を入れた。しかし、毒の量を間違えたのか、飲み物にあまり口をつけなかったのか、アル＝マブフーフは気を失っただけだった。アル＝マブフーフは意識を取り戻すと、ドバイ滞在を切り上げてダマスカスへ戻った。ダマスカスで診察してもらうと、失神発作の原因は単核球症だという。アル＝マブフーフはこの診断に納得し、命が狙われたことには気づかなかった。

この作戦の結果にモサドは深く失望した。人員と資源をあれほど危険にさらしながら、まだ任務を完了できなかったからだ。ホリデーは、次は絶対にミスを犯さないと断言した。暗殺班は、アル＝マブフーフが死んだのを目視で確認してから出国することになった。

ところが、長官室のそばの大会議室で一月一五日に開かれた会議で、問題が一つ持ち上がった。パスポート部門の担当者によると、新たな偽造パスポートをチーム全員分用意するのが難しいという。ドバイに行く要員は二〇人以上いるが、そのなかの数人は、わずか半年のうちに三回も同じ偽造パスポートと架空の経歴を使ってドバイに入国している。ハレヴィ指揮下の臆病な時代のモサドであれば、この理由だけで作戦は中止されていただろう。しかしダガンとホリデーは危険を冒すことにし、既存の偽造パスポートを持たせて暗殺チームを送り出した。

いずれにせよ、ホリデーは何の問題もないと思っていた。遺体が発見されれば、疑惑が生じて調査が行なわれるかもしれないが、そうなる前に暗殺チームはイスラエルに戻ってくると考えていたからだ。警察の目にとまるような証拠は何も残さない。モサドの秘密は決して漏れない。一人も捕まらない。すべてはすぐに忘れ去られる。

ダガンはホリデーに最終決定を伝えた。「『プラズマスクリーン』作戦の実行を許可する」。そして会議の参加者が立ち去るときに、低い声でこうつけ加えた。「全員の幸運を祈る」


一月一八日午前六時四五分、「プラズマスクリーン」作戦チームの最初のメンバー三人がドバイに到着した。それから一九時間の間に、チーム（全員合わせて少なくとも二七人はいた）の残りのメンバーが、チューリッヒ、ローマ、パリ、フランクフルトから飛行機で到着した。所持しているパスポートのうち、一二冊がイギリス、六冊がアイルランド、四冊がフランス、四冊がオーストラリア、一冊がドイツのパスポートだった。すべて本物だったが、いずれも実際に使用している人間のものではなかった。二重国籍を持つイスラエル市民から借りたもの、偽の身元で取得したもの、盗んだもの、故人のものなどである。

一九日午前二時九分、「ゲイル・フォリヤード」と「ケヴィン・ダヴェロン」が到着した。前線本部、通信連絡員、警備員、監視員を統括する、作戦の中心となる人物である。二人はジュメイラ・ホテルの別々の部屋にチェックインした。この二人は現金で支払ったが、チームのほかのメンバーは、国防軍特殊部隊の退役軍人がCEOを務めるペイオニアという会社が発行したデビットカードを使った。

受付係のスリ・ラハユは、代金を受け取ると、フォリヤードに一一〇二号室の鍵を、ダヴェロンに三三〇八号室の鍵を渡した。寝る前に、フォリヤードはルームサービスで軽食を注文し、ダヴェロンはミニバーにあったソフトドリンクを飲んだ。

フォリヤードとダヴェロンが到着してから二一分後、フランスのパスポートを所持した作戦指揮官「ピーター・エルヴィンガー」が空港に到着した。入国審査を通過したあと、ターミナルのドアから出て三分間待ち、その後Uターンしてなかに戻るという対監視行動（ヘブライ語で「マスルル」）をとった後、すでに車で空港に来ているあるメンバーと会うため所定の場所に向かった。暗殺チームのメンバーは全員、標準的なルールとして、頻繁に服を着替えたり、かつらやヒゲをつけて変装したりするなど、絶えず「マスルル」を行なっていた。尾行されないようにするため、あるいは、作戦のさまざまな局面に合わせて身元を切り替えるためである。

エルヴィンガーは、空港に来ていたメンバーと一分も話をしないうちに別れ、タクシーに乗ってホテルに向かった。

昼過ぎには、チーム全員がアル＝マブフーフの到着を緊張しながら待っていた。三時に飛行機で到着する予定だったが、まだ不足している情報がいくつかあった。アル＝マブフーフの滞在先、会談の時間や場所、移動手段がわからない。チームがドバイ全体をカバーすることはできないため、アル＝マブフーフを見失うおそれがあるうえ、殺害可能な距離まで近づく方法を事前に計画しておくこともできない。あるベテラン工作員は言う。「このような場合、ターゲット次第で暗殺のタイミングや方法が変わる」

一部のメンバーが、アル＝マブフーフが以前宿泊したことのある三軒のホテルに配置されていた。監視班は空港に待機し、電話で無駄話をしているふりをして時間をつぶした。残りの七人は、エルヴィンガーとともに別のホテルで待機した。

アル＝マブフーフは三時三五分に到着した。監視班がアル＝ブスタン・ロタナ・ホテルまで尾行し、別のホテルにいるメンバーに配置を解くよう指示した。暗殺チームは携帯電話を多用したが、直接の通話を避けるため、オーストリアのある番号に電話をかけた。そこには簡単な電話交換機が事前に設置されており、ドバイからかかってきた電話を、ドバイにいるほかのメンバーの携帯電話かイスラエルの指揮所のいずれかにつないだ。

すでにアル＝ブスタン・ロタナ・ホテルのロビーにいたメンバーは、テニスウェアを着てラケットを持っていたが、普通はつけるラケットカバーをつけ忘れていた。アル＝マブフーフがルームキーを受け取ったあと、二人のメンバーがあとを追ってエレベーターに入った。アル＝マブフーフが三階で降りると、二人は少し離れてあとをつけ、二三〇号室に入ったことを確認した。一人がオーストリア経由の携帯電話でそれを報告すると、二人はロビーに戻った。

エルヴィンガーは、アル＝マブフーフの部屋番号の報告を受けると、二カ所へ電話をした。まずはアル＝ブスタン・ロタナ・ホテルに電話し、二三〇号室の真向かいにある二三七号室を予約した。次いで航空会社に電話し、その日の夜遅くにたつカタール経由ミュンヘン行きのフライトの座席を予約した。

午後四時を少し過ぎたころ、アル＝マブフーフがホテルを出た。尾行班は、この男も独自の「マスルル」で予防措置を講じていることに気づいた。アル＝マブフーフがそうするのも当然だった。一九八〇年代後半以降、ハマスの仲間のほとんどが殺害されていたからだ。しかし、粗削りであか抜けないその動きを尾行班が見失うことはなかった。

ケヴィン・ダヴェロンは、アル＝ブスタン・ロタナ・ホテルのロビーでエルヴィンガーを待っていた。エルヴィンガーは四時二五分に到着すると、何も言わずにスーツケースをダヴェロンに手渡してフロントに向かった。防犯カメラの映像には、エルヴィンガーが提示した赤い表紙のEUのパスポートが鮮明にとらえられている。エルヴィンガーは二三七号室の宿泊手続きをすませると、再び何も言わずにダヴェロンにルームキーを渡してホテルをあとにした。

二時間後、四人の男が二人一組になってホテルにやって来た。みな野球帽をかぶって顔を隠し、大きなカバンを二つ持っている。そのうちの三人はカエサレアの「暗殺者」だった。残りの一人はピッキングの専門家だ。四人はエレベーターに乗り、二三七号室へ直行した。それから一時間後の七時四三分、ロビーにいた監視班が、新たに到着した監視班と交代した。最初に到着してから四時間が過ぎて、ようやくテニス選手に偽装したメンバーはロビーを離れた。

一〇時、アル＝マブフーフがホテルに向かっていると尾行班から連絡があった。そのころホテルでは、ダヴェロンとフォリヤードが廊下で監視を続けるなか、ピッキングの専門家が二三〇号室のドアの解錠に取り組んでいた。計画では、ログに記録を残さずにモサドのマスターキーでドアを開けられるようにすると同時に、正式な鍵でも問題なく作動するように電子ロックをプログラムし直すことになっている。観光客が一人エレベーターから降りてきたが、ダヴェロンがすぐに話しかけ、たわいのない会話で注意をそらしたため、何も目にすることなく去っていった。やがてドアが解錠され、暗殺班が部屋のなかに入った。

そしてそのまま待機した。

アル＝マブフーフは廊下に逃げようとした。だが、暗殺チームの二人が屈強な腕で捕まえると、三人目の男が片手でその口をふさぎ、もう片方の手を首に押し当てた。その手に仕込まれていたのは、超音波を使って肌を傷つけずに薬剤を注入する器具だった。その器具には塩化スキサメトニウムが詰めてある。スコリーンという商標名で知られる麻酔薬で、手術の際にほかの薬と組み合わせて使用される。この薬だけを使用すると、麻痺状態を誘発し、呼吸に使う筋肉の動きが止まるため窒息する。

最初の二人は、アル＝マブフーフがもがくのをやめるまで体を押さえ続けていたが、やがて麻痺が体中に広がると床に寝かせた。アル＝マブフーフは眠り込んでいたわけではなく、考えることも見聞きすることもできたが、体を動かすことができなかった。間もなく口の角に泡つばが出てきた。口からゴボゴボと音がした。

見知らぬ男三人がじっとこちらを見つめ、万が一に備えてまだ両腕を軽く握っている。それが、アル＝マブフーフの目に映った最後の光景となった。

暗殺者たちは、モサドの医師から指示されていたとおりに二カ所で脈を確認し、アル＝マブフーフが間違いなく死んでいることを確認した。その後、靴、シャツ、ズボンを脱がせてクローゼットにきちんとしまい、遺体をベッドに寝かせて寝具をかけた。

暗殺に要した時間は二〇分だった。暗殺班は、このような状況に備えてモサドが開発したテクニックを使ってドアチェーンを掛け、なかから鍵がかけられたように見える状態にしてドアを閉めた。そして二三〇号室のドアの取手に「起こさないでください」のプレートをかけ、二三七号室のドアを二回ノックして任務完了の合図を送ると、エレベーターのなかへと姿を消した。

一分後にはフォリヤードが、その四分後にはダヴェロンが去り、ロビーにいた監視班もホテルをあとにした。間もなくチーム全員が出国し、二四時間後には誰もドバイに残っていなかった。

テルアビブは達成感に包まれていた（これが後に「歴史的成功に浮かれていた」と揶揄《やゆ》されることになる）。メイル・ダガン、ホリデー、暗殺チームなど関係者全員が、暗殺作戦はまたしても大成功を収めたと信じていた。実際ダガンはネタニヤフに、「もうアル＝マブフーフに悩まされることはない」と報告している。

暗殺の翌日の午後、メイドがいくらノックしても返事がないため、ホテルの警備員が部屋に入り、死体を発見した。しかし疑念を抱かせるような点は何もなかった。争った形跡や外傷もなく、鍵のかかった部屋のベッドで中年の貿易商が死んでいる。そのため、心臓発作か脳卒中を起こしたにすぎないと思われた。死体は遺体安置所に運ばれ、その死はパスポートに記された偽名で登録された。この事件は結局、ドバイで中流階級の外国人が死んだという程度の注目しか集めなかった。

ところがダマスカスではハマスの当局者が、武器取引を仲介するために送り込んだ男が予定どおりに連絡してこないことを不審に思った。翌日の一月二一日、ドバイにいるハマスの現地代理人が警察署や遺体安置所を尋ねまわったところ、引き取り手のいない遺体となって冷蔵施設に保管されていたアル＝マブフーフを発見した。

ハマス当局者はドバイ警察の長官ダーヒ・ハルファン・タミーム中将に連絡し、パレスチナのパスポートを所持していた死人はハマスの幹部だと伝えた。そしてさらに、その死はほぼ間違いなく自然死ではなく、おそらくはモサドの仕業だと告げた。

これまでに数々の叙勲を受けてきた五九歳のハルファンは、違法な活動を行なう拠点としてドバイを利用する犯罪者や外国機関を自国から追い払うことを個人的な使命と考えていた。そのため電話口でこう怒鳴ったという。「銀行口座と武器とクソいまいましい偽造パスポートを持っておれの国から出ていけ！」

ハルファンはまた、モサドがこの街で暗殺を行なっていることにも我慢ならなかった。遺体安置所の死体を検死してみたところ、確かなところはわからず、アル＝マブフーフが殺されたのかどうか判断できなかったが、ハルファン自身もハマス当局者の言うことが正しいのではないかと思っていた。

イスラエルの工作員には、アメリカやイギリスの工作員に比べて不利な点がある。それは、偽のパスポートを使わなければならないということだ。ＣＩＡの工作員の場合、偽名であっても、国務省から正規のパスポートを容易に受け取ることができる。事実上無限にパスポートが供給されるため、必要に応じて身元を自由に変えられる。それに、アメリカやイギリスのパスポートは世界中どこでも受け入れられており、不必要な注意を引くことなどめったにない。

イスラエルのパスポートとなるとそうはいかない。アジアやアフリカには入国できない国もある。

だがそのような国で、重要人物を殺害したり、秘密工作を実行したりしなければならないこともある。そんな場合にはたいてい、あまり不信感を持たれない国のパスポートを偽造する。しかしアメリカでの同時多発テロ事件以降、パスポートの偽造が難しくなった。

いい加減に作成されたパスポートを使用したり、同じ偽造パスポートを何度も使いまわしたりすれば、作戦や工作員の命を危険にさらすおそれがある。ハレヴィが適切な書類がそろわないからという理由で作戦を中止したのは、何も臆病だからではない。一方ダガンは、渋るパスポート部門の担当者を恫喝《どうかつ》して、既存のパスポートや偽の身元を用意させた。その行為は、そのときは果敢な指導力と見なされたが、それも問題が持ちあがるまでの間だけだった。

ダガンは「プラズマスクリーン」作戦のチームに、ドバイで四回も同じ身元を使うことを許可していた。ハルファンは、アル＝マブフーフがドバイに入国する直前に入国し、死んだ直後に出国した人物全員のリストを入手した。そしてその人物を、アル＝マブフーフがそれ以前に三回ドバイを訪問したときに出入国していた人物と照らし合わせ、対象を絞り込んだ。これにより容疑者の名前が明らかになり、ホテルの宿泊記録と照合することが可能になった。フロントの様子も監視カメラに記録されている。こうして警察はあっという間に、誰がいつ来たか、どの部屋に滞在したか、どんな姿をしていたかを把握した。

暗殺者は一般的に、匿名性の高い現金での支払いを好む。現金であれば身元を突き止められない。だがクレジットカードやペイオニアのデビットカードとなると、身元を突き止められる可能性がある。オーストリアの電話交換機に通話が集中していることは記録されているので、これも調べれば気づくだろう。そうすれば、交換機が中継した通話先の電話番号も判明する。このように、「プラズマスクリーン」作戦におけるモサド工作員一人ひとりの行動や工作員間の連絡を再構成するのは、さほど難しいことではなかった。大量のデータをふるいにかけさえすればいい。

ハルファンは複数の防犯カメラの映像からこの暗殺作戦に関する映像を抜粋し、作戦の全容を示す一本の映像集にまとめあげた。そのなかには、下手な「マスルル」の様子を記録した映像も含まれていた。たとえば、ホテルのトイレのドアの上に設置されたカメラには、トイレに入っていったときには禿頭だったダヴェロンが、頭髪をふさふさと生やした状態で出てくる様子が映っていた。カメラは隠されていたわけでもないのに、撮られていることに気づかなかったのだ。リアルタイムで暗殺チームの行動が明らかになったわけではないものの、こうした不用意な行動のおかげで捜査当局の手間が省けたのは間違いない。

ハルファンは記者会見を開き、全映像をインターネットで公開した。そしてダガンに「男らしく」暗殺を認めるよう訴え、ネタニヤフとダガンに対する国際逮捕令状を要求した。インターポールは、偽名のまま実行犯二七人全員の逮捕令状を発付した。

パスポートを偽造された国々は激怒した。その多くは秘密裏にモサドに協力していたが、架空の人物であろうとなかろうと、自国民を暗殺計画に巻き込むことまで許すつもりはなかったからだ。なかには、自国にいるモサドの代表者に即時国外退去を命じ、しばらくはモサドの代表者の駐在を認めないという国もあった。いずれにせよどの国も、モサドとの協力を中断した。

過剰な自信が生んだ災難だった。ドイツの情報機関の元長官は当時こう述べている。「私はイスラエルもイスラエル国民も愛している。だがあなた方はいつも、アラブ人やイラン人やハマスなど、あらゆる人々を軽んじている。誰よりも利口だから誰でもだませると思っている。アラブ人は無知だとか、ドイツ人には想像力がないとか思っていたとしても、もう少し敬意を持って相手に接し、もう少し謙虚にふるまえば、誰もがこのような厄介な状況に陥らずにすんだはずだ」

だがイスラエルでは、この事件はさほど問題にはならなかった。国際舞台で厳しい非難を受けると、パレスチナ人への処遇に対していつも受けている非難と相まって、むしろ愛国心が高まった。数週間後には、大人も子どもも仮装を楽しむプーリーム祭が開かれたが、そこで人気を集めたのは拳銃を持ち歩くテニス選手の仮装だった。また、今後の作戦に役立つようにと、二重国籍を持つイスラエル市民数百人が自分のパスポートをモサドに提供した。モサドのウェブサイトには入局の問い合わせが殺到した。

ところがモサド内の事情は違った。結局実行犯は一人も起訴されなかったものの、作戦を暴露され、好ましくない注目を浴びたことにより、工作活動に重大な支障が生じるようになった。第一に、多くの工作員の正体がばれてしまった。第二に、それまでの手順や手法がメディアで公表されてしまったため、新たな手順や手法を考えなければならなくなった。そのため、工作にかかわる全部門の活動停止を余儀なくされた。

二〇一〇年七月上旬、ドバイの事件によりモサド長官に就任する野望を断たれたカエサレア隊長ホリデーは、モサドを辞職した。

一方メイル・ダガンは、普段と変わらない姿勢を崩さなかった。ダガンは常々こう述べていた。「モサド長官が退任しなければならない場合もある。国家に損害を与えるような不運に見舞われたときに退任すれば、国家に対する圧力を軽減することになる」。だが今回の場合、混乱やミスがあったとはダガンには思えなかった。作戦後には、「重要なターゲットの攻撃・殺害に成功し、チーム全員が無事帰国した」と総括している。

本書執筆のためにインタビューをした二〇一三年になって、ダガンはようやく責任を認めた。「チームにあのパスポートを持たせたのは間違いだった。あれは私が決めたことであり、私一人で決めたことだ。すべての責任は私にある」

ある側近によれば、ドバイの失態が公表されたとき、ネタニヤフは「既視感を抱いた」という。一九九七年の失態が繰り返されたかのような印象を受けたのだ。あの当時、モサドはネタニヤフに、「警備の手薄な」ヨルダンであればハーリド・マシャアルを手際よく抹殺できると断言していた。しかし結局は失敗に終わり、相手の要求をのむ屈辱に甘んじることになった。ドバイの失態の影響がいつまで続くかはわからない。ネタニヤフはモサドの活動を制限し、危険な作戦の承認を控えることにした。

さらにダガンを抑える必要もあった。

二人はまるで反りが合わなかった。それどころかネタニヤフは、情報機関の長官全員との関係に問題があった。ネタニヤフの国家安全保障顧問ウジ・アラッドは言う。「ネタニヤフは誰も信用していない。だから情報機関の長官に知らせることなく、秘密裏に外交を行なった。両者の間で不信感が広がるような事態が何度もあった」

それに対してダガンは、首相は作戦の承認に及び腰でありながら、及び腰だと思われるのを怖れており、神経質すぎて国家の安全を守るのにふさわしくないと思っていた。

しかしダガンはモサドにとどまった。多面的・相補的・複合的な対イラン工作はまだ続いていた。実際ダガンは、マスード・アリモハマディの暗殺に成功したあとの一月上旬、工作を強化して兵器グループの残りの一三人の殺害を続けようとネタニヤフに承認を求めた。ネタニヤフは、新たな問題が生まれるのを危惧して承認を渋っていたが、一〇月になってようやくさらなる暗殺を承認した。二〇一〇年一一月二九日、バイクに乗った男が、イランの核開発計画の幹部が乗るプジョー206に吸着爆弾をつけて爆破する事件が二件起きた。一件目ではマジード・シャハリアリ博士が死亡した。二件目では、フェレイドゥーン・アッバースィー＝ダヴァーニとその妻が、シャヒード・ベヘシュティー大学のそばで爆弾が爆発する前に車から脱出し、事なきを得た。

しかしそのころには、暗殺や経済制裁、コンピューター妨害工作などによりイランの核開発計画を遅らせてはいたものの、中断させるには至っていないことが明らかになっていた。エフード・バラク国防大臣によれば、イランの核開発計画は「自分が思い描いていたよりもはるかに進んでいた」という。バラクもネタニヤフも、イランの核施設が破壊不可能になる時期が近づいており、そうなる前に施設を破壊するべきだと判断し、国防軍と各情報機関に「深海」作戦の準備を命じた。特殊部隊の支援のもと、イランの中心部を徹底的に空爆する作戦である。この攻撃や、それに続いて起こると予想される過激派戦線との戦争の準備に、およそ二〇億ドルが費やされた。

だが、これをまともな計画ではないと思っている者がいた。その筆頭がダガンである。ダガンはこの計画を、国益に基づいた冷静な判断によるものではなく、イラン攻撃により得られる広範な国民の支持を次回の選挙に利用したいという、二人の政治家の身勝手な動機によるものと見なしていた。ダガンは言う。「ビビ（・ネタニヤフ）は、あるテクニックを身につけていた。短時間でメッセージを伝えるテクニックだ。それをみごとにわがものとし、自由自在に使いこなすことができた。だが、私の知る最悪の指導者でもある。ビビには、エフード・バラクと同じある特徴がある。二人とも、自分が世界一の天才だと思っている。イスラエルの建国以来、全国防機関が首相の立場を受け入れないなどという事態に至ったのは、ネタニヤフ政権が初めてだ」

さらにダガンはこう語っている。「私はいろいろな首相を知っているが、一人として聖人はいなかった。それでも彼らにはある共通点があった。私益と国益が相反する場合には、常に国益を優先させた。疑問の余地なくそうしていた。ただし、そうではない首相が二人いる。ビビとエフードだ」

ダガンとネタニヤフの対立は二〇一〇年九月に頂点に達した。ダガンによれば、ネタニヤフはハマスに関する会議だと偽ってダガン、シン・ベト長官、参謀総長を呼び出し、その機会を利用して、違法な形でイラン攻撃の準備を命じたという。「私たちが部屋を出ようとすると、ネタニヤフがこう言ったんだ。『モサド長官と参謀総長、ちょっと待ってくれ。国防軍とモサドは〝〇プラス三〇〟とする』とね」

「〇プラス三〇」とは「作戦開始まで三〇日」を意味する。ネタニヤフは、「戦争行為」と呼ぶべきイランへの全面攻撃を「作戦」と見なしていた。戦争は内閣で票決する必要があるが、作戦は首相が命令するだけでいい。

ダガンはその無謀さに愕然とした。「武力を行使すれば、耐えがたい結果をもたらす。軍事攻撃でイランの核開発計画を全面中止に追い込むことが可能だという考え方自体が間違ってる。（中略）イスラエルが攻撃すれば、（イランの最高指導者）ハーメネイーはアラーに感謝するだろう。攻撃を受ければ、核開発計画を支持するイラン国民が団結し、ハーメネイーも、イスラエルの侵略からイランを守るために原子爆弾を手に入れなければならないと言えるようになる」

イスラエル軍が攻撃警戒態勢につくだけでも、シリアやイランはイスラエル兵が動員される様子を見て先制攻撃を仕掛けてくるおそれがあるため、戦争突入は避けられなくなる。ダガンはそう主張した。

バラクはこの問題について異なる説明をしているが（自分も首相も攻撃の可能性を検討していただけだと述べている）、それは大した問題ではない。これを機に、もはやダガンとネタニヤフの関係は修復不能なほど悪化した。ダガンは八年間もモサドを率いてきた。イセル・ハルエルに次ぐ在職期間である。その間に、モサドを自分が理想とする組織につくり変え、低迷していた臆病な組織をよみがえらせ、数十年にわたるかつての栄光を取り戻した。そして、かつてないほど奥深くまでイスラエルの敵の内部に潜入し、数十年も前から死や逮捕を逃れてきたターゲットを抹殺し、ユダヤ人国家の存亡の危機を防いできた。

だが、そんなことは一顧だにされなかった。ドバイの一件では厄介な問題を引き起こしたが、それは単なる口実にすぎないだろう。二〇一〇年九月、ネタニヤフはダガンに、これ以上長官の任期を更新しないと告げた。

ネタニヤフにそう告げられなければ、ダガンは自ら辞任していたかもしれない。ダガンは言う。

「自分でももういいと思った。ほかのことがしたい。それに、ビビにはうんざりしていたからね」


ダガンから長官職を引き継いだタミル・パルドーは、ドバイの一件により利用できなくなった工作部隊や手順を再編する必要があった。そこで、ムグニエ暗殺作戦の計画に貢献した「N」を指名して、これらの損害の総合的評価を行なわせ、後に副長官に任命した。工作部隊を再建する間も、イランの核開発計画をターゲットとした工作など、モサドの活動を中止することはなかった。パルドーが長官に就任して数カ月後には、前任者が作成した暗殺計画を再開している。

二〇一一年七月、イラン原子力庁の上級研究員を務める核物理学者ダリウシュ・レザエイネジャードを、一台のバイクが尾行した。そして、ウラン濃縮実験エリアがあるイスラム革命防衛隊の要塞基地イマーム・アリー・キャンプの近くまで来ると、バイクに乗っていた男がピストルを引き抜き、レザエイネジャードを射殺した。

二〇一一年一一月には、テヘランのおよそ五〇キロメートル西にある別の革命防衛隊の基地で大爆発が発生した。テヘランでも、もうもうと立ち上る煙が見え、窓がガタガタと音を立てたという。基地のほぼ全体が跡形もなく破壊された様子は、衛星写真でも確認できた。この爆発により、革命防衛隊のミサイル開発部門の責任者ハサン・テヘラーニー・モガダム大将が、一六人の隊員とともに死亡した。

アル＝マブフーフが死んだにもかかわらず、武器は依然としてイランからスーダンを経由してガザ地区に流れ込んでいた。モサドは監視を継続し、イスラエル空軍は輸送車隊の攻撃を続けた。やがてモサドは、三〇〇トンに及ぶ最新兵器や爆発物がガザ地区に輸送されようとしているという情報を手に入れた。それらは、スーダンの首都ハルツーム南部の軍事基地に民生品と偽って保管されていた。そのなかには、短距離ロケットや中距離ロケット、最新式の対空ミサイルや対戦車ミサイルもある。イスラエルはこれを「軍事バランスを乱す」ものと考えた。あるアマンの将校はネタニヤフ首相に、これらの軍事物資がガザに運び込まれるようなら、「ハマスのミサイル配備を防ぐため、事前に挑発行為がなかったとしてもハマスを攻撃するべきです」と進言した。

しかし兵器はそこに保管されたままだった。二〇一二年一〇月二四日午前四時、イスラエル空軍のF-15戦闘機が軍事基地を攻撃して兵器を破壊し、その場にいたハマスやイスラム革命防衛隊のメンバーを殺害した。ハルツームの空が爆発により、照明をつけたように明るくなった。爆風で屋根が吹き飛び、窓ガラスが粉々になった。スーダン政府がテロリストに兵器の密輸ルートとして同国を利用することを許可したために、ハルツームの住民たちが被害を受けることになった。この出来事の後、スーダン当局はイスラム革命防衛隊に、今後は武器の密輸を許可しないと通告した。

パルドーは前任者同様、テヘランのような危険な場所でイスラエルの工作員を使うのは危険と考え、標的国での暗殺にはイスラエルの工作員を使わなかった。実際のところ、イランの領内で実行された暗殺はすべて、イランの地下反体制組織のメンバーや、政権に敵対するクルド人、バローチー人、アゼルバイジャン人といった少数民族のメンバーにより実行された。

暗殺は効果的だった。モサドに届いた情報によると、暗殺により科学者たちは「怖れおののいて逃亡」を始めたという。恐怖のあまり、民間事業への異動を求める科学者が続出したのだ。「核開発計画に無理やり取り組ませるのにも限界がある」とダガンも述べている。

モサドは科学者たちの恐怖心をあおるため、核開発計画においてさほど高い地位にいるわけでもないターゲットも殺害した。そうすれば、同じレベルの無数の職員も、命を狙われるのではないかと不安にならざるを得ない。二〇一二年一月一二日、ナタンズのウラン濃縮施設に勤務する化学技師モスタファ・アフマディ＝ローシャンが自宅を出て、テヘラン中心街にある研究所に向かった。その数カ月前には、核施設を視察するイランのマフムード・アフマディーネジャード大統領に同行するこの技師の写真が、世界中のメディアで取り上げられていた。やがて一台のバイクが、アフマディ＝ローシャンの乗っている車に近づき、吸着爆弾をつけて爆発させた。アフマディ＝ローシャンはその場で死亡した。助手席に座っていた妻にけがはなく、研究所に事件の経緯を伝えると、それを聞いた同僚たちは震えあがった。

アメリカの法律では、どんな仕事に取り組んでいるにせよ、科学者の暗殺は違法行為とされている。そのためアメリカは、こうした暗殺作戦について何も知らないどころか、知ろうともしなかった。イスラエル側もアメリカにこうした計画を伝えることはなく、ヘイデンによると「目配せや表情でそれとなくほのめかすことさえなかった」という。それでもヘイデンは、イランの核開発計画を阻止するためにとられた措置のなかで最も効果的だったのは、間違いなく「科学者の殺害」だったと述べている。

二〇〇九年、新たに大統領に就任したバラク・オバマが、新政権初の国家安全保障会議の席でCIA長官に、イランがナタンズに保有している核分裂性物質の量を尋ねた。

するとヘイデンはこう答えた。「大統領、私はその質問の答えを知っており、すぐに教えることもできる。だが、これについては別の見方もある。それをお話ししてもいいかな？」大統領は「どうぞ」と先を促した。

「ナタンズでは核兵器につきものの電子も中性子も確認されていない。イランがナタンズでつくりあげているのは知識や自信だ。イランはいずれその知識と自信を携えて、どこか別の場所でウランを濃縮する。その知識は、科学者たちの頭のなかに蓄積されている」

そしてヘイデンはこう強調した。「その科学者たちの暗殺作戦に、アメリカはいかなる関与もしていない。それは違法であり、われわれＣＩＡがそんなことを推奨したり支持したりしたことは一度もなかったはずだ。とはいえ、私が知る広範な機密情報から判断するかぎり、イランの核開発計画は、あの科学者たちの殺害により多大な影響を受けている」

イラン政府を率いる宗教指導者たちには、イランを地域大国にするためにも、今後もイランを支配し続けるためにも、原子爆弾が必要だった。だがイスラエルやアメリカの活動（イスラエルの暗殺作戦や「オリンピック大会」作戦によるコンピューターウイルス感染など）により、核開発計画は大幅に遅れていた。それどころか、国際的な制裁により深刻な経済危機に陥り、政権転覆のおそれさえあった。

オバマ政権が課した制裁（国際送金システムＳＷＩＦＴからイランを除外するなど）を含め、この経済政策はきわめて厳しい内容だった。そのため二〇一二年八月には、スピアの責任者「ＥＬ」が次のような報告をしている。もう少し経済制裁を強化するようアメリカを説得できれば、イラン経済は年末までに破綻する。「そのような状況になれば、再び大衆の不満が広がり、政権転覆に至る可能性もある」

だがこうした状況にもかかわらず、ベンヤミン・ネタニヤフはイランに対する軍事攻撃の準備を進めた。ネタニヤフが本当にこの計画を実行するつもりだったのかどうかは、よくわかっていない。当時の国防大臣エフード・バラクは、「もし私に判断が委ねられていたら攻撃していただろう」と述べている。一方、ネタニヤフは自分が攻撃するつもりでいることをオバマに信じ込ませようとしただけだと考える者もいる。彼らは、オバマがこう考えると思っていた。イスラエルがイランを攻撃すれば、アメリカはいやおうなくその戦争に巻き込まれる。それならむしろ、好きなタイミングで攻撃できるほうがいいから、アメリカはイスラエルよりも先にイランに攻撃を仕掛けるはずだ、と。

だがオバマ政権は、イスラエルの攻撃により、原油価格が高騰して中東が混乱に巻き込まれ、二〇一二年一一月の大統領選での再選に影響が出ることを怖れていた。そのため、イスラエルがすぐにでも攻撃を始めるおそれがあることを憂慮して、イスラエルのあらゆる動きを監視した。やがてイスラエル軍の旅団の定期的な軍事演習が行なわれると、それさえアメリカは、イラン攻撃が目前に迫っている兆候なのではないかと不安視した。一月には、ダイアン・ファインスタイン上院議員が上院議員会館のオフィスでモサド長官のパルドーと会い、アメリカの衛星がとらえたイスラエルの第三五旅団の移動について説明を求めた。パルドーは定期演習について何も知らなかったが、後にネタニヤフにこの件を伝え、アメリカに圧力をかけ続けるとかえって期待に反する結果にもなりかねないと警告した。パルドー自身は、経済的圧力や政治的圧力をあと二年も続ければイランは屈服し、核開発プロジェクトを完全にあきらめるだろうと考えていた。

だがネタニヤフはそれらの意見を無視し、パルドーには暗殺の継続を、国防軍には引き続き攻撃の準備を命じた。

一二月、モサドは新たに科学者を暗殺する準備を進めていた。ところがその実行直前になって、イスラエルの行動を危惧していたオバマが、オマーンの首都マスカットでの秘密交渉を求めるイランの申し出に応じた。その情報を入手したモサドの情報担当官によれば、「アメリカはこの会談について何も教えてくれなかったが、私たちがそれに気づくようあらゆる手を尽くしてくれた」という。その情報担当官は、暗殺作戦を即刻中止するようパルドーに進言した。「政治交渉が行なわれているときにそんなことをしてはいけません」。パルドーはその意見を聞き入れるとネタニヤフに、会談が行なわれている間は暗殺作戦を全面的に中止する許可を求めた。

この会談が二年後に行なわれていたとしたら、イランはかなり弱体化した状態で会談に臨むことになったに違いない。だが当時でさえイランは、最終的に締結した協定のなかで、宗教指導者たちが長年拒否してきた数多くの要求を受け入れた。核開発計画をほぼ完全に破棄し、今後も長期にわたり、核開発に関する厳しい制限や査察を受け入れることに同意した。

ダガンにとってこの合意は、二重の勝利を意味していた。第一に、五つの柱から成るダガンの対イラン戦略が、その目的の多くを達成できた。第二に、イランとの交渉中に攻撃を行なえばアメリカを耐えがたいほど侮辱することになることを、ネタニヤフが理解してくれた。ネタニヤフは攻撃を繰り返し延期し、最終的な合意が調印されると、少なくともしばらくの間は完全に攻撃を中止した。

しかし、ダガンはそれでも満足しなかった。ネタニヤフが自分を追い出したやり方を苦々しく思っており、このまま引き下がるつもりはなかった。二〇一一年一月の退職日にはモサド本部にジャーナリストを招待し、首相と国防大臣を激しく非難した（この前例のない行動にはジャーナリストも驚いた）。ダガンが発言を終えると、軍検閲局長の女性准将が立ち上がり、イランを攻撃するイスラエルの作戦についてダガンが語ったことは、最高機密に属する事項であり、メディアでの公表は許可できないと告げた。

ダガンは、軍検閲局が自分の発言の公表を禁止したことを知ると、六月にテルアビブ大学で開かれた会議で、数百人の聴衆を前にもう一度同じ発言を繰り返した。ダガンほど名声のある重要人物は起訴されないことがわかっていたからだ。

ネタニヤフに対するダガンの辛辣な批判は、個人的なものだったが、モサド長官在任中の終盤に経験した心境の大きな変化に起因するものでもあった。それは、イランの核開発計画をめぐる首相との激しい対立よりもはるかに重要な変化だった。

ダガンはそれまで、シャロンやイスラエルの国防機関や情報機関の幹部と同じように、力で何ごとも解決できると思っていた。「アラブ人の頭を切り離す」ことこそがイスラエルとアラブの紛争に対処する正しい方法なのだと信じていた。だがそのころになって、それが妄想であることに気づいた。しかもその妄想は、危険なほど一般に浸透していた。

世界一優秀な情報機関と言っても過言ではないモサド、アマン、シン・ベトは、その連綿と続く歴史のなかで、イスラエルの指導者が解決を求めるあらゆる具体的問題に工作で対応してきた。だが情報機関が大きな成功を収めるにつれ、イスラエルの指導者の大半がある幻想を抱くようになった。秘密工作が、単なる戦術的手段ではなく戦略的手段になりうるという幻想である。イスラエルがはまり込んでいる地理的・民族的・宗教的紛争を終わらせるためには、外交努力を尽くさなくても、秘密工作を利用すればいい。実際、それが驚異的な成功を収めたため、イスラエルの指導者の大半はそのころにはもう、平和を達成するために真に必要な、未来像、政治的手腕、政治的に解決しようとする熱意には目を向けなくなり、存亡の危機やテロと戦う戦術的方法ばかりを重視し、それを正当な方法と見なすようになっていた。

本書にこれまで記してきたように、イスラエルの情報機関の物語はさまざまな意味で、みごとな戦術的成功に彩られた物語であると同時に、悲惨な戦略的失敗の物語でもある。

晩年のダガンは、シャロン同様にこのことを理解していた。そして、一五〇年も続く紛争を終わらせるには、パレスチナとの政治的解決、すなわち二国家共存しかないという結論に達していた。ネタニヤフの政策を推進しても、アラブ人とユダヤ人が対等な二民族国家が生まれるだけで、絶え間ない抑圧や内乱の危険がつきまとう。これでは、シオニストが夢見た民主的なユダヤ人国家ではなく、ユダヤ人が多数派の国家にすぎない。ダガンは占領政策のせいで、「南アフリカに対するボイコットのように」、イスラエルに対する経済的・文化的ボイコットが現実化するのを懸念していた。そしてそれ以上に、イスラエルで内部分裂が発生したり民主主義や公民権が脅かされたりする事態を憂慮していた。

ダガンは二〇一五年三月の選挙前にテルアビブ中心部で開かれた集会で、ネタニヤフに投票しないよう有権者に呼びかけ、首相にこう語りかけた。「責任をとるのをそんなに怖れているあなたが、私たちの運命の責任など負えるのか？」

ダガンの言葉は続く。「国を導こうとしない男が、なぜ指導者の地位を求めるのか？　この地域のどの国よりも数倍強いこの国が、なぜ自国の状況を改善する戦略的な行動をとれないのか？　答えは簡単だ。私たちが、自分の政治生命を守る戦いしかしない男を指導者に選んでいるからだ。この男はその戦いのために、私たちを二民族国家に追いやり、シオニストの夢を壊している」

ダガンは数万の聴衆に向かって叫んだ。「私は二民族国家を望まない。アパルトヘイト国家も望まない。三〇〇万人を超えるアラブ人を支配しようとも思わない。みなさんに恐怖や絶望、対立にとらわれた生活を送ってほしくもない。いまこそ目覚めるときだ。朝から晩まで恐怖や不安におびえているような生活はもう終わりにしよう」

がんの症状が現れてきたため、ダガンは目に涙を浮かべながら最後にこう述べてスピーチを終えた。「これはイスラエル史上最大のリーダーシップの危機だ。私たちには、新たな優先順位を明らかにしてくれる指導者こそがふさわしい。自分のためでなく国民のために働く指導者だ」

しかし、ダガンの努力も無駄に終わった。イスラエル最高のスパイとして多大な称賛を受けてきたダガンの演説も、パレスチナとの和解合意や周辺諸国との関係改善を訴える情報機関や軍事組織の元幹部らの呼びかけ同様、国民には受け入れられなかった。

大半の国民がこのような将官たちの言葉を尊敬に値するものとして受け止めていた時代があった。しかしこれまでのところ、ダガンらの運動によりネタニヤフ政権が打倒されることはなく、むしろ強化されたという者もいる。最近の数十年間でイスラエルは激的に変化した。国民的課題に対する将官の影響力など、かつてのエリートの力は衰退した。その一方で、アラブ圏出身のユダヤ人、ユダヤ教正統派、右派などの新たなエリートが台頭している。ダガンは死ぬ数週間前の二〇一六年三月中旬、私との最後の電話での会話で悲しげにこう語った。「状況は改善できる、説得できると思っていたが、意外だった。残念だよ」

かつては「口にナイフをくわえて」いたものの、武力の限界を痛感して戦いを放棄した将官たちと、イスラエルの大多数の国民との間には深い溝がある。そんな悲しい現実のなかで、メイル・ダガンの人生は終わりを迎えた。

謝　辞

本書に費やした過去七年半の間に、思慮深く、情に厚く、驚くべき才能に恵まれたさまざまな人々から、的確な助言や支援を受ける幸運と栄誉に恵まれた。

まずは二〇一〇年三月一一日に、モサドに関する本の執筆を依頼するメールを通じて本書執筆のきっかけをつくってくれたジョエル・ロヴェルとアンディ・ワードに深く感謝したい。親友で本書のヘブライ語版の編集者でもあるシャーハル・アルテルマンは、イスラエルが暗殺を利用してきた歴史に焦点を絞るよう提案してくれた。《ニューヨーク・タイムズ・マガジン》誌の編集者になったジョエルとは、よく一緒に仕事をしてきた。ダヴィッド・レムニックがかつて使っていたたとえを引用すれば、「一流ホテルの部屋のベッドシーツぐらい完璧に、滑らかで張りのある原稿に整えてくれる」編集者だ。アンディ・ワードは、ランダムハウスの編集長になったあとも私を使ってくれた。締め切りを過ぎてもこの本を見捨てることはなく、物静かだが自信に満ちた断固たる手腕でこの企画を完了させてくれた。

ランダムハウスのほかのメンバーからの計り知れない貢献と支援にも謝意を表したい。特に最初の草稿の編集を担当したショーン・フリンと、最終原稿に仕上げる作業をしてくれたサミュエル・ニコルソンに感謝する。傑出した編集者というのは希少だが、二人ともその生きた見本であり、私が伝えたいことを私よりもはるかに的確な言葉で表現してくれたことが何度もあった。

アメリカでの私の代理人、ラファエル（レイフ）・サガリンにも心から感謝する。言うことを聞かない扱いの難しい子どもを世話する父親のように、私の仕事を一から十まで責任を持って注意深く見守ってくれた。私の仕事がおかしな方向へ向かうたびに正しい方向に引き戻し、締め切りに間に合わなかったり、当初合意した分量をはるかに超えてしまったりしたときには、いら立っている人たちのなだめ役を買って出てくれた。

本書の執筆中には、以下の四人が終始手を貸してくれた。

ロニー・ホープは、有能なヘブライ語翻訳家というだけにとどまらない存在だった。友人として、あるいは職場の同僚として、構成や文体、内容について貴重なアドバイスを提供し、昼夜関係なく本書のさまざまな草稿に熱心に目を通してくれた。本書のタイトルを考えてくれた点にも感謝したい。

イスラエルにおける本書のプロジェクトマネージャー、ヤエル・サスの思慮や見識は並たいていのものではなかった。巻末の注や参考文献の作成は骨の折れる大変な作業だったはずだが、卓越した技量で難なくその仕事をこなすとともに、私がこの仕事を成し遂げられるように、静かで快適で能率的な環境を確保してくれた。

ナダヴ・ケデム博士には、事実確認をしてもらうと同時に学術的な助言をいただいた。本書ほど機密情報が満載されている本になると、完璧を期することはほぼ不可能だが、ナダヴのほか、ランダムハウスの原稿整理編集者のウィル・パルマーとエミリー・デハフの協力により、可能なかぎり誤りをなくすことができた。

アディ・エンゲルの並外れた知性、知識、独創的な思考、洞察力は、本書の構成を決めるうえでなくてはならないものだった。人権活動に取り組むアディの妥協のない精神は、本書のページに染み込んでいるはずだ。

本書に対するこの四人の尽力はいくら誇張しても誇張しすぎることはないぐらいであり、心から感謝したい。

キム・クーパーとアダム・ヴァイタルは、アメリカで初めて仕事をする私を支えてくれた。本書が称賛を受けるとしたら、その大半は、卓越した助言を与え、当初からこの企画の成功を信じていた彼らのおかげだ。リチャード・プレップラーは私にこの仕事を勧め、ちょうどいいタイミングで、あのとても重要なイディッシュ語の単語を教えてくれた。さらに、原稿を読んで貴重な助言を提供してくれた博識で聡明なダン・マルガリットとエフード（ウディ）・エイラン、（ワディ・ハダドの検死を行なった）オットー・プロコップ教授の文書の解読を助けてくれたチェン・クーゲル博士、ドイツ語の翻訳やアンマンでのハーリド・マシャアル暗殺未遂事件の再現に手を貸してくれたヴァネッサ・シュレジアに感謝する。またこの場で、ヨルダンでいろいろとお世話になったヨルダン王室専属医師のサミ・ラババ博士にお礼を申し上げる。

以下のジャーナリスト、歴史学者、写真家は、助言をくれたり、記録資料を見せてくれたりと、惜しみなくこの仕事に協力してくれた。イラナ・ダヤン、イタイ・ヴェレド、ヤリン・キモル、ヨラム・メイタル、シュロモ・ナクディモン、ドヴ・アルフォン、クラウス・ヴィークレフェ、ゼエヴ・ドロリ、モッティ・ゴラーニ、ベニー・モリス、ニル・マン、シャーハル・バル＝オン、ヨアヴ・ゲルベル、エフード・ヤアリ、ジヴ・コレン、アレックス・レヴァック、故アーロン・クライン。初期段階の調査に協力してくれたタル・ミレルとリオル・ヤアコヴィ、その調査期間中に翻訳と編集を手伝ってくれたハイム・ワッツマン、イラ・モスコウィッツ、デボラ・シェール、さらに、私の本をイスラエルで出版しているキネレト・ズモラ＝ビタン社のオーナーであるエラン・ズモラとヨラム・ロズ、その編集長のシュムエル・ロスネルの長年にわたる支援と友情にも感謝する。

弁護士のエイタン・モアズ、ジャック・チェン、ドヴァラ・チェンは、さまざまな法的事項について適切かつ重要な助言を提供してくれた。

イスラエルの秘密作戦の情報を求めて世界中を旅していたときに出会った以下のさまざまな人々に謝意を述べたい。シュタージのファイルを丹念に調べてくれたグンター・ラーチュ。CIAを徹底的に理解する手助けをしてくれたロバート・ベアと故スタンリー・ベドリントン。ヒズボラの暗殺部隊に関する驚くべき資料を提供してくれた、ラフィク・ハリリ殺害に関するハーグ特別法廷のクリスピン・ソロルドとマリアンネ・エル・ハッジ。私が滞在していたナーブルスの旧市街の家をハマスが爆破しようとするのを防いでくれたイスラエル国防軍の第202空挺大隊。レバノン南部の銃撃戦から救出してくれたアクル・アル＝ハシェム（自分は銃弾には当たらないと確信していたが、ヒズボラの仕掛け爆弾で亡くなった）。自分がその事件の次の犠牲者になってしまうとも知らずに、アルゼンチン・イスラエル相互協会本部ビル爆破事件の真相を究明する調査に立ち会うことを許可してくれたアルゼンチンの特別検察官、故アルベルト・ニスマン。シウダーデルエステの三国隣接地帯に同行し、ヒズボラ議長のいとこのモスクからすぐに出るべきだと忠告してくれた「J」。イギリス委任統治領パレスチナ時代のイギリスの情報組織とユダヤ人地下民兵組織に関する画期的な研究について教えてくれたカルダー・ウォルトン。自ら初めて公表したミトロヒン文書に収められているKGBの資料について情報を提供してくれたケンブリッジ大学の恩師クリストファー・アンドリュー教授。本書に登場する多くの情報の基盤となった複雑な人脈の確立に尽力し、多大な助言や指導をしてくれた「イーサン」、「イフタク」、「アドバンテージ」。

ドイツの情報機関や国防機関に関する支援のほか、援助、共同企画、友情、二人だけの秘密を提供してくれた友人であり仕事仲間でもあるホルガー・スタークに心からの感謝を捧げる。ドイツでの私の代理人であるハンナ・ライトゲープとジャーナリスト兼編集者のゲオルク・マスコロは、本書のドイツ語版（DVA／シュピーゲル社）の出版に尽力してくれた。この両名、およびユリア・ホフマンやカレン・グッダスなどＤＶＡのスタッフに深謝したい。

悟りの境地にある禅学者ヤコブ・ラズ教授は、簡潔の美学を教えてくれた。本書の分量が当初の原稿の半分になったのは、少なくともある程度は教授のおかげである。

最後に、場合によっては多大な危険に身をさらしながらも、快く時間や労力を割いてインタビューを受け、情報を提供してくれた人々に感謝する。そのなかには、私が厳しく批判してきた人もいれば、自分の行為をぞっとするような言葉で表現した人もいる。国防は、民主主義や道徳の基本原則といやおうなく衝突し、ときに妥協を許さない暴力へと発展する。それを理解し、読者に伝えることができたのは、こうした人々が自身の記憶と心情を明らかにしてくれたおかげにほかならない。

本書の称賛されるべき部分はすべて、ここに記した方々のおかげだ。間違いがあるとすれば、それはすべて私の責任である。

解説

小谷　賢

本書の英文タイトル Rise and Kill First は、「立ち向かって先に殺せ」という過激な意味だが、これは元々、ユダヤ教の聖典『タルムード』の一節、「誰かが殺しに来たら、立ち向かってこちらが先に殺せ。」からの引用である。著者のバーグマン氏が現場の情報員にインタビューをすると、この引用によって暗殺行為を正当化する意見が多かったことから、タイトルに用いられたようである。実際、四方を敵に囲まれているイスラエルは、この言葉を実行して国の安全を確保してきた過去がある。本書では情報機関による暗殺行為の実態が生々しく描かれており、まるで映画や小説のようだが、すべては事実なのだ。一説には、イスラエルがこれまで国として行なってきた暗殺作戦は二七〇〇件にも上るという。

著者のロネン・バーグマン氏は、イスラエルの安全保障やインテリジェンスの分野で最も勢いがある研究者だろう。私もイスラエルの研究者に会うと、誰がイスラエルのインテリジェンス事情に詳しいか聞くことがあるが、最近ではまず氏の名前が挙がる。バーグマン氏はイスラエル生まれ。国防軍でインテリジェンス関係の仕事に就いた後にハイファ大学を卒業し、その後、英国のケンブリッジ大学で博士号を取得している。ケンブリッジではインテリジェンス研究の大家であるクリストファー・アンドリュー教授に師事し、博士論文のテーマにイスラエルの対外情報機関であるモサドを選んだ。

博士課程修了後も機会があるごとに同大学のインテリジェンス研究会にスピーカーとして招かれている。バーグマン氏がこのような学術的バックグラウンドを有していることは、インテリジェンスの歴史を描く上で極めて重要である。本書の膨大な巻末注釈を見れば、その確かさが理解できよう。私自身、二〇一八年に『モサド——暗躍と抗争の70年史』という著作を加筆・出版したが、やはり参考となったのは氏の著作である。

イスラエルによる暗殺行為は、それが国家の安全保障に資するかどうか、といった観点から実行される。もちろん国家による暗殺行為は国際法等によって認められているわけではないため、「暗殺」という言葉は使用されない。例えば「整理」や「標的殺害作戦」というやや曖昧な用語が使用されがちである。なお、「標的殺害作戦」という用語は米国政府内でも使用されているが、この言葉は戦争中に敵の司令官を殺害するような行為を彷彿とさせる。しかし実際は平時にテロリストを暗殺することをこのように言い換えているに過ぎないのだ。

本書が明らかにした事実の一つは、ほぼすべての暗殺作戦にはその時々のイスラエル首相による政治決定があるということだろう。暗殺は後ろ暗い行為であるため、政治指導者はそこへの関与を避けたがるものであるが、イスラエルの場合、暗殺決定までの過程についてはある程度の規定が存在しているようである。本書によると作戦は通常、現場のエージェントが情報を収集してターゲットを特定することから始まる。ターゲットになるのはテロ組織の重要人物か殺害に必要な資源を投じるだけの価値のある人物とされる。ターゲットに関する情報資料が纏まると、それは各情報機関の長官と副長官に提出され、彼らの許可が得られれば、「レッドページ」と呼ばれる殺害許諾書が首相に提出される。そして首相が決断し、「レッドページ」に署名すれば、各機関の暗殺実行チームに指令が下る、といった流れとなっている。もちろんターゲットの選定や作戦実行の段階で中止となったものも多いが、暗殺をためらう長官や政治家は弱腰と映るようである。リベラルな印象のあるエフード・オルメルト首相ですら、承認した秘密作戦が三〇〇件もあることを本書内で誇らしげに語っている。

本書の大まかな構成は時代別の区分であり、それぞれの時期によって、暗殺実行の主体や標的が変化してきたことが理解できる。イスラエル建国前の時代には軍事組織（ハガナー）の強硬派の面々が粗野な暗殺工作に手を染めていた。そのターゲットとなったのは、今のイスラエルにあたる地域（パレスチナ）の委任統治を行なっていたイギリスの高官たちやナチスの戦犯たちである。しかしこの時代の暗殺は後の時代ほど組織的に行なわれていなかったため、暗殺者たちは拘束され、処刑されることもあった。

一九四八年五月一四日にイスラエルが建国されると、その直後に三つの組織が誕生することになる。それらはイスラエル軍参謀本部情報局（アマン）、総保安庁（シン・ベト）、そして諜報特務庁（モサド）であり、これら組織が暗殺工作を引き受ける母体となった。著者はこれについて以下のような鋭い洞察を記している。「この体制の確立により、イスラエルの将来を外交よりも強力な軍隊や情報機関に託す者たちが勝利したということだ。（中略）この影の領域では、光の当たる世界では長期服役などの刑事処罰の対象となる行為や活動が、「国家安全保障」の名のもとに正当化された。具体的には、民族や所属政党を理由とした国民の継続的監視、司法による認可のない長期間の拘留や尋問・拷問、裁判での偽証および弁護士や裁判官に対する真実の隠蔽などである。そして、こうした行為の最たるものが暗殺だった。イスラエルの法律で死刑は認められていないが、ベン＝グリオンは例外的に、裁判なしに処刑を命じる権限を自らに与えた。」

まず華々しく活躍したのはモサドである。アルゼンチンのブエノスアイレスに潜んでいた元ナチス高官、アドルフ・アイヒマンの捕獲や第三次中東戦争を勝利に導いた伝説的スパイ、エリ・コーヘンの活躍等、その成功例は枚挙に暇がない。しかしこの時期のモサドでさえ、暗殺を積極的に進める組織ではなかった。その風向きが大きく変わったのは、一九七二年九月のミュンヘン・オリンピックにおけるテロ事件である。この事件はパレスチナ武装組織「黒い九月」によって引き起こされ、イスラエル選手団に一一人もの死者を出す惨劇となった。これを受け、当時のゴルダ・メイア首相は、欧州諸国が自国でのテロリストの活動を阻止しようとしない場合、モサドにその活動を阻止する許可を与えることを閣議決定し、モサドの暗殺チームに事件を引き起こしたテロリストの暗殺指令を下した。所謂「神の怒り」作戦である。そしてモサドのチームはテロの首謀者であるアリー・ハッサン・サラメを探し出して殺害することに成功した。しかしこれはパンドラの箱を開けるに等しい行為だったのである。サラメ殺害は、パレスチナ解放機構（ＰＬＯ）のヤーセル・アラファート議長の逆鱗に触れたため、モサドとＰＬＯの報復合戦が激化していくことになる。ＰＬＯはイスラエルに対するテロ攻勢を強め、それを受けてモサドが暗殺活動を実行するといった具合に、七〇年代以降テロと暗殺が繰り返されるようになる。

そして一九九〇年代になると、ようやく双方に疲れが見え始める。この時代は冷戦が終結し、世界が一時的にバラ色になったこともあるが、中東においてもイスラエルとＰＬＯが和平を模索し始める。また九〇年代後半にモサド長官を務めたエフライム・ハレヴィが穏健な人物だったこともあり、多くの暗殺作戦が中止された。これでようやく暴力の連鎖に終止符が打たれたように見えたが、ＰＬＯに代わって台頭してきたのが、ハマスやヒズボラといったより強硬な組織である。二一世紀に入るとイスラエル国内で自爆テロが頻発するようになり、政府はこれに苦慮する。ここで反撃の狼煙を上げたのが、シン・ベトであった。シン・ベトは軍部から技術的な協力を得て、それまでの密告やスパイに頼る旧態依然の組織から、技術力によって相手を追い詰めるような組織へと変革し、暗殺作戦を積極的に行なうようになる。本書には以下のような描写がある。シン・ベトのある高官は保安関連閣議で、支配が行き届かない地域では逮捕などしている余裕はないと述べ、こう訴えた。「われわれにもはや選択肢はない。検察官であると同時に弁護人、裁判官であると同時に死刑執行人でなければならない」。（中略）シャロン首相はシン・ベト長官のアヴィ・ディヒターにこう耳打ちをした。「やれ。全員殺せ。」

当時シン・ベトが取った手段は、テロ組織の幹部を手当たり次第に抹殺していくことであった。その理由は以下のように説明されている。「誰かが暗殺されれば、すぐ下の地位の人間がその地位を引き継ぐことになるが、それを繰り返していくと、時間がたつにつれて平均年齢は下がり、経験のレベルも落ちていく。」

シン・ベトの作戦に国防軍のドローン爆撃も加わり、この時期のイスラエルによる暗殺工作は急増することになる。それまでのモサドの暗殺が数か月に一件のペースであったのに対し、シン・ベトは一日に数件の暗殺工作をこなすようになっていたのである。こうして二〇〇三年の一年間だけで一三五人もが暗殺された。

モサドの方も二〇〇二年九月に武闘派のメイル・ダガンが長官となったことで、再び暗殺の表舞台に返り咲くことになった。この時期、モサドはシリアとイランの核開発の証拠を摑み、前者には空爆によって、後者には核開発に関わった科学者たちを次々に暗殺することで、その試みを封じた。モサドは二〇〇五年頃にイランの核武装は二〇一五年頃になると予測していたが、二〇二〇年の現在に至ってもまだそれが実現していないことを見ると、モサドの工作が効果的だったと評価できる。

本書はこれまでのイスラエル情報機関による暗殺工作の実態を赤裸々に暴露しているが、著者のバーグマン氏の筆致は客観的であり、むしろ安易な暗殺工作には否定的ですらある。出版の過程で軍の検閲に引っかかり、書けなかったことも多々あるという。もちろん我々日本人の感覚からしても、暗殺行為は到底受け入れられるような話ではないが、国民の安全を確保するためにはここまでやらざるを得ない国もあるということである。幸いなことに戦後の日本は安全保障の問題を米国に頼ることができたが、今後もそうだとは限らない。国の安全を確保するということはどういうことか、本書はその冷徹な事実を我々に教えてくれる。

索　引

■さ

■と

■ひ

■ふ

■ほ

■ろ

■わ

参考文献

参考文献およびソース

インタビュー

アハロン・アブラモヴィッチ、ウォルコ・アブヒ、エフード（ウディ）・アダム、ネイサン・アダムズ、アヴラハム・アダン、ナフム・アドモニ、ガディ・アフリアット、シュロミ・アフリアット、ダヴィッド・アグモン、アムラム・アハロニ、ツヴィ・アハロニ、ワンダ・アカレ、リオル・アケルマン、フェレダ・アクルム、アクル・アル＝ハシェム、カナジャン・アリベコフ、ドロン・アルモグ、ゼエヴ・アロン、ヨシ・アルペル、ハムディ・アマン、ヤアコヴ・アミドロール、メイル・アミット、フランク・アンダーソン、クリストファー・アンドリュー、ヒューゴ・アンゾレグイ、ウジ・アラッド、ドロル・アラッド＝アヤロン、ヤーセル・アラファート、ダヴィッド・アルベル、ダニ・アルディティ、モシェ・アレンス、アンナ・アロク、ジュリアン・アサンジ、ロイェル・アウケ、ガド・アヴィラン、シャイ・アヴィタル、ユヴァル・アヴィヴ、ピンハス・アヴィヴ、ダヴィッド・アヴネル、タリア・アヴネル、ウリ・アヴネリ、アヴネル・アヴラハム、ハイム・アヴラハム、アハロン・アヴラモヴィッチ、アミ・アヤロン、ダニー・アヤロン、アヴネル・アズライ、ロバート・ベア、ヨシ・バイダッツ、エフード・バラク、アマツィア・バラム、ミキ・バレル、アハロン・バルネア、アヴネル・バルネア、イタマル・バルネア、オメル・バル＝レヴ、ウリ・バル＝レヴ、ハンナ・バル＝オン、ダヴィッド・バルカイ、ハノフ・バルトヴ、メヘレタ・バルク、ヨナ・バウメル、スタンリー・ベドリントン、ベンヤミン・ベギン、ヨシ・ベイリン、ドリット・ベイニシュ、イラン・ベン＝ダヴィッド、モシェ・ベン＝ダヴィッド、ツヴィカ・ベンドリ、ギルアド・ベン＝ドロル、ベンヤミン・ベン＝エリエゼル、エリヤフ・ベン＝エリサール、エイタン・ベン＝エリヤフ、アヴィグドール（ヤノシュ）・ベン＝ガル、イサク・ベン＝イスラエル、アルトゥル（アシュル）・ベン＝ナタン、エヤル・ベン＝ルーヴェン、エイタン・ベン＝ツール、バラク・ベン＝ツール、ダヴィッド・ベン＝ウジエル、ロン・ベン＝イシャイ、ヨラン・ベン＝ゼエヴ、ロニー（アハロン）・バーグマン、ムキ・ベツェル、アヴィノ・ビベル、アムノン・ビラン、ドヴ・ビラン、イラン・ビラン、ヨアヴ・ビラン、カイ・バード、ウリ・ブラウ、ハンス・ブリックス、ガブリエラ・ブルーム、ナフタリ・ブルーメンタール、ヨセフ・ボダンスキー、ジョイス・ボイム、ゼエヴ・ボイム、ハイム・ボル、アヴラハム・ボツェル、エイタン・ブラウン、シュロモ・ブロム、シャイ・ブロシュ、ジャン＝ルイ・ブリュギエール、ピンハス・ブクリス、ハイム・ブザグロ、ツヴィ・カフトリ、ハイム・カルモン、イーガル・カルモン、アハロン・シェルッシュ、ドヴォラ・チェン、ウリ・チェン、マイケル・チャートフ、イタマル・ヒジク、ジョセフ・チェハノヴェル、ウェズリー・クラーク、アヴネル・コーヘン、ハイム・コーヘン、モシェ・コーヘン、ロネン・コーヘン（アマン将校）、ロネン・コーヘン博士（学者）、ヤイル・コーヘン、ユヴァル・コーヘン＝アバルバネル、ルーヴェン・ダフニ、メイル・ダガン、アヴラハム・ダル、ヨシ・ダスカル、ルース・ダヤン、ウジ・ダヤン、プヤ・ダヤニム、オフェル・デケル、アヴィ・ディヒター、ユヴァル・ディスキン、アムノン・ドロル、モシェ・エフラト、ドヴ・エイ

ヘンワルド、ウジ・エイラム、ギオラ・エイランド、ロバート・アインホーン、ヨム・トヴ（ヨミ）・エイニ、アモス・エイラン、エフード＝エイラン、エラド・エイゼンベルグ、ミリ・エイシン、ラファエル・エイタン、ロルフ・エケウス、オフェル・エラド、アヴィグドール・エルダン（アズライ）、マイク・エルダー、ジャン＝ピエール・エルラズ、ハガイ・エルリッヒ、ルーヴェン・エルリッヒ、ドロル・エシェル、サミュエル・エッティンゲル、ウジ・エヴェン、ギデオン・エズラ、メイル・エズリ、アハロン・ゼエヴィ＝ファルカシュ、メナヘム・フィンケルスタイン、アミット・フォルリット、モティ・フリードマン、ウジ・ガル、イェホアル・ガル、ヨアヴ・ガラント、ヨラム・ガリン、ロバート・ゲーツ、カルミット・ガトモン、イェシャヤフ・ガヴィッシュ、シュロモ・ガジット、ヨアヴ・ゲルベル、レウエル・ゲレヒト、ディーター・ゲルハルト、エレズ・ゲルシュタイン、ビンヤミン・ギブリ、モルデハイ・ギホン、ギデオン・ギデオン、イェフダ・ギル、アモス・ギルアド、アモス・ギルボア、カルミ・ギロン、ヨシ・ギナト、イザベラ・ギノル、ヨシ・ギノサール、キャロライン・グリック、タマル・ゴラン、モッティ・ゴラニ、ラフル・ゴールドマン、ガディ・ゴールドシュテイン、カルニット・ゴルドワセル、ダヴィッド・ゴロム、サリット・ゴメズ、オレグ・ゴルディエフスキー、ラン・ゴレン、ウリ・ゴレン、エイタン・ハベル、アリエ・ハダル、アミン・アル＝ハッジ、アシェル・ハカイニ、エリ・ハラクミ、アハロン・ハレヴィ、アリザ・マゲン・ハレヴィ、アヴィラム・ハレヴィ、ダヴィッド・ハレヴィ、アムノン・ハリヴニ、ウリ・ハルペリン、ダン・ハルツ、アウグスト・ハニング、アロウフ・ハレヴェン、エルカナ・ハル・ノフ、ダニ・ハラリ、シャロム・ハラリ、イセル・ハルエル、ハニ・アル＝ハッサン、イスラエル・ハッソン、ロバート・ハテム、シャイ・ヘルシュコヴィッチ、シーモア・ハーシュ、ロビン・ヒギンズ、シュロモ・ヒレル、ガル・ヒルシュ、ヤイール・ヒルシュフェルド、イツハク・ホフィ、リオル・ホレヴ、イェヒエル・ホレヴ、ラミ・イグラ、イツハク・イラン、ダヴィッド・イヴリー、アルイェフ・イヴツァン、イェヒエル・カディシャイ、オレグ・カルギン、アナト・カム、ツヴィ・カントル、イェフディット・カルプ、アサ・カシェル、ユージン・カスペルスキー、サミー・カツァヴ、カッサ・ケベデ、ポール・ケダル、ルス・ケダル、モティ・クフィル、ゲダリアフ・カラフ、モティ・キドル、ダヴィッド・キムヘ、ヤリン・キモル、エフライム・クレイマン、ダヴィッド・クレイン、ヨニ・コレン、ヨセフ・コスティネル、アルイェフ・クリシャク、イツハク・クルイゼル、ダヴィッド・クビ、チェン・クーゲル、ダヴィッド・クリツ、ヨシ・クペルワセル、アナト・クルツ、ギュンター・ラッチ、エリオット・ラウエル、ナチュム・レヴ、シモン・レヴ、アレックス・レヴァック、アミハイ・レヴィ、ネイサン・レヴィン、ナサニエル・レヴィット、アハロン・レヴラン、アヴィ・レヴィ、ギデオン・レヴィ、ウディ・レヴィ、バーナード・ルイス、ラミ・リベル、アヴィ・リヒター、アロン・リエル、ダニー・リモル、アムノン・リプキン＝シャハク、ドロル・リヴネ、ツィピ・リヴニ、リオル・ロタン、ウリ・ルブラニ、ウジ・マフナイミ、ニル・マン、フランシーヌ・マンバル、ナフム・マンバル、ヴィクトル・マルヘッティ、ダン・マルガリット、ダヴィッド・メイダン、ギデオン・メイル、モシェ・メイリ、ネヘミア・メイリ、ヨラム・メイタル、ダヴィッド・メナシュリ、アリエル・メラリ、ルーヴェン・メルハヴ、ダン・メリドル、ジョイ・キッド・メルカム、ギディ・メロン、ヘジ・メシタ、ベニー・ミケルソン、アムラム・ミツナ、イラン・ミズラヒ、シャウル・モファズ、イェクティエル・モル、イツハク・モルデハイ、シュムエル（サミ）・モリアフ、ベニー・モリス、シュロモ・ナクディモン、ハミド・ナスルッラーフ、ダヴィッド・ナタフ、ヤイル・ナヴェフ、ヨニ・ナヴォン、メナヘム・ナヴォト、オリ・ネーマン、

ユヴァル・ネーマン、ジャック・ネリア、ベンヤミン・ネタニヤフ、ヤアコヴ・ニムロディ、ニムロッド・ニル、アルベルト・ニスマン、モシェ・ニシム、ツィラ・ノイマン、ラフィ・ノイ、オデド（姓は秘匿）、アルイェ・オデド、ラファエル・オフェク、アミル・オフェル、エフード・オルメルト、レザー・パフラヴィー国王、ガブリエル・パスキニ、アレクサンデル・パトニック、シュムエル・パズ、アヴィ・ペレド、ヨシ・ペレド、グスタヴォ・ペレドニック、シモン・ペレス、アミル・ペレツ、ユーリ・ペルフィリェフ、ヤアコヴ・ペリ、リチャード・パール、イスラエル・ペルロフ、ジャンドメニコ・ピッコ、ツヴィ・ポレグ、エリ・ポラック、イーガル・プレスレル、アヴィ・プリモル、ロン・プンダク、イツハク・プンダク、アフメド・クレア、ロナ・ラアナン・シャフリル、ダリア・ラビン、イタマール・ラヴィノヴィチ、ギデオン・ラファエル、ラニ・ラハヴ、ジブリル・ラジューブ、ナタン・ロトベルグ（ラハヴ）、ハガイ・ラム、ハイム・ラモン、ムハンマド・ラシード、ヤイール・ラヴィド＝ラヴィツ、オデド・ラツ、ベニー・レゲヴ、イフタク・レイヘル・アティル、シュロミ・レイスマン、ダニエル・レイスネル、ビル・ロイス、ダフナ・ロン、エラン・ロン、イフタフ・ロン＝タル、アヴラハム・ロテム、ダニー・ロスチャイルド、エリアキム・ルビンスタイン、ヨセフ・サバ、ドヴ・サダン、エズラ・サダン、ラヘル・サダン、ジハーン・サーダート、ウリ・サグイ、オリ・サロニム、ワフィク・アル＝サマライ、ヨム・トヴ・サミア、エリ・サンデロヴィッチ、ヨシ・サリド、ニコラ・サルコジ、イガル・サルナ、モシェ・サッソン、ウリ・サヴィル、オデド・サヴォライ、イェジド・サイグ、ダヴィッド・スカリア、オトニエル・シュネルレル、ヨラム・シュワイツェル、パトリック・シール、イツハク・セゲヴ、サムエル・セゲヴ、ドロル・セラ、アヴィエム・セラ、ダヴィッド・セネシュ、ミハエル・スファルド、オレン・シャホル、ヤリン・シャハフ、モシェ・シャハル、ヘジ・シャイ、エマニュエル・シャケド、アリク・シャレヴ、ノアム・シャリート、シルヴァン・シャローム、イツハク・シャミール、シモン・シャピラ、ヤアコヴ・シャピラ、アサフ・シャリヴ、シャブタイ・シャヴィト、ギデオン・シェッフェル、ラミ・シェルマン、シモン・シェヴェス、ダヴィッド・シーク、ドヴ・シランスキー、ドゥビ・シロアフ、ガド・シムロン、アミル・シャハム、ダン・シャムロン、ダヴィッド・シャムロン、エリアド・シュラガ、ツヴィ・シュタウベル、イーガル・シモン、エフライム・スネフ、オヴァディア・ソフェル、サミ・ソコル、アリ・ソウファン、ユヴァル・シュタイニッツ、エラザール・ステルン、ラフィ・スットン、ラミ・タル、アナト・タルシル、ドヴ・タマリ、アヴラハム・タミル、エルハナン・タンネンバウム、ベンヤミン・テレム、アフマド・ティビ、イツハク・ティドハル、ラフィ・ティドハル、ヨナ・ティルマン、タフィク・ティラウィ、ハイム・トメル、リチャード・トムリンソン、エリエゼル（ゲイゼ）・ツァフリル、モシェ・ツィッペル、ヨラム・トゥルボウィッツ、シャローム・トゥルゲマン、ダヴィッド・ツール、エルンスト・ウルラウ、アロン・ウンゲル、レハヴィア・ヴァルディ、マタン・ヴィルナイ、ダヴィッド・ヴィタル、アリ・ワケド、ティム・ワイナー、アニタ・ウェインスタイン、アヴィ・ウェイス・リヴネ、ドヴ・ウェイスグラス、ロバート・ウィンドレム、ポール・ウォルフォウィッツ、ジェームズ・ウールジー、イツハク・ヤアコヴ、モシェ・ヤアロン、アモス・ヤドリン、ヨラム・ヤイール、アモス・ヤロン、ダニー・ヤトム、エフード・ヤトム、シムション・イツハキ、エリ・ヨセフ、ドヴ・ザケイム、ツヴィ・ザミール、ベニー・ゼエヴィ、ドロル・ゼエヴィ、ナダヴ・ゼエヴィ、ドロン・ゼハヴィ、エリ・ゼイラ、アムロン・ジクロニ、エヤル・ジセル、エリ・ジヴ、シャブタイ・ジヴ、エリ・ゾハル、ガディ・ゾハル、ギオラ・ズスマン、および匿名を希望した350人（このうち163人についてはイニ

シャルまたはコードネームを原注内に記した)。

英語の書籍

Abrahamian, Ervand, *Khomeinism: Essays on the Islamic Republic* (London: University of California Press, 1993)
Adams, James, *The Unnatural Alliance* (London: Quartet, 1984)
Agee, Philip, *Inside the Company: CIA Diary* (Harmondsworth, UK: Penguin, 1975)『CIA 日記』青木栄一訳、勁文社(1975)
Andrew, Christopher, *The Defence of the Realm: The Authorized History of the MI5* (London: Penguin, 2009), *For the President's Eyes Only* (London: HarperCollins, 1995)
Andrew, Christopher, and Vasili Mitrokhin, *The Mitrokhin Archive II* (London: Penguin, 2005), *The Sword and the Shield: The Mitrokhin Archive and the Secret History of the KGB* (New York: Basic Books, 1999)
Angel, Anita, *The Nili Spies* (London: Frank Cass & Co., 1997)
Arnon, Arie, Israel Luski, Avia Spivak, and Jimmy Weinblatt, *The Palestinian Economy: Between Imposed Integration and Voluntary Separation* (New York: Brill, 1997)
Asculai, Ephraim, *Rethinking the Nuclear Non-Proliferation Regime* (Tel Aviv: Jaffee Center for Strategic Studies, TAU, 2004)
Avi-Ran, Reuven [Erlich], *The Syrian Involvement in Lebanon since 1975* (Boulder, Colo.: West-view, 1991)
Bakhash, Shaul, *The Reign of the Ayatollahs: Iran and the Islamic Revolution* (New York: Basic Books, 1984)
Baram, Amatzia, *Building Towards Crisis: Saddam Husayn's Strategy for Survival* (Washington, D.C.: Washington Institute for Near East Policy, 1998)
Barnaby, Frank, *The Indivisible Bomb* (London: I.B. Tauris, 1989)
Ben-Menashe, Ari, *Profits of War: Inside the Secret U.S.-Israeli Arms Network* (New York: Sheridan Square, 1992)
Bergen, Peter L, *Holy War Inc.: Inside the Secret World of Osama Bin Laden* (London: Weidenfeld and Nicolson, 2003)『聖戦(ジハード)ネットワーク』上野元美訳、小学館(2002)
Bergman, Ronen, *Israel and Africa: Military and Intelligence Liaisons* (PhD diss., University of Cambridge, November 2006), *The Secret War with Iran: The 30-Year Clandestine Struggle Against the World's Most Dangerous Terrorist Power* (New York: Free Press, 2008)『シークレット・ウォーズ イランvs. モサド・CIAの30年戦争』佐藤優監訳・河合洋一郎訳、並木書房(2012)
Bird, Kai, *The Good Spy* (New York: Crown, 2014)
Black, Ian, and Benny Morris, *Israel's Secret Wars: A History of Israel's Intelligence Services* (London: Hamish Hamilton, 1991)
Blum, Gabriella, *Islands of Agreement: Managing Enduring Rivalries* (Cambridge, Mass.: Harvard University Press, 2007)
Bobbitt, Philip, *Terror and Consent: The Wars for the Twenty-first Century* (London: Penguin,

2008)
Bolker, Joan, *Writing Your Dissertation in Fifteen Minutes a Day: A Guide to Starting, Revising, and Finishing Your Doctoral Thesis* (New York: Henry Holt and Co., 1998)
Boroumand, Ladan, *Iran: In Defense of Human Rights* (Paris: National Movement of the Iranian Resistance, 1983)
Brecher, Michael, *Decisions in Israel's Foreign Policy* (London: Oxford University Press, 1974)
Burrows, William E., and Robert Windrem, *Critical Mass* (London: Simon & Schuster, 1994)
Butler, Richard, *Saddam Defiant* (London: Weidenfeld and Nicolson, 2000)
Calvocoressi, Peter, *World Politics, 1945-2000.* 9th ed (Harlow, UK: Pearson Education, 2001)
Carew, Tom, *Jihad: The Secret War in Afghanistan* (Edinburgh: Mainstream, 2000)
Carré, Olivier, *L'Utopie islamique dans l'Orient arabe* (Paris: Fondation Nationale des Sciences Politiques, 1991) (in French).
Cline, Ray S., and Yonah Alexander, *Terrorism as State-Sponsored Covert Warfare* (Fairfax, Va.: Hero, 1986)
Cobban, Helena, *The Palestinian Liberation Organisation* (Cambridge, UK: Cambridge University Press, 1984)
Cockburn, Andrew, and Leslie Cockburn, *Dangerous Liaisons: The Inside Story of the U. S.-Israeli Covert Relationship* (New York: HarperCollins, 1991)
Cohen, Avner, *Israel and the Bomb* (New York: Columbia University Press, 1998)
Cookridge, E. H, *Gehlen: Spy of the Century* (London: Hodder and Stoughton, 1971)『ゲーレン　世紀の大スパイ』向後英一訳、角川書店（1974）
Dan, Ben, Uri Dan, and Y. Ben-Porat, *The Secret War: The Spy Game in the Middle East* (New York: Sabra, 1970)
Deacon, Richard, *The Israeli Secret Service* (London: Hamish Hamilton, 1977)
Dekmejian, R. Hrair, *Islam in Revolution: Fundamentalism in the Arab World.* 2nd ed (Syracuse, N.Y.: Syracuse University Press, 1995)
Drogin, Bob, *Curveball* (New York: Random House, 2007)『カーブボール　スパイと、嘘と、戦争を起こしたペテン師』田村源二訳、産経新聞出版（2008）
Edward, Shirley, *Know Thine Enemy* (New York: Farrar, Straus and Giroux, 1997)
Eisenberg, Dennis, Uri Dan, and Eli Landau, *The Mossad: Israel's Secret Intelligence Service: Inside Stories* (New York: Paddington, 1978)
Eisenstadt, Michael, *Iranian Military Power: Capabilities and Intentions* (Washington, D.C.: Washington Institute for Near East Policy, 1996)
Eveland, Wilbur Crane, *Ropes of Sand: America's Failure in the Middle East* (New York: W. W. Norton, 1980)
Farrell, William R, *Blood and Rage: The Story of the Japanese Red Army* (Toronto: Lexington, 1990)
Freedman, Robert O, *World Politics and the Arab-Israeli Conflict* (New York: Pergamon, 1979)
Gabriel, Richard A, *Operation Peace for Galilee: The Israeli-PLO War in Lebanon* (New York: Hill and Wang, 1984)

Gates, Robert M, *From the Shadows* (New York: Simon & Schuster Paperbacks, 1996)
Gazit, Shlomo, *Trapped Fools: Thirty Years of Israeli Policy in the Territories* (London and Portland, Ore.: Frank Cass, 2003)
Gilbert, Martin, *The Routledge Atlas of the Arab-Israeli Conflict* (New York: Routledge, 2005)
Ginor, Isabella, and Gideon Remez, *Foxbats over Diamona* (New Haven, Conn.: Yale University Press, 2007)
Halkin, Hillel, *A Strange Death* (New York: PublicAffairs, 2005)
Harclerode, Peter, *Secret Soldiers: Special Forces in the War Against Terrorism* (London: Sterling, 2000)
Hatem, Robert M, *From Israel to Damascus: The Painful Road of Blood, Betrayal, and Deception* (La Mesa, Calif.: Pride International Press, 1999)
Hayden, Michael, *Playing to the Edge* (New York: Penguin Press, 2016)
Hersh, Seymour, *The Samson Option* (New York: Random House, 1991)『サムソン・オプション』山岡洋一訳、文藝春秋（1992）
Hoffman, Bruce, *Recent Trends and Future Prospects of Iranian Sponsored International Terrorism* (Santa Monica, Calif.: Rand, 1990)
Hollis, Martin, and Steve Smith, *Explaining and Understanding International Relations* (Oxford, UK: Clarendon, 1990)
Hurwitz, Harry, and Yisrael Medad, eds, *Peace in the Making* (Jerusalem: Gefen, 2011)
Jaber, Hala, *Hezbollah: Born with a Vengeance* (New York: Columbia University Press, 1997)
Jonas, George, *Vengeance: The True Story of a Counter-Terrorist Mission* (London: Collins, 1984)
Juergensmeyer, Mark, *Terror in the Mind of God: The Global Rise of Religious Violence* (Berkeley: University of California Press, 2000)
Keddie, Nikki R., ed, *Religion and Politics in Iran: Shi'ism from Quietism to Revolution* (New Haven, Conn.: Yale University Press, 1983)
Kenyatta, Jomo, *Facing Mount Kenya* (Nairobi: Heinemann Kenya, 1938)
Klein, Aaron J, *Striking Back: The 1972 Munich Olympics Massacre and Israel's Deadly Response* (New York: Random House, 2005)
Kurginyan, Sergey, *The Weakness of Power: The Analytics of Closed Elite Games and Its Basic Concepts* (Moscow: ECC, 2007)
Kwintny, Jonathan, *Endless Enemies: The Making of an Unfriendly World* (New York: Penguin, 1984)
Landler, Mark, *Alter Egos* (New York: Random House, 2016)
Laqueur, Walter, *The New Terrorism: Fanaticism and the Arms of Mass Destruction* (London: Phoenix Press, 1999)
Livingstone, Neil C., and David Halevy, *Inside the PLO* (New York: Quill/William Morrow, 1990)
Marchetti, Victor, and John D. Marks, *The CIA and the Cult of Intelligence* (New York: Dell, 1980)
McGeough, Paul, *Kill Khalid* (New York: New Press, 2009)
Mearsheimer, John, and Stephen Walt, *The Israeli Lobby and U.S. Foreign Policy* (New York:

Farrar, Straus and Giroux, 2007)
Melman, Yossi, *The Master Terrorist: The True Story Behind Abu-Nidal* (London: Sidgwick & Jackson, 1987)
Menashri, David, ed, *Islamic Fundamentalism: A Challenge to Regional Stability* (Tel Aviv: Moshe Dayan Center for Middle Eastern and African Studies, 1993)
Mishal, Shaul, *The PLO Under Arafat* (New Haven, Conn.: Yale University Press, 1986)
Mitrokhin, Vasiliy, *KGB Lexicon* (London: Frank Cass & Co., 2002)
Mohadessin, Mohammad, *Islamic Fundamentalism: The New Global Threat* (Washington, D.C.: Seven Locks Press, 1993)
Morris, Benny, and Ian Black, *Israel's Secret Wars* (London: Warner, 1992)
Norton, Augustus Richard, *Amal and the Shia: Struggle for the Soul of Lebanon* (Austin: University of Texas Press, 1987)
Oded, Arye, *Africa and the Middle East Conflict* (Boulder, Colo.: Westview, 1988)
Oliphant, Laurence, *The Land of Gilead* (London: William Blackwood and Sons, 1880)
Ostrovsky, Victor, and Claire Hoy, *By Way of Deception: The Making and Unmaking of a Mossad Officer* (New York: St. Martin's, 1990)『モサド情報員の告白』中山善之訳、TBSブリタニカ（1992）
Pacepa, Ion Mihai, *Red Horizons* (Washington, D.C.: Regnery Gateway, 1990)『赤い王朝　チャウシェスク独裁政権の内幕』住谷春也訳、恒文社（1993）
Parsi, Trita, *Treacherous Alliance: The Secret Dealings of Israel, Iran and the United States* (New Haven, Conn.: Yale University Press, 2007)
Payne, Ronald, *Mossad: Israel's Most Secret Service* (London and New York: Bantam, 1990)
Pedahzur, Ami, *The Israeli Secret Services and the Struggle Against Terrorism* (New York: Columbia University Press, 2009)
Picco, Giandomenico, *Man Without a Gun* (New York: Times Books, 1999)
Pipes, Daniel, *The Hidden Hand* (New York: St. Martin's, 1996)
Polakow-Suransky, Sasha, *The Unspoken Alliance: Israel's Secret Relationship with Apartheid South Africa* (New York: Pantheon, 2010)
Porath, Yehoshua, *In Search of Arab Unity, 1930-1945* (London: Frank Cass & Co., 1986)
Posner, Steve, *Israel Undercover: Secret Warfare and Hidden Diplomacy in the Middle East* (Syracuse, N.Y.: Syracuse University Press, 1987)
Qutb, Sayyid, *The Future Belongs to Islam: Our Battle with the Jews* (Tel Aviv: Moshe Dayan Center for Middle Eastern and African Studies, 2017)
Ranelagh, John, *The Agency: The Rise and Decline of the CIA* (New York: Simon & Schuster, 1986)
Rimington, Stella, *Open Secret: The Autobiography of the Former Director-General of MI5* (London: Hutchinson, 2002)
Rivlin, Paul, *The Russian Economy and Arms Exports to the Middle East* (Tel Aviv: Jaffee Center for Strategic Studies, 2005)
Ruwayha, Walid Amin, *Terrorism and Hostage-Taking in the Middle East* (France: publisher unknown, 1990)
Sadjadpour, Karim, *Reading Khamenei: The World View of Iran's Most Powerful Leader*

(Washington, D.C.: Carnegie Endowment for International Peace, 2009)
Said, Edward, *The End of the Peace Process: Oslo and After* (London: Granta, 2000)
Sauer, Paul, *The Holy Land Called: The Story of the Temple Society*. English edition (Melbourne: Temple Society, 1991)
Sayigh, Yezid, *Armed Struggle and the Search for State* (Oxford, UK: Oxford University Press, 1997)
Schulz, Richard, and Andrea Dew, *Insurgents, Terrorists and Militias* (New York: Columbia University Press, 2006)
Schulze, Kirsten E, *Israel's Covert Diplomacy in Lebanon* (Basingstoke, UK: Macmillan, 1998)
Seale, Patrick, *Abu Nidal: A Gun for Hire* (London: Hutchinson, 1992)『砂漠の殺し屋アブ・ニダル』石山鈴子訳、文藝春秋（1993）
Shirley, Edward, *Know Thine Enemy* (New York: Farrar, Straus and Giroux, 1997)
Shlaim, Avi, *The Iron Wall* (London: Penguin, 2000)『鉄の壁　イスラエルとアラブ世界』（上、下）神尾賢二訳、緑風出版（2013）
Skorzeny, Otto, *My Commando Operations* (Atglen, Pa.: Schiffer, 1995)
Smith, Steven, Ken Booth, and Marysia Zalewski, *International Theory: Positivism and Beyond* (Cambridge, UK: Cambridge University Press, 1996)
Steven, Stewart, *The Spymasters of Israel* (London: Hodder and Stoughton, 1981)『イスラエル秘密情報機関』中村恭一訳、毎日新聞社（1982）
Sumaida, Hussein, and Carole Jerome, *Circle of Fear* (London: Robert Hale, 1992)『偽りの報酬』落合信彦訳、扶桑社（1992）
Taheri, Amir, *The Spirit of Allah* (London: Hutchinson, 1985)
Tenet, George, *At the Center of the Storm* (New York: HarperCollins, 2007)
Teveth, Shabtai, *Ben-Gurion's Spy: The Story of the Political Scandal That Shaped Modern Israel* (New York: Columbia University Press, 1996)
Theroux, Peter, *The Strange Disappearance of Imam Moussa Sadr* (London: Weidenfeld and Nicolson, 1987)
Thomas, Gordon, *Gideon's Spies: The Secret History of the Mossad* (London: Pan Books, 2000)
Transparency International, *Global Corruption Report 2004* (London: Pluto Press, 2004)
Trento, Joseph J, *The Secret History of the CIA* (New York: MJF Books, 2001)
Trevan, Tim, *Saddam's Secrets: The Hunt for Iraq's Hidden Weapons* (London: HarperCollins, 1999)
Treverton, Gregory F, *Covert Action* (London: I.B. Tauris & Co., 1988)
Urban, Mark, *UK Eyes Alpha: The Inside Story of British Intelligence* (London: Faber and Faber, 1996)
Venter, Al J, *How South Africa Built Six Atom Bombs* (Cape Town: Ashanti, 2008)
Verrier, Antony, ed, *Agent of Empire* (London: Brassey's, 1995)
Walsh, Lawrence E, *Firewall: The Iran-Contra Conspiracy and Cover-up* (New York: W. W. Norton & Co., 1997)
Walton, Calder, *Empire of Secrets* (London: HarperPress, 2013)
Wardlaw, Grant, *Political Terrorism: Theory, Tactics and Counter-Measures* (Cambridge, UK:

Cambridge University Press, 1982)
Wasserstein, Bernard, *The Assassination of Lord Moyne, Transactions & Miscellanies*, vol. 27 (London: Jewish Historical Society of England, 1978-80)
Webman, Esther, *Anti-Semitic Motifs in the Ideology of Hizballah and Hamas* (Tel Aviv: Project for the Study of Anti-Semitism, 1994)
Weiner, Tim, *Enemies: A History of the FBI* (New York: Random House, 2012)『FBI 秘録　その誕生から今日まで』（上、下）山田侑平訳、文藝春秋（2014）, *Legacy of Ashes: The History of the CIA* (New York: Doubleday, 2007)『CIA 秘録　その誕生から今日まで』（上、下）藤田博司、山田侑平、佐藤信行訳、文藝春秋（2008）
Wright, Robin, *Sacred Rage: The Wrath of Militant Islam* (New York: Simon & Schuster, 1986)
Ya'ari, Ehud, *Strike Terror: The Story of Fatah* (New York: Sabra, 1970)

ヘブライ語の書籍

Adam, Kfir, *Closure* (Oranit, Israel: Adam Kfir Technologies, 2009)
Almog, Ze'ev, *Bats in the Red Sea* (Haqirya, Israel: Ministry of Defense, 2007)
Alpher, Yossi, *Periphery: Israel's Search for Middle East Allies* (Tel Aviv: Matar, 2015)
Amidror, Yaakov, *The Art of Intelligence* (Haqirya, Israel: Ministry of Defense, 2006)
Amit, Meir, *Head On: The Memoirs of a Former Mossad Director* (Or Yehuda, Israel: Hed Arzi, 1999)
Argaman, Josef, *It Was Top Secret* (Haqirya, Israel: Ministry of Defense, 1990), *The Shadow War* (Haqirya, Israel: Ministry of Defense, 2007)
Assenheim, Omri, *Ze'elim* (Or Yehuda, Israel: Kinneret Zmora-Bitan Dvir, 2011)
Aviad, Guy, *Lexicon of the Hamas Movement* (Ben Shemen, Israel: Modan, 2014)
Avi-Ran, Reuven, *The Lebanon War—Arab Documents and Sources: The Road to the "Peace for Galilee" War*. Vols. 1 and 2 (Tel Aviv: Ma'arakhot, 1978)
Avnery, Uri, *My Friend, the Enemy* (London: Zed, 1986)
Banai, Yaakov, *Anonymous Soldiers* (Tel Aviv: Yair, 1974)
Bango-Moldavsky, Olena, and Yehuda Ben Meir, *The Voice of the People: Israel Public Opinion on National Security* (Tel Aviv: INSS, 2013)
Bar-Joseph, Uri, *The Angel: Ashraf Marwan, the Mossad and the Yom Kippur War* (Or Yehuda, Israel: Kinneret Zmora-Bitan Dvir, 2010)
Bar-On, Mordechai, *Moshe Dayan* (Tel Aviv: Am Oved, 2014)
Bar-Zohar, Michael, *The Avengers* (Ganey Tikva, Israel: Teper Magal, 1991), *Ben Gurion* (Tel Aviv: Miskal, 2013), *Issar Harel and Israel's Security Services* (London: Weidenfeld and Nicolson, 1970), *Phoenix: Shimon Peres—a Political Biography* (Tel Aviv: Miskal, 2006)
Bar-Zohar, Michael, and Eitan Haber, *Massacre in Munich* (Or Yehuda, Israel: Kinneret Zmora-Bitan Dvir, 2005), *The Quest for the Red Prince* (Or Yehuda, Israel: Zmora-Bitan, 1984)
Barda, Yael, *The Bureaucracy of the Occupation* (Bnei Brak, Israel: Van Leer Jerusalem Institute and Hakibbutz Hameuchad, 2012)
Bartov, Hanoch, *Dado: 48 Years and 20 More Days* (Or Yehuda, Israel: Dvir, 2002)

Bascomb, Neal, *Hunting Eichmann* (Tel Aviv: Miskal, 2009)
Bechor, Guy, *PLO Lexicon* (Haqirya, Israel: Ministry of Defense, 1991)
Beilin, Yossi, *Manual for a Wounded Dove* (Jerusalem: Yedioth Ahronoth, 2001), *Touching Peace* (Tel Aviv: Miskal-Yedioth Ahronoth and Chemed, 1997)
Ben Dror, Elad, *The Mediator* (Sde Boker, Israel: Ben-Gurion Research Institute for the Study of Israel and Zionism, 2012)
Ben Israel, Isaac, *Israel Defence Doctrine* (Ben Shemen, Israel: Modan, 2013)
Ben-Natan, Asher, *Memoirs* (Haqirya, Israel: Ministry of Defense, 2002)
Ben Porat, Yoel, *Ne'ilah* (Tel Aviv: Yedioth Ahronoth, 1991)
Ben-Tor, Nechemia, *The Lehi Lexicon* (Haqirya, Israel: Ministry of Defense, 2007)
Ben Uziel, David, *On a Mossad Mission to South Sudan: 1969-1971* (Herzliya, Israel: Teva Ha'Dvarim, 2015)
Benziman, Uzi, *I Told the Truth* (Jerusalem: Keter, 2002)
Ben-Zvi, Yitzhak, *Sefer Hashomer* (Or Yehuda, Israel: Dvir, 1957)
Bergman, Ronen, *Authority Granted* (Tel Aviv: Yedioth Ahronoth, 2002), *By Any Means Necessary: Israel's Covert War for Its POWs and MIAs* (Or Yehuda, Israel: Kinneret Zmora-Bitan Dvir, 2009), *Point of No Return: Israeli Intelligence Against Iran and Hizballah* (Or Yehuda, Israel: Kinneret Zmora-Bitan Dvir, 2007)
Bergman, Ronen, and Dan Margalit, *The Pit* (Or Yehuda, Israel: Kinneret Zmora-Bitan Dvir, 2011)
Bergman, Ronen, and Gil Meltzer, *The Yom Kippur War: Moment of Truth* (Tel Aviv: Yedioth Ahronoth, 2003)
Betser, Muki (Moshe), *Secret Soldier* (Jerusalem: Keter, 2015)
Blanford Nicholas, *Killing Mr. Lebanon. Translated by Michal Sela* (Tel Aviv: Ma'ariv, 2007)
Bloom, Gadi, and Nir Hefez, *Ariel Sharon: A Life* (Tel Aviv: Miskal, 2005)
Boaz, Arieh, *The Origins of the Ministry of Defense* (Ben Shemen, Israel: Modan, 2013)
Bowden, Mar, *The Finish* (Or Yehuda, Israel: Kinneret Zmora-Bitan Dvir, 2012)
Brom, Shlomo, and Anat Kurz, eds, *Strategic Assessment for Israel 2010* (Tel Aviv: INSS, 2010)
Burgin, Maskit, David Tal, and Anat Kurz, eds, *Islamic Terrorism and Israel* (Tel Aviv: Papyrus, 1993)
Burton, Fred, *Chasing Shadows* (Or Yehuda, Israel: Kinneret Zmora-Bitan Dvir, 2011)
Caroz, Ya'acov, *The Man with Two Hats* (Haqirya, Israel: Ministry of Defense, 2002)
Cesarani, David, *Major Farran's Hat* (Or Yehuda, Israel: Kinneret Zmora-Bitan Dvir, 2015)
Claire, Rodger W, *Raid on the Sun* (Petah Tikva, Israel: Aryeh Nir, 2005)『イラク原子炉攻撃！　イスラエル空軍秘密作戦の全貌』高澤市郎訳、並木書房（2007）
Cohen, Avner, *Israel and the Bomb* (New York: Schocken, 1990)
Cohen, Gamliel, *Under Cover* (Haqirya, Israel: Ministry of Defense, 2002)
Cohen, Hillel, *An Army of Shadows: Palestinian Collaborators in the Service of Zionism* (Jerusalem: Ivrit, 2004), *Good Arabs* (Jerusalem: Ivrit, 2006)
Cohen-Levinovsky, Nurit, *Jewish Refugees in Israel's War of Independence* (Tel Aviv: Am Oved, 2014)

Danin, Ezra, *Always Zionist* (Jerusalem: Kidum, 1987)
Dayan, Moshe, *Shall the Sword Devour Forever?* (Tel Aviv: Edanim/Yedioth Ahronoth, 1981), *Story of My Life* (Jerusalem: Idanim and Dvir, 1976)
Dekel, Efraim, *Shai: The Exploits of Hagana Intelligence* (Tel Aviv: IDF-Ma'archot, 1953)
Dekel-Dolitzky, Elliyahu, *Groundless Intelligence* (Elkana, Israel: Ely Dekel, 2010)
Dietl, Wilhelm, *Die Agentin des Mossad* (Tel Aviv: Zmora-Bitan, 1997)
Dor, Danny, and Ilan Kfir, *Barak: Wars of My Life* (Or Yehuda, Israel: Kinneret Zmora-Bitan Dvir, 2015)
Dror, Zvika, *The "Arabist" of the Palmach* (Bnei Brak, Israel: Hakibbutz Hameuchad, 1986)
Drucker, Raviv, *Harakiri—Ehud Barak: The Failure* (Tel Aviv: Miskal, 2002)
Edelist, Ran, *The Man Who Rode the Tiger* (Or Yehuda, Israel: Zmora-Bitan, 1995)
Edelist, Ran, and Ilan Kfir, *Ron Arad: The Mystery* (Tel Aviv: Miskal-Yedioth Ahronoth, 2000)
Eilam, Uzi, *The Eilam Bow* (Tel Aviv: Miskal-Yedioth Ahronoth and Chemed, 2013)
Eiran, Ehud, *The Essence of Longing: General Erez Gerstein and the War in Lebanon* (Tel Aviv: Miskal-Yedioth Ahronoth, 2007)
Eitan, Rafael, *A Soldier's Story: The Life and Times of an Israeli War Hero* (Tel Aviv: Ma'ariv, 1985)
Eldar, Mike, *Flotilla 11: The Battle for Citation* (Tel Aviv: Ma'ariv, 1996), *Flotilla 13: The Story of Israel's Naval Commando* (Tel Aviv: Ma'ariv, 1993), *Soldiers of the Shadows* (Haqirya, Israel: Ministry of Defense, 1997)
Eldar, Shlomi, *Getting to Know Hamas* (Jerusalem: Keter, 2012)
Elpeleg, Zvi, *Grand Mufti* (Haqirya, Israel: Ministry of Defense, 1989)
Elran, Meir, and Shlomo Brom, *The Second Lebanon War: Strategic Dimensions* (Tel Aviv: Miskal-Yedioth Ahronoth, 2007)
Erel, Nitza, *Without Fear and Prejudice* (Jerusalem: Magnes, 2006)
Erlich, Haggai, *Alliance and Alienation: Ethiopia and Israel in the Days of Haile Selassie* (Tel Aviv: Moshe Dayan Center for Middle Eastern and African Studies, 2013)
Erlich, Reuven, *The Lebanon Tangle: The Policy of the Zionist Movement and the State of Israel Towards Lebanon, 1918-1958* (Tel Aviv: Ma'arakhot, 2000)
Eshed, Haggai, *One Man's Mossad—Reuven Shiloah: Father of Israeli Intelligence* (Tel Aviv: Edanim/Yedioth Ahronoth, 1988), *Who Gave the Order?* (Tel Aviv: Edanim, 1979)
Ezri, Meir, *Who Among You from All the People: Memoir of His Years as the Israeli Envoy in Tehran* (Or Yehuda, Israel: Hed Arzi, 2001)
Farman Farmaian, Sattareh, and Dona Munker, *Daughter of Persia* (Rishon LeZion, Israel: Barkai, 2003)
Feldman, Shai, *Israeli Nuclear Deterrence: A Strategy for the 1980s* (Bnei Brak, Israel: Hakibbutz Hameuchad, 1983)
Finkelstein, Menachem, *The Seventh Column and the Purity of Arms: Natan Alterman on Security, Morality and Law* (Bnei Brak, Israel: Hakibbutz Hameuchad, 2011)
Friedman, Thomas L. From Beirut to Jerusalem (Tel Aviv: Ma'ariv, 1990)
Gazit, Shlomo, *At Key Points of Time* (Tel Aviv: Miskal, 2016)
Gelber, Yoav, *A Budding Fleur-de-Lis: Israeli Intelligence Services During the War of*

Independence, 1948-1949 (Haqirya, Israel: Ministry of Defense, 2000), *Growing a Fleur-de-Lis: The Intelligence Services of the Jewish Yishuv in Palestine, 1918-1947* (Haqirya, Israel: Ministry of Defense, 1992), *Independence Versus Nakbah: The Arab-Israeli War of 1948* (Or Yehuda, Israel: Zmora-Bitan, 2004), *Israeli-Jordanian Dialogue, 1948-1953: Cooperation, Conspiracy, or Collusion?* (Brighton, UK: Sussex Academic Press, 2004), *Jewish Palestinian Volunteering in the British Army During the Second World War*. Vol. III, *The Standard Bearers: The Mission of the Volunteers to the Jewish People* (Jerusalem: Yad Izhak Ben-Zvi, 1983)
Gilboa, Amos, *Mr. Intelligence: Ahrale Yariv* (Tel Aviv: Miskal-Yedioth Ahronoth and Chemed, 2013)
Gilboa, Amos, and Ephraim Lapid, *Masterpiece: An Inside Look at Sixty Years of Israeli Intelligence* (Tel Aviv: Miskal, 2006)
Gillon, Carmi, *Shin-Beth Between the Schisms* (Tel Aviv: Miskal, 2000)
Givati, Moshe, *Abir 21* (Jerusalem: Reut, 2003)
Golani, Motti, ed, *Hetz Shachor: Gaza Raid & the Israeli Policy of Retaliation During the Fifties* (Haqirya, Israel: Ministry of Defense, 1994)
Goldstein, Yossi, *Rabin: Biography* (New York: Schocken, 2006), *Golda: Biography* (Sde Boker, Israel: Ben-Gurion Research Institute for the Study of Israel and Zionism, 2012)
Goodman, Micha, *The Secrets of the Guide to the Perplexed* (Or Yehuda, Israel: Kinneret Zmora-Bitan Dvir, 2010)
Goren, Uri, *On the Two Sides of the Crypto* (Self-published, 2008)
Gourevitch, Philip, and Errol Morris, *The Ballad of Abu Ghraib* (Tel Aviv: Am Oved, 2010)
Gutman, Yechiel, *A Storm in the G.S.S* (Tel Aviv: Yedioth Ahronoth, 1995)
Halamish, Aviva, *Meir Yaari: The Rebbe from Merhavia* (Tel Aviv: Am Oved, 2009)
Halevy, Aviram, Yiftach Reicher Atir, and Shlomi Reisman, eds *Operation Yonatan in First Person* (Modi'in, Israel: Efi Melzer, 2016)
Halevy, Efraim, *Man in the Shadows* (Tel Aviv: Matar, 2006)『イスラエル秘密外交　モサドを率いた男の告白』河野純治訳、新潮社（2016）
Haloutz, Dani, *Straight Forward* (Tel Aviv: Miskal, 2010)
Harel, Amos, and Avi Issacharoff, *The Seventh War* (Tel Aviv: Miskal, 2004), *Spider Webs (34 Days)* (Tel Aviv: Miskal, 2008)
Harel, Isser, *Anatomy of Treason* (Jerusalem: Idanim, 1980), *Security and Democracy* (Jerusalem: Idanim, 1989), *When Man Rose Against Men* (Jerusalem: Keter, 1982), *Yossele Operation* (Tel Aviv: Yedioth Ahronoth, 1982)
Harouvi, Eldad, *Palestine Investigated* (Kokhav Ya'ir, Israel: Porat, 2010)
Hass, Amira, *Drinking the Sea of Gaza* (Bnei Brak, Israel: Hakibbutz Hameuchad, 1996)
Hendel, Yoaz, and Shalom Zaki, *Let the IDF Win: The Self-Fulfilling Slogan* (Tel Aviv: Yedioth Ahronoth, 2010)
Hendel, Yoaz, and Yaakov Katz, *Israel vs. Iran* (Or Yehuda, Israel: Kinneret Zmora-Bitan Dvir, 2011)
Herrera, Ephraim, and Gideon M. Kressel, *Jihad: Fundamentals and Fundamentalism* (Haqirya, Israel: Ministry of Defense, 2009)
Herschovitch, Shay, and David Simantov, *Aman Unclassified* (Tel Aviv: Ma'archot MOD,

2013)
Hounam, Peter, *The Woman from the Mossad* (Tel Aviv-Yafo: Or'Am, 2001)
Jackont, Amnon, *Meir Amit: A Man of the Mossad* (Tel Aviv: Miskal, 2012)
Kabha, Mustafa, *The Palestinian People: Seeking Sovereignty and State* (Tel Aviv: Matach, 2013)
Kam, Ephraim, *From Terror to Nuclear Bombs: The Significance of the Iranian Threat* (Haqirya, Israel: Ministry of Defense, 2004)
Kampf, Zohar, and Tamar Liebes, *Media at Times of War and Terror* (Ben Shemen, Israel: Modan, 2012)
Karsh, Efraim, and Inari Rautsi, *Saddam Hussein: A Political Biography* (Haqirya, Israel: Ministry of Defense, 1991)
Kfir, Ilan, *The Earth Has Trembled* (Tel Aviv: Ma'ariv, 2006)
Kimche, David, *The Last Option* (Tel Aviv: Miskal-Yedioth Ahronoth, 1991)
Kipnis, Yigal, *1973: The Way to War* (Or Yehuda, Israel: Kinneret Zmora-Bitan Dvir, 2012)
Klein, Aaron J, *The Master of Operation: The Story of Mike Harari* (Jerusalem: Keter, 2014), *Striking Back: The 1972 Munich Olympics Massacre and Israel's Deadly Response* (Tel Aviv: Miskal-Yedioth Ahronoth, 2006)
Klieman, Ahron, *Double Edged Sword* (Tel Aviv: Am Oved, 1992)
Klingberg, Marcus, and Michael Sfard, *The Last Spy* (Tel Aviv: Ma'ariv, 2007)
Knopp, Guido, *Göring: Eine Karriere* (Tel Aviv: Ma'ariv, 2005)
Kotler, Yair, *Joe Returns to the Limelight* (Ben Shemen, Israel: Modan, 1988)
Kramer, Martin, *Fadlallah: The Moral Logic of Hizballah* (Tel Aviv: Moshe Dayan Center for Middle Eastern and African Studies, 1998)
Kramer, Martin, ed, *Protest and Revolution in Shi'i Islam* (Tel Aviv: Moshe Dayan Center for Middle Eastern and African Studies, 1987)
Kupperman, Robert H., and Darrell M. Trent, *Terrorism: Threat, Reality, Response* (Haqirya, Israel: Ministry of Defense, 1979)
Kurtz, Anat, *Islamic Terrorism and Israel: Hizballah, Palestinian Islamic Jihad and Hamas* (Tel Aviv: Papyrus, 1993)
Kurtz, Anat, and Pnina Sharvit Baruch, eds, *Law and National Security* (Tel Aviv: INSS, 2014)
Lahad, Antoine, *In the Eye of the Storm: Fifty Years of Serving My Homeland Lebanon: An Autobiography* (Tel Aviv: Miskal, 2004)
Landau, David, *Arik: The Life of Ariel Sharon* (Or Yehuda, Israel: Kinneret Zmora-Bitan Dvir, 2013)
Lazar, Hadara, *Six Singular Individuals* (Bnei Brak, Israel: Hakibbutz Hameuchad, 2012)
le Carré, John *The Pigeon Tunnel* (Or Yehuda, Israel: Kinneret Zmora-Bitan Dvir, 2017)
Levi, Nissim, *One Birdless Year* (Tel Aviv: Am Oved, 2006)
Lew, Uzrad, *Inside Arafat's Pocket* (Or Yehuda, Israel: Kinneret Zmora-Bitan Dvir, 2005)
Livneh, Eliezer, Yosef Nedava, and Yoram Efrati, *Nili: The History of Political Daring* (New York: Schocken, 1980)
Lotz, Wolfgang, *Mission to Cairo* (Tel Aviv: Ma'ariv, 1970)

Lowther, William, *Arms and the Man* (Tel Aviv: Ma'ariv, 1991)
Macintyre, Ben, *Double Cross: The True Story of the D-Day Spies* (Translated by Yossi Millo. Tel Aviv: Am Oved, 2013)
Maiberg, Ron, *The Patriot* (Or Yehuda, Israel: Kinneret Zmora-Bitan Dvir, 2014)
Mann, Nir, *The Kirya in Tel Aviv, 1948-1955* (Jerusalem: Carmel, 2012), *Sarona: Years of Struggle, 1939-1948*. 2nd ed (Jerusalem: Yad Izhak Ben Zvi, 2009)
Mann, Rafi, *The Leader and the Media* (Tel Aviv: Am Oved, 2012)
Maoz, Moshe, *The Sphinx of Damascus* (Or Yehuda, Israel: Dvir, 1988)
Margalit, Dan, *Disillusionment* (Or Yehuda, Israel: Kinneret Zmora-Bitan Dvir, 2009), *I Have Seen Them All* (Or Yehuda, Israel: Kinneret Zmora-Bitan Dvir, 1997), *Paratroopers in the Syrian Jail* (Tel Aviv: Moked, 1968)
Marinsky, Arieh, *In Light and in Darkness* (Jerusalem: Idanim, 1992)
Mass, Efrat, *Yael: The Mossad Combatant in Beiruth* (Bnei Brak, Israel: Hakibbutz Hameuchad, 2015)
Medan, Raphi, (unpublished manuscript, 2010)
Melman Yossi, *Israel Foreign Intelligence and Security Services Survey* (Or Yehuda, Israel: Kinneret Zmora-Bitan Dvir, 1982)
Melman, Yossi, and Eitan Haber, *The Spies: Israel's Counter-Espionage Wars* (Tel Aviv: Miskal-Yedioth Ahronoth and Chemed, 2002)
Melman, Yossi, and Dan Raviv, *The Imperfect Spies* (Tel Aviv: Ma'ariv, 1990), *Spies Against Armageddon* (Tel Aviv: Miskal, 2012)
Menashri, David, *Iran After Khomeini: Revolutionary Ideology Versus National Interests* (Tel Aviv: Moshe Dayan Center for Middle Eastern and African Studies, 1999), *Iran Between Islam and the West* (Haqirya, Israel: Ministry of Defense, 1996)
Merari, Ariel, and Shlomi Elad, *The International Dimension of Palestinian Terrorism* (Bnei Brak, Israel: Hakibbutz Hameuchad, 1986)
Moreh, Dror, *The Gatekeepers: Inside Israel's Internal Security Agency* (Tel Aviv: Miskal, 2014)
Morris, Benny, *Israel's Border Wars, 1949-1956* (Tel Aviv: Am Oved, 1996)
Nachman Tepper, Noam, *Eli Cohen: Open Case*. (Modi'in, Israel: Efi Melzer, 2017)
Nadel, Chaim, *Who Dares Wins* (Ben Shemen, Israel: Modan, 2015)
Nafisi, Azar, *Reading Lolita in Tehran* (Tel Aviv: Miskal-Yedioth Ahronoth, 2005)
Nakdimon, Shlomo, *Tammuz in Flames* (Tel Aviv: Yedioth Ahronoth, 1986)
Naor, Mordecai, *Laskov* (Haqirya, Israel: Ministry of Defense, 1988), *Ya'akov Dori: I.D.F. First Chief of Staff* (Ben Shemen, Israel: Modan, 2011)
Nasr, Vali, *The Shia Revival* (Tel Aviv: Miskal, 2011)
Naveh, Dan, *Executive Secrets* (Tel Aviv: Miskal-Yedioth Ahronoth, 1999)
Navot, Menachem, *One Man's Mossad* (Or Yehuda, Israel: Kinneret Zmora-Bitan Dvir, 2015)
Netanyahu, Iddo, ed, *Sayeret Matkal at Antebbe* (Tel Aviv: Miskal, 2006)
Nevo, Azriel, *Military Secretary* (Tel Aviv: Contento, 2015)
Nimrodi, Yaakov, *Irangate: A Hope Shattered* (Tel Aviv: Ma'ariv, 2004)
Oren, Ram, *Sylvia* (Jerusalem: Keshet, 2010)

Oufkir, Malika, and Michele Fitoussi, *The Prisoner* (Or Yehuda, Israel: Kinneret, 2001)
Pacepa, Ion Mihai, *Red Horizons* (Tel Aviv: Ma'ariv, 1989)
Pail, Meir, and Avraham Zohar, *Palmach* (Haqirya, Israel: Ministry of Defense, 2008)
Palmor, Eliezer, *The Lillehammer Affair* (Israel: Carmel, 2000)
Paz, Reuven, *Suicide and Jihad in Palestinian Radical Islam: The Ideological Aspect* (Tel Aviv: Tel Aviv University Press, 1998)
Perry, Yaakov, *Strike First* (Jerusalem: Keshet, 1999)
Pirsig, Robert M, *Zen and the Art of Motorcycle Maintenance* (Or Yehuda, Israel: Kinneret Zmora-Bitan Dvir, 1974)
Porat, Dina, *Beyond the Corporeal: The Life and Times of Abba Kovner* (Tel Aviv: Am Oved and Yad Vashem, 2000)
Pressfield, Steven, *Killing Rommel* (Petah Tikva, Israel: Aryeh Nir, 2009)
Pundak, Ron, *Secret Channel* (Tel Aviv: Sifrey Aliyat Hagag-Miskal-Yedioth Ahronoth and Chemed, 2013)
Pundak, Yitzhak, *Five Missions* (Tel Aviv: Yaron Golan, 2000)
Rabinovich, Itamar, *The Brink of Peace: Israel & Syria, 1992-1996* (Tel Aviv: Miskal, 1998), *Waging Peace* (Or Yehuda, Israel: Kinneret Zmora-Bitan Dvir, 1999), *Yitzhak Rabin: Soldier, Leader, Statesman* (Or Yehuda, Israel: Kinneret Zmora-Bitan Dvir, 2017)
Rachum, Ilan, *The Israeli General Security Service Affair* (Jerusalem: Carmel, 1990)
Ram, Haggai, *Reading Iran in Israel: The Self and the Other, Religion, and Modernity* (Bnei Brak, Israel: Van Leer Jerusalem Institute and Hakibbutz Hameuchad, 2006)
Raphael, Eitan, *A Soldier's Story: The Life and Times of an Israeli War Hero* (Tel Aviv: Ma'ariv, 1985)
Ravid, Yair, *Window to the Backyard: The History of Israel-Lebanon Relations—Facts & Illusions* (Yehud, Israel: Ofir Bikurim, 2013)
Regev, Ofer, *Prince of Jerusalem* (Kokhav Ya'ir, Israel: Porat, 2006)
Rika, Eliahu, *Breakthrough* (Haqirya, Israel: Ministry of Defense, 1991)
Ronen, David, *The Years of Shabak* (Haqirya, Israel: Ministry of Defense, 1989)
Ronen, Yehudit, *Sudan in a Civil War: Between Africanism, Arabism and Islam* (Tel Aviv: Tel Aviv University Press, 1995)
Rosenbach, Marcel, and Holger Stark, *WikiLeaks: Enemy of the State* (Or Yehuda, Israel: Kinneret Zmora-Bitan Dvir, 2011)
Ross, Michael, *The Volunteer: A Canadian's Secret Life in the Mossad* (Tel Aviv: Miskal, 2007)
Rubin, Barry, and Judith Colp-Rubin, *Yasir Arafat: A Political Biography* (Tel Aviv: Miskal, 2006)
Rubinstein, Danny, *The Mystery of Arafat* (Or Yehuda, Israel: Kinneret Zmora-Bitan Dvir, 2001)
Sagie, Uri, *Lights Within the Fog* (Tel Aviv: Miskal-Yedioth Ahronoth, 1998)
Scharia, David, *The Pure Sound of the Piccolo: The Supreme Court of Israel, Dialogue and the Fight Against Terrorism* (Srigim, Israel: Nevo, 2012)
Schiff, Ze'ev, and Ehud Ya'ari, *Israel's Lebanon War* (New York: Schocken, 1984)
Seale, Patrick, *Assad* (Tel Aviv: Ma'arakhot, 1993)

Segev, Shmuel, *Alone in Damascus: The Life and Death of Eli Cohen* (Jerusalem: Keter, 2012. First published 1986), *The Iranian Triangle: The Secret Relation Between Israel-Iran-U.S.A* (Tel Aviv: Ma'ariv, 1981), *The Moroccan Connection* (Tel Aviv: Matar, 2008)

Segev, Tom, *Simon Wiesenthal: The Life and Legends* (Jerusalem: Keter, 2010)

Senor, Dan, and Saul Singer, *Start Up Nation* (Tel Aviv: Matar, 2009)

Shabi, Aviva, and Ronni Shaked, *Hamas: Palestinian Islamic Fundamentalist Movement* (Jerusalem: Keter, 1994)

Shai, Nachman, *Media War: Reaching for the Hearts and Minds* (Tel Aviv: Miskal-Yedioth Ahronoth and Chemed, 2013)

Shalev, Aryeh, *The Intifada: Causes and Effects* (Tel Aviv: Papyrus, 1990)

Shalom, Zaki, and Yoaz Hendel, *Defeating Terror* (Tel Aviv: Miskal, 2010)

Shamir, Yitzhak, *As a Solid Rock* (Tel Aviv: Yedioth Ahronoth, 2008)

Shapira, Shimon, *Hezbollah: Between Iran and Lebanon* (Bnei Brak, Israel: Hakibbutz Hameuchad, 2000)

Sharon, Gilad, *Sharon: The Life of a Leade.* (Tel Aviv: Matar, 2011)

Shay, Shaul, *The Axis of Evil: Iran, Hezbollah, and Palestinian Terror* (Herzliya, Israel: Interdisciplinary Center, 2003), *The Islamic Terror and the Balkans* (Herzliya, Israel: Interdisciplinary Center, 2006), *The Never-Ending Jihad* (Herzliya, Israel: Interdisciplinary Center, 2002), *The Shahids: Islam and Suicide Attacks* (Herzliya, Israel: Interdisciplinary Center, 2003)

Sheleg, Yair, *Desert's Wind: The Story of Yehoshua Cohen* (Haqirya, Israel: Ministry of Defense, 1998)

Sher, Gilad, *Just Beyond Reach* (Tel Aviv: Miskal, 2001)

Shilon, Avi, *Menachem Begin: A Life* (Tel Aviv: Am Oved, 2007)

Shimron, Gad, *The Execution of the Hangman of Riga* (Jerusalem: Keter, 2004), *The Mossad and Its Myth* (Jerusalem: Keter, 1996)

Shomron, David, *Imposed Underground* (Tel Aviv: Yair, 1991)

Shur, Avner, *Crossing Borders* (Or Yehuda, Israel: Kinneret Zmora-Bitan Dvir, 2008), *Itamar's Squad* (Jerusalem: Keter, 2003)

Sivan, Emmanuel, *The Fanatics of Islam* (Tel Aviv: Am Oved, 1986)

Sobelman, Daniel, *New Rules of the Game: Israel and Hizbollah After the Withdrawal from Lebanon Memorandum No. 65* (Tel Aviv: INSS, March 2003)

Stav, Arie, ed, *Ballistic Missiles, Threat and Response: The Main Points of Ballistic Missile Defense* (Jerusalem: Yedioth Ahronoth, 1998)

Sutton, Rafi, *The Sahlav Vendor: Autobiography and Operations in the Israeli Intelligence and Mossad Service* (Jerusalem: Lavie, 2012)

Sutton, Rafi, and Yitzhak Shoshan, *Men of Secrets, Men of Mystery* (Tel Aviv: Edanim/Yedioth Ahronoth, 1990)

Sykes, Christopher, *Cross Roads to Israel* (Tel Aviv: Ma'arakhot, 1987)

Tal, Nahman, *Confrontation at Home: Egypt and Jordan Against Radical Islam* (Tel Aviv: Papyrus, 1999)

Tamir, Moshe, *Undeclared War* (Haqirya, Israel: Ministry of Defense, 2006)

Tehari, Amir, *The Spirit of Allah* (Tel Aviv: Am Oved, 1985)
Tepper, Noam Nachman, *Eli Cohen: Open Case* (Modi'in, Israel: Efi Melzer, 2017)
Teveth, Shabtai, *Shearing Time: Firing Squad at Beth-Jiz* (Tel Aviv: Ish Dor, 1992)
Tsafrir, Eliezer (Geizi), *Big Satan, Small Satan: Revolution and Escape in Iran* (Tel Aviv: Ma'ariv, 2002), *Labyrinth in Lebanon* (Tel Aviv: Miskal-Yedioth Ahronoth, 2006)
Tsiddon-Chatto, Yoash, *By Day, by Night, Through Haze and Fog* (Tel Aviv: Ma'ariv, 1995)
Tsoref, Hagai, ed, *Izhak Ben-Zvi, the Second President: Selected Documents (1884-1963)* (Jerusalem: Israel State Archives, 1998)
Tzipori, Mordechai, *In a Straight Line* (Tel Aviv: Miskal-Yedioth Ahronoth and Chemed, 1997)
Tzipori, Shlomi, *Justice in Disguise* (Tel Aviv: Agam, 2004)
Weissbrod, Amir, *Turabi, Spokesman for Radical Islam* (Tel Aviv: Moshe Dayan Center for Middle Eastern and African Studies, 1999)
Weissglass, Dov, *Ariel Sharon: A Prime Minister* (Tel Aviv: Miskal, 2012)
Wolf, Markus, *Man Without a Face* (Or Yehuda, Israel: Hed Arzi, 2000)
Woodward, Bob, *Veil: The Secret Wars of the CIA, 1981-1987* (Or Yehuda, Israel: Kinneret, 1990)『ヴェール　CIAの極秘戦略1981-1987』池央耿訳、文藝春秋（1988）
Wright, Lawrence, *The Looming Tower: Al-Qaeda and the Road to 9/11* (Or Yehuda, Israel: Kinneret Zmora-Bitan Dvir, 2007)『倒壊する巨塔　アルカイダと「9.11」への道』（上、下）平賀秀明訳、白水社（2009）
Ya'alon, Moshe, *The Longer Shorter Way* (Tel Aviv: Miskal, 2008)
Yahav, Dan, *His Blood Be on His Own Head: Murders and Executions During the Era of the Yishuv, 1917-1948* (Self-published, 2010)
Yakar, Rephael, *The Sultan Yakov Battle* (Tel Aviv: IDF, History Department, 1999)
Yalin-Mor, Nathan, *Lohamey Herut Israel* (Jerusalem: Shikmona, 1974)
Yatom, Danny, *The Confidant* (Tel Aviv: Miskal, 2009)
Yeger, Moshe, *The History of the Political Department of the Jewish Agency* (Tel Aviv: Zionist Library, 2011)
Zahavi, Leon, *Apart and Together* (Jerusalem: Keter, 2005)
Zamir, Zvi, and Efrat Mass, *With Open Eyes* (Or Yehuda, Israel: Kinneret Zmora-Bitan Dvir, 2011)
Zichrony, Amnon, *1 Against 119: Uri Avnery in the Sixth Knesset* (Tel Aviv: Mozes, 1969)
Zonder, Moshe, *Sayeret Matkal: The Story of the Israeli SAS* (Jerusalem: Keter, 2000)

原　注

第二〇章　ネブカドネザル

23 **倉庫はCNIMグループが所有していた**：ラファエル・オフェクへのインタビュー, January 24, 2016.

24 **キドンの工作員五人が……フェンスを越えていた**：「エイプリル」へのインタビュー, November 2016, ハラリへのインタビュー, March 29, 2014, およびベニー・ゼエヴィへのインタビュー, February 12, 1999. 部分的に似たエピソードは、以下にも登場する。Victor Ostrovsky, *By Way of Deception: The Making of a Mossad Officer,* 19-20〔邦訳は『モサド情報員の告白』ビクター・オストロフスキー、クレア・ホイ著、中山善之訳、TBSブリタニカ、1992年〕.

25 **敵の敵は味方**：「外周戦略」の一環として、モサドは敵国の解放運動や地下民兵組織を支援した。スーダン南部で活動していたキリスト教系の分離派反乱軍アニャニャもその一例である。アルペルへのインタビュー, May 18, 2015, およびアミットへのインタビュー, July 12, 2005. Alpher, *Periphery,* 57-71 (Hebrew). Ben Uziel, *On a Mossad Mission to South Sudan,* 9-36 (Hebrew). Ronen Bergman, "Israel and Africa," 234-46.

25 **「バグダッドの虐殺者」**：ロトベルグへのインタビュー, March 5, 2012.

26 **ゴルダ・メイア首相は……レッドページ承認を拒否した**：ロトベルグは当時のことをこう述べている。偽装爆弾を仕掛けたコーランを利用できるようになると、「やつら（クルド人）は、自分たちを虐待していたある市長にそれを送りつけた。市長も周囲のスタッフもそれで死んだ」

26 **フセインは、ユダヤ人は「さまざまな国のごみや食べ残しの寄せ集め」だと述べ**：サッダーム・フセインは、尊敬していたタルファーフ叔父の思想を書きつづったものを豪華本として出版までしている。そこにはこんな主張がある。「アラーが生み出すべきではなかったものが3つある。イラン人とユダヤ人とハエだ」。Karsh Efraim and Rautsi Inari, *Saddam Hussein,* 19 (Hebrew).

27 **「事実上無制限に近い、数十億もの予算」**：アマツィア・バラムへのインタビュー, October 28, 2015.

28 **フランスとイラクとのこの契約は……最初のステップになる**：Nakdimon, *Tammuz in Flames,* 50 (Hebrew).

28 **イラクはこの契約にきわめて気前のいい額で応じ**：Ibid., 75-76 (Hebrew).

29 **核兵器を手に入れようとするイラクのもくろみに照準を合わせた**：アドモニへのインタビュー, May 29, 2011, および ガジットへのインタビュー, September 12, 2016.

29 **情報提供者になってくれそうな**：イェフダ・ギルへのインタビュー, May 15, 2011. Koren Yehuda, "My Shadow and I," *Yedioth Ahronoth,* July 6, 2001.

29 **見るも怖ろしいビデオだった**：ホダ・コトブによるヒディル・ハムザ博士へのインタビュー, NBC *Dateline* research material transcript, "Iraq 1981," (author's archive, courtesy of Shachar Bar-On).

29 **モサドは「プロジェクトブック」なるものを入手した**：「エルモ」へのインタビュー, August 2010.「オクトーバーフェスト」へのインタビュー, January 2013.

29 **その資料を通じて……多くのことがわかった**：オフェクへのインタビュー , January 24, 2016.
30 **保安関連閣議が招集され……権限を首相に与えると**：“Decision of the Cabinet Security Committee,” November 4, 1978, shown to author by “Paul.”
30 **イスラエルはこれで、イラクの核開発の野望を……遅らせられると思った**：ハラリへのインタビュー , February 12, 2014, および「ブラック」へのインタビュー , September 2016.
31 **このプロジェクトの頭脳にして**：オフェクへのインタビュー , January 17, 2016.
31 **バーミンガム大学を卒業後**：ジャファル・ジャファルの詳細な履歴については以下を参照。Windrom, *Critical Mass*, 35-40.
31 **マシャドは……頻繁に行き来していた**：「エイプリル」へのインタビュー , December 2016.
33 **ホテルの警備員がマシャドの死体を見つけた**：「ブラック」へのインタビュー , June 2015. 部分的に似たエピソードは、以下にも登場する。Ostrovsky, *By Way of Deception*, 22-25〔『モサド情報員の告白』〕.
33 **われわれ全員がターゲットなのだと思ったよ**：ホダ・コトブによるヒディル・ハムザ博士へのインタビュー , NBC *Dateline* research material.
34 **ラシードはモサドに毒殺されたのだ**：「ブラック」へのインタビュー , June 2015, および「アミール」へのインタビュー , February 2016. Claire, *Raid on the Sun*, 76-77〔邦訳は『イラク原子炉攻撃！　イスラエル空軍秘密作戦の全貌』ロジャー・クレイア著、高澤市郎訳、並木書房、2007 年〕.
34 **ラスールは食中毒らしき症状を見せて倒れた**：毒を使用したため、およびフランス領内で爆破や暗殺を行なったため、イスラエルはこれらの活動について固く口を閉ざしていた。しかし 1990 年になって、その秘密活動が漏れる重大な事態が発生した。ヴィクトル・オストロフスキーというモサドの落ちこぼれが、カナダで回想録『モサド情報員の告白』を出版すると告知したのだ。これは、モサドのルールに対する重大な違反行為であるばかりか、イスラエルの安全保障を大きく侵害する行為でもあった。当初モサドは、説得して出版を撤回させようとしたが、オストロフスキーは断固拒否した。そこでモサドは、出版社に押し入ってゲラを盗み、その内容を確認してみることにした。するとゲラには、モサドに関する膨大な情報が記されており（正確な部分とそうでない部分があった）、イラクの核開発計画やそれに参加する科学者に対する作戦活動についても、多くのページが割かれていた。モサドはパニックに陥った。オストロフスキーの訓練を担当し、この本にも登場するアミ・ヤアルは言う。「長官のオフィスに呼ばれ、自分のことが書いてあるページを見せられた。とても不愉快だったよ」。やがて、モサド内で希望の星と謳われ、オストロフスキーと一緒に訓練を受けた経験もある若き情報員ヨシ・コーヘンが、オストロフスキー暗殺計画をモサド長官シャヴィトに提出した。だが、シャヴィトはそれを承認したが、シャミール首相は「ユダヤ人は殺さない」という原則に従い、この作戦を却下した。モサドは最終手段としてカナダとアメリカの裁判所に、オストロフスキーはモサドに入る際に約束した守秘義務に違反していると主張し、本の出版を禁止するよう訴えたが、結局両裁判所は出版を認める判決を下した。こうした騒動の結果、かえって本の内容の信憑性が高まり、売上はむしろ増加した。アミ・ヤアルへのインタビュー , December 3, 2012,「アドバンテージ」へのインタビュー , April 2017,「トブラローネ」へのインタビュー , May 2014, および「レキシコン」へのインタビュー , January

2017.
34 **あからさまに警告する手紙が届いた**：Nakdimon, *Tammuz in Flames,* 309 (Hebrew).
34 **身の安全を守る訓練を受けた**：イラクの秘密警察と連絡をとり合っていた東ドイツのシュタージやソ連のKGBは、ワディ・ハダドの暗殺事件から教訓を学んでいた。「イライ」へのインタビュー, June 2010.
35 **あとは空爆しかない**：ホフィへのインタビュー, Begin Center, January 11, 2002.
35 **意見の対立が激しくなると**：エイラムへのインタビュー, December 2, 2009.
35 **政府が空爆を計画していることを……リークし**：ウジ・エヴェンへのインタビュー, December 2, 2009.
36 **手書きのメモでベギンにこう警告した**：ペレスに情報が漏れ、ベギンにメモが渡ると、国防当局は警戒を強め、攻撃を延期すると同時に作戦のコードネームを変更した。エイタン参謀総長の命令により、作戦の機密情報にアクセスできる軍高官の盗聴も大々的に展開された。だがエヴェン教授が密告した事実はばれず、1996年に私がインタビューを行なった際に初めてそれを告白した。エヴェンへのインタビュー, May 1996. Ronen Bergman, "The First Iraqi Bomb," *Haaretz,* May 31, 1996.
36 **超低空を飛行していく**：偶然にも戦闘機は、アカバ湾でヨットに乗船していたフセイン国王の頭上を飛んでいった。国王は戦闘機を見て、どこに向かうつもりなのか気づいていたに違いない。だが、サウジアラビアやイラクへの警告は行なわれなかったか、途中で遮断された。Nakdimon, *Tammuz in Flames,* 15-16 (Hebrew).
36 **戦闘機は、日が没する午後五時三〇分ごろに現場に到着した**：アヴィエム・セラへのインタビュー, May 31, 2011. Nakdimon, *Tammuz in Flames,* 188-203.
37 **「原子炉が完全に破壊された」**：オフェクのインタビュー, January 24, 2016.
38 **この国も国民も壊滅していたに違いない**：International press conference with Menachem Begin, June 9, 1981. イスラエルの行動は、称賛を引き起こす一方で、国際社会から厳しい非難も浴びた。社説で襲撃を支持したのはおそらく《ウォール・ストリート・ジャーナル》紙のみであり、現在でもその社説が、同紙の会議室の壁に誇らしげに掲げられている。
38 **サッダーム・フセインも……演説を行なった**：Recordings of Baath Party Supreme Council, Pentagon Archives, CRRC SH.SHTP.A.001.039, courtesy of Prof. Amatzia Baram.
38 **情報機関における優先順位の最下位**：ギルアドへのインタビュー, July 31, 2012.
39 **ミサイルを開発するイラク・エジプト・アルゼンチン合同の取り組み**：「ゴーギャン」へのインタビュー（アルゼンチンの「コンドル」プロジェクト科学部に潜入していたモサドのエージェント）, June 2016. Director of Central Intelligence, *Jonathan Jay Pollard Espionage Case,* October 30, 1987, 39.
39 **匿名の電話で**：「サリー」へのインタビュー, September 2016. Burrows and Windrem, *Critical Mass,* 442, 461, 466-80.
39 **かつてNASA……に雇われていたカナダ人ロケット科学者**：ブルに関するモサドのファイルには、イラクとの契約書や通信履歴がたくさんある。通信の主な相手は、フセインの義理の兄弟で、イラクの軍備調達組織の責任者を務めていたフセイン・カメル大将である（author's archive, received from "Bogart"）。
40 **ジャバル・ハムリンに巨大大砲を建設し**：アマンは、ブルについてアマンやモサドが収集した情報をすべて、国防省の武器・技術基盤開発局（ヘブライ語の略称で「マファ

ト」と呼ばれる）や国防軍の砲兵部隊に送っていた。これらの組織が複数のコンピューターモデルを駆使してブルの計算を検証したところ、驚くべきことに巨大大砲は科学的に実現可能であり、ブルは世迷い言を並べたてていたわけではなかった。ギルアドへのインタビュー, July 31, 2012.

40 **ブルは、こうした脅迫をまったく真に受けなかった**：キドンの情報担当官モシェ（ミシュカ）・ベン＝ダヴィッドは言う。「地元当局があまり詮索しないだろうと判断した場合には、積荷に放火したり爆破したりした。もうこの世にいない者も数名いる」。「ロメオ」（ブルに対する攻撃に関与したカエサレア幹部の１人）へのインタビュー, January 2013. Cockburn, *Dangerous Liaison,* 306.

40 **扉の陰から跳び出した**：「ロメオ」へのインタビュー, May 2000.

40 **「明日出社すれば、おまえもこうなる」**：イスラエルの保安関連幹部は、「コンドル」プロジェクトや巨大大砲の問題に取り組んでいたころ、あるイスラエル人を抹殺すべきか否かについても議論していた。イスラエルのディモナにある原子炉で働いていた下級技術者モルデハイ・ヴァヌヌである。ヴァヌヌは1986年当時、非ヨーロッパ系のモロッコ出身であるため差別を受けていると感じて極左的な思想に染まり、このイスラエルの極秘施設にカメラをひそかに持ち込んで水素爆弾の写真を撮影すると、その写真を含むさまざまな情報をイギリスの《サンデー・タイムズ》紙に売り込んだ。同紙がそれを公表しようとしたので、以前からイスラエルに情報を提供していた新聞王ロバート・マクスウェルが、その事実をモサドに伝えてきたのだ。しかし、イスラエルの著名ジャーナリストであるダン・マルガリットがシモン・ペレス首相にインタビューをした際に、オフレコで「生死を問わず、ヴァヌヌを捕らえなければなりませんね」と言うと、ペレスは「ユダヤ人は殺さない」と断言したという。私がペレスから聞いた話でも、モサドがヴァヌヌの暗殺許可を求めてきた際には断固として拒否し、「暗殺を承認せず、イスラエルの法廷に立たせるよう命じた」という。時事問題の評論家としても著名なマルガリットは、現在に至ってもなお、ペレスの判断は間違っていたと確信し、こう述べている。「ヴァヌヌを放っておくのでなければ、外国で抹殺するべきだった。『ユダヤ人は殺さない』というのはあまりにも民族主義的にすぎる。イスラエルは、国の安全保障にとって重大な脅威となる人物を抹殺すべきか否かを、民族や宗教に関係なく決めるべきだ」。ヴァヌヌは結局、モサドの女性工作員に誘惑され、モサドの活動が制限されるロンドンからローマへ渡ったところで逮捕されると、薬で眠らされ、イスラエルの商船に乗せられて帰国した。そして裁判にかけられ、懲役18年の宣告を受けた。「サリー」へのインタビュー, February 2015,「ラファエル」へのインタビュー, May 2011, イェチエル・ホレヴへのインタビュー, July 2004, ベニー・ゼエヴィへのインタビュー, February 12, 1999, ペレスへのインタビュー, January 30, 2005, およびマルガリットへのインタビュー, November 17, 2016.

40 **翌日オフィスには誰も現れず**：Ronen Bergman, "Killing the Killers," *Newsweek,* December 13, 2019. "The Man Who Made the Supergun," *Frontline*（PBS）, February 12, 1992. Burrows and Windrem, *Critical Mass,* 164-77.

40 **「イスラエルの半分をなめ尽くす炎を放つ」**："Iraq Chief, Boasting of Poison Gas, Warns of Disaster if Israelis Strike," *New York Times,* April 2, 1990.

41 **きわめて高度な巨大ネットワーク**：シャピラへのインタビュー, January 31, 2015.

41 **「それでもイスラエルは運がよかった」**：アメリカを始めとする多国籍軍が「砂漠の嵐」

作戦を開始した1991年1月16日の夜、フセインはイスラエルに向けてミサイルによる集中攻撃を行なうよう命じた。それは、イスラエルの情報機関が開発を把握していなかったミサイルだったが、やがて「石のように海に落下する」ことが確認されたという。それを受けて国防当局幹部はイラク攻撃を提案したが、イスラエルが介入すれば多国籍軍が分裂しかねないことを危惧したアメリカの圧力により却下された。フセインはそれから数年間、イスラエル攻撃を断行してイスラエルを怖れていないことを証明したアラブ世界唯一の指導者となった。イスラエルに対するこの攻撃は、フセインを暗殺すべきか否かというイスラエルでの議論に重大な影響を与えた。

41 **国連の査察チームは、モサドが完全に見逃していた事実を発見した**：ロルフ・エケウスへのインタビュー, September 1996, およびハンス・ブリックスへのインタビュー, August 2000.

41 **いまだフセインはイスラエルにとって間違いなく危険な存在だ**：バラクは、アマンの心理学者・精神分析医チームが作成したサッダーム・フセインの心理プロファイルを信頼していた。そこにはこう記されている。「フセインはこの世界を、絶えず死の危険にさらされた残忍で冷酷な場所だと認識しており、この世界に道徳律が入り込む余地はなく、社会規範により侵してはならない行動規則もないと考えている。（中略）フセインは、強敵との戦争さえいとわない。逆に強敵との戦争を、イラクの重要性や力を証明するものと見なす傾向がある。（中略）フセインの核兵器への執念は（中略）権力を握っているという揺るぎない感覚を手に入れようとする心理的要求と結びついている。（中略）フセインは、自分を痛めつける者を忘れもしなければ許しもしない。（中略）イスラエルに対しては、躊躇なく非通常兵器を利用する。（中略）どれだけコストがかかろうとわが道を進み、いかなる良心の呵責も感じない」（AMAN, Research Department, *Psychological Portrait of Saddam Hussein,* Special Intelligence Survey 74/90, November 1990.）バラクへのインタビュー, July 1, 2013.

41 **暗殺を計画するチームの設立**：CoS Barak Bureau to Amiram Levin, Deputy CoS, head of AMAN, head of Mossad, "Sheikh Atad" (Thorn Bush)［この作戦のコードネーム］, January 20, 1992 (author's archive, received from "Julius").

42 **計画実施に向けて準備を行なう**：CoS Bureau to Deputy CoS, head of AMAN, director of Mossad, Commander of Air Force, and Amiran Levin, *Thorn Bush,* March 17, 1992 (author's archive, received from "Julius").

42 **その後の一〇年間の世界を救えていたかもしれない**：バラクへのインタビュー, January 13, 2012.

42 **さまざまなアイデアが提示された**：ナダヴ・ゼエヴィへのインタビュー, October 15, 2012.

42 **治療を受けているタルファーフの容態をひそかに追跡し**：「ゾルフィ」へのインタビュー, September 2012.

43 **そのミサイルを発射して殺害する**：10月8日、ラビン首相が改めて「イスラエルは他国の現職指導者を暗殺するべきなのか？」と尋ねると、アミラム・レヴィンは「1939年に誰かがヒトラーを暗殺していた場合を想像してみればいい」と答えた。ラビンはその言葉に納得し、参謀総長およびアマンとモサドの各長官に「ターゲット暗殺を承認する」と告げたという。Azriel Nevo to CoS, head of AMAN, and head of Mossad, *Computer Workshop*（この作戦のコードネームの一つ）, October 13, 1992 (author's archive, received

from "Julius").
44 **フセイン役を演じていた人物は負傷しただけだった**：ナダヴ・ゼエヴィとエヤル・カトヴァン（フセイン役を務めていた兵士）へのインタビュー , October 15, 2012.
44 **深刻な政治問題へと発展し……醜い言い争いが起きた**：バラクへのインタビュー , May 10, 2013, サグイへのインタビュー , June 3, 2012, リプキン＝シャハクへのインタビュー , April 3, 2012, アヴィタルへのインタビュー , December 29, 2010, およびナダヴ・ゼエヴィへのインタビュー , October 15, 2012. イスラエル上層部で起きたこの事件に関する言い争いの詳細については、以下を参照。Omri Assenheim, *Zeelim,* 221-304 (Hebrew).

第二一章　イランからの嵐

45 **二人は……国王陛下に会いに行くところだった**：この会合のエピソードの一部は、以下で初めて公表された。Bergman, *Secret War with Iran,* 15-18〔邦訳は『シークレット・ウォーズ　イラン vs モサド・CIA の 30 年戦争』ロネン・バーグマン著、佐藤優監訳、河合洋一郎訳、並木書房、2012 年〕.
45 **国王はまた、アメリカとの密接な……結びつきに基づいた外交政策を展開し**：Ibid.
45 **イスラエルの情報機関とも親密な同盟関係を構築していた**：Ibid.
46 **イスラエルにとって重大な脅威となるのではないか**：メルハヴへのインタビュー , April 22, 2014.
47 **神の使いである大天使ガブリエルの訪問を受け**：Menashri, *Iran Between Islam and the West,* 134 (Hebrew).
47 **やがてホメイニは……イスラム教シーア派の教義を改変した**：Taheri, *The Spirit of Allah,* 27-28, 131 (Hebrew). Menashri, *Iran Between Islam and the West,* 131 (Hebrew).
47 **われわれを殺せ**：Taheri, *Spirit of Allah,* 132-33 (Hebrew). ウリ・ラバルニへのインタビュー , December 26, 1997, およびツァフリルへのインタビュー , October 2, 2015.
48 **さらに支持者を増やしていった**：Bergman, *Secret War with Iran,* 13-14〔『シークレット・ウォーズ』〕.
48 **何様のつもりだ？**：Bergman, *Point of No Return,* 50 (Hebrew).
48 **ホメイニのカセットの配布には……目を光らせていた**：Ibid., 51-52.
49 **謁見を認められたのはルブラニだけだった**：メルハヴへのインタビュー , October 5, 2011.
49 **イランはイスラエルやアメリカの同盟国であり続ける**：Bergman, *Secret War with Iran,* 17〔『シークレット・ウォーズ』〕.
50 **ホメイニを……暗殺してもらえないか？**：ツァフリルへのインタビュー , October 2, 2015.
50 **リスクを冒してでも行なうべきかどうか正確に評価できない**：アルペルへのインタビュー , May 18, 2015.
51 **このエピソードは……如実に物語っている**：バフティヤール自身はパリへ亡命したが、10 年後にイランの情報機関が派遣した暗殺者に殺害された。Bergman, *By Any Means Necessary,* 316-17 (Hebrew).
51 **イスラム共和国の夢を実現した**：イツハク・セゲヴへのインタビュー , January 5, 2007. Bergman, *Point of No Return,* 74 (Hebrew). Taheri, *The Spirit of Allah,* 273-94 (Hebrew).

51 **だがホメイニの台頭は、長年の扇動の結果であり**：イスラエルは、イラン・イラク戦争を利用してイランとの軍事的関係を維持しようと、大量の兵器をイランに提供した（この「貝殻」作戦の詳細については以下を参照。Bergman, *Secret War with Iran,* 40-50〔『シークレット・ウォーズ』〕)。さらに後には、イスラエルとアメリカがイラン・コントラ事件に巻き込まれた。イランに兵器を提供する代わりに、ヒズボラに人質にとられた欧米人を解放してもらおうと、政府が連邦議会に諮ることなく策謀し、失敗に終わった恥ずべき事件である。Bergman, *Secret War with Iran,* 110-22〔『シークレット・ウォーズ』〕. シモン・ペレス首相のテロ対策顧問アミラム・ニルが、この事件にまつわる作戦のイスラエル側を担当した。ニルは、この件についてブッシュ副大統領に報告を行なったが、その報告は、1987年の大統領選でブッシュ陣営に不利になりかねない内容だった。ニルは結局、1988年にメキシコで不可解な死を遂げた（Hungarian Octagon file in author's archive, received from "Cherry")。

52 **「われわれは新たな脅威を前に何もできなかった」**：ロバート・ゲイツへのインタビュー, November 7, 2012.

52 **不倶戴天の敵に変わってしまった**：テヘランのアメリカ大使館の人質救出作戦の失敗により、アメリカ政府は大打撃を受けた。2011年5月に、ロバート・ゲイツ国防長官がウサマ・ビン・ラディンを捕獲または殺害する作戦に反対した理由の一端がここにある。ゲイツはホワイトハウスのシチュエーションルームで、アメリカのヘリコプター1機がアボッターバードで墜落するのを見て、こう思ったという。「そら見たことか。大惨事がまた始まる」。ゲイツへのインタビュー, November 7, 2012.

52 **ホメイニの……最側近の一人**：Bergman, *Point of No Return,* 147, 162 (Hebrew).

53 **イスラム革命をレバノンにまで広げる**：Kramer, *Fadlallah: The Moral Logic of Hizballah,* 29 (Hebrew).

53 **国王失脚からおよそ三年が過ぎ**：Shapira, *Hizbullah: Between Iran and Lebanon,* 134-37.

54 **アサドはイスラエルによるレバノン侵攻を受け……結論に至った**：Bergman, *Secret War with Iran,* 58-59〔『シークレット・ウォーズ』〕. Shapira, *Hizbullah,* 135-39.

54 **イスラエル人から血を搾り取る組織をつくりあげた**：ダガンへのインタビュー, May 19, 2011.

54 **シリアはイランと軍事同盟を結び**：Shapira, *Hizbullah,* 144-60 (Hebrew).

55 **カシルもまた、ヒズボラの熱意のとりこになったシーア派教徒の一人だった**：カシルの生涯を紹介した2008年の映画のなかで、ヒズボラの歴史家やTV局アル＝マナルが行なった両親へのインタビューによる。http://insidehezbollah.com/Ahmad%20Jaafar%20Qassir.pdf.

56 **こうした秘密主義は、イスラエルの国防当局には都合がよかった**：私がこの事件を公表（*By Any Means Necessary,* 160-62）した後の2012年になって初めて、シン・ベトは秘密調査委員会を設置した。この委員会の報告書は、この事件について、カシルが自爆テロを実行した可能性が高いと判断している。だがそれでもシン・ベトは、この報告書の極秘指定を解除せず、その開示を迫る私の要求を拒否した。タルへのインタビュー, November 24, 2016, およびバンドリへのインタビュー, September 11, 2017.

56 **レバノンの瓦礫のなかから新たな武装勢力が現れてきた**：ラツへのインタビュー, January 20, 2013.

56 **変化の過程をすっかり見逃していた**：イェクティエル・モルへのインタビュー, January

12, 2009.

57 **モフタシャミプールのオフィスを起点に……行なわれていた**：ダヴィッド・バルカイへのインタビュー , July 18, 2013. CIA も同様に新たな組織のことを知らず、驚いていた。Weiner, *Legacy of Ashes,* 390〔『CIA 秘録』〕.

57 **17 部隊の訓練キャンプに入った**：アル＝ハッジへのインタビュー , August 14, 2014.

57 **それ以上の人物になろうと意欲に満ちあふれていた**：イマード・ムグニエの少年時代に関する資料を提供してくれたシモン・シャピラ博士に感謝する。

58 **「抑制のきかない過激なサイコパス」**：「エルディ」へのインタビュー , January 2015.

58 **「ヒズボラの精神的羅針盤」**：この表現は、ファドラッラーに関するマーティン・クレイマーの以下の著作による。*The Moral Logic of Hizballah.*

58 **シリアもイランも、こうした占領軍をレバノンから追放したいと思っていた**：Jaber, *Hezbollah,* 82.

58 **われわれには思いがけない未来が用意されている**：Fadlallah, *Taamolat Islamia,* 11-12.

59 **この「自らを犠牲に」という言葉には**：自己犠牲の最初期の事例としては、聖書に登場するサムソンが挙げられる。サムソンは自ら命を絶ってペリシテ人に復讐を果たそうと、ガザの家の柱を引き倒した。また伝説によれば、11 世紀から 12 世紀にかけてカスピ海沿岸で活動していた狂信的なイスラム教団ハッシャーシーン（「大麻飲み」の意。英語で「暗殺者」を意味する「assassin」はこれを語源とする）は、若者を薬漬けにし、暗殺任務を遂行して二度と戻ってこないよう命じたという。そのほか、日本軍は第二次世界大戦で神風を擁し、ペルーのテロ組織センデロ・ルミノソも自爆戦術を採用していた。

59 **そこに積まれていた一トンもの爆発物とともに爆発炎上した**：Kenneth Katzman, *Terrorism: Middle Eastern Groups and State Sponsors,* Congressional Research Service, Library of Congress, August 9, 1995.

59 **トラックに大量の爆発物を載せ……突っ込んだ**：Hala Jaber, *Hezbollah,* 77, 83.

59 **二四一人……の平和維持軍兵士が死亡した**：ロバート・ベアによれば CIA は、1983 年にベイルートで起きたテロ事件 3 件の計画にアラファートが関与している証拠を握っていたらしい。だが、PLO との関係を維持しようとする CIA の意向により、この情報は公表されなかったという。また、当時 KGB のベイルート支局長だったユーリ・ペルフィリエフは、アラファートはムグニエと連携して行動していたと述べている。ロバート・ベアへのインタビュー , August 2001, ユーリ・ペルフィリエフへのインタビュー , October 2001（イサベラ・ギノルの手配による）. Bergman, *Point of No Return,* 164-65 (Hebrew).

59 **シン・ベトのベイルート本部にまで……死体の一部が飛んできた**：ドヴ・ビランへのインタビュー , January 28, 2013.

60 **新たなタイプの敵が現れつつある**：1983 年半ば、モフタシャミプールはムグニエに、効果の高い新たな戦術を採用するよう命じた。こうしてムグニエらヒズボラのメンバーは、政治的・象徴的目標を達成するため、飛行機のハイジャックや個人の拉致に手を染めるようになった。アメリカ政府はこれに対し、大半の拉致被害者の救出に失敗した。アメリカの高官も 2 人拉致されている。国連の仕事をしていたウィリアム・ヒギンズ大佐と、CIA のベイルート支局長ウィリアム・バックリーである。この 2 人が拷問・殺害されたことが後に判明すると、アメリカ政府はいら立ちと無力感を募らせた。私がモサドの情報提供者 2 人から聞いた話では、1983 年末に CIA から非公式に、イスラエルがイランやヒズボラの指導者に対して断固たる措置をとることを「ワシントンにいる仲間は喜んで受

け入れる」との知らせがあり、「明らかにわれわれに暗殺を要請していた」という。当時CIAは大統領令第12333号により暗殺を禁じられていたが、この証言を見るかぎり、代わりにイスラエルに行動を促そうとする人々も政府内にはいたようだ。Bergman, *By Any Means Necessary,* 163-80 (Hebrew). バルカイへのインタビュー, July 18, 2013, および「サルバドール」へのインタビュー, May 2012.

61 **方法を選ぶのか**：「サリー」へのインタビュー, June 2015.

62 **モフタシャミプールが何げなく本を開くと**：Wright, *Sacred Rage,* 89.

62 **一刻も早く健康を回復し……願っている**：Shahryar Sadr, "How Hezbollah Founder Fell Foul of Iranian Regime," Institute for War and Peace Reporting, July 8, 2010.

63 **ヒズボラはもはや、少人数のゲリラ部隊ではなく、政治・社会運動と化していた**：Nada al-Watan, "Interview with Hassan Nasrallah," Beirut, August 31, 1993.

63 **ダガンは……レバノン人エージェント二人を派遣した**：その数カ月後、ヒズボラはハルブ射殺の嫌疑で、ティブニン村出身のシーア派教徒2人を逮捕した。2人は拷問の末、何年も前からイスラエルの情報機関に雇われていたこと、この暗殺作戦を遂行したことを自白し、その直後に狙撃隊に処刑されたという。だがダガンは、ヒズボラは犯人とは別の人間を処刑したと述べ、こう主張した。「誰を逮捕し、誰に自白を強要してもかまわない。本当の実行犯は捕まっていないのだから」。2008年になって、デンマークに住んでいたレバノン人ダニー・アブダッラーが、ハルブを撃ったのは自分だと認めた。それ以来アブダッラーはヒズボラの暗殺対象者の1人となり、レバノン政府はその男の強制送還を要請している。

64 **弔辞を送った**：*Tehran Times,* February 20, 1984.

65 **八〇人が死亡し、二〇〇人が負傷した**：ボブ・ウッドワードの著書『ヴェール　CIAの極秘戦略1981-1987』〔池央耿訳、文藝春秋、1988年〕には、この作戦は、ムグニエが計画したアメリカ大使館および アメリカ海兵隊兵舎への自爆テロの復讐として、ウィリアム・ケイシーがサウジアラビアの手を借りて実行したと記されている。ところがティム・ワイナーによれば、アメリカはこの事件に関与しておらず、イスラエルが実行したのだという。こちらの見解を支持する情報は、ほかにもいくつかある。あるモサド高官も、メイル・ダガンが設立した架空のテロ組織「外国勢力からのレバノン解放戦線」が実行したと証言している。ティム・ワイナーへのインタビュー, June 12, 2016,「ピア」へのインタビュー, December 2012, およびカイ・バードへのインタビュー, October 11, 2012. Bergman, *Secret War with Iran,* 73〔『シークレット・ウォーズ』〕. Woodward, *Veil,* 407-9 (Hebrew).

65 **レバノン問題を暗殺で解決しようとした**：バルカイへのインタビュー, July 18, 2013.

66 **その晩アフメド・ジブリルが現場にいなかった**：2002年5月20日、アフメドの息子で後継者とされていたジハード・ジブリルの車がベイルートのマルエリアス地区に駐車されていた際に、イスラエルのエージェントがその運転席の下に2キログラムのTNTを仕込んだ。ジハードはその場で即死した。

66 **イスラエルがシーア派内にエージェントを確保するのがきわめて難しくなった**：バルカイへのインタビュー, July 18, 2013, イツハク・ティドハルへのインタビュー, April 2011, モルへのインタビュー, February 23, 2009, およびダニー・ロスチャイルドへのインタビュー, December 15, 2008.

66 **一九八四年から一九九一年までの間に……攻撃は三四二五回に及んだ**：数字は以下の文

献による。*Israel Government Statistical Yearbooks* 1984-1991. Ronen Bergman, "Like Blind Ducks," *Haaretz,* May 14, 1999.

第二二章　ドローンの時代

68**「やつをとらえた！」**：AMAN Research Division, *Night Time: The Elimination of Hezbollah's Secretary General, Abbas Mussawi, in February '92,* by Brig. Gen. Amos Gilboa, January 20, 1999, 25（author's archive, received from "Robin"）.

69 **戦闘機の四分の一以上を失った**：セラへのインタビュー, April 7, 2013, エイタン・ベン・エリヤフへのインタビュー, April 28, 2011, およびイツハク・ヤアコヴへのインタビュー, January 5, 2007.

69 **空軍へのドローン導入**：Israeli Air Force, *The History of Squadron 200,* 7-14（author's archive, received from "Hilton"）.

69 **カメラで撮影した写真を……何時間もかかってしまう**：イヴリへのインタビュー, April 18, 2013, およびエイタン・ベン・エリヤフへのインタビュー, April 24, 2011. Israeli Air Force, *History of Squadron 200,* 20-22（Hebrew）.

70 **新型のドローンが開発された**：アロン・ウンゲルへのインタビュー, April 21, 2013. Israeli Air Force, *History of Squadron 200,* 24-26.

70 **ワインバーガーはこの映像をさほど高く評価しなかった**：セラへのインタビュー, October 26, 2015. Israeli Air Force, *History of Squadron 200,* 27-29.

71 **情報収集と作戦行動のシステムを統合・同期させた**：「オニキス」へのインタビュー, May 2013.

72 **そこで「バトンタッチ」を試み**：ウンゲルへのインタビュー, April 21, 2013. Israeli Air Force, *History of Squadron 200,* 42-43.

72 **ナビゲーターのロン・アラッドは発見できなかった**：Bergman, *By Any Means Necessary,* 197-206（Hebrew）.

72 **行方不明兵や戦争捕虜を帰国させることに著しく固執する**：これについては、以下に詳細に記されている。Ronen Bergman, "Gilad Shalit and the Rising Price of an Israeli Life," *New York Times Magazine,* November 9, 2011.

72 **最大の捜索作戦を決行した**：「マーク」へのインタビュー, April 2005, およびリオル・ロータンへのインタビュー, May 2009.

73 **イスラエルは……ヒズボラの下級幹部二人を拉致した**：イスラエル・ペルロヴへのインタビュー, October 15, 2000, ラミ・イグラへのインタビュー, February 2008, および「アマゾナス」へのインタビュー, October 2011. Bergman, *By Any Means Necessary,* 279-90（Hebrew）.

73 **象徴的な意味**：モルへのインタビュー, January 12, 2009.

74 **未来は……抵抗運動のためにある**：Zolfiqar Daher, "From Lebanon to Afghanistan, Sayyed Abbas: The Leader, the Fighter, the Martyr," Al-Manar, February 18, 2015, http://archive.almanar.com.lb/english/article.php?id=196205. Shapira, *Hezbollah: Between Iran and Lebanon,* 110-11.

74 **ヒズボラは……大規模な政治集会を開く**：AMAN Research Division, *Night Time,* 5.

74 **シーア派の追悼式の基本的な事柄……についてさえ、知っている者は出席者のなかに一**

人もおらず：シャピラへのインタビュー, January 31, 2015. AMAN Research Division, *Night Time,* 15.
74 **とても拉致作戦の即時実行は推奨できない**：アルディティは、モシェ・アレンス国防大臣を交えた会議を含め、当日のその後の会議には招かれなかったと主張している。作戦に激しく反対するのがわかりきっていたからだろうという。アルディティへのインタビュー, June 13, 2011.
75 **特殊作戦司令部は実行に消極的だ**：AMAN, *Night Time,* 9.
75 **重大な齟齬が生まれた**：モルへのインタビュー, January 12, 2009, およびヨシ・ディメンスタインへのインタビュー, January 26, 2016.
75 **こうして……並行する二つのプランが生まれた**：参謀総長のテロ対策顧問だったメイル・ダガンは、自身のプランを提案した。ハルブ（1984年にその暗殺を指揮したのはダガンだった）の記念碑を、偽装爆弾を仕掛けた記念碑にすり替え、ムサウィが現れた時点で爆破させるという計画である。だが、ダガンをライバル視していたアマンは、女性や子どもの命を危険にさらすという理由で、この計画を認めないようバラク参謀総長に要請した。ダガンはこう述べている。「私は参謀総長に、そんなのはでたらめだと言った。シーア派の追悼の習慣によれば、最前列に立つのは男の要人だけだ。女はフサイニヤで待っている。（中略）だがあいつら（アマン）はエフード（・バラク）を説得することにまんまと成功した」。ダガンへのインタビュー, June 19, 2013.
76 **ムサウィの車の一団は**：AMAN, *Night Time,* 11.
76 **危険な食い違いが生じていた**：AMAN, *Night Time,* 15. モシェ・アレンスへのインタビュー, August 25, 2009.
76 **作戦当日の日曜日**：アルディティへのインタビュー, June 13, 2011, バラクへのインタビュー, March 8, 2013, サグイへのインタビュー, November 20, 2015, オフェル・エラドへのインタビュー, January 12, 2015, およびウンゲルへのインタビュー, May 21, 2013.
77 **「やつをとらえた！」**：AMAN, *Night Time,* 16.
78 **バラクは側近に、国防大臣の軍事顧問に最新の状況を伝えるよう命じた**：Ibid., 17.
78 **ヒズボラとの戦いがさらに激化する**：Ibid., 15.
78 **全会一致でムサウィ殺害に反対した**：モルへのインタビュー, January 12, 2009.
79 **三台目だという**：AMAN, *Night Time,* 22.
82 **「あとはきみたちの腕次第だ」**：Ibid., 23.
82 **「ターゲット特定」**：Israeli Air Force, *History of Squadron 200,* 43-45.
83 **アマンは知らなかったと主張している**：ダガンへのインタビュー, June 19, 2013.
84 **われわれはその戦線を閉じていく**：1992年5月3日、アマンのバラク・ベン＝ツールとモサドのアメリカ代表部の責任者ウリ・チェンが、「夜の時間」作戦についてCIAに報告を行なった。その際2人は、「航空機による初めての総合的な暗殺作戦」だったと述べ、ドローンが撮影した映像を見せたという。この会議は、技師が誤って映画『女と男の名誉』の冒頭部分を映写するというハプニングにより、笑いとともに始まったが、その後は実にまじめな雰囲気のなかで行なわれた。アメリカ側がその内容に強い感銘を受けたからだ。当時CIA長官だったロバート・ゲイツが私に語ったところによれば、この映像をきっかけに、アメリカ空軍の強い反対を押し切り、攻撃型ドローン「プレデター」の開発継続を主張するようになったという。ゲイツのあとを継いでCIA長官に就任したジェームズ・ウルジーも同様に、イスラエルがアメリカのドローン開発に貢献したと述べ

ている。ゲイツへのインタビュー , November 7, 2012, ジェームズ・ウルジーへのインタビュー , December 2001, およびバラク・ベン＝ツールへのインタビュー , April 2010.

第二三章　ムグニエの復讐

85 **イスラム教の慣例では……それに従わなかった**：AMAN, *Night Time,* 24.
86 **イスラエルでは攻撃前に……真剣に議論したことがなかった**：「ロニ」へのインタビュー , November 2008.
86 **三二歳の敬虔な聖職者……を後継者に任命した**：“New Hezbollah Leader a Disciple of Iran’s Revolution,” Associated Press, February 12, 1992.
87 **イスラエルはがん性腫瘍であり、汚染細菌であり**：ハサン・ナスルッラーフへのインタビュー , Al-Manar, December 27, 1997.
88 **ヒズボラの軍事力を構築したのは……ムグニエだ**：ダガンへのインタビュー , July 20, 2013.
89 **ヒズボラの軍勢と全面的に衝突するよりは現状維持のほうがよかった**：Eiran, *The Essence of Longing,* 97.
90 **最初に狙われたのはトルコだった**：「パイロット」へのインタビュー , June 2015. Bergman, *Point of No Return,* 249-50 (Hebrew). Email exchange and phone conversations with Rachel Sadan, January 2007.
90 **ブエノスアイレスのイスラエル大使館の外で自動車爆弾が爆発し**：これについてはアメリカの情報機関が、イマード・ムグニエとその補佐官であるタラール・ハミアの仕業であることを示す明白な証拠をイスラエルに提供している。あるアマンの職員によれば、「それらしい証拠ではない、疑いの余地のない決定的な証拠」だという。アメリカの情報機関がハミアとムグニエの電話を盗聴したところ、シン・ベトは大使館を守れなかったとムグニエがあざ笑うのが聞こえたらしい。「レーニン」へのインタビュー , April 2013, およびアルベルト・ニスマンへのインタビュー , December 18, 2007. Bergman, *Point of No Return,* 210-22 (Hebrew).
91 **潜伏組織の目的は……即座に反撃を行なうことにある**：スタンリー・ベドリントンへのインタビュー , October 31, 2011, ヒューゴ・アンゾルギへのインタビュー , September 2001, アルベルト・ニスマンへのインタビュー , December 18, 2007, およびダニエル・カルモンへのインタビュー , February 24, 2016.
91 **地獄のような街だ**：「パイロット」へのインタビュー , June 2015.
92 **ヒズボラの戦闘能力は向上し、大胆不敵な活動は増えるばかりだった**：Tamir, *Undeclared War,* 133-36 (Hebrew). Bergman, *Point of No Return,* 335-39 (Hebrew).
92 **イスラエルが越えてはならない一線を越えた**：「パイロット」へのインタビュー , June 2015.
92 **今回はイスラエルも反撃を決意した**：「アドバンテージ」へのインタビュー , February 2016.
93 **イスラエルの情報機関には、アスガリがどこにいるかも……わからなかった**：アスガリはその後もイラン政権の要職にとどまり、イスラエルやアメリカを標的にした数多くのテロ攻撃に関与したが、2007年2月にイスタンブールのホテルの部屋から忽然と姿を消した。いくつかの情報筋によれば、イスラエルかアメリカに亡命したらしい。だがイラ

ン政府や家族は、拉致されたと主張している。殺害されているおそれもあるという。ダガンへのインタビュー, May 19, 2011, サグイへのインタビュー, March 6, 2012, および「ヘロッズ」へのインタビュー, September 2017. Mail exchange with Robert Baer, September 2017.

93 **五〇人が死亡し、五〇人が負傷した**:「レーニン」へのインタビュー, July 2016.

93 **イートン校を爆撃しているようなもの**:ベン＝ツールへのインタビュー, April 2010.

93 **ムグニエは再びブエノスアイレスを標的に選んだ**:この2件の爆破事件に関するアルゼンチンでの犯罪捜査は、いまなお終わっていない。この事件の特別検察官に任命されたアルベルト・ニスマンは、収集した大量の情報をもとに、イランおよびヒズボラの高官数名に対する国際逮捕令状を発付させることに成功した。また、「隠蔽に関与したアルゼンチン人全員」の起訴状を提出し、同国の情報機関、法機関、行政機関の幹部に対する闘争を宣言した。だが、それを議会委員会に証明するため、収集した資料や録音を開示する直前にアパートで銃撃され、不可解な死を遂げた。ニスマンへのインタビュー, December 18, 2007. Ronen Bergman, "Holding Iran Accountable," *Majalla,* November 24, 2016.

93 **イスラエルの情報機関はようやく……現実を受け入れた**:ミズラヒへのインタビュー, March 22, 2015, および「パイロット」へのインタビュー, September 2016.

95 **ファドと通行人三人が死亡し**:「オクトーバーフェスト」へのインタビュー, January 2013,「パイロット」へのインタビュー, September 2016, Francis, July 15, 2003, および「エルディ」へのインタビュー, September 2014.

95 **ヒズボラの二重スパイ**:この二重スパイとは、ラムジ・ナハラである。麻薬の売人のネットワークの一員として、数年にわたり504部隊が利用していた人物で、イスラエルに数多くの情報を提供する見返りに、売人の仕事を続けるのを見逃してもらっていた。ラヴィドへのインタビュー, November 13, 2012.

96 **ヒズボラの反撃を正確に予測することも……できなかった**:サグイへのインタビュー, June 24, 2007, およびアレンスへのインタビュー, May 25, 2009.

96 **事実を認めながらも、それが過ちだったとは思っていない**:バラクへのインタビュー, June 7, 2011.

第二四章 「スイッチを入れたり切ったりするだけ」

97 **どこでどのような判断ミスを……突き止めようと**:ハッソンへのインタビュー, November 17, 2010.

98 **ヤーシーンは……モスクやイスラム教の教育施設……を設立した**:Aviad, *Lexicon of the Hamas Movement,* 150-54 (Hebrew).

99 **「PLOのテロリストとはまったく違っていた」**:「アリスト」へのインタビュー, June 2013.

99 **「シン・ベトがイスラム過激派を育てたようなものだ」**:リプキン＝シャハクへのインタビュー, May 26, 2011.

99 **「シン・ベトは結局、このイスラム過激派分子を支援してしまった」**:アヤロンへのインタビュー, March 29, 2012.

100 **「イスラム教の特徴だった弁証論が姿を消した」**:ディスキンへのインタビュー,

October 23, 2011.
101「容疑者の顔を平手打ちした」: クビへのインタビュー, September 8, 2013.
101 その過激派グループを指揮しているのは、アブドゥッラー・アッザームというパレスチナ人だという : Lawrence Wright, *The Looming Tower: Al-Qaeda and the Road to 9/11,* 120-30 (Hebrew) 〔邦訳は『倒壊する巨塔　アルカイダと「9.11」への道』(上、下) ローレンス・ライト著、平賀秀明訳、白水社、2009年〕.
102 きわめて厄介な状況になる :「アリスト」へのインタビュー, October 2013.
103 ヤーシーンが秘密裏……小規模な部隊を組織していた : Roni Shaked and Aviva Shabi, *Hamas: Palestinian Islamic Fundamentalist Movement,* 88-97 (Hebrew).
103「かなり頭がよく、平均よりやや高い教育を受け」: クビへのインタビュー, May 29, 2013.
104「シン・ベトも……完全に見逃していた」:「アリスト」へのインタビュー, June 2013.
104 ヤーシーンは……懲役一三年を宣告された : Bergman, *By Any Means Necessary,* 101 (Hebrew). ミハ・クビへのインタビュー, May 29, 2013. Ronen Bergman, "Oops, How Did We Miss the Birth of Hamas?" *Yedioth Ahronoth,* October 18, 2013.
104 自ら命を絶とうとしている人も、もはや個人的な動機による自殺者ではなく : Nachman Tal, "Suicide Attacks: Israel and Islamic Terrorism," *Strategic Assessment,* vol. 5, no. 1, June 2002, Jaffee Center for Strategic Studies, Tel Aviv.
105「ハマス」はアラビア語で「熱狂」という意味も持つ : Shaked and Shabi, *Hamas,* 92-107 (Hebrew).
105 拘束されたなかでも最も地位の高いサラーハ・シェハデ : ディヒターへのインタビュー, November 4, 2010, およびクビへのインタビュー, May 29, 2013.
105 イッズ・アッディーン・アル=カッサム旅団 : Gelber, *Growing a Fleur-de-Lis,* 104-37.
105 シェハデは……カッサム旅団の指揮を続けていた : Ronen Bergman, "The Dubai Job," *GQ,* January 4, 2011.
105「おれたちは……敬虔なユダヤ人に変装した」: " 'To Israel I Am Stained with Blood,' " Al Jazeera, February 7, 2010, http://www.aljazeera.com/focus/2010/02/2010271441269105.html.
106 アル=マブフーフとナスルは……エジプトに逃げた :「アリスト」へのインタビュー, June 2013.
107 国境警備隊……ニシム・トレダーノ : MOD, Office of the Chief Coordinator for Judea and Samaria, *Hamas announcement on the kidnapping to The Soldier,* October 11, 1994 (author's archive, received from "Bell").
108「地球上からあなた方を消し去る」: ベン=ツールへのインタビュー, March 26, 2011.
108「残念ながら、おまえを殺さなければならない」: Shaked and Shabi, *Hamas,* 11-21.
109「われわれはハマスに対してさまざまな策を講じてきた」: ヤトムへのインタビュー, April 7, 2011.
109 いずれにせよこの作戦の情報は漏れていた : Supreme Court File 5973/92, *Association for Civil Rights in Israel v. Minister of Defense.*
110 この追放は、実際にハマスに深刻なダメージを与えた : AMAN Research Division, *Brief on Saudi Money Funneled to HAMAS,* May 6, 2002 (author's archive, received from "Chili").

110 **ヒズボラは……この機会を利用するべきであり**：「レオン」へのインタビュー, July 2013. Aviad, *Lexicon of the Hamas Movement,* 199-201.
110 **シーア派の過激派は……スンニ派イスラム教徒であるパレスチナ人とは協力関係になかった**：*Globe and Mail*（Canada）, December 28, 1993.
112 **数十万ドルもの現金**：FBIは、シン・ベトから膨大な情報を入手し、自らもかなりの情報を収集していたが、アメリカ同時多発テロ事件が起こるまで、何も行動を起こさなかった。The FBI, Holy Land Foundation for Relief and Development, International Emergency Economic Powers Act, Dale Watson, Assistant Director, Counterterrorism Division to Richard Newcomb, Director, Office of Foreign Assets Control, Department of the Treasury, November 5, 2001. Bergman, *Follow the Money: The Modus Operandi and Mindset of HAMAS Fundraising in the USA and the PA Using American and Saudi Donations,* Cambridge University, Centre of International Studies, October 2004.
113 **「テロリストの力が急激に増した」**：ディヒターへのインタビュー, November 4, 2010.
114 **「激怒して頭に血が上っていた」**：エイタン・ハベルへのインタビュー, June 21, 2009.

第二五章　「アヤシュの首を持ってこい」

116 **ラビンは、論争に巻き込まれることになった**：Goldstein, *Rabin: A Biography,* 415-24（Hebrew）.
116 **「どちらも相手の要求の意味を理解していなかった」**：アヤロンへのインタビュー, September 4, 2002.
117 **イスラエル北部の国境紛争を解決しようとする試み**："Grey File"（preparation for the secret talks with Syria）documents, author's archive, received from "Bell." Ronen Bergman, "The Secret of the Grey File," *Yedioth Ahronoth,* January 26, 2007.
117 **「キンタマを掻いてるだけだ」**：エレズ・ゲルシュタインへのインタビュー, April 1996, およびエフード・エイランへのインタビュー, May 13, 2013.
117 **ヒズボラを攻撃目標にすることを認めてくれと……イスラエルに訴えていた**：アクル・アル＝ハシェムへのインタビュー, December 1999.
118 **すみやかに新たな特殊部隊を組織した……「エゴズ」……である**：Tamir, *Undeclared War,* 116.
118 **「ヴェトナムでのアメリカ軍の経験」**：Raviv Shechter, interview with Moshe Tamir, *Yisrael Hayom,* May 14, 2010.
118 **的を絞った攻撃を重視した**：レヴィンへのインタビュー, July 16, 2017.
119 **「国防軍が自力でやるほかない」**：ロネン・コーヘンへのインタビュー, July 5, 2015.
120 **傍受していたヒズボラの無線ネットワークに、この殺害を伝える通信があふれ返った**：ロネン・コーヘンへのインタビュー, September 1, 2016.
120 **「黄金の蜂の巣」作戦は、後に続く中堅幹部への攻撃の手本となった**：国防軍は、遠隔地から暗殺を実行するために、それを可能とする新しい装置を開発する必要があった。たとえば爆弾である。爆弾の発火装置には、取りつけから爆破まで、ときとして長時間もつバッテリーが、爆破には長距離無線通信が必要であり、爆破装置は小型で偽装可能でなければならなかった。国防軍の兵器開発部門は、どんな材料の爆弾をどのくらいの量でどこに取りつけると最も効果的か把握する実験のために、レバノンでいちばん普及

しているメルセデスの中古車の車内にショー・ウィンドーのマネキンをシートベルトで固定して、数十台爆破した。ある重要な実験では、豚の皮膚や細胞組織が人間に近いという理由から、麻酔で眠らせた豚を使用した。豚を殺した爆弾は「ブーブー」というあだ名がつけられた。「レオ」へのインタビュー, February 2016, および「パイ」へのインタビュー, November 2011.

121 **この暗殺承認の回避方法が問題を引き起こすとは考えられなかった**：シェヴェスへのインタビュー, August 25, 2010.

121「**こうして慣例ができた**」：「レオ」へのインタビュー, February 2016.

122 **その最たるものが、ベイトリッドの自爆テロだった**：Kurtz, *Islamic Terrorism and Israel,* 139-48.

123 **シャカキは……インタビューに応じると**：Lara Marlowe, "Interview with a Fanatic," *Time,* February 6, 1995.

123 **シャカキのレッドページに署名**：「パイロット」へのインタビュー, May 2016.

123「**主権国家の政策を変更させた**」：ギロンへのインタビュー, January 27, 2016. Carmi Gillon, *Shin-Beth Between the Schisms,* 201 (Hebrew).

124 **シャカキを暗殺**：サグイへのインタビュー, March 6, 2012.

124 **PIJの自爆テロ犯の運転する自動車**：1998年、アメリカ連邦地方裁判所裁判官は、フラトー家への損害賠償として2億4750万ドルの支払いをイラン政府に命じた。また2014年6月、禁止されているイランとの金融取引を行なったとして、BNPパリバ銀行に同家への多額の賠償金の支払いを命じた。

125 **ラビンは二人を黙らせ、シャヴィトの作戦案を採用した**：リプキン＝シャハクへのインタビュー, April 3, 2012.

125 **調査で、シャカキが……定期的に接触していることが判明していた**：「ダイアモンド」へのインタビュー, August 2011.

125「**この道はほとんど使われていない**」：「パイロット」へのインタビュー, May 2016.

126 **暗殺作戦が始まった**：ガラントへのインタビュー, August 19, 2011, およびアヤロンへのインタビュー, June 22, 2011.

126「**ヘッドホンから、『ただちに前進やめ！』という……指示が聞こえた**」：「フレッド」へのインタビュー, September 2015.

127 **アヤロンは隊員たちに撤退を命じた**：アヤロンへのインタビュー, March 14, 2016.

127「**アブー・ムーサが行くなら、あいつが行かないわけにはいかないだろうな**」：モシェ・ベン＝ダヴィッドへのインタビュー, January 23, 2013.

128 **イスラエル人工作員が一人そのあとをつけ**：「レゴ」へのインタビュー, May 2000.

129 **海岸に乗り捨てられていたバイクがマルタ警察に発見された**：「パイロット」へのインタビュー, May 2016. Bergman, *Secret War with Iran,* 213-16〔『シークレット・ウォーズ』〕.

130 **ラビンは……「顔を真赤にしていた」**：ギロンへのインタビュー, January 27, 2016.

130「**シン・ベト内にOASという秘密組織があり**」：ヤーセル・アラファートへのインタビュー, April 1995.

131「**さあ取り掛かれ、アヤシュの首を持ってこい**」：ハッソンへのインタビュー, November 17, 2010.

132 **ハッソンはアヤシュに対して新たなアプローチを採用することにした**：アミット・フォルリットへのインタビュー, January 4, 2010.

133 アヤシュは、誰も信用していないようだった：イツハク・イランへのインタビュー, January 26, 2016.
133「水晶」の居場所を探る努力が実を結んだ：ギロンへのインタビュー, January 27, 2016.
134「作戦を実行するしかなかった」：ハッソンへのインタビュー, November 17, 2010.
134 アヤシュが……ガザ地区に潜り込んだ：イランへのインタビュー, November 5, 2014.
134「これもわれわれの責任だ」：ギロンへのインタビュー, January 27, 2016.
134「『まずはやつを殺害しよう、あとのことはそれからだ』」：ハッソンへのインタビュー, November 17, 2010.
135「しかし……ジレンマがあった」：ディヒターへのインタビュー, November 4, 2010.
136「自販機からコーヒーが出てこなかった」：ディヒターへのインタビュー, November 4, 2010.
136 要人警護部隊……高官：イランへのインタビュー, November 5, 2014.
137 この平和集会は……左派グループが企画したものだった：Gillon, *Shin-Beth Between the Schisms,* 267-76.
138 最初にイーガル・アミルの尋問を担当した：リオル・アケルマンへのインタビュー, October 15, 2015.
139「突然、電話が切れた」："The Phone Rang, Yihyeh Ayyash Answered, and the Instrument Blew Up," *Haaretz,* January 7, 1996.

第二六章 「ヘビのように狡猾《こうかつ》、幼子のように無邪気」

141「人員も……なかった」：ラジューブへのインタビュー, May 3, 2010.
141「ジブリルは嘘つきだ」：ディスキンへのインタビュー, October 15, 2011.
142「モハメド・シュ？」：ヤアロンへのインタビュー, August 16, 2011.
142「私はアラファートと一緒に座り、あの男が……つかんだものを食べた」：ペレスへのインタビュー, September 17, 2012.
143「和平プロセスが頓挫した」：ハッソンへのインタビュー, November 17, 2010.
145 二〇一六年……ヤアロンが……ネタニヤフと対立し、辞任を余儀なくされた：Ronen Bergman, "For Israel, Frightening New Truths," *New York Times,* January 7, 2017.
145「シン・ベトは……証拠の収集に長けている」：ヤアロンへのインタビュー, August 16, 2011.
145 ヤアロンの言葉を裏づけるようにこう述べている：ヨシ・クペルワセルへのインタビュー, May 21, 2004.
147 シン・ベトが……自分たち……を探しあてることがないにようにするためだ：「ディスコ」へのインタビュー, August 1997.
147 ネタニヤフはモサド長官ダニー・ヤトムに電話を入れ、暗殺対象者リストの提出を求めた：ヤトムへのインタビュー, July 7, 2011.
148「二回目の作戦まで生き延びられない」：ベン＝ダヴィッドへのインタビュー, January 23, 2013.
149「私が倒したいのは指導者だ。商人じゃない」：ベンヤミン・ネタニヤフへのインタビュー, July 3, 2007.
149「『自爆テロをこれ以上許すわけにはいかない』」：ベン＝ダヴィッドへのインタビュー,

May 6, 2002.
149「**失敗するわけがない。そんなふうに見えた**」：シャピラへのインタビュー , October 27, 2013.
149 **ネタニヤフの目が輝いた**：ベン＝ダヴィッドへのインタビュー , January 15, 2013. Request for the Extradition of Abu Marzook, Israeli Ministry of Justice, U.S. District Court for the Southern District of New York—924 F. Supp. 565 (S.D.N.Y. 1996) (author's archive, received from "Mocha").
150 **マルズークはアメリカの市民権も持っていた**：「レゴ」へのインタビュー , May 2000.
150 **ほかの三人についてはそれほどの情報を得られなかった**：モサド情報員から聞いたことをネタニヤフに話したところ、ネタニヤフは、自分は誰に操られたわけでもなく、暗殺のターゲットとして自らマシャアルを選んだと語った。ネタニヤフはこの件について次のように語っている。「マシャアルが非常に問題のあるかなり危険な人物だということには気づいていた。あの当時から、マシャアルには私たちを殺そうとする恐ろしい情熱があることがわかっていた。マシャアルがどこに行き、何を行ない、いかにしてハマスの原動力になったかをいま考えてみても、マシャアルを抹殺することがハマスの能力への甚大な損害になりうるという私の判断が正しかったのは誰の目にも明らかだ」。ネタニヤフへのインタビュー , July 3, 2007.
151「**神の妙薬**」：「パイロット」へのインタビュー , May 2016.
152 **暗殺を担当する工作員たちは……練習を始めた**：Doron Meiri, "The Terrorist Entered the Street Dressed as a Drag Queen," *Yedioth Ahronoth,* September 7, 1997.
152 **ヤトムはここでも……説得してみた**：ヤトムへのインタビュー , July 7, 2011.
152 **モサドがマシャアル暗殺作戦の即時実行を受け入れたため**：これは、カエサレアの書類作成部門が暗殺チーム全員分の新しい適切なパスポートを用意できなかったためだ。過去の例では、このような状況になると、解決策が見つかるまで作戦が完全に延期される場合が多かった。
153「**不測の事態や不運に襲われても失敗を防げる**」：「パイロット」へのインタビュー , May 2016.
153 **この作戦実行については何一つ知らなかった**：モルデハイへのインタビュー , August 28, 2015.
153「**正確なリスク評価を提出していなかった**」：ヤトムへのインタビュー , July 7, 2011.
153「**彼らを信用するほかない**」：ネタニヤフへのインタビュー , July 3, 2007.
154 **レヴォフェンタニルの解毒剤を持って**：プラチナ医師に意見を求めると次のような返信が届いた。「こんにちはロネン、あなたとお話しできるのは光栄ですが、私にどのような関係があるのかわかりませんし、お力にはなれないと思います。プラチナ」。電話で話す段取りをつけようとしたが、それもうまくいかなかった。Email, Ronen Bergman to Dr. Platinum, December 25, 2013, and her reply, December 26, 2013.
154「**アンマンはとてもおもしろい街だね**」：ベン＝ダヴィッドへのインタビュー , January 23, 2013.
156「**実行してはいけないことが明らか**」：工作員たちが、少女も運転手も見えておらず、ジェリーが警告することもできなかったと主張していることをヤトムに伝えると、ヤトムは人をばかにしたように否定して、次のように語っている。「すべてはたわごとだ。何日も実行できない日々が続いたあとで、実行しようと気持ちがあせっていた。だから、

工作員たちは私の基本的な命令とはまったく反対のことをしでかしてしまった」
156 **理想を言えば、もう一つカエサレアの部隊を近くに配置……をとらせるべきだったのかもしれない**：この証言に反して、アンマンで会ったハマスおよびヨルダン情報局の関係者によると、アブー・セイフはマシャアルのボディーガードであり、たまたま通りがかった人間ではなかったという。これが本当であれば、キドンの部隊の失敗は一層深刻なものになる。なぜならば、工作員たちはアブー・セイフについて、訓練を受けた人間だということはおろか、その存在さえ知らず、その結果として起こりうる事態を予見できなかったからだ。
157 **「私はその男に飛びかかって投げ倒し」**：サアド・アル＝ハティーブへのインタビュー, December 2013.
158 **誰かが貸してくれた携帯電話**：この事件についてアル＝ハティーブの説明と2人の工作員の説明には大きな食い違いがあるが、最終的にどうなったかについては議論の余地はない。
159 **ベン＝ダヴィッドが……モサド本部に電話で相談すると**：ベン＝ダヴィッドへのインタビュー, January 23, 2013.
159 **「バティヒが……私に文句を言い始めた」**：ヤトムへのインタビュー, July 7, 2011.
160 **医師たちはマシャアルを立ち上がらせ、歩かせてみた**：サミ・ラババへのインタビュー, December 2013.
161 **フセイン国王は、この事件をきわめて重視していることを行動で示そうとしていた**：「パイロット」へのインタビュー, May 2016, およびヤトムへのインタビュー, July 7, 2013.
162 **ベン＝ダヴィッドがロビーへ行くと**：ベン＝ダヴィッドへのインタビュー, January 15, 2013.
162 **プラチナはラババのオフィスに連れていかれた**：ラババへのインタビュー, December 2013. Email exchange with Rababa, December 2013.
162 **ラババはプラチナに対し……礼儀正しい態度を保ってはいた**：どのようにしてマシャアルの命は救われたのか？　ヨルダンの医師団は、いかなる助けも借りず、解毒剤も注入せず、自分たちの力で命を救ったと主張している。ラババは言う。「女性医師から受け取った薬物の化学分析の結果を確認すると、すでにマシャアルに投与した薬物とまったく同じだった。毒物自体の化学式を受け取ったのはマシャアルが完全に回復したあとだ」。この証言に対して、それは空威張りだとイスラエル側は主張し、その理由を次のように述べている。イスラエルが極秘に開発した毒をヨルダンの医師団が識別することは不可能であり、マシャアルの命が救われたのは、ひとえにモサドがヨルダン側に渡した解毒剤および解毒剤と毒物両方の化学式のおかげだ、と。ベン＝ダヴィッドへのインタビュー, January 15, 2013, ヤトムへのインタビュー, April 7, 2011,「ジェフリー」へのインタビュー, November 2013, およびラババへのインタビュー, December 2013.
163 **「あらゆるところから反対」**：ハレヴィは本書のためのインタビューを断った。ところが、2011年7月13日、アモス・ギルアド大将と著者が同席したドイツ国防大臣との会合で、ハレヴィはマシャアル事件について包み隠さず話した。解決に至る自らの貢献を（当然のことながら）称賛し、ヤーシーンの釈放を求める自分に当時アマンの調査局長だったギルアドが強硬に反対したと何度も言及して、ギルアドに向かい次のように愛想よく語った。「実際のところ、この件はきみが生涯で犯した些細な間違いの一つと言ってい

い」。 See also Halevy, *Man in the Shadows,* 132-42 (Hebrew)〔邦訳は『イスラエル秘密外交　モサドを率いた男の告白』エフライム・ハレヴィ著、河野純治訳、新潮社、2016 年〕.

163 **ネタニヤフがシン・ベト長官アミ・アヤロンに助言を求めると**：クビへのインタビュー, September 8, 2013.

163 **アヤロンはこのメッセージをネタニヤフに伝えた**：Halevy, *Man in the Shadows,* 138-40 (Hebrew)〔『イスラエル秘密外交』〕.

164 **フセイン国王とネタニヤフが……公式に和解**：ヨラム・ベン＝ゼエヴへのインタビュー, April 17, 2012.

164 **モサドの内部と外部に調査委員会**：ヨセフ・チェハノヴェルへのインタビュー, April 28, 2017, および「パイロット」へのインタビュー, May 2016. ネタニヤフはおおむね理性的かつ適切に行動したとチェハノヴェルは結論づけた。

164 **いずれも、この作戦については……知らされていなかったと訴えた**：モルデハイへのインタビュー, August 28, 2015, およびヤアロンへのインタビュー, August 16, 2011.

165 **アヤロンは……この作戦全体にきわめて批判的だった**：アヤロンへのインタビュー, September 4, 2002.

165 **モサドの内部調査委員会の報告書**：「パイロット」へのインタビュー, May 2016.

第二七章　最悪の時期

166 **レヴィンもコーヘンも、今回の作戦は必要ないと考えていた**：「ポプラのざわめき」作戦を実行したシャイェテット 13 の情報官ラミ・ミカエラは、当該作戦のターゲット殺害に対して北部方面司令部から反対意見が出たという記憶はないと主張している。いずれにせよ、当該作戦の指揮権は北部方面司令部ではなく参謀本部に委ねられていたという点では全員の意見が一致している。ロネン・コーヘンへのインタビュー, February 18, 2016, およびラミ・ミカエラへのインタビュー, March 15, 2016.

167 **地図上の……記された場所に着くと**：ミカエラへのインタビュー, March 15, 2016, ガラントへのインタビュー, September 4, 2014, シャイ・ブロシュへのインタビュー, May 2013, およびオレン・マオルへのインタビュー, January 2013.

167 **これは……かなり都合のいい説明であり**：Bergman, *By Any Means Necessary,* 428 (Hebrew).

168 **今回の任務は延期……されていたに違いない**：ミカエラから海軍情報部長ブロシュや当時の参謀総長ヤアロンにいたるまで「ポプラのざわめき」作戦にかかわった情報機関の全員が、作戦失敗の原因は情報漏洩ではなく、爆発物に問題があったためで、作戦部隊は銃撃を受けておらず、隊員が死んだのはすべて誤爆発によるものだと主張している。ブロシュへのインタビュー, May 2013, ミカエラへのインタビュー, March 15, 2016, ガラントへのインタビュー, September 4, 2014, モルデハイへのインタビュー, August 28, 2015, およびリプキン＝シャハクへのインタビュー, April 3, 2012.

169 **「四人の腰抜け」と呼ぶ**："The Four Mothers Are Four Dishrags," Nana 10 website, February 16, 2000, http://news.nana10.co.il/Article/?ArticleID=6764.

169 **モサド長官のダニー・ヤトムは……余儀なくされた**：スイス警察に地下で発見された 3 人の工作員は、地下室に忍び込んでつかの間の 3P を楽しんでいた観光客のふりをしようとした。実際にズボンを下ろした状態で捕まっている。警察は彼らの話を信じたが、そ

れも工作員の1人が、持っていた工具とケーブルが入ったかばんを「外交行嚢《こうのう》」だと主張するまでだった。

170「**イスラエル国民を守る防御壁**」: Speech by Shin Bet director Avi Dichter at Herzliyah Conference, December 16, 2003.

170「**当組織は……環境に適応していない**」: ディスキンへのインタビュー , June 1, 2017.

171 **集めた情報を即座に分析し**: アヤロンへのインタビュー , January 21, 2013.

171 **ネットワークに重点を置く**: シン・ベトの技術革命の生みの親は、エルサレム生まれのガディ・ゴールドシュテインだ。当時、ユダヤ教から東洋の宗教までさまざまな哲学概念への造詣を深めていたという。1990年代中ごろ、とりわけシン・ベトの好戦的な環境のなかで、このような事柄に夢中になっているゴールドシュテインは、控えめに言っても、変わり者と見られていた。ゴールドシュテインは、その独創的な作戦概念を聖書のモーゼや禅哲学の理念に由来する言葉で説明し、私たち個々の自我は単独では存在せず、それ自体によって規定されないというアナッタ（パーリ語で「無我」の意）の原則を強調した。禅の教えによると、自我は、周囲の環境のあらゆるものとの絶え間ない交流のなかで、影響し影響されながら、存在するという。したがって、人間、動物、物体いずれもそれ自体で存在せず、すべては広大な世界の一部としてのみ存在し、それにより規定される。新システム開発中の会議でゴールドシュテインは次のように語っている。「ある建物に10人住んでいて、われわれシン・ベトは、住人が陰謀を企てているかどうか知りたいと思っており、その建物を調べるなにがしかの能力を持っているとします。われわれは、住人たちの間で行なわれていること、つまり住人たちが力を合わせて作り出す相互作用、住人各人が影響し影響される『領域』を調べるために、その能力を使わなければなりません」。この会議でゴールドシュテインが、無我の概念を称揚しほとんど神聖視しているロバート・パーシングの『禅とオートバイ修理技術』（ロバート・M・パーシング著、五十嵐美克訳、ハヤカワ文庫NF、2008年）の言葉を引用すると、それを聞いたある出席者が、ゴールドシュテインの新しい情報活動方針を「禅と暗殺技術」という名前にしようと笑みを浮かべて提案した。ガディ・ゴールドシュテインへのインタビュー , November 2012.

172「**Qの課をそっくりまねてつくった**」: ディスキンへのインタビュー , June 1, 2017.

172 **大惨事を未然に防いだ**: Details about Sharif supplied by “Twins,” March 2016.

173 **パレスチナ自治政府の刑務所から逃亡してきた**: シン・ベトの記録によると、イスラエル人数十人が死亡し数百人が負傷した多数のテロ攻撃にアワダッラー兄弟が関与していた。1997年3月21日のテルアビブにあるカフェ・アプロポスへのテロ攻撃では、3人が死亡し47人が負傷した。1997年のエルサレムでの2件の自爆テロでは、7月30日に起きた1件目のテロで15人が死亡し170人が負傷、9月4日に起きた2件目のテロで5人が死亡し169人が負傷した。さらにこの兄弟は、イスラエル人が7人死亡したヘブロン地区およびエルサレムでの銃撃、および1996年9月9日に起きたイスラエル兵シャロン・エドリー拉致殺害に大きくかかわっていた。Shin Bet, “Elimination of the Awadallah Brothers and Deciphering the Archive of the Military Arm of Hamas in Judea and Samaria,” March 2014（author's archive, received from “Twins”）.

174「**シン・ベト史上最高の作戦参謀**」: アヤロンへのインタビュー , January 21, 2013.

174 **その人物とは、ユヴァル・ディスキンである**: ディスキンがシン・ベトに新たな概念的枠組みを導入した。ほとんどのテロ攻撃、特に自爆テロの前には、テロ組織によるいく

つかの行動が先行しており、その行動はそれぞれおおむね類似している。こうした行動は、デジタル世界と現実世界の両方に痕跡を残しているとディスキンは主張した。もしその行動を明らかにし特定できれば、これから起こる攻撃を初期段階で阻止することが可能となる。ディスキンが開発したこのシステムは、その後数十年間、無数のイスラエル人の命を救った。

174「**アデルは実に疑い深かった**」：ディスキンへのインタビュー, June 1, 2017.

174 **モヒ・アル＝ディン・シャリフの運命……をまのあたりにしていた**：「アマゾナス」へのインタビュー, October 2011.

176 **ハマス高官の暗殺に乗り気ではなかった**：モファズへのインタビュー, June 14, 2011, およびアヤロンへのインタビュー, June 22, 2011.

177「**私はシン・ベトの長官を辞任する**」：アヤロンへのインタビュー, January 21, 2013.

178 **ハマスの重要資料を発見した**：Shin Bet, "Elimination of the Awadallah Brothers," 2.

179「**和平プロセスの完全停止を含め**」：アヤロンへのインタビュー, January 21, 2013.

179 **ハマスの軍事部門の資料の調査にとりかかり**：Shin Bet, "Elimination of the Awadallah Brothers," 3.

180「**私はそれまで別の場所、別の文化のなかにいた**」：ヤアロンへのインタビュー, August 16, 2011.

181 **理屈のうえでは、解決は簡単だった**：ディスキンへのインタビュー, June 1, 2017.

182「**部隊全員がバタトだと確認した後に発砲した**」：バタト暗殺はドゥヴデヴァン部隊にとっては不快な終わり方をした。バタトとナデル・マサルマの死体が部隊司令部に運ばれてくると、作戦に参加した隊員たちが死体と一緒にポーズを取って写真を撮り始めた。ドゥヴデヴァン部隊の隊員アロン・カスティエルは次のように語っている。「すぐに、写真を撮ろうという話になった。部隊にはたくさんカメラがあり、異常な盛り上がりを見せた。みんなが写真を欲しがった。撮影会は多分2時間ぐらい続いたと思う。私は一言も口を出さず、その行為の倫理性についても考えなかった。それは死体であり、生きている人間ではなかったからね。将校が死体とポーズを取って写真を撮っていたら、誰も非難しないだろ。（中略）誰でも、あとでそんな写真を見たら、家のなかでいちばん目につかない場所にしまって、何年も確実に目にしないようにする。実際、写真を見ると吐き気がした。なんで吐き気がするのか、死体になのか自分の行為になのかわからない。1年に1度くらい、遠くから写真を入れた袋を見ることはあったが、決して袋から出さなかった。結局、写真は引き出しのなかに葬り去られたよ」。国防軍のスポークスマンは、この異様な出来事にかかわった人間に対して徹底した調査を行ない起訴したと主張した。アロン・カスティエルへのインタビュー, May 29, 2016. Gideon Levi, "A Nightmare Reunion Photo," *Haaretz,* December 25, 2004.

183「**情報を重視し**」：ヤアロンへのインタビュー, August 16, 2011.

183 **この仕事は「フレーミング」と呼ばれる**：ディヒターへのインタビュー, November 4, 2010.

183 **これは、偶然ながら絶好のタイミングだった**：ディスキンへのインタビュー, June 28, 2017.

第二八章　全面戦争

185 **「平和は共通の利益であり」**: Statement by the prime minister, protocol of Knesset session no. 59, December 13, 1999.

186 **バラクは公約を守ってレバノンから撤退しなければならなかった**：Gilboa, *Morning Twilight,* 25-28 (Hebrew). Ronen Bergman, "AMAN Chief to PM Barak," *Yedioth Ahronoth,* February 12, 2016.

186 **国防軍はムグニエの暗殺を計画した**：流暢なアラビア語を話し、8200 部隊で通信傍受を担当していたモルという名前の隊員が、ムグニエの声の識別に精通していた。モルの能力、経験、献身に敬意を払って、彼女の名前にちなみ、この当時ムグニエには「モーリス」というコードネームがつけられていた。しかし、何年も前から、イマード・ムグニエは表舞台から姿を消しており、8200 部隊はヒズボラ内で交わされる通信のなかにその痕跡を探し出すことができなかった。2000 年 5 月 21 日、モルはイスラエル北部のグリジム基地で任務についていた。すると、予定されたイスラエル国防軍の撤退に備えて、イスラエルが定めた警戒区域の境界線沿いをヒズボラの指導者たちが視察しながら交わしていた通信のなかから、ムグニエの声が聞こえた。「彼です！　間違いありません。彼です。『モーリス』が話しています」とモルは喜びのあまり叫んだ。その会話の発信源を調査し場所を特定したうえで、アマンと空軍はムグニエ殺害の計画を練り始めた。Summary of meeting on May 22 in handwriting of prime minister's military secretary, Gen. Moshe Kaplinsky, shown to the author by "Ben," April 2014.

187 **この撤退をヒズボラの完全なる勝利と見なしたナスルッラーフ**：Nasrallah speech, Bint Jebail, May 26, 2000.

187 **「ほかに選択肢がないこと」**：バラクへのインタビュー, April 2, 2014.

187 **パレスチナ人の間にかつてないほど不穏な空気が漂っていた**：ヤアロンへのインタビュー, December 21, 2016.

188 **「準備などしていなかったし、そもそも始めるつもりもなかった」**：ラジューブへのインタビュー, May 3, 2010.

188 **「私たちは、氷山にぶつかる寸前の巨大な船に乗り合わせているようなものだ」**：マルガリットへのインタビュー, November 17, 2016.

188 **これほど多くの譲歩を提案してきたイスラエルの指導者は、これまで一人もいなかった**：Landau, *Arik,* 263 (Hebrew).

188 **バラクは……十分にはしてこなかった**：アメリカ代表団、とりわけロバート・マレーは著書『Camp David: The Tragedy of Errors』のなかで、エフード・バラクの尊大で無神経なふるまいを非難している。バラクは交渉の大部分を、アラファートとの秘密のパイプ役であり（後に明らかになったとおり）ビジネス・パートナーでもあったヨシ・ギノサールを介して行なった。 Uzrad Lew, *Inside Arafat's Pocket,* 163 (Hebrew). バラクへのインタビュー, August 26, 2015, およびメルハヴへのインタビュー, December 20, 2016.

189 **「クリントンがカーターの戦略を採用して……いれば」**：イタマール・ラビノヴィッチへのインタビュー, July 2013.

189 **両者の隔たりを埋める試みがなされた**：Landau, *Arik,* 262-65 (Hebrew).

189 **「火薬を吸っている」**：「ヘンドリックス」へのインタビュー, August 2013.

189 **「忌まわしきものを取り除くため」**：アレクサンデル・パンティックへのインタビュー, November 2003, およびギロンへのインタビュー, January 27, 2016. Gillon, *Shin-Beth Between the Schisms,* 100-36 (Hebrew)." Documents from military police investigation of

the "Jewish Underground" that plotted to blow up the Temple Mount mosques in author's archive, received from "Bell."

190 **すると、その場にいたパレスチナ人が……警官と衝突した**：Landau, *Arik,* 269 (Hebrew). Anat Roeh and Ali Waked, "Sharon Visits the Temple Mount: Riots and Injuries," *Ynet,* September 28, 2000, http://www.ynet.co.il/articles/0,7340,L-140848,00.html.

190 **翌日の礼拝の時間になるころには**：アフメド・ティビへのインタビュー, August 23, 2002, およびティラウィへのインタビュー, June 2002. Bergman, *Authority Granted,* 106-10 (Hebrew).

190 **イスラエルの情報機関のなかで、……議論が**：アハロン・ゼエヴィ＝ファルカシュへのインタビュー, April 10, 2013, モファズへのインタビュー, June 14, 2011, ヤアロンへのインタビュー, August 16, 2011, ダン・ハルツへのインタビュー, July 5, 2011, ディヒターへのインタビュー, November 4, 2010, ディスキンへのインタビュー, October 18, 2011, ベン＝イスラエルへのインタビュー, June 5, 2011, ギオラ・エイランドへのインタビュー, June 5, 2011, アヤロンへのインタビュー, June 22, 2011, ギルアドへのインタビュー, June 25, 2012, およびクペルワセルへのインタビュー, January 2011.

190 **「イスラエル人が流した血によって外交的な成果をあげようとしていた」**：モファズへのインタビュー, June 14, 2011.

191 **アラファートはむしろ、こうした事件の波に翻弄されている。シン・ベトはそう主張した**：ディスキンへのインタビュー, June 1, 2017.

192 **「おまえの夫を数分前に虐殺したよ」**：Amos Harel and Avi Issacharoff, *The Seventh War,* 37-39 (Hebrew). Mark Seager, "'I'll Have Nightmares for the Rest of My Life,'" *Daily Telegraph,* October 15, 2000, http://www.jr.co.il/articles/politics/lynch.txt.

192 **シン・ベトは、このリンチ殺人を「象徴的な攻撃」に指定した**：ディヒターへのインタビュー, November 4, 2010.

192 **ラマッラーの暴徒によるリンチ事件を受け**：Figures from the human rights NGO B'Tselem, http://www.btselem.org/hebrew/statistics/fatalities/before-cast-lead/by-date-of-event.

193 **シャロンは……ほぼ二〇年にわたり政界で孤立していた**：Gad Barzilai, *Wars, Internal Conflicts, and Political Order: A Jewish Democracy in the Middle East,* SUNY series in Israeli Studies, 1996, 148. Michael Karpin, *Imperfect Compromise: A New Consensus Among Israelis and Palestinians,* 94.

193 **イスラエルの大衆は抗議活動を展開し**：Landau, *Arik,* 171-75, 207-11 (Hebrew).

194 **前政権との違いはすぐに明らかになった**：シャローム・トゥルゲマンへのインタビュー, June 28, 2011, アサフ・シャリヴへのインタビュー, January 28, 2007, ダニー・アヤロンへのインタビュー, June 22, 2011, およびウェイスグラスへのインタビュー, June 11, 2012.

194 **イスラエル人や海外のユダヤ人が……殺されるたびに心を痛めていた**：当初シャロンはアラファートと話をしようと試み、もしくは少なくともそうしようとしていると思われることを望み、2001年、ラマッラーでのパレスチナ人指導者との秘密会談に息子のオムリを送り込んだが、すぐに中止となった。秘密会談の出席者によると、「2人（アリエル・シャロンとアラファート）の関係が結局決裂するのは目に見えていた」という。「ナツメヤシ」へのインタビュー, August 2017.

194「**年を追うごとに不屈の精神を失っている**」：ガラントへのインタビュー , June 1, 2011, およびウェイスグラスへのインタビュー , June 11, 2012.
195「**ハマスへの支持は高まっていった**」：ディスキンへのインタビュー Diskin, June 1, 2017.
196「**おれの人生のなかで最悪の出来事だったよ**」：シュロモ・コーヘンへのインタビュー , March 28, 2012.
196「**私たちは総攻撃を受けている**」：Shuli Zuaretz and Sharon Rofeh, "Haifa: 14 of 15 Dead in Attack Are Identified," *Ynet,* December 2, 2001, http://www.ynet.co.il/articles/0,7340,L-1373989,00.html.
196 **自爆テロにより、男性、女性、子どもを含め、一三八人が死亡……した**：State of Israel, "Special Committee for Examining the Targeted Killing of Salah Shehadeh," February 2011, 21（author's archive, received from "Ellis"）.
197「**テロ攻撃により最悪の被害を受けた年**」：ディヒターへのインタビュー , November 4, 2010.
197「**これは国民のトラウマになった**」：モファズへのインタビュー , June 14, 2011.
197「**これほど頻繁に行なえるとは思わなかった**」：ベン＝イスラエルへのインタビュー , June 5, 2011.
197「**フラストレーションはかなりあった**」：エイランドへのインタビュー , June 5, 2011.
198 **ヨルダン川西岸地区……の路上で発生した多くの銃撃事件**：「この男がわれわれを殺していた」と、ヨルダン川西岸地区北部のアマンの責任者である将校ウリ・ハルペリンが語っている。ウリ・ハルペリンへのインタビュー , May 27, 2014.
198「**二発ミサイルを発射した**」：Anat Waschler, "The Drone Pilots' War," *Air Force Journal,* December 1, 2000.
199 **通話どころか**：「マタン」へのインタビュー , June 2012.
199 **PFLP の議長アブー・アリー・ムスタファの抹殺を計画した**：Ali Wakad, "The Funeral of Abu Ali Mustafa Is Held in Ramallah," *Ynet,* August 28, 2001, http://www.ynet.co.il/articles/1,7340,L-1058108,00.html.
200 **シャロンは国防当局の無能ぶりにいら立ちを募らせていた**：2010 年 4 月にこの話し合いについて詳しく話してくれたベン＝ズールは、銀行名を明かさないよう要求した。
200「**外国人投資家は……ここには来ないんだ**」：自爆テロが頻発したインティファーダにより、イスラエルおよびパレスチナ自治政府の経済が受けた壊滅的な影響については、以下を参照。Ben-Yisrael, "Facing Suicide Terrorists: The Israeli Case Study," in Golan and Shay, *A Ticking Bomb*, 19-21.
201「**裁判官であると同時に死刑執行人**」：ハッソンへのインタビュー , November 17, 2010.
201 **ディヒターが……新たな戦略を提示した**：シン・ベトはさらに 2 つの措置を提案した（内閣はしばらく後にこれも承認している）。逮捕を実行するためのパレスチナ自治政府支配地域への限定的侵攻（「防護盾」作戦）、およびイスラエルとパレスチナ人地域との間の分離壁（西岸地区分離壁）の建設である。ディヒターへのインタビュー , November 4, 2010.
201「**やれ。全員殺せ**」：ダヴィッド・ランダウとのインタビューによると、当時国防大臣だったベンヤミン・ベン＝エリエゼルも、シャロンの同じような言葉を耳にしており、国防軍とシン・ベトに「犬どもを殺せ」と命じるのを聞いたという。ベン＝エリエゼルは

さらに、この命令は「シャロンにしてはきわめて穏当な要求」だとも述べている。Landau, *Arik,* 291 (Hebrew).

第二九章　「自爆ベストより自爆テロ志願者のほうが多い」

202 **自爆テロ犯がイスラエルに入ってしまったら、たいていはもう手遅れとなる**：ベン＝イスラエルへのインタビュー, June 5, 2011.
203 **攻撃の背後にある「活動の基盤」**：ディヒターへのインタビュー, November 4, 2010.
203 **これからはその全員がターゲットになる**：イランへのインタビュー, November 5, 2014.
204 **「テロとは底のある樽みたいなものです」**：ディヒターへのインタビュー, November 4, 2010.
204 **「わかりやすい例が自動車です」**：ベン＝イスラエルへのインタビュー, June 5, 2011. Ben-Yisrael, "Facing Suicide Terrorists," 25-26.
205 **「勝利が目前に迫っていることがわかった」**：イランへのインタビュー, November 5, 2014.
205 **「ドローンはあのあたりをいつも飛びまわっていた」**：ヤアロンへのインタビュー, December 21, 2016.
205 **アラブ人もイスラエル人も含め、ほとんどの民間人は……知らなかった**：ドローンのなかで最も重要なのが、ミサイル搭載が可能な無人航空機、すなわち、非公式にはジク（ヘブライ語で「閃光」の意）と呼ばれるエルビット・システムズ社製のヘルメス450、およびイスラエル・エアロスペース・インダストリーズ社製のヘロンとヘロンTPだ。
206 **アメリカが「砂漠の嵐」作戦……で行なったように**：ウェズリー・クラークへのインタビュー, January 23, 2012.（面会を手配してくれたエイタン・スティベに感謝する）
206 **シャロンは、拳で机を叩いて反論した**：ガラントへのインタビュー, September 4, 2014.
206 **ドローン……を改良するため、特別班を立ち上げた**：*Precisely Wrong: Gaza Civilians Killed by Israeli Drone-Launched Missiles,* Human Rights Watch, June 2009.
206 **シン・ベトが意のままに動かせるようになった**：ガラントへのインタビュー, September 4, 2014, ディヒターへのインタビュー, November 4, 2010, およびファルカシュへのインタビュー, November 7, 2016.
206 **アマンの通信傍受情報部門である8200部隊が大きく変革された**：「フィデル」へのインタビュー, April 2014.
207 **観測機部隊……の利用許可を得た**：Yitzhak Ilan Lecture, Herzlia IDC, May 2013.
207 **これらの結果、「……インテリジェンスの融合」が生まれた**：ヤアロンへのインタビュー, December 21, 2016.
207 **「イディッシュ語を使わないで仕事をする……隊員」**：ディヒターへのインタビュー, November 4, 2010.
208 **「保安庁（シン・ベトの正式名称）は……任務とする」**：Shin Bet, *Preventive Strike Procedure,* paragraph 1, January 3, 2008 (author's archive, received from "Ellis").
208 **つまりフレーミングである**：State of Israel, *Special Committee for Examining the Targeted Killing of Salah Shehadeh,* 26.
209 **「拡張性はメッセージである」**：「レイラ」へのインタビュー, March 2013, および「アマゾナス」へのインタビュー, October 2011.

209「**一日に四、五件の暗殺を実行できる**」:「アマゾナス」へのインタビュー, June 2017.

209 **JWRから実行された作戦により、二〇〇〇年には二四人……が殺害された**:Data from NGO B'Tselem, http://www.btselem.org/hebrew/statistics/fatalities/before-cast-lead/by-date-of-event.

209「**フィンランド政府がこうした作戦を行なった**」:クペルワセルへのインタビュー, December 24, 2014.

210「**まさにパニック状態だよ**」:ウェイスグラスへのインタビュー, June 11, 2012.

210 **国防軍は、暗殺するたびに声明を発表した**:「ピクシー」へのインタビュー, August 2016.

211 **ヘブライ語で「対象を絞った予防行為」**:初めて連続して暗殺が実行されると(アメリカ同時多発テロ事件以前)、シャロンはアメリカから苦情を受けるようになった。そこで、暗殺政策がいかに人命を救ったかをアメリカの情報機関の長官たちに説明するため、ディヒターをアメリカに派遣することにした。ディヒターはプレゼンテーションで使う資料の英語翻訳を補佐官たちに頼んだ。大多数のイスラエル人同様に、この補佐官たちは高校で英語の及第点を取っており、翻訳作業を行なう資格が十分にあると自負していたが、その翻訳の際に「重点的予防」という語句を繰り返し使った。この語句についてディヒターは後に「テロリスト殺害というよりはむしろコンドームのような印象を与える」と語っている。ディヒターは国防総省で情報機関の長官たちと面会すると、「重点的予防」について熱心に説明を始めた。しかし、明確な表現を使わないように注意を払っていたためか、間もなく「彼らが私の説明をまったく理解していない」ことに気づいた。やがて、CIA長官ジョージ・テネットが手を上げて次のように発言した。「ああ、いまわかったよ、ディヒター、あなたは暗殺について話しているんだね。そうであれば、回りくどい言葉はもう使わずに、暗殺と言ってくれるとありがたい。以上だ」。ディヒターへのインタビュー, November 4, 2010.

211「**これは問題だと思ったよ**」:ファルカシュへのインタビュー, March 14, 2011.

212「**知らないだと!**」:アヤロンへのインタビュー, March 14, 2016.

212 **やがてシン・ベトは弱点を見つけた**:イランへのインタビュー, January 26, 2016. Harel and Issacharoff, *Seventh War,* 181-88 (Hebrew).

213「**頭のいかれたディヒターが決めたことだろう**」:ディヒターたちは、アヤロンの主張をはっきりと否定し、アラファートもカルミも(特にカルミは)闘争を中止する意図などなかったと異議を唱えている。カルミ暗殺作戦の責任者イツハク・イランはこの件について次のように語っている。「カルミが暗殺された後になってタンジームが自爆テロを実行し始めたというアヤロンの主張はまったくの嘘だ。カルミは殺される前に2人の自爆テロ犯を送り出していたが、成功しなかっただけだ。われわれは自爆テロ犯の1人の居場所をつかんでいた。もう1人は実行場所に向かう途中、人けのない場所でタバコに火をつけたときに爆弾を爆発させてしまい、体を粉々に吹き飛ばされた。われわれがカルミを殺したとき、あの男は3つ目のテロ攻撃の準備の真っ最中だった」。ディヒターへのインタビュー, November 4, 2010, およびイランへのインタビュー, January 26, 2016.

213「**私はこれを〝悪の陳腐さ〟と呼んでいる**」:アヤロンへのインタビュー, March 14, 2016.

214 **戦争になると法律は沈黙する**:メナヘム・フィンケルスタインへのインタビュー, July 18, 2012. この国防軍の若手法律家チームのなかに、ロイ・シャインドルフ博士がいた。

このニューヨーク州弁護士は、暗殺や標的殺害に関与した将校が国際法廷に訴追されるのを防ぐ取り組みを担当する司法副長官に最年少で任命された。

214 **フィンケルスタインが署名した最高機密の法律意見書**：IDF Advocate General, "Striking Against Persons Directly Involved in Attacking Israelis in the Framework of Events in the Warfare in Judea and Samaria and the Gaza District, January 18, 2001（author's archive, received from "Ellis"）.

215 **法的文書が初めて提示された**：Ibid., page 1, paragraph 1.

215 **「手を震わせながら意見書を提出したよ」**：フィンケルスタインへのインタビュー , July 18, 2012.

216 **「バランス」の原則は適用されなければならない**：IDF Advocate General, "Striking Against Persons," 8.

217 **「これで……お墨つきが得られた」**：アハロン・バラク最高裁判所長官は暗殺に関して詳細な判決文を作成した。法律学の粋を集めたこの判決文のなかで、最高裁判所は、軍法務局の見解において必要とされる条件と同様の特定の条件を満たすかぎり、暗殺は原則として合法であるという判決を下した。この判決の原則の多くが、アメリカの情報コミュニティの法律顧問に採用され、今日では暗殺を容認する考え方の基礎となっている。ディスキンへのインタビュー , October 18, 2011. Supreme Court 769/02, *Public Committee Against Torture v. State of Israel and Others,* December 14, 2006. Comprehensive analysis of judgment in Scharia, *Judicial Review of National Security,* 58-66. ディスキンへのインタビュー , October 23, 2011.

217 **シャロン首相は……デスクに小冊子をしまっていた**：ウェイスグラスへのインタビュー , June 11, 2012. 2002 年 5 月 26 日、カナダの外務大臣ビル・グラハムが首相府を訪れて、シャロンに暗殺の中止を要請し、「これは違法行為です」と言った。グラハムが熱くなって話している最中に、軍事顧問のガラントがメモを渡しに入ってきた。シャロンはそれに目を通すと、グラハムにも理解できるように英語でその内容を大声で読み上げた。シン・ベトの報告によると、九キログラムの爆発物、およびネジと釘が詰まったバックパックを背負ったハマスのメンバーが、いましがたジェニーンを出発してイスラエルに向かっており、シン・ベトと空軍が殺害許可を求めている、と。シャロンは少しだけほほ笑んでグラントに尋ねた。「大臣、あなたの言っていることは、そのとおりです。ですが、あなたが私の立場だったらどうしますか？　承認しますか？　でも、あなたは違法だと言いましたね。承認しないのですね？　それでは、あなたの責任として被害者の血を持ち帰り、最低の悪夢にうなされますか？」

218 **「アメリカとは決してけんかをしてはいけない」**：アリエル・シャロンへのインタビュー , May 2002.

219 **「テキサス州の人間には信じられないほどイスラエルは小さい」**：Michael Abramowitz, "Bush Recalls 1998 Trip to Israel," *Washington Post,* January 10, 2008.

219 **「シャロンは夢見心地だった」**：トゥルゲマンへのインタビュー , June 28, 2011.

220 **「それからのアメリカは、みごとなほどアンバランスな対応をしてきた」**：2 国間の連携を改善するために、大統領副補佐官エリオット・エイブラムズは、ホワイトハウスとイスラエル首相府間の直接暗号電話回線の設置を指示した。当時の駐米イスラエル大使ダニー・アヤロンは次のように語っている。「私たちの目的は、大統領が朝起きたときに、イスラエルが見ているのと同じ秘密情報の写真を大統領日報で確認できるようにするこ

とだった」。ウェイスグラスへのインタビュー , June 11, 2012, およびアヤロンへのインタビュー , October 9, 2012.

220 **軍事・情報活動における両国の協力関係は大いに深まった**：シャロンは2001年7月5日のパリ訪問の際、ジャック・シラク大統領の暗殺に関する認識を改めさせようとして、シン・ベト副長官のディスキンに3日前に行なった作戦を説明させた。その作戦では、イスラエル空軍のヘリコプターが4発のミサイルを発射して、多くのテロ攻撃に関与していたムハマンド・ビシャラットを筆頭に3人のハマス工作員を殺害した。シャロンは自爆テロに関与したビシャラットの経歴をひととおり説明し、パレスチナ自治政府にビシャラットの逮捕を要求しても梨のつぶてだった詳細を語った。シラクは少しの間黙り込んだ。そして、咳払いをして次のように語った。「4000キロメートルも離れていると、状況がまったく違って見えるというわけだな」。その日を境に、フランスは、完全にやめたわけではないが、イスラエルの暗殺を非難する姿勢を和らげた。それから間もなく、シャロンはクレムリンを訪問した際にも、ウラジーミル・プーチンに同じ話をさせるためディスキンを同行させた。クレムリンでの会談では、ディスキンが説明を始めてすぐに、プーチンが話を遮り次のように言った。「心配いりません。私の見解では、あなたたちは彼らを皆殺しにしてもかまいません」。そして、プーチンはシャロンに向かって語りかけた。「さあ、食事に行きましょう」。シラクの次のフランス大統領、ニコラ・サルコジのイスラエルに対する態度は、シラクよりも好意的で、暗殺の行使に寛大だった。 ディスキンへのインタビュー , June 1, 2017, およびニコラ・サルコジへのインタビュー , November 7, 2012.

220 **「この大事件が起きたとたん、われわれに対する苦情が止んだ」**：エイランドへのインタビュー , June 5, 2011. 暗殺に対するアメリカ人の態度はすっかり変わった。著者が国土安全保障長官マイケル・チャートフに暗殺（標的殺害）について尋ねると、次のような回答が返ってきた。「標的を特定しない殺害よりはるかにましだと思う」。マイケル・チャートフへのインタビュー , May 27, 2017.

220 **「ブルー・トロール」……のファイルをすべてアメリカに提供する**：イスラエルの情報機関の監視の目は、ハマス、パレスチナ・イスラミック・ジハード、ヒズボラのみならず、スーダンにも及んでいた。1990年代のスーダンは、イギリスで教育を受けた上品なイスラム過激派の聖職者、ハッサン・アル＝トゥラービー博士に統治されていた。スーダン政府は数多くのテロ組織を喜んで迎え入れ、イランのようなテロ支援国家と友好関係を結んでいた。1993年10月、イマード・ムグニエは、スーダン政府にかくまわれていた2人の著名な指導者に会うためにハルツームに向かった。1人は、ジハード団の指導者で、1981年のエジプト大統領アンワル・サーダート暗殺に関与していたアイマン・アル＝ザワヒリ、もう1人は、自分の建設会社を使ってイスラム教徒の聖戦を支援していたウサマ・ビン・ラディンである。1995年7月7日エチオピアで、空港から首都アディスアベバに向かうエジプト大統領の車列をテロリストが襲撃して、親イスラエルのホスニ・ムバラク大統領を殺そうとした。しかし、ムバラクは奇跡的に逃げ延びた。スーダンで諜報活動を行なっていたイスラエルが、アイマン・アル＝ザワヒリとウサマ・ビン・ラディンが暗殺部隊を送り込んだことを突き止めていたからだ。このとき、現在「グローバル・ジハード」として知られる運動の脅威をイスラエルの情報機関は初めて認識し、この事態に対応するための特別部門をモサド内に設置した。モサドはビン・ラディンに対して複雑な暗殺作戦をたて、ラビンもレッドページに署名した。ビン・ラディンの秘

書が穏健なスンニ派イスラム国家の出身だったので、その国の情報機関と協力関係にあったモサドは彼女を取り込み、ビン・ラディンを監視して事前情報の収集を行なった。しかし、ビン・ラディン毒殺をその秘書に命じる最終段階の前になって、パレスチナ自治政府との和平プロセスが暗礁に乗り上げたことを理由に、前述のイスラム国家がイスラエルとの関係を凍結したため、作戦をさらに進めることができなくなった。「ヨセフ」へのインタビュー, January 2015, エフード・オルメルトへのインタビュー, August 2011, ダン・メリドルへのインタビュー, August 30, 2006, ネイサン・アダムスへのインタビュー, August 21, 1996, およびファルカシュへのインタビュー, March 14, 2011. Bergman, *Secret War with Iran*, 217-23〔『シークレット・ウォーズ』〕.

221 **「同時多発テロ事件により、われわれが行なってきた戦争の正当性が国際的に認められた」**: 当時の駐米イスラエル大使ダニー・アヤロンは、国防長官ドナルド・ラムズフェルドおよび副長官ポール・ウォルフォウィッツとイスラエル空軍幹部が行なった会談に同行した。アヤロンは、同時多発テロ後初めて開かれたこの会談について次のように回想している。「ラムズフェルドはこう話を切り出した。『あなたたちの助けが必要です。われわれは情報をテロリスト殺害ロケットに変換する方法が知りたい』」。ディスキンへのインタビュー, June 1, 2017, ポール・ウォルフォウィッツへのインタビュー, July 2008（面会を手配してくれたマーク・ジェルソンに感謝する）, およびダニー・アヤロンへのインタビュー, August 24, 2017.

第三〇章 「ターゲットは抹殺したが、作戦は失敗した」

222 **「ほかの男とは違う感じがした」**: ディヒターへのインタビュー, November 4, 2010.
223 **一九八八年に再度逮捕される**: Israel Defense Forces, indictment, *Military Prosecutor v. Salah Mustafa Mahmud Shehadeh,* 11524/89, September 17, 1989 (author's archive, received from "Twins").
223 **長期間イスラエルの刑務所にいたため……英雄視されていた**: Shin Bet, *Condensed Summary on Salah Shehadeh,* June 25, 2001 (author's archive, received from "Ellis").
224 **「当時の私たちは、本当に希望を持っていたんだ」**:「ゴルディ」へのインタビュー, January 2010.
224 **「シェハデは以前にも増して過激になり」**: Shin Bet, *Salah Shehadeh—Military Head of Hamas in the Gaza Strip,* November 23, 2003 (shown to the author by "Ellis").
225 **四七四人を殺害し、二六四九人を負傷させた**: Special Committee for Examining the Targeted Killing of Salah Shehadeh, "Testimony of A.L," 45.
225 **「この連中は最高位のラビではない」**: ディヒターへのインタビュー, November 4, 2010.
226 **「そうなると私たちILDの人間は、かなり面倒な状況に巻き込まれることになる」**: ダニエル・レイスネルへのインタビュー, July 6, 2011.
227 **「子どもを殺すことだけは容認できなかった」**: レイスネルはこの発言に続けて、笑いながら次のように語っている。「その一方で、また、私たちは女性と結婚していて、妻がどのようなものかわかっている。だから女性に対してなら、さほど悩まずに発射を承認できた」。レイスネルへのインタビュー, July 6, 2011.
227 **大人だけしかいないような場合には**: State of Israel, *Special Committee for Examining the Targeted Killing of Salah Shehadeh,* 67.

228 **彼らはみな死んでもかまわないとされたことになる**：Minister of Defense, *Sorties and Operations Discussion,* July 17, 2002（shown to the author by "Ellis"）.
228「**結局そうするしかなかった**」：ヤアロンへのインタビュー , December 21, 2016.
229 **ディスキンは焦ることなく**：Shin Bet, Deputy Head of Service, *Flag Bearer,* appendix, *Framing/Activation,* July 19, 2002（shown to the author by "Ellis"）.
229「**二人の子どものどちらか**」：ファルカシュへのインタビュー , March 14, 2011.
230 **娘はもうそこにいないという判断**：Shin Bet, *The Flag Bearer—Head of Service's Orders Regarding His Framing,* July 21, 2002（shown to the author by "Ellis"）.
230「**作戦実行を命じた**」：State of Israel, *Special Committee for Examining the Targeted Killing of Salah Shehadeh,* 69.
231「**爆弾が命中すると、建物が崩れ落ちた**」：2010 年 12 月 19 日、テルアビブのビナフ・センターでこのパイロットが講演を行なった。この講演の書き起こしは、アミラ・ハアスにより 2011 年 1 月 7 日の《ハアレツ》紙に掲載された。
232「**シェハデを抹殺したがっていた人たちもそれは知っていた**」：ギデオン・レヴィへのインタビュー , March 30, 2011.
233「**ターゲットは抹殺した**」：ディヒターへのインタビュー , November 4, 2010.
234「**翼のかすかな振動を感じる**」：Vered Barzilai, interview with Dan Halutz, *Haaretz,* August 23, 2002.
234 **最高の戦闘機パイロットと見なされていた**：スペクトルは、1967 年 7 月 8 日、34 人の水兵が死亡したアメリカ艦船リバティー号に対する攻撃に参加していた。リバティー号がアメリカ国旗を掲げておらず、エジプトの軍艦だと思ったとイスラエルは主張したが、いまだに攻撃の理由ははっきりしていない。スペクトルが抗議書簡に署名をしたのは、この事件に対するスペクトル流の罪滅ぼしだったのではないかと考える者もいる。
235「**こんにちは、ヨエルです**」："You, Opponents of Peace," interview with Yoel Peterburg, *Anashim,* June 27, 2006.
236「**杉林のなかにまで……広がっている**」：ウェイスグラスへのインタビュー , December 23, 2014.

第三一章　8200 部隊の反乱

237「**アミール」は……NIO だった。**：「アミール」へのインタビュー , March 2011. 身元を明かすといまの職場や学校で嫌がらせにあう可能性があるので、名前は伏せたままにしてほしいと「アミール」から要望があった。

238「**暗殺のターゲットを選ぶわれわれの任務は刺激的でした**」：「グローブス」へのインタビュー , April 2011.
241 **目的は、誰かを殺すことにある。殺すのは誰でもいい**：Unit 8200, Center 7143, *Reaction of Unit 8200 to Information Request Regarding the Bombing of Fatah Facility in Khan Yunis,* March 4, 2003（author's archive, received from "Globus"）.
241「**『これって明らかに違法な命令に入るんじゃないかな』**」：「アミール」へのインタビュー , March 2011.
241「**確固とした自分の意見を持ち、それを堂々と述べられる人物を NIO に選ぶようになった**」：エヤル・ジセルへのインタビュー , April 1, 2011.

242 **当時中東で仕事をしていたトム・クルーズが妻のニコール・キッドマンと携帯電話で交わしていた会話を偶然傍受し、意図的に録音した**：部隊の指揮官がこの件を聞きつけ、8200 部隊ではめったにないことだが、「ヤネク」という将校を軍刑務所に放り込んだ。そして、今度同じようなことをして捕まった下士官は部隊から追放すると告げたという。しかし、アラブ人のプライバシー権に関してはまったく問題にされないことが後に判明した。2014 年、パレスチナ人の会話を盗聴し、肉体関係にある男女の情報を入手することを命じられたと、8200 部隊の将校や兵士たちが訴え、厳然たる態度で抗議書簡に署名した。その書簡によれば、収集されたこの情報はシン・ベトに渡され、男女の会話を盗み聞きされたパレスチナ人を脅して無理やり情報提供者にするために利用された。さらに、性的な恥ずかしい会話が録音されたこの情報は、将校たちが楽しむために部隊中にばらまかれたという。だが国防軍はこの告発について一切調査しようとせず、逆に抗議した者を 8200 部隊から追放した。「レイラ」へのインタビュー , December 2015.「ヤネク」と国防軍報道官はコメントを拒否した。

243「**これまでなかったし、これからもあるはずがない**」：ヤイール・コーヘンへのインタビュー , August 18, 2011.

243「**この瞬間に自分があなたの立場にいなくてよかった**」：作戦指示、結果報告、8200 部隊の安全なサーバーを通じた内部メールのやり取りなど、「ターゲット 7068」攻撃に関する資料からこのときの出来事を再現した（author's archive, received from "Globus"）.

244 **作戦が実行できなくなる時間まであと四〇分**：ダニ・ハラリへのインタビュー , August 18, 2011.

245「**8200 部隊は秘密主義の典型**」：「ロマン」へのインタビュー , March 2011.

245 **実際に引き金を引く者だけ**：エラザール・ステルンへのインタビュー , August 18, 2011.

245「**いかなる状況下であれ、この NIO の行為を是認することはできない**」：アサ・カシェルへのインタビュー , June, 5, 2011. この事件の直後、ヤアロン参謀総長は、ハーンユーニスの建物内にいる人間を殺せという命令など出していないと言った。しかし、この主張は、命令書および 8200 部隊の内部機密文書と合致しない。2012 年、本書のためのインタビューで、当時副首相を務めていたヤアロンは殺害命令を下したことを事実上認めたが、命令は合法だと主張した。だが、ヤアロンの言っていることは、テロに「直接関与する」人物だけが合法的なターゲットだという軍法務局国際法部の立場と完全に矛盾している。

246 **明らかに相手を殺すようになった**：カスティエルへのインタビュー , December 31, 2013.

247 **マライシャが「フレーミング」され、「迎撃」つまり射殺された**：「二つの塔」作戦の真相は、2008 年 11 月 28 日の《ハアレツ》紙でウリ・ブラウによって初めて公表され、国防関連機関を震撼させた。シン・ベトは、ウリ・ブラウの情報源を突き止める調査を即座に開始した。発見はきわめて早かった。中央司令部所属の下級将校アナト・カムが情報源だった。彼女が起訴されて刑務所に送られると、次いでウリ・ブラウに容赦ない攻撃が加えられる番になった。ちょうど海外旅行中だったブラウは、逮捕、拘禁、起訴を怖れて、長期間帰国を遅らせた。イスラエル警察は、ブラウを逃亡犯だと公表して国際逮捕状を発付した。最終的にブラウが帰国すると、保有している資料はすべてシン・ベトに押収・破棄された。ブラウは、悪質なスパイ容疑で起訴されて有罪判決を受け、4 カ月の社会奉仕を命じられた。

247 **「迎撃作戦」**：「オスカル」へのインタビュー , May 2014.

247 **「次から次へと絶え間なく作戦を実行した」**：アマンの統計によると、たとえば2005年の7月初日から10月最終日までのわずか4カ月の間に、70人以上のテロリストが迎撃作戦で殺された。

248 **「離婚した女」作戦のテクニックを発展させたさまざまな方法を駆使し**：私は2004年、国防軍のスポークスマンから許可をもらい、「離婚した女」作戦の一つである「沼地王」というコードネームの作戦に同行した。この作戦の目的は、ヨルダン川西岸地区にある都市ナーブルスの旧市街の中心で、ハマスとパレスチナ・イスラミック・ジハードのテロリストをおびき出して殺すことだった。この作戦を実行した第890空挺大隊の指揮官アミル・バラムは、さまざまなおびき寄せのテクニックを使いこなすとともに、部隊のモットーとしてアメリカ海兵隊のスローガン「辛抱、忍耐、ときに眉間に弾丸」を採用していた。作戦前のブリーフィングでバラムは次のような指示を出した。「体の中心を撃て、少し上なら最高だ。倒れたら、確実に殺すためにもう1発撃て。忘れるなよ、その死体を使って敵をおびき出すんだ！」。Ronen Bergman, "Code Name Grass Widow," *Yedioth Ahronoth,* April 26, 2004. アミル・バラムへのインタビュー , March 2004.

248 **パレスチナ人は、弱体化するどころかますます多くのテロリストを生み出している**：Shin Bet, *Survey of Characteristics of Salient Terror Attacks in the Current Confrontation. Analysis of Characteristics of Terror Attacks in Last Decade,* 2-5. Ben-Yisrael, "Facing Suicide Terrorists," 16.

249 **「一年かそれ以上はかかると思った」**：「ガイ」へのインタビュー , November 2012.

249 **「われわれには、確固たる抑止力を構築する必要があった」**：ファルカシュへのインタビュー , November 7, 2016.

第三二章　「アネモネ摘み」作戦

250 **イブラヒム・アル＝マカドメは、イスラエルに狙われていることを知っていた**：「ガイ」へのインタビュー , November 2012.

251 **「天国に七二人の処女……がいることなど証明できない」**：ギルアドへのインタビュー , August 4, 2015.

251 **もはや政治的な役職が隠れ蓑にならない**：ファルカシュへのインタビュー , November 7, 2016.

252 **「テロもヘビと同じで、頭を切り落とせば動きを止めると考えるのはあまりに単純な発想」**：アヤロンへのインタビュー , March 14, 2016.

252 **「アネモネ摘み」作戦は着実に実行されていった**：Eldar, *Getting to Know Hamas,* 51 (Hebrew).

253 **「これほどの強敵がこんな重大な過ち、戦略的に深刻な過ちを犯したことはなかった」**：ヤーシーンは依然としてターゲットではなかったが、それが問題視されることはなかった。ハマスの政治指導者と軍事指導者を同時に全員殺し、その死体をすべて同じ建物のがれきのなかから見つけることができれば、イスラエルがずっと主張してきたことが証明されることになる。つまり、いわゆる政治指導者と、実際にユダヤ人を殺してきた軍事指導者の間に、実質的な違いはないということだ。ディヒターへのインタビュー , November 4, 2010, およびオフェル・デケルへのインタビュー , February 2009.

254 **「戦いを続けるためには、対内的にも対外的にも正当性が必要だ」**：以下の情報をもとにこの電話会談を再現した。ディヒターへのインタビュー , November 4, 2010, ヤアロンへのインタビュー , June 12, 2011, モファズへのインタビュー , June 14, 2011, ファルカシュへのインタビュー , April 10, 2013, ガラントへのインタビュー , August 19, 2011, およびエイランドへのインタビュー , June 5, 2011.

254 **しかしヤアロンはあくまでも反対した**：私はヤアロンにあえて反論するように次のような質問をした。「隣にアパートがなく、あるのはドリーム・チームが会合を開いた建物だけで、そこに子どもが3人いたら、どうしていましたか？」ヤアロンはこう答えた。「まったく問題ない。爆撃を承認しただろう。何が問題なのだ？」それに対して私はこう質問した。「では子どもが5人だったらどうしますか？」するとヤアロンはこう返答した。「それでも承認したよ。いいかい、家のなかにその家の家族がいる可能性が高いことは事前にわかっていた。何の犠牲も出さずに完璧に実行する方法はなかった。私の考えでは、その家に暮らす家族が被害にあうのと、隣接した建物にいる数十人の人間が被害にあうのとでは訳が違う」

256 **「ヤーシーン師があわてて車椅子から立ち上がり、走り始める姿が見えたような気さえした」**：もちろん、ディヒターは冗談を言っている。実際には、ヤーシーンは抱えられていた。ヤーシーンの息子は次のように話している。「頭上にブーンという音がしたかと思うと、アブー・アル＝アベドが『爆撃されました、先生。すぐにここを出なければ』と言った」。車椅子に乗っていては貴重な時間が無駄になるので、アル＝アベドが足を持ち、息子が腕を持って、ヤーシーンを抱えながら外に止めた車に向かって走った。 Eldar, *Getting to Know Hamas*, 39.

256 **「民間人がけがをするおそれがある」**：モファズへのインタビュー , June 14, 2011.

256 **「作戦司令室を見まわした」**：ディヒターへのインタビュー , November 4, 2010.

258 **「必要な対応措置」をとる**：シャロームへのインタビュー , March 1, 2011, および「ガイ」へのインタビュー , November 2012.

261 **「中東全域が怒り狂い」**：ディヒターへのインタビュー , June 2012, ギルアドへのインタビュー , July 31, 2012, およびファルカシュへのインタビュー , March 14, 2011.

261 **「ヤーシーンのまわりの人間を殺すばかりで本人に手を出さなければ」**：ヤアロンへのインタビュー , June 12, 2011.

261 **「〝ハイ・シグネチャー〟で殺害したいぐらいだ」**：モファズへのインタビュー , June 14, 2011.

261 **「無法者に見られないか」**：エイランドへのインタビュー , June 5, 2011.

262 **「ヒトラーも……攻撃を免れられたでしょう」**：カシェルへのインタビュー , June 5, 2011.

262 **軍法務官はきっぱりと反対した**：レイスネルへのインタビュー , July 6, 2011.

262 **「あの男が、われわれに追跡されていることを知っている」**：「ターミナル」へのインタビュー , November 2015.

263 **そのパレスチナ人女性が爆弾を爆発させた**：Ali Wakad, "Suicide Bomber: 'I Always Wanted Parts of My Body to Fly Through the Air,'" *Ynet,* January 14, 2004. リヤシは、女性としては8番目の自爆テロ犯だが、ハマスでは初めてだった。 http://www.ynet.co.il/articles/0,7340,L-2859046,00.html.

263 **「女性を調べて……かなり難しい」**：モファズへのインタビュー , June 14, 2011.

264 **アマンは……ルビンスタイン司法長官に提出することができた**：ヤイール・コーヘンへのインタビュー , December 4, 2014.
264「**明確な証拠を手に入れた**」：ファルカシュへのインタビュー , March 14, 2011.
264「**和平合意を結べる相手**」：ペレスへのインタビュー , September 17, 2012.
264「**警告には賛成できなかった**」：オルメルトへのインタビュー , August 29, 2011.
264「**かなり激しい議論を交わしたよ**」：ウェイスグラスへのインタビュー , October 11, 2012.
265 **しかし、三カ所を結ぶ線上に攻撃の余地があった**：ヤーシーン殺害の最終決定が下されたのは、次に記す攻撃を受けたあとだった。2004 年 3 月 15 日、二重壁のコンテナに入ってアシュドド港に忍び込んだハマスの自爆テロ犯 2 人が自爆し、10 人が死亡し 13 人が負傷した。その夜、モファズ参謀総長は日記にこう書きなぐっている。「決定。明日承認を得るために、ハマス指導者『シフトレバー』（ヤーシーンのコードネーム）に対する賭け金をつり上げる」。モファズへのインタビュー , June 14, 2011.
265「**障害者の車椅子には砲撃してこないだろうと思った**」：Eldar, *Getting to Know Hamas,* 55.
266 **倒れたり地面をはっている人々**：ヤーシーン殺害の映像は、「アネモネ摘み」作戦のすべての映像と同様に、空軍内部システムのデジタルアーカイブに保管されている（shown to the author by "Hilton"）.
266「**ターゲットを直撃した**」：モファズへのインタビュー , June 14, 2011.
267 **シャロン……は補佐官たちに、早々に起きて暗殺の余波に備えるよう命じた**：アサフ・シャリヴへのインタビュー , June 9, 2011. この攻撃でヤーシーンが本当に死んだことが明らかになったあと、この作戦を担当していたターバン基地のある将校が次のような通知を印刷して、ドアに貼りつけた。「神よ許したまえ。われわれがあの世へ送りました」
267「**アメリカ政府はいまにもヒステリーを起こしそうでした**」：ウェイスグラスへのインタビュー , June 11, 2012.
268 **ターバン基地は苦もなくランティースィーを追跡した**：「ダイアモンド」へのインタビュー , August 2011.
268 **ミホリトミサイルの砲撃を受けて車が炎上した**：ランティースィーを暗殺した「電子消去」作戦の映像による（shown to the author by "Hilton"）.
268「**テロを生業にしている者は……アラファートもそれに気づくべきだ**」：Itamar Eichner, "Not the Last Killing," *Yedioth Ahronoth,* April 18, 2006.
269「**われわれはハマスを倒し、息の根を止めなければならない**」：2014 年 7 月 14 日に行なったモファズへのインタビューおよび当時のモファズのメモから会話を再現した。
269 **スレイマーンはシャロンにも話をした**：ガラントへのインタビュー , August 19, 2011.
270「**今回のハマスの提案は本気だ**」：モファズへのインタビュー , June 14, 2011. Eldar, *Getting to Know Hamas,* 62-63.
270 **超タカ派のシャロンが「劇的な変化を遂げた」**：ウェイスグラスへのインタビュー , December 23, 2014.
271「**イスラエル全土に派遣して、殺害を行なわせた**」：Sharon's speech in the Knesset, April 8, 2002.
271 **アラファートのことを「病的な嘘つきで……人殺し」と表現した**：Sharon, *Sharon: The Life of a Leader,* 363 (Hebrew).

271 **パレスチナ人の指導者としての地位を守るため**：Bergman, *Authority Granted*, 17-28, 165-77 (Hebrew).
271 **この資料に関する書籍の海外での出版**：シャロンの高官がメイル・ダガンの代理人を伴い、パレスチナ自治政府に関する拙著『Authority Granted』の英語翻訳とそれに伴うあらゆる費用の提供を打診してきた。その高官は次のように語った。「お金の問題ではありません。あの卑劣な男についての真実が世界に知れわたることがいちばん重要なのです」。著者はその申し出を辞退した。Meeting with "the Prince" and "Leonid," September 2002.
272 **「ずる賢さ、冷血さ、醜悪さ……は見たことがない」**：Pacepa, *Red Horizons,* 44-45 (Hebrew)〔邦訳は『赤い王朝　チャウシェスク独裁政権の内幕』イオン・ミハイ・パチェパ著、住谷春也訳、恒文社、1993 年〕.
272 **シャロンは結局この不愉快なアイデアを捨てた**：クペルワセルへのインタビュー , May 21, 2004, モファズへのインタビュー , June 14, 2011, およびギルボアへのインタビュー , April 9, 2014.
272 **D9 装甲ブルドーザー中隊**：この中隊の部隊長はタリという名前の女性だった。シャロンはアラファートに対して並々ならぬ執念を抱いていたので、ブルドーザーによる破壊がどこまで進んだかヤアロン参謀総長に詳しく報告させた。ヤアロンは次のように回想している。「彼は毎日電話をかけてきて、こう尋ねた。『それで、今日のタリの「ハホレセット」はどうだ？』（ヘブライ語の「ハホレセット」には 2 つの意味があり、ここで使われている「破壊」という意味のほか、スラングで「美女」という意味がある）。彼はこの会話をかなり楽しんでいた。よだれを垂らすほどにね」。ヤアロンへのインタビュー , December 21, 2016.
274 **居場所を世界に公表すれば**：ハルツへのインタビュー , July 5, 2011.
274 **「アラファートを生きたまま拘束できる保証がなかった」**：ブルーメンフェルドへのインタビュー , May 28, 2010.
274 **「言いたいことはわかります」**：エイランドへのインタビュー , January 19, 2015.
274 **さまざまな関係者により検死が行なわれたが、結論はまちまちだった**："Swiss Study: Polonium Found in Arafat's Bones," Al Jazeera, November 7, 2013.
275 **エイズで死んだ可能性**：Harel and Issacharoff, "What Killed Him?" *Haaretz,* September 6, 2005.
275 **はっきり主張した**：アラファートの死因を尋ねたときのイスラエル指導者たちの返答をここに記す。モシェ・ヤアロン（アラファート死亡時）参謀総長（2011 年 8 月 16 日）、「（笑みを浮かべながら）何だって？　アラファートは悲しみが原因で死んだんだよ」。シモン・ペレス副首相（2012 年 9 月 17 日）、「彼を殺すべきとは思わなかった。和解には最終的に彼が必要になると思っていた」。ダン・ハルツ副参謀長（2011 年 7 月 5 日）、「ああ、試しにいま私の反応を読み取ってくれれば、それが答えだよ」。アマンのゼエヴィ・ファルカシュ長官（2013 年 4 月 10 日）、「彼を攻撃する必要があると考えるときもあれば、ナスルッラーフやヤーシーンとは違うから攻撃してはいけないと考えるときもあった。悩んだよ」
276 **アラファート殺害には次のような目的があったことを明らかにしている**：Aluf Ben, "A Responsible Leadership Will Enable Resumption of Negotiations," *Haaretz,* November 12, 2004.

276 **この二人との緊密な保安協力**：ディスキンへのインタビュー, October 23, 2011, ガド・ゴールドシュテインへのインタビュー, September 2012, および「フーバー」へのインタビュー, December 2015.
277 **「深く憂慮している」**：Email exchange with Prof. Gabriella Blum, August 2017. For further reading see Gabriella Blum and Phillip B. Heymann, "Law and the Policy of Targeted Killing," *Harvard National Security Journal,* vol. 1, no. 145, 2010.

第三三章　過激派戦線

281 **シリアとイランは……一連の協定に署名し**：Bergman, *Secret War with Iran,* 350-58〔『シークレット・ウォーズ』〕.
282 **ブッシュは……シリアを「悪の枢軸」に含めなかった**：ヘイデンへのインタビュー, August 20, 2014.
282 **シリアと同盟を結ぶことは、イランにとって得策だった**：Ronen Bergman, "The Secret Syrian Chemical Agent and Missile City," *Yedioth Ahronoth,* September 6, 2002.
283 **シリアにはまた、ヒズボラの強化を願う現実的な理由があった**：Ronen Bergman, "They Are All 'the Hezbollah Connection,'" *New York Times Magazine,* February 10, 2015.
284 **戦略を立て、武器を提供した**：「ターミナル」へのインタビュー, September 2014, および「イフタク」へのインタビュー, November 2016.
285 **建設現場は巧みにカモフラージュされていた**：ダガンへのインタビュー, May 26, 2013, および「アドバンテージ」へのインタビュー, January 2016.
285 **時代の変化に適応していなかった**：「ローカー」へのインタビュー, August 2015.
285 **モサドは……危険な計画を阻止しようとした**：Bergman, *Secret War with Iran,* 352〔『シークレット・ウォーズ』〕.
286 **「ハレヴィは……作戦をまるで重視しなかった。盲腸のように、なくても困らない余分なものと思っていた」**：ウェイスグラスへのインタビュー, December 23, 2014.
286 **暗殺対象者リストのなかでもターゲットとして最優先されたのは**：Bergman, *Authority Granted,* 269-96 (Hebrew).
287 **「報いを受けなければならない」**：ファルカシュへのインタビュー, April 10, 2013.
287 **ターゲット（これを「一二銃士」と呼んだ）のリストを作成した**：ロネン・コーヘンへのインタビュー, November 17, 2015.
287 **オベイドはあるとき、国防軍のベテラン予備役将校をドバイに誘い出した**：Bergman, *By Any Means Necessary,* 462-63 (Hebrew).
287 **「幹部を殺すと全面戦争に発展するおそれがあった」**：「レオ」へのインタビュー, September 2016.
287 **組織の幹部については、どの組織も行動を起こしていない**：ロネン・コーヘンへのインタビュー, November 17, 2015.
288 **最初のターゲットはラムジ・ナハラだった**：ナハラは、イマード・ムグニエがモサドのエージェント、アフマド・ハラクを拉致するのを手伝った。このエージェントはムグニエの弟を殺していた（第二三章参照）。さらに、ナハラはイスラエルで行なわれているイランとヒズボラのスパイ活動の中心人物であり、自爆テロの指揮官に資金を送り、指示を出していた。

288 **「爆発によりサラーハの体は……二つに引き裂かれた」**：「ブルボン」へのインタビュー , October 2016.
289 **「首相府のテロ対策局長」**：1997 年にダガンはテロ対策局の副局長に任命されたが、ゴラン高原からの撤退に反対する運動など政治活動も行なっていた。さらに 2001 年には、シャロンの首相選挙活動を取り仕切った。
290 **ダガンが言った。「問題ない。燃やしてやろう」**：「モーツァルト」へのインタビュー , May 2016.
290 **「短剣を口にくわえたモサド長官」**：2002 年にシャロンがメイル・ダガンをモサド長官に任命した直後、私はアリエル・シャロン首相に、衝動的かつ好戦的で、むやみに銃を撃ちたがり、正規の命令系統に従わない将校だという噂があるこの男が、モサドにかつての栄光を取り戻すことができるのかと尋ねた。シャロンは、ずる賢そうな笑みを浮かべ、少し含み笑いをしてから、問い返してきた。「それは確実だ。メイルの十八番が何か知っているかい？」私が首を横に振ると、シャロンは彼らしい皮肉のきいたブラックユーモアで答えた。「メイルの十八番はテロリストの首を切り落とすことだよ」。シャロンへのインタビュー , April 2004.
290 **ダガンもシャロンも、イランの核武装をイスラエルの存亡にかかわる問題と見なしていた**：「エルディ」へのインタビュー , August 2014, およびガラントへのインタビュー , July 7, 2011.
291 **「ジャーナリストが私やあなた……を徹底的に叩くだろう」**：批判的な記事を書きそうなジャーナリストとして、ダガンは 2 人の人物の名前を挙げた。《ハアレツ》紙のアミル・オレンとロネン・バーグマンだ。両者に関して、ダガンの予測は正しかった。ダガンへのインタビュー , May 29, 2013.
291 **「ダガンは……全員に怒鳴り散らしていた。……役立たずだとかね」**：「サルバドール」へのインタビュー , May 2012.
293 **「私に嘘をつけなくなった」**：ダガンへのインタビュー , June 19, 2013.
293 **モサドのターゲットは大きく分けて二つしかない**：もともと、モサドにはもうひとつターゲットがあった。グローバル・ジハードである。2002 年 11 月にアルカイダが携行型ミサイルでイスラエルの飛行機を打ち落とそうとして以来、その優先順位は高まっていた。しかしダガンはやがて、アメリカが取り組んでいるけた外れの活動に比べれば、アルカイダに対する全世界規模の戦いでモサドがなしうる貢献は微々たるものだという結論に至り、後にこのターゲットを破棄した。
293 **情報を共有できる「情報プール」を設置した**：ファルカシュへのインタビュー , January 31, 2016.
294 **第一と第二の選択肢は非現実的であるため**：「エルディ」へのインタビュー , September 2014, および「イフタク」へのインタビュー , November 2016.
295 **ダガンはモサドに……秘密裏に強化するよう命じた**：ダガンは、外国の情報機関との秘密連絡を担当するモサドのテヴェル部門にいたダヴィッド・メイダンに、この活動の指揮を命じた。ダガンとメイダンは、一緒に多くの中東諸国を訪れ、当地の政府機関や情報機関の高官たちと極秘で会うと、アラブやイスラム国家に敵対するイスラエルと協力するというありえない関係を結ぶよう説得した。メイダンが流暢なアラビア語を話し、アラブ世界と文化に造詣が深かったので、会談の場の雰囲気は和やかなものになった。メイダンへのインタビュー , July 16, 2015, ダガンへのインタビュー , June 19, 2013, およ

びトゥルキ・ビン・ファイサル・アル・サウドへのインタビュー, February 2014.

295 **モサド内にはダガンの改革に激しく反発する者もおり、やがて多くの高官が辞任した**：Ronen Bergman, "A Wave of Resignations at the Mossad Command," *Yedioth Ahronoth,* October 7, 2005.

295 **「反対する職員は間違っていると思った。……ばかげている」**：ダガンへのインタビュー, May 29, 2013.

296 **「翌朝までに机の上にパスポートをあと五冊準備しておかなければ」**：「エルディ」へのインタビュー, January 2015.

296 **「散発的な暗殺に価値はない」**：ダガンへのインタビュー, June 19, 2013.

297 **モサドに激しく抵抗した**：ロネン・コーヘンへのインタビュー, February 18, 2016.

298 **「ヤーシーンが排除されると」**：イランへのインタビュー, October 22, 2014.

298 **電話が切れた**：「イフタク」へのインタビュー, March 2017.

298 **「これらの事件に対する責任はない」**：ダガンへのインタビュー, June 19, 2013.

299 **イスラエルは……屈辱的な取引に同意した**：この取引には、砲兵将校エルハナン・タンネンバウム大佐（予備役）が含まれていた。タンネンバウムは、麻薬取引を餌にドバイにおびき出され、ベイルートに拉致されていた。エルハナン・タンネンバウムへのインタビュー, August 2004, ロタンへのインタビュー, January 13, 2009, およびアハロン・ハリヴァへのインタビュー, November 17, 2002. Bergman, *By Any Means Necessary,* 440-56, 475-88 (Hebrew).

299 **八件の自爆テロを指揮し**：「アマゾナス」へのインタビュー, October 2011.

299 **シャリートの防弾チョッキを掛けておいた**：Bergman, *By Any Means Necessary,* 563-71 (Hebrew).

300 **ハマスがイランの情報機関から受けていた指導**：バラクへのインタビュー, November 22, 2011, および「ファンタ」へのインタビュー, December 2016.

300 **ハマスは……パレスチナ人受刑者一〇〇〇人の解放を要求した**：ネタニヤフは国際的な活動を始めた当初から、テロの専門家を自称し、人質を盾にした囚人釈放の要求に決して屈するべきではないとしきりに説いていた。ところが、シャリートと交換に、イスラエル人殺害に直接関与したハマスのメンバーを含む、1027人のパレスチナ人の囚人の釈放を命じたのは、そのネタニヤフだった。これは、この種の取引でそれまでに払われた対価としては最も高いものだった。Ronen Bergman, "The Human Swap," New York Times Magazine, November 13, 2011. この取引で釈放されたテロリストのうち数人が、翌年以降、イスラエルのターゲットとなり殺された。その1人がマゼン・フカハだった。この男は自爆テロに関与して、2003年に終身刑9回および50年の禁固刑に処されていた。2017年4月24日、フカハはガザの自宅近くで、イスラエルが雇った暗殺者に頭を7発撃たれて死亡した。

301 **この空からの攻撃は、イスラエルに多大な損害をもたらす結果となり、この致命的なミス**：ダガンへのインタビュー, May 29, 2013, バラクへのインタビュー, November 22, 2011, および「イフタク」へのインタビュー, November 2011.

301 **効果が期待できない地上侵攻作戦をためらいながらも開始した**：エフード・アダムへのインタビュー, August 9, 2006, およびモルデハイ・キドルへのインタビュー, August 4, 2006. Bergman, *Secret War with Iran,* 364-78〔『シークレット・ウォーズ』〕.

301 **「テト攻勢後の北ヴェトナム軍のようだった」**：ダガンへのインタビュー, May 29, 2013.

302 **「われわれは本来すべき確認もせずにこの仕事……を進めた」**：ハルツへのインタビュー, July 5, 2011.
303 **「抵抗」の枢軸が望みうる最高の状況**：ダガンへのインタビュー, March 19, 2013,「エルディ」へのインタビュー, January 2014,「イフタク」へのインタビュー, March 2017, および「アドバンテージ」へのインタビュー, December 2016.

第三四章　モーリス暗殺

304 **「私が部屋のなかに入る。残り時間を教えてくれ」**：「チャールズ」へのインタビュー, April 2012, および「イフタク」へのインタビュー, December 2016.
306 **「ムスタファがモハメドに電話をするたびにモイシェレが耳をすましている」**：「レイラ」へのインタビュー, March 2013.
306 **イスラエルの情報機関にまったく気づかれることがなかった**：シャハル・アルガマンへのインタビュー, March 17, 2013.
306 **原子炉の格納施設の建設**：イスラエルの情報機関は、資金の一部が北朝鮮・シリア核開発計画を賄うために使われていることにイランが気づいているのかどうかについて、矛盾する報告を受け取っていた。 Bergman, *Secret War with Iran,* 257-58〔『シークレット・ウォーズ』〕.
307 **やがてダガンの懸念が正しかったことがわかると**：シャリヴへのインタビュー, August 10, 2006.
307 **「モサドが考えついた途方もないアイデア」**：オルメルトへのインタビュー, August 29, 2011.
307 **深刻な懸念を引き起こす情報でもあった**：Hayden, *Playing to the Edge,* 255.
307 **「メイルからこの資料……を見せられて、地震が起きたような衝撃を受けた」**：オルメルトは、ヤアコヴ・アミドロールを委員長とする特別小委員会を設置し、アマン研究部門の専門家の参加を得て、モサドが入手した資料を徹底的に検証させた。特別小委員会はモサド同様、シリアが核兵器を作る目的で原子炉を建設しているという結論に達した。「チャールズ」へのインタビュー, April 2012, およびオルメルトへのインタビュー, August 29, 2011.
308 **温かく迎え入れられた**：ダガンへのインタビュー, June 19, 2013, およびヘイデンへのインタビュー, August 20, 2014.
308 **この二人は……例がないほど緊密な信頼関係を構築し**：ヘイデンへのインタビュー, February 1, 2014.
308 **経験豊かなヘイデンでさえ衝撃を受けた**：Ibid.
308 **ヘイデンは……ディック・チェイニー副大統領に身を寄せ**：Hayden, *Playing to the Edge,* 256.
309 **「この原子炉は当然、平和利用を目的としたものではない」**：Secretary of State Rice, "Syria's Clandestine Nuclear Program," April 25, 2008（taken from the Wikileaks archive, as given to the author by Julian Assange, March 4, 2011）.
309 **アメリカ軍に原子炉を破壊してもらおうというわけだ**：「オスカル」へのインタビュー, April 2014.
310 **アサド家は、映画『ゴッドファーザー』のコルレオーネ家を思わせる**：ヘイデンへのイ

ンタビュー , July 20, 2016.

310「**アサドはまた恥をかくのに耐えられなくなった**」: この撤退は、ラフィク・ハリリ暗殺にアサドが関与しているとして、アメリカとフランスが主導する国際社会がアサドに強制したことによる。

310 **正反対の意見を持っていたダガン**:ダガンへのインタビュー , May 29, 2013, および「エド」へのインタビュー , October 2016.

310 **最終決定は大統領が出席する会議で下された**:Hayden, *Playing to the Edge,* 261-63.

310 **アメリカが関与するべきだとは考えなかった**:ライスの見解はヘイデンなどアメリカの情報コミュニティに支持された。ヘイデンは、CIA の有名なスローガン「確証がなければ戦争はしない」を引き合いに出し、プルトニウム抽出施設建設の証拠がないため爆撃はできないと述べた。ヘイデンへのインタビュー , August 20, 2014.

311「**この件が差し迫った危険というわけではない**」: ヘイデンは当時を回想して次のように語っている。「シリアの原子炉問題についてはまったく心配していなかった。われわれが攻撃しなければイスラエルが攻撃するのは明らかだったからだ」。ヘイデンへのインタビュー , August 20, 2014. Hayden, *Playing to the Edge,* 263-64.

311 **イスラエルが頼れるのは自国だけだった**:2011 年、本書のためのインタビュー中にオルメルトは、シリアの原子炉に対して二者択一を迫られた困難な状況や自分が下した決断について説明しようと、首相退任時に持ち帰ってオフィスの壁に貼りつけた写真を指差した。イスラエル上層部の多くのオフィスに飾られている写真だ。それは、2003 年 9 月 4 日、ポーランドのラドムから飛びたったイスラエル空軍 301 小隊の飛行中に撮影された。世界的に有名なアウシュヴィッツ強制収容所の門と線路の上空を飛んでいるイスラエル空軍の F-15 戦闘機 3 機〔実際の写真は 2 機。3 機飛んで、1 機が 2 機の上空から写真を撮った〕、が写っている。空軍司令官エリエゼル・シュケディがイスラエル上層部に配ったその写真には、シュケディの次の言葉が記されている。「アウシュヴィッツ上空のイスラエル空軍より。ユダヤ民族、イスラエル国家、イスラエル国防軍の名にかけて忘れてはならない。頼れるのは自分たちだけだということを」

312 **シリアがこのとおりにすれば……暴露されて窮地に立たされることはない**:2011 年 6 月 9 日、国際原子力機関(IAEA)は、シリアが原子炉建設の報告を怠り、重大な核拡散防止条約(NPT)違反を犯しているという声明を出した。IAEA Board of Governors, *Implementation of the NPT Safeguards Agreement in the Syrian Arab Republic,* June 9,「チャールズ」へのインタビュー , April 2012.

312「**結局はダガンが正しく、CIA の分析官が間違っていた**」: ヘイデンへのインタビュー , August 20, 2014.

312「**要求したものは何でも手に入った**」:「エルディ」へのインタビュー , August 2014.

313「**私は……三〇〇もの(モサドの)作戦を承認した**」: オルメルトへのインタビュー , August 29, 2011.

313 **その活動を主に推進してきた人物**: ダガンへのインタビュー , May 26, 2013.

314「**やつだ。モーリスだ**」:「レイラ」へのインタビュー , March 2013.

315 **これにより、ムグニエに関する情報……は次第に増えていった**:「レイラ」へのインタビュー , March 2013.

316 **ベイルートからダマスカスへ拠点を移した**:「イフタク」へのインタビュー , May 2011,「レイラ」へのインタビュー , March 2013, およびリチャード・ケンプへのインタビュー ,

March 2007.
316 **モサドが活動するにはこのうえなく危険な場所だった**：ダガンへのインタビュー, May 29, 2013.
316 **アメリカに暗殺作戦への支援を要請したのだ**：「ネタ」へのインタビュー, July 2013.
317 **アメリカは通常……暗殺にはかかわらない**：アルカイダに対する暗殺作戦の説明を求めると、ヘイデンは次のように述べた。「暗殺」は「政治的な敵に対する」殺害行為として禁止されているが、「アルカイダに対するアメリカの標的殺害は、武装した敵軍のメンバーに対するものだ。これは戦争であり、武力紛争にかかわる法が適用される。アメリカ同様に、アメリカの行為を合法だと考える国があるとすれば、それはイスラエルだけだろう」。ヘイデンへのインタビュー, August 20, 2014.
317 **CIA の法律顧問が……解決策を考えついた**：「ネタ」へのインタビュー, July 2013.
317 **ブッシュ大統領はダガンの支援要請に応じることにした**：《ニューズウィーク》誌のある記事によると、ブッシュはヘイデンからムグニエ暗殺を支援するかと聞かれ、30 秒ほど間をおいてからこう答えたという。「ああ。だが、なぜもっと早くやっておかなかったんだ？　承認する。やれ」。Jeff Stein, "How the CIA Took Down Hezbollah's Top Terrorist, Imad Mugniyah," *Newsweek,* January 31, 2015.
317 **いくつか条件をつけた。秘密を厳守する**：ブッシュ大統領は、ムグニエ殺害にかかわるあらゆる事実を完全に秘匿するよう命じた。だが 2015 年 1 月、この作戦でモサドと CIA が連携していたことが、《ワシントン・ポスト》紙のアダム・ゴールドマンと《ニューズウィーク》誌のジェフ・ステインにより同日に報じられた。少なくともこの 2 つの記事の一部は、同じ消息筋から入手したものと思われる。記事中に殺害に関与したアメリカの情報組織の高官と記されているこの消息筋によると（本書に記されていることと違い）モサドではなく CIA が主導的な役割を担い、マイケル・ヘイデンが作戦の最高司令官を務めていたという。2016 年 7 月、自身が社長を務めるチャートフ・グループのワシントンオフィスでヘイデンにインタビューを行なった際、本書のイスラエルとアメリカの連携を記した部分をヘイデンに読んで聞かせると、ヘイデンは笑ってこう言った。「面白い話だ。何も言うことはない」
317 **「これは……大がかりな合同作戦だった」**：「イフタク」へのインタビュー, May 2011.
318 **「非常に注意深い男たちでさえ、何も起こらないと過信してしまうものだ」**：「イフタク」へのインタビュー, May 2011.
318 **遠隔操作の爆弾を利用して**：「もしうまくいったら、攻撃許可（ラシャイ）命令を出す役を私にやらせてください」と「くるみ割り人形」が言って作戦を練り直した。ダガンへのインタビュー, May 29, 2013.
319 **モサドの爆発物の専門家たちは……請け合った**：ブッシュに請け合ったことを忠実に守るため、オルメルトは作戦の技術面の責任者「くるみ割り人形」と「モーリス」暗殺作戦の最高指揮官「I」に電話を入れ、ムグニエだけを確実に殺すことが可能だと自分に保証するよう繰り返し要求した。つまり、付近にほかに人がいないことを確認できること、ムグニエだけをピンポイントで狙えることを保証しろということだ。またアメリカは、モサドにその能力があることを確認するため、暗殺の予行演習を見せるようしつこく要求した。
319 **いずれもぎりぎりのタイミングで決行を中止していた**：「ローカー」へのインタビュー, February 2015, および「レキシコン」へのインタビュー, January 2017.

320 **ところがオルメルトは、そのまま作戦を遂行することを認めなかった**：「シムション」へのインタビュー, August 2011,「イフタク」へのインタビュー, May 2011, および「レキシコン」へのインタビュー, January 2017.
320 **ドアを開けようとしたところで、実行命令が下った**：ダガンは、ムグニエ殺害の命令を出す役目を「くるみ割り人形」に与えるという約束を守ったが、「くるみ割り人形」はその名誉を、作戦で中心的役割を果たした電子技術者に譲った。「ローカー」へのインタビュー, January 2015.
320 **爆弾が爆発した。……イマード・ムグニエが、ついに死んだ**：2008年6月、オルメルト首相がホワイトハウスを訪問した。リムジンの車列がポルチコ（柱廊式玄関）の下に止まると、チェイニー副大統領がオルメルトを出迎えようと外で待っていた。オルメルトが階段を上ってチェイニーに近づくと、チェイニーは、オルメルトの大きく開いた手を握る代わりに、気をつけの姿勢をとってイスラエルの首相に敬礼をした。この2人の男と側近たちだけがこの行為の意味を理解した。大統領執務室でブッシュ大統領は、ムグニエを殺したことに対してオルメルトに心から礼を述べた。「シムション」へのインタビュー, August 2011.
320 **シリアがこの暗殺にどれほどの衝撃を受けたか考えてみるといい**：ダガンへのインタビュー, May 29, 2013.
321 **仲間を気遣わないシリアに激怒した**：「シムション」へのインタビュー, August 2011, および「ダイアモンド」へのインタビュー, March 2014.
321 **ムグニエの葬儀は土砂降りの雨のなか執り行なわれた**：葬儀の様子やその場の光景については、葬儀に出席した《デア・シュピーゲル》誌ベイルート特派員のウルリケ・プッツに情報を提供してもらった。
322 **「おまえたちシオニストは国境を越えてきた」**：イスラム革命防衛隊やムグニエの後継者たちは数多くの大胆な計画を企てた。情報コミュニティで働いていたイスラエル人の誘拐、世界各地のイスラエル在外公館およびシオニスト施設の爆破、世界中でイスラエル人旅行者センターを運営しているハバッド・ハシディック派教徒〔超正統派ユダヤ教徒〕への攻撃、彼らが手を下せる場所にいるイスラエル人観光客への攻撃などである。こうした計画のほとんどは、イスラエルの情報機関が発した適切な警告のおかげで阻止された。あるとき、モサドから信頼できる情報を入手したタイ警察が、イラン人とレバノン人のテロリストグループを追跡した。グループの一人は、イスラエル人外交官の車に取りつける予定の高性能時限爆弾を所持していたが、追われて取りつけることができず、代わりに追いかけてきた警察官に爆弾を投げつけた。しかし、爆弾は木にぶつかって跳ね返り、テロリストの足元に戻ってきて爆発し、その両足を吹き飛ばした。警察はその木にもたれて座る足のないテロリストを放置したため、報道写真家は恐るべき光景を後世に残すことができた。
322 **「ムグニエの作戦能力は……優れていた」**：ダガンへのインタビュー, June 19, 2013.
323 **「幸運なことに生き返りはしなかったがね」**：「ターミナル」へのインタビュー, September 2014.
323 **オルメルトは……述べていた**："Boehner's Meeting with Prime Minister Olmert," March 23, 2008, Tel Aviv 000738（author's archive, received from Julian Assange）.
323 **しかしオルメルトはそう考えず**：「シムション」へのインタビュー, November 2012.
323 **「スレイマーンは……本物のクズだ」**：オルメルトへのインタビュー, August 29, 2011.

323 **「三つの重要な領域で支配権を掌握している」**：“Manhunting Timeline 2008,” Intellipedia, NSA（Snowden archive）, www.documentcloud.org/documents/2165140- manhunting redacted .html#document/p1.

324 **イスラエルも、今回はアメリカが手を貸す可能性がないことを理解していた**：2008年4月までに、CIAは次の結論に達していた。アサドは原子炉爆破の報復として戦争を仕掛けてこないため、もはや隠しておく必要はなく、別の目的のために今回の資料を使うことは可能だ、と。イスラエルは写真の公開に断固として反対したが、ヘイデンは別の考えを持っており、次のように語っている。「それ（シリアの原子炉事件）を広く公表する必要があった。わが国は北朝鮮との協定締結を目前に控えており、それにより史上最大の核拡散犯罪行為を犯すことになるかもしれない。だから議会に知らせる必要があった」。この原子炉事件は主に情報活動により成し遂げられた勝利であり、しかも長年にわたり多くの否定的な評価に苦しんだあとのことだったため、CIAは喜び勇んで成功を誇示した。北朝鮮核開発計画の最高責任者と一緒に写るスレイマーン将軍の写真も公開した。モサドとアマンは腹を立て、こんな写真が出まわれば、要注意人物になったスレイマーンがいっそう警戒するのではないかと懸念した。だが、そんなことはなかった。“Background Briefing with Senior U.S. Officials on Syria's Covert Nuclear Reactor and North Korea's Involvement,” April 24, 2008. ダガンへのインタビュー, July 20, 2013, およびヘイデンへのインタビュー, July 20, 2016. Hayden, *Playing to the Edge,* 267-68.

324 **メイル・ダガンが支援を求めると**：スレイマーン殺害に頑として反対する人間がモサド内に数人いた。あるモサド高官は次のように語っている。「これは主権国家の軍服を着た将校の処刑だ。スレイマーンは、彼なりに全力で母国に尽くしているだけで、テロリストではない。実際に悪事にかかわっているが、逆の立場から見れば問題だと思われる行為にかかわっている将校はわが国にもいる」。「イフタク」へのインタビュー, March 2017, および「ドミニク」へのインタビュー, April 2013.

324 **頭蓋骨は割れて裂け**：暗殺のこの描写は、シャイェテット13の隊員が撮った映像、および以下の情報をもとにしている。「シムション」へのインタビュー, November 2012, および「ドミニク」へのインタビュー, May 2011.

325 **「知りうるかぎり、イスラエルが正規の政府関係者をターゲットにした初めての事例だ」**：エドワード・スノーデンが提供しウェブサイト《First Look》に公表された資料によると、アメリカの情報機関は暗殺に先立ってシャイェテット13の通信を傍受しており、誰が暗殺を実行したのか間違いなく知っていた。Matthew Cole, “Israeli Special Forces Assassinated Senior Syrian Official,” *First Look,* July 15, 2015.

326 **「お互い丸裸になる」**：「オスカル」へのインタビュー, May 2014.

326 **経済的に妨害する幅広い活動を開始した**：ダガンへのインタビュー, June 19, 2013, および「プリンス」へのインタビュー, March 2012.

326 **数種類のコンピューターウイルス（その一つが有名なスタックスネットである）**：ドイツの連邦情報局（BND）の推計によれば、スタックスネットだけでイランの核開発計画が少なくとも2年は遅れた。ホルガー・スタークとともにドイツの情報機関の高官「アルフレッド」に行なったインタビュー, February 2012.

326 **科学者の暗殺**：ダガンへのインタビュー, May 29, 2013,「イフタク」へのインタビュー, March 2017,「エルディ」へのインタビュー, September 2014, および「ルカ」へのインタビュー, November 2016.

327 **二〇一〇年一月一二日午前八時一〇分、……家を出て**：「レイラ」へのインタビュー, December 2015.
327 **モサド内で議論もせずに暗殺を遂行することはできなかった**：「イフタク」へのインタビュー, March 2017.
327 **何者かが科学者を狙っていることに気づき**：「イフタク」へのインタビュー, March 2017,「レイラ」へのインタビュー, December 2015, および「アドバンテージ」へのインタビュー, March 2017.
328 **こうした手間により核開発計画はさらに大幅に遅れ**：ダガンへのインタビュー, January 8, 2011.

第三五章　みごとな戦術的成功、悲惨な戦略的失敗

330 **アル＝マブフーフは実に用心深い男で**：「イーサン」へのインタビュー, November 2011.
334 **「『プラズマスクリーン』作戦の実行を許可する」**：「エルディ」へのインタビュー, April 2014.
334 **すべて本物だったが、いずれも実際に使用している人間のものではなかった**：Ronen Bergman, "The Dubai Job," *GQ,* January 4, 2011.
334 **フォリヤードはルームサービスで軽食を注文し**：軽食と飲み物の代金を支払った際に2人が受け取ったレシートは以下にある。Author's archive, received from "Junior."
335 **このような場合、ターゲット次第で暗殺のタイミングや方法が変わる**：「ローカー」へのインタビュー, February 2015.
341 **「もう少し敬意を持って相手に接し」**：「イライ」へのインタビュー, June 2010.
342 **工作にかかわる全部門の活動停止を余儀なくされた**：「イフタク」へのインタビュー, March 2017.
342 **混乱やミスがあったとはダガンには思えなかった**：当初、ネタニヤフはダガンに内部調査委員会の設置を命じ、ダガンもこれに同意したが、その後、ダガンが委員会の責任者にすえようと思っていた男（最近モサドから引退した高官）がその任務を拒否したため、ネタニヤフにそう報告した。ネタニヤフに近い消息筋によると、ネタニヤフはダガンの報告に続いてその男からまったく異なる話を聞いたという。いずれにせよ、委員会は設置されなかった。「ニーチェ」へのインタビュー, May 2017.
342 **本書執筆のためにインタビューをした二〇一三年になって、ダガンはようやく責任を認めた**：ダガンへのインタビュー, June 19, 2013.
343 **モサドはネタニヤフに、「警備の手薄な」ヨルダンであれば……できると断言していた**：「ニーチェ」へのインタビュー, May 2017.
343 **「ネタニヤフは誰も信用していない」**：ウジ・アラッドへのインタビュー, December 20, 2011.
343 **及び腰だと思われるのを怖れており**：ネタニヤフは、優柔不断だとか弱腰だと思われるのを怖れていた。ダガンはその心理を利用しようと、ネタニヤフに作戦の承認を求める際には、大勢のスタッフを引き連れていった。ときには15人ものモサド職員がネタニヤフの目の前に現れたという。こんなにも多くの証人がいれば、ネタニヤフが躊躇したことが漏れる危険性はかなり高くなるので、ネタニヤフは承認を拒否しないだろうと考え

たのだ。このような会議を終えて外に出ると、ダガンはよく「彼の金玉は縮み上がって、許可を出したことを後悔しているだろう」と思ったという。さらにダガンはこうも述べている。「ファラフェルが好物なんだ。彼が私に戻ってくるようすぐに電話をかけてくることはわかっていたから、ファラフェルを食べにマハネ・イフェダ市場（首相府から車で数分）に車で行き、電話を待ち、テルアビブに帰宅することはなかった。電話がかかってくるか確信がないときは、メヴァセント・シオンのクルド料理レストラン（車で10分）かアブー・ゴーシュのフムス屋（車で15分）に行って、そこで待った。肝心なのは、エルサレムから離れすぎないことだ。本当だよ。思い返しても、決して予想は外れなかった。彼はいつも私に戻るよう電話をかけてきた」。ダガンへのインタビュー, June 19, 2013.

344 **核開発計画は「自分が思い描いていたよりもはるかに進んでいた」**：バラクへのインタビュー, January 13, 2012.

345 **ダガンはその無謀さに愕然とした**：ダガンへのインタビュー, June 19, 2013.

345 **攻撃の可能性を検討していただけ**：バラクは、自分に関するダガンの発言についてこうコメントしている。「ダガンが何を言おうとも、ピンポイント攻撃でイランの核開発計画を完全に阻止することなど不可能なことに気づいていないイスラエルの指導者は1人もいなかった。せいぜい数年遅らせることができる程度だ。反対派も賛成派も、（軍事）行動が最終手段としてのみ実行可能という認識では一致していた。つまり、作戦遂行能力、国際的な正当性、極度の必然性が存在した場合だけだ」。Barak's email to the author, March 30, 2016.

346 **「ビビにはうんざりしていたからね」**：ダガンへのインタビュー, June 19, 2013.

346 **イランの核開発計画をターゲットとした工作など、モサドの活動を中止することはなかった**：「イフタク」へのインタビュー, November 2011.

347 **「ハマスを攻撃するべきです」**：「ターミナル」へのインタビュー, September 2014.

347 **ハルツームの空が爆発により、照明をつけたように明るくなった**：「イフタク」へのインタビュー, May 2017.

347 **「核開発計画に無理やり取り組ませる」**：ダガンへのインタビュー, June 19, 2013.

347 **科学者たちの恐怖心をあおるため**：モガダムやアフマディ＝ローシャンに対する工作の後、イスラエルは国外の暗殺については語らないという従来の方針を改めたようだ。この科学者たちの死に関して、エフード・バラクは公の場でこう述べた。「さらに多くがあとに続くかもしれない」。イスラエル国防軍参謀総長ベニー・ガンツ中将は、「イランでは異常なことが起きている」と発言し、国防軍のスポークスマンは、自分がアフマディ＝ローシャンのために「涙を流すことはない」と述べている。日刊紙《ハアレッ》は、アフマディ＝ローシャンの死を喜ぶ風刺画を掲載した。その風刺画では、アフマディ＝ローシャンは天国にいて、一緒にいる少しいら立った神が、「もう1人来た」とブツブツ文句を言い、さらに、神の隣にいる小さなケルビム〔幼児の天使〕が、「これだけいれば原子炉をつくれるな」と皮肉を言っている。

347 **同じレベルの無数の職員も、命を狙われるのではないかと不安にならざるを得ない**：過激派戦線の関係者の暗殺も引き続き行なわれた。モサドが1996年以来捜していた最高位のターゲットが、ヒズボラの兵器開発部門を統括していたハッサン・ラキスだ。2013年12月13日、ベイルート郊外にあるラキスの邸宅の駐車場で、サイレンサーを装着したピストルで武装した殺し屋たちが銃弾を浴びせてラキスを殺害した。ハッサン・ラキスは

頻繁にモハンマド・アル＝ザワヒリと一緒に仕事をしていた。アル＝ザワヒリはチュニジア生まれの航空技術者だが、チュニジアで反政府活動に参加したため数年間の亡命生活を余儀なくされ、ヒズボラとハマスの軍隊に加わった。その後チュニジアに帰国すると、イスラエルが地中海で建設中の原油・天然ガス採掘施設をハマスが攻撃するときに使えるようにと、無人航空機と無人潜水艦からなる部隊の設立に取り組んだ。ヨシ・コーヘン率いるモサドは、アル＝ザワヒリとガザおよびレバノンにいる仲間との通信を傍受し、12月16日にアル＝ザワヒリを殺害した。「チャールズ」へのインタビュー, April 2012,「アドバンテージ」へのインタビュー, December 2016, および「イフタク」へのインタビュー, May 2017.

349 **「イランの核開発計画は、あの科学者たちの殺害により多大な影響を受けている」**：ヘイデンへのインタビュー, July 20, 2016.

349 **もう少し経済制裁を強化するようアメリカを説得できれば**：「プリンス」へのインタビュー, March 2012.

349 **「もし私に判断が委ねられていたら攻撃していただろう」**：ある段階で、ネタニヤフとバラクはその意図を隠すのをやめた。2012年1月の《ニューヨーク・タイムズ・マガジン》誌の特集記事のなかで、バラクは攻撃がもうすぐ行なわれるとほのめかした。その後、軍および情報機関の関係者からの激しい批判を受け、こう語っている。「ビビと私には、イスラエル国家の存在やユダヤ民族の未来を守る直接的・具体的責任がある。（中略）要するに、軍および情報機関の司令部が上を向けば、そこにはわれわれ、国防大臣と首相がいる。だが私たちが上を向いても、頭上の空以外何もない」。Ronen Bergman, “Israel vs. Iran: When Will It Erupt?” *New York Times Magazine,* January 29, 2012.

349 **二〇一二年一一月の大統領選での再選に影響が出る**：オバマ政権も、イランに対して弱腰すぎるとアメリカの主要マスコミから批判されている。Meeting with Roger Ailes, January 4, 2012.

350 **この会談が二年後に行なわれていたとしたら**：タミル・パルドーは、JCPOA（包括的共同作業計画、イラン核合意）には肯定的側面と否定的側面の両方があるが、いずれにせよその合意内容を改善していくためにはオバマ政権と協調していかなければならないと考えた。JCPOAがアメリカの議会で承認されるのを阻止することなどできそうにないからだ。しかし、ネタニヤフはそう考えず、ワシントンの共和党とともに相当な政治的影響力を使ってイラン核合意を阻止する努力を重ね、2015年3月にはアメリカ議会の上下院合同会議で物議を醸す演説まで行なった。だが結局は、ネタニヤフが間違っていた。

350 **核開発計画をほぼ完全に破棄し、……に同意した**：イラン核合意は、イランが過去に行なったいかなる合意よりもはるかに踏み込んだものだ。しかし、この合意はまた、国際社会の側から大幅な譲歩を引き出してもいる。その譲歩とは、アメリカがイスラエルに約束していたイランへの攻撃を行なわないこと、そしてイランの軍事産業がミサイル開発を進めることをほぼ全面的に許可していることだ。 Ronen Bergman, “What Information Collected by Israeli Intelligence Reveals About the Iran Talks,” *Tablet,* July 29, 2015.

351 **ダガンは……会議で、数百人の聴衆を前にもう一度同じ発言を繰り返した**：アマンの暗殺部隊、188部隊の指揮官ヨセフ・ハルエルの追悼集会にて。ダガンはジャーナリストのアリ・シャヴィトのインタビューを受けた。

353 **最近の数十年間でイスラエルは激的に変化した**：Ronen Bergman, “Israel's Army Goes to War with Its Politicians,” *New York Times,* May 21, 2016.

原　注

本書の調査で使用したそのほかの参考資料、情報源、写真は www.ronenbergman.com. にて公開する予定。

◎監訳者略歴
小谷 賢
Ken Kotani
日本大学危機管理学部教授。専門は国際政治学、インテリジェンス研究。1973年京都生まれ。京都大学大学院博士課程修了。防衛省防衛研究所主任研究官、英国王立防衛安保問題研究所（RUSI）客員研究員を経て現職。主な著書に、『モサド』（ハヤカワ文庫）、『日本軍のインテリジェンス』、『インテリジェンス』、『日英インテリジェンス戦史』（ハヤカワ文庫）等。監訳書にマゼッティ『CIAの秘密戦争』（ハヤカワ文庫）がある。

◎訳者略歴
山田美明
Yoshiaki Yamada
英語・フランス語翻訳者。東京外国語大学英米語学科中退。訳書にラーソン『ミレニアム2 火と戯れる女』（共訳）、マーフィー『ゴッホの耳』（以上、早川書房）、シェファー『アスペルガー医師とナチス』、アンダーセン『ファンタジーランド』（共訳）、リット『24歳の僕が、オバマ大統領のスピーチライターに?!』など。

長尾莉紗
Risa Nagao
英語翻訳者。早稲田大学政治経済学部経済学科卒。訳書にウォルフ『炎と怒り』（共訳、早川書房）、オバマ『マイ・ストーリー』（共訳）、デューク『確率思考』など。

飯塚久道
Hisamichi Iizuka
英語翻訳者。大阪外国語大学アラビア・アフリカ語学科卒。論文、医療、ビジネス、契約、特許関係の翻訳多数。

イスラエル諜報機関《ちょうほうきかん》　暗殺作戦全史《あんさつさくせんぜんし》〔下〕
2020年６月10日　初版印刷
2020年６月15日　初版発行

＊

著　者　ロネン・バーグマン
監訳者　小《こ》谷《たに》　賢《けん》
訳　者　山《やま》田《だ》美明《よしあき》・長《なが》尾《お》莉《り》紗《さ》
　　　　飯《いい》塚《づか》久《ひさ》道《みち》
発行者　早川　浩

＊

印刷所　中央精版印刷株式会社
製本所　中央精版印刷株式会社

＊

発行所　株式会社　早川書房
東京都千代田区神田多町２−２
電話　03-3252-3111
振替　00160-3-47799
https://www.hayakawa-online.co.jp
定価はカバーに表示してあります
ISBN978-4-15-209944-0　C0031
Printed and bound in Japan
乱丁・落丁本は小社制作部宛お送り下さい。
送料小社負担にてお取りかえいたします。